브레인
에너지

미토콘드리아로 밝혀낸 정신 건강의 새로운 길

브레인
에너지

크리스토퍼 M. 팔머 지음 **이한나** 옮김

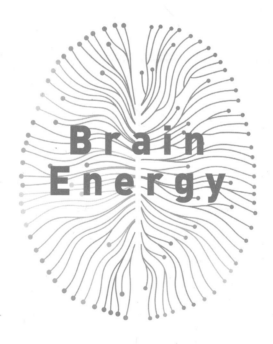

Brain
Energy

심심

일러두기

- 단행본과 학술저널은 《》로, 연구 프로젝트와 보고서, 논문은 〈〉로 묶었다.
- 의료인·학자의 이름은 로마자로 병기했다.
- 본문에 쓰인 정신의학 용어는 《두산백과》, 《상담학 사전》, 한국심리학회의 《심리학 용어 사전》, 기타 의학계 논문의 표기를 참고해 표기했다.
- 본문에서 언급하는 매체의 제목은 국내에 출간·소개된 경우 번역된 제목을 따랐고, 국내에 소개되지 않은 경우 원어 제목을 우리말로 옮기고 원제를 병기했다.
- 본문에 강조된 부분은 모두 원서에 이탤릭체로 표기된 부분이다.

어머니께

정신질환의 유린으로부터 어머니를 구하려고 했던 헛된 노력들이
제 안에 오늘날까지 꺼지지 않는 불을 지펴주었습니다.
제때 밝혀내 어머니를 돕지 못해서 죄송합니다.
편히 쉬세요.

모든 정신질환의 원인은 근본적으로 하나다

정신과 의사이자 신경과학 연구자로서 25년 이상 일하면서 나는 환자와 그 가족에게 "정신질환을 일으키는 원인이 무엇인가요?"라는 질문을 수도 없이 받았다. 처음 일을 시작했을 무렵에는 유식하고 능력 있는 전문가처럼 보일 만한 기나긴 답변을 늘어놓곤 했다. 신경전달물질, 호르몬, 유전, 스트레스 따위에 관해 이야기하고, 환자에게 적용할 치료 방법을 설명하며, 이를 통해 환자에게 나을 수 있으리라는 희망을 심어주었다. 하지만 이런 식으로 몇 년이 지나자 스스로 사기꾼이 된 것만 같은 기분이 들기 시작했다. 그도 그럴 것이, 환자들은 보통 치료를 받고도 그다지 나아지지 않았다. 때로는 몇 달, 어떨 때는 일이 년까지 효과를 보이다가도 대부분은 증상이 재발했다. 어느 시점에 이르러서는 나도 사람들에게 단순한 진실을 말해주게 되었다. "정신질환을 일으키는 원인은 아무도 모릅니다." 여러 위험 요인이 밝혀지기는 했지만 그 모두가 어떻게 어우러져 정신질환으로 이어지는지는 누구도 알지 못한다. 그럼에도 나는 계속해서 그 밖에도 다양한 치료 방법이 있으므로 하나씩 시도하다 보면 잘 맞는 치료법을 찾을 수 있을 것이라고 환자들을 안심시키며 이들이 희망을 잃지 않도록 애썼다. 그러나 슬프게도 내 환자들 중 상당수는 결국 그 방법을 찾지 못했다.

그런데 2016년에 한 환자의 다이어트를 도와주면서 모든 것이 달라졌다. 당시 33세였던 톰은 조현병과 양극성장애의 특성을 모두 지닌 조현정동장애 환자였다. 그는 13년 동안 매일 같이 환각과 망상, 심적 고통에 시달리고 있었다. 병이 그에게 주는 괴로움은 너무나도 컸다. 약을 17가지나 써봤지만 하나도 듣지 않았다. 약이 진정 효과를 발휘해 불안과 초조증은 줄여줬지만 환각이나 망상은 멈추지 않았다. 설상가상으로 약물 부작용 탓에 체중이 45킬로그램이나 불어났다. 그는 오래도록 낮은 자존감으로 고생했는데, 갑작스러운 체중 증가로 그 정도가 더 심해지고 말았다. 톰은 집에 틀어박혔고, 매주 나와 만나는 시간만이 거의 유일한 외출이 되었다. 내가 그의 체중 조절을 돕기로 결정한 것도 이 때문이었다. 톰을 가장 자주 보는 의사가 나였던데다가 그를 생판 모르는 전문가에게 맡길 만한 상황이 아니었다. 더구나 어떤 식으로든 그가 자신의 건강을 위해 적극적으로 행동에 나선다는 것은 매우 이례적이었다. 어쩌면 톰에게는 다이어트가 자신의 삶을 스스로 통제할 수 있다는 감각을 느끼게 해줄 기회일지도 몰랐다. 몇 가지 방법이 실패로 돌아간 뒤, 우리는 탄수화물을 줄이고 단백질을 적정 수준 섭취하며 지방 섭취량을 늘리는 저탄고지 식단, 일명 케토제닉ketogenic(케톤을 생성한다는 뜻―옮긴이) 식단을 시도해보기로 했다.

몇 주가 지나자 톰의 체중이 줄었을 뿐만 아니라 정신의학적 증상에서도 눈에 띄게 극적인 변화를 보이기 시작했다. 전보다 우울감이 감소했고 몸이 늘어지는 정도도 덜했다. 사람들과 눈도 곧잘 맞췄고 눈빛에 전에는 볼 수 없던 생동감이 깃들었다. 무엇보다 놀라운 점은, 두 달이 지나자 그토록 오랜 시간 그를 괴롭히던 환각이 사라지고 스스로 만들어낸 많은 편집증적 음모론을 재고하게 되었다는 것이다. 톰은 그 모두가 사실이 아니며, 어쩌면 애초부터 잘못된 생각이었을지 모른다는 것을 깨닫기 시작했다. 그후로 톰은 체중을 68킬로그램이나 더 감량하고, 아버지 집에서 나와 독립했으며, 학위 과정을 무사히 마쳤다. 심지어 관중 앞에서 즉흥 연주를 펼치기도 했는데, 다이어트 전이라면 절대로 불가능했을 일이었다.

나는 너무 놀라 어안이 벙벙해졌다. 임상과 연구 결과를 통틀어 이런 일은 본 적이 없었다. 체중 감소가 불안이나 우울감을 줄여준 경우가 아예 없지는 않았지만, 톰은 무려 10년 넘게 치료를 받으면서도 정신증적 증상들에 아무런 차도가 없었다. 케토제닉 식단이 그의 증상을 치료해주리라는 것은 내 상식과 경험으로는 전혀 생각지도 못한 일이었다. 아무리 생각해도 효과가 있을 이유가 없었다.

나는 곧장 의학 문헌을 뒤지기 시작했고, 케토제닉 식단이 유서 깊은 근거가 있는 뇌전증 치료법이라는 사실을 발견했다. 약물 요법으로 효과를 보지 못한 환자도 식단으로 발작을 멈출 수 있다는 것이다. 얼마 안 가 이들 사이의 중요한 연결성이 떠올랐다. 생각해보니 정신의학에서도 일상적으로 뇌전증 치료제를 쓰고 있었다. 데파코트, 뉴론틴, 라믹탈, 토파맥스, 발륨(디아제팜), 클로노핀, 자낙스 등의 약이 여기에 속한다. 만약 케토제닉 식단이 뇌전증 발작을 멈출 수 있다면, 톰의 증상이 나아진 것도 같은 이유 때문일지 몰랐다. 이렇게 얻은 추가 정보를 근거로, 다른 환자들에게도 치료의 일환으로 케토제닉 식단을 처방했다. 계속 성공적인 결과를 얻으면서 나는 어느새 이 주제로 전 세계의 다른 연구자들과 공동연구를 진행하고, 국제 학회에서 발표도 하며, 이 식단의 효과를 증명하는 논문들을 학술지에 게재했다.

그렇게 나는 내 환자들에게 이 식단이 어떻게, 그리고 왜 도움이 되었는지 이해하기 위한 여정을 시작했다. 케토제닉 식단은 뇌전증과 더불어 비만과 당뇨 치료에도 쓰이고 있으며, 심지어 알츠하이머병 치료제로서도 활용 가능성이 논의되고 있다. 처음에는 이 같은 사실에 혼란스럽고 약간 압도되는 듯한 기분에 사로잡히기도 했다. 일부 사례라고는 하지만 대체 어떻게 한 가지 치료법이 이 모든 질병에 효과를 보일 수 있단 말인가? 결국 내가 처음에 가졌던 궁금증에서 한 단계 나아가 더 큰 무언가로 향하도록 문을 열어준 것은 바로 이 물음이었다. 이 질문은 서로 다른 질병들 사이의 연결고리를 밝히고, 신경과학자이자 정신과 의사로서 내가 이미 알고 있던 모든 지식과 그 새로운 지식을 통합할 수밖에 없도록 나를 이끌었다. 마침내 모든 조각들을 하나로 연결하고 나자, 나는 내가 꿈에도 상상하지 못했던 엄청난 일을 우연히 해냈다는 사실을 깨달았다. 모든 정신질환의 근본적인 원인을 설명할 통합 이론을 만들어낸 것이다. 이름하여 **뇌 에너지 이론**the theory of the brain energy이다.

*

이 책은 케토제닉 식단에 대한 책도, 그 어떤 특정 식이요법에 대한 책도 아니다. 꼭 심각한 정신질환만 다루는 것도 아니다. 이 안에 담긴 과학적 통찰은 가벼운 우울이나 불안에도 적용된다. 아니, 사실상 인간의 모든 정서와 경험에 관한 사고방식까지 바꿔놓을 수 있다. 그렇다고 모든 정신질환에 적용할 수 있는 단순한 만병통치약을 제시하거나 어떤 단일 치료법만을 주장하는 것은 더더욱 아니다. 앞에서 언급한 특정 치료법이 보여준 예상치 못한 효과는 그저 정신질환을 새로운 방식으로 이해하기 위한 여정을 떠나게 해준 첫 번째 단서일 뿐이다. 새로운 시각을 나누고 정신질환과 정신 건강에 대해 기존에 품고 있던 생각을 180도 바꿔줄 여행으로 여러분을 초대하는 것이야말로 이 책의 목적이다.

이 책에서 다룰 내용들을 개략적으로 소개하면 다음과 같다.

- 정신 건강 분야에서 현재 우리가 어디쯤에 위치해 있는지 살펴보는 것을 시작으로, 우리가 어떤 문제와 의문으로 고심하고 있으며 그것들이 왜 중요한지 알아본다.
- 어쩌면 여러분에게는 다소 충격적인 사실, 그러니까 각각의 정신질환이 서로 명확하게 구분되는 독립체가 아님을 설명한다. 여기에는 우울증, 불안장애, 외상 후 스트레스 장애[PTSD], 강박장애[OCD], 주의력결핍과 잉행동장애[ADHD], 알코올의존증, 중독, 아편 중독, 섭식장애, 자폐증, 양극성장애, 조현병 등이 포함된다. 이처럼 서로 다른 정신장애들 사이에는 중첩되는 증상이 엄청나게 많고, 다수의 환자가 두 가지 이상의 정신장애를 진단받는다. 게다가 서로 증상이 몹시 다른 정신장애들의 경우에도 그 기저에 있는 생물학·심리·사회적 요인이 상당히 겹치곤 한다.
- 정신장애와 일부 신체질환, 이를테면 비만, 당뇨병, 심근경색, 뇌졸중,

통증장애, 알츠하이머병, 뇌전증 사이의 놀라운 관련성에 대해서도 살펴본다. 정신질환을 야기하는 원인을 제대로 이해하기 위해서는 이런 관련성 또한 이해해야 한다.

- 이 모두를 종합해보면 정신장애란 뇌의 대사장애라는 결론에 도달하는데, 이 말에 담긴 의미를 이해하려면 대사가 무엇인지를 먼저 이해해야 한다. 대사는 사람들이 일반적으로 생각하는 것보다는 훨씬 복잡한 과정이지만 최대한 간단하게 설명하려 노력했다. 미토콘드리아라는 아주 작은 친구들이 대사의 핵심이다. 대사와 미토콘드리아만 있으면 모든 정신질환의 증상들을 설명할 수 있다.

- 정상적인 심적 상태와 정신질환의 차이를 살펴본다. 예를 들어, 누구나 살면서 때때로 불안, 우울, 두려움을 경험한다. 이런 경험들은 인간으로서 겪는 정상적인 삶의 일부이므로 장애가 아니다. 하지만 이 경험들이 때에 맞지 않거나 지나치게 과장된 형태로 나타난다면 심적 상태와 정신질환을 가르는 선을 넘을 수도 있다. 이 책을 통해 여러분은 정상적이든 그렇지 않든 우리가 경험하는 모든 심적 상태가 대사와 관련이 있다는 사실을 알게 될 것이다. 이를테면 '스트레스'는 대사에 부담을 주어 대사 과정에 영향을 미치는 심적 상태다. 만약 이 상태가 오랜 기간 지속되거나 그 정도가 극심하다면 정신질환으로 이어질 수 있다. 하지만 이는 비단 스트레스뿐만 아니라 대사에 영향을 미치는 것이라면 무엇이든 마찬가지다.

- 모든 정신질환에서 임상·신경과학적으로 관찰되는 특성을 설명할 수 있는 다섯 가지 일반적인 작용 원리를 소개한다.

- 유전, 염증, 신경전달물질, 호르몬, 수면, 음주와 약물 사용, 사랑, 슬픔, 삶의 의미와 목적, 트라우마, 외로움을 비롯해 정신질환의 발병에 영향을 미치는 것으로 알려진 모든 요인이 대사 및 미토콘드리아의 효과와 직접적인 연관이 있을 수 있음을 보인다. 이 요인들이 어떻게 대사에 영향을 미치고, 그것이 세포에도 영향을 미쳐 어떻게 정신질환 증상들을 낳는지 구체적으로 살펴본다.
- 심리·사회적 치료법을 비롯해 현재 활용되고 있는 정신 건강 치료법이 전부 대사에 영향을 미침으로써 작용할 가능성이 높음을 설명한다.
- 정신질환에 대한 이 같은 새로운 이해는 곧 새로운 치료법으로 이어져, 그저 증상 완화에만 치중한 방법들과 달리 장기적인 치료 효과를 기대해볼 수 있다. 때로는 그냥 약 한 알을 복용하고 마는 것보다 어려울 수도 있지만 그 만한 수고를 들일 가치가 있다. 이 새로운 치료법들이 상용화되기까지는 앞으로도 더 많은 연구가 필요할 것이다. 다행스러운 사실은 지금도 당장 적용할 수 있는 다양한 치료법이 있다는 점이다.

정확히 짚고 넘어가자면, 나는 대사와 미토콘드리아가 정신질환과 관련이 있다고 최초로 주장한 인물은 아니다. 나는 수십 년 동안 쌓인 연구 결과들을 바탕으로 이 이론을 발전시켰다. 앞서 기틀을 마련해준 다른 연구자들과 그들의 선구적인 연구가 없었다면 이 책은 존재할 수 없었을 것이다. 그들의 혁신적인 연구들 가운데 다수는 본문에서도 소개할 계획이다. 그렇지만 이 모든 퍼즐을 짜맞추고 이론을 논리정연하게 정리한 것은 이 책이 처음이다. 이 이론은 기존의 생물학, 심리학, 사회학 연구 결과들을 통합해 정신질환을 설명하고 치료할 수 있는 하나의 통일성 있는 틀을 제시한다.

《브레인 에너지》는 인류가 오랜 시간 찾지 못했던 문제의 답뿐만 아니라 새로운 해결책까지 제시한다. 이 책을 통해 전 세계 수백만 명의 사람이 더는 고통받지 않고 변화된 삶을 살기를 바란다. 만약 여러분이나 여러분의 소중한 사람이 정신질환을 앓고 있다면 이 책이 여러분의 삶도 바꿔줄 수 있을 것이다.

차례

모든 정신질환은
연결되어 있다

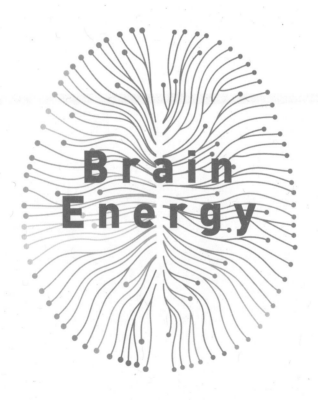

1

방법을 바꾸려면 정신 건강의
실태부터 알아야 한다

세계보건기구는 2017년 기준, 세계적으로 거의 8억 명의 사람들이 정신 건강 장애로 고통받고 있다고 추산했다. 이는 전체 인구의 10퍼센트를 조금 넘는 수준으로, 열 명 중 한 명꼴에 해당한다. 물질사용장애substance use disorder(마약류를 비롯한 중독성 물질을 반복적으로 사용하며 그로 인한 다양한 문제를 겪고 있음에도 불구하고 스스로 사용을 중단하거나 조절하지 못하는 장애 – 옮긴이)까지 포함하면 이 수는 9억 7천만 명, 즉 전체 인구의 13퍼센트까지 치솟는다. 불안장애가 약 3.8퍼센트로 가장 흔했으며, 약 3.4퍼센트가 앓고 있는 우울증이 그 뒤를 이었다.[1] 미국에서는 이 비율이 더 높아서, 인구의 약 20퍼센트, 다시 말해 다섯 명 가운데 한 명이 정신질환 또는 물질사용장애 진단을 받은 것으로 나타났다.

이러한 수치들은 특정한 한 해 동안의 정신질환 유병률을 단편적으로 보여준다. 그런데 평생 유병률은 이보다 훨씬 더 높다. 데이터 분석 결과, 현재 미국에서는 살면서 한 번 이상 정신장애 진단 기준을 충족하는 비율이 인구의 약 50퍼센트에 달한다고 한다.[2] 그렇다. 무려 전 국민의 절반이다.

정신질환의 유병률 추산은 어려운 일이다. 사람들은 흔히 남들뿐만 아니라 스스로에게조차 자신의 정신 건강에 문제가 있다는 사실을 부정한다. 대부분의 국가에서 정신질환 환자라고 하면 부정적인 낙인이 찍힌다. 우리 사회가 이제는 우울증이나 불안장애가 '진짜' 질병이라는 사실을 많이 받아들이긴 했지만, 이런 진전은 비교적 최근에야 이뤄진데다가 전 세계에 보편화되기까지는 아직 갈 길이 멀다. 아직도 여전히 이러한 질환으로 고통받는 사람들을 단순히 '징징거린다'거나 '게을러서 그렇다'고 여기는 시각이 존재한다. 그런가 하면 정신증적 장애 환자들을 보통 '진짜' 질환을 앓고 있다고 여기면서 또 다른 낙인을 찍기도 한다. 많은 사람이 이들을 두려워하거나 '미쳤다'는 한마디로 일축해버린다.

게다가 물질사용장애 환자들을 향해서는 자기중심적이라거나 나약하다는 시선을 보내는 사람들이 많을 뿐만 아니라, 일부 국가에서는 이들을 범죄자로 분류하고, 이들이 술만 마셔도 감옥에 가둘 수 있다. 낙인의 영향은 수치심에서 노골적인 차별까지 다양하지만 어떤 형태의 낙인이든 자신의 증상에 대한 언급을 최소화하거나 거짓말을 하게 만드는 원인이 될 수 있다. 그러므로 공식적인 통계 수치는 이런 장애의 실제 유병률보다 훨씬 낮게 추정됐을 가능성이 높다. 이 통계 수치보다 더 무서운 것은 상황이 점점 더 나빠지고 있다는 점이다.

1부 · 모든 정신질환은 연결되어 있다

정신질환은 꾸준히 확산되고 있다

정확한 데이터는 정신 건강 통계를 벌써 수십 년 동안 추적해온 미국 연구 보고에서 확인할 수 있다. 정신질환을 앓는 비율은 분명 증가하고 있다. 미 질병통제예방센터^{CDC}의 발표에 따르면, 2017년 기준 미국 내 18세 이상 성인이 정신질환을 앓는 비율은 2008년부터 2015년 사이 3년을 제외한 그 어느 때와 비교해도 더 높게 나타났다. 더욱이 중요한 것은 2008년부터 2017년 사이에 청년층(18~25세)에서 정신질환 비율이 40퍼센트나 증가하며 다른 연령층보다 두드러진 증가세를 보였다는 사실이다.

ADHD의 비율은 아동과 청소년에게서 크게 증가하고 있는데, 2003년부터 2012년 사이 4~17세 미만 아동에게서 41퍼센트나 증가한 것으로 나타났다. 이 특정 장애의 진단과 증가세를 둘러싸고 상당한 논란이 있다. 일각에서는 그저 우리 사회가 이 장애를 전보다 더 잘 인식하게 됐으며, 제대로 발달하기 위해 도움이 필요한 아동에게 적절한 치료를 제공하게 된 결과라고 말한다. 어떤 사람들은 우리가 아이들의 정상적인 행동에 의학적으로 개입하고 있다고 주장한다. 우리 사회와 학교가 아이들에게 너무 많은 것을 바라고 있으며, 우리가 아이들에게 기대하는 것이 그 나이대 아이들의 능력으로는 비현실적이라는 것이다. 그런가 하면 또 다른 측에서는 스마트기기 화면 앞에서 보내는 시간이 길어진 탓에 미국 국민의 주의집중 시간이 전반적으로 감소했는데, 이를 ADHD로 오인하면서 벌어진 결과라고 주장한다. ADHD를 앓는 비율은 정말로 증가하고 있는 걸까, 아니면 이 같은 다른 요인들이 우리가 보는 데이터에 영향을 미친 걸까? 이러한 문제는 조금 뒤에 더욱 깊이 논의하기로 하자. 그러나 진단이 점점 증가하고 있는 정신 건강 문제는 ADHD뿐만이 아니다.

우울증 진단도 아동, 청소년, 청년에게서 늘고 있다. 2006년부터 2017년까지 미국 내 12~17세 사이 아이들의 우울증 비율이 68퍼센트나 증가했다. 18~25세 미만에서는 49퍼센트가 증가했다. 25세 이상 성인의 경우에는 우울증을 앓는 비율이 큰 변화 없이 유지됐다.

그렇지만 이러한 정보의 많은 부분은 조사연구에서 얻어진 것으로, 어떤 질문을 어떻게 하느냐가 답에 영향을 미친다. 조사 결과만 놓고 보면 우울증을 앓는 성인의 비율이 증가하지 않은 것처럼 보이지만 많은 연구 보고에 따르면 **번아웃**이 증가하고 있다. 번아웃은《정신질환의 진단 및 통계 편람 제5판the Diagnosis and Statistical Manual of Mental Disorders, Fifth Edition, DSM-5》에는 공식 정신의학적 진단명으로 포함되지 않았다. 하지만 최근 세계보건기구에서 펴낸《국제질병분류 제11차 개정판International Classification of Diseases, Eleventh Revision, ICD-11》에는 추가됐다. 진단 기준은 우울증과 유사하지만 직장과 업무 환경의 스트레스에 주로 초점을 맞춘다는 차이가 있다. 번아웃을 단순히 직장과 관련된 우울증의 한 형태로 보아야 할지를 두고 많은 논란이 일었는데, 이를 뒷받침할 만한 타당한 근거도 있다. 의사들이 번아웃을 연구한 결과를 보면, 경도 번아웃을 앓고 있는 사람들은 그렇지 않은 사람들에 비해 주요 우울장애 진단 기준에 부합하는 비율이 세 배나 높았다. 중도 번아웃의 경우에는 심지어 네 배에서 여섯 배가 높아, 설령 이 두 진단명 간에 차이가 있다고 하더라도 매우 미미함을 시사했다.[3] 우울증과 마찬가지로 번아웃 역시 높은 자살률과 연관이 있다. 번아웃은 아직 DSM-5상 공식 진단명이 아니므로 미국 정부기관에서 유병률을 추적하고 있지는 않다. 하지만 2018년 갤럽 조사 결과를 보면, 직장인 가운데 자주 또는 항상 번아웃 상태라고 느낀다고 답한 비율은 23퍼센트, 가끔 경험한다고 답한 비율은 44퍼센트로 나타났다.[4] 이는 우울증보다 훨씬 높은 비율이다.

자살률도 전 연령대에서 증가하는 추세다. 2016년 기준, 미국에서만 거의 4만 5천 명이 자살로 목숨을 잃었다. 일반적으로 자살로 목숨을 잃은 사람 1명당 자살 시도를 한 사람의 수를 30명으로 추산하는데, 이로 미루어 보아 자살 시도자의 수도 매년 백만 명을 훌쩍 넘음을 알 수 있다. 1999년부터 2016년까지 미국의 거의 모든 주에서 자살률이 증가했으며, 그중 25개 주에서는 30퍼센트 이상의 증가율을 보였다. 또 다른 통계로 미국 내 알코올과 약물, 자살로 인한 사망자의 수를 종합해 추적하는 **절망사**death of despair가 있다. 이 수치는 1999년부터 2017년까지 두 배 넘게 증가했다.

불안장애는 가장 흔한 정신질환이지만 진단 기준은 지금도 계속 달라지고 있다. 그러다 보니 시간 경과에 따른 유병률을 가늠하기가 어렵다. 일각에서는 최근 불안장애의 유병률에 변화가 없다고 주장한다.[5] 하지만 미국 성인 약 4만 명을 대상으로 한 연례 가계조사 결과는 불안장애의 유병률 또한 증가하고 있음을 시사한다. 가령 조사 참가자들에게는 "지난 30일간 얼마나 자주 긴장한 느낌을 경험했는가?"라는 질문과 함께 '항상 그렇다'부터 '전혀 그렇지 않다'까지 5단계의 선택지가 제시됐다. 2008년부터 2018년 사이에 불안을 호소하는 비율은 30퍼센트가 증가했다. 특히 18~25세 미만의 가장 젊은 층에서는 84퍼센트의 증가율이 관찰됐다.[6]

한편 좀 더 '흔하게' 진단되는 우울증이나 불안장애 등은 때때로 조현병 같은 정신질환과 별개로 취급되곤 한다. '중증정신질환'이라는 용어도 정신 건강 전문가들이 주로 정신증적 증상들처럼 인지·사회적 기능의 심각한 손상이나 저해를 동반한 장애에 대해 이야기할 때 사용한다. 원칙적으로는 일부 극심한 형태의 우울증과 불안장애도 이 범주에 속하지만 대부분의 경우에는 조현병, 양극성장애, 자폐증 등을 가리킨다. 그렇다면 이 장애들은 어떨까? 이들의 유병률은 현재 어떤 상태일까? 이 역시 증가하고 있다. 2008년부터 2017년까지 미국 내 18세 이상 성인의 중증정신질환 비율은 21퍼센트 증가했다. 더욱이 가장 젊은 층인 18~25세 사이에서는 같은 기간 중증정신질환의 비율이 두 배로 늘었다. 10년도 채 안 되는 기간에 말이다.[7]

자폐증 진단 또한 무서운 속도로 증가하고 있다.[8] 2000년에는 미국 아동의 150명 중 1명이 자폐증 진단을 받았는데, 2014년이 되자 약 59명 중 1명꼴로 불어났다.

양극성장애의 통계 수치도 우려되는 수준이다. 1970년대 중반부터 2000년까지 양극성장애의 유병률은 0.4퍼센트에서 1.6퍼센트 언저리에 머물렀다. 그러던 것이 2000년대 초에는 4퍼센트에서 7퍼센트로 증가했다.[9] 아동과 청소년에서는 1994년 이전만 해도 거의 없다시피 했으나 이제는 점차 흔해지고 있다.

이 같은 통계 수치는 도무지 이해하기가 어렵다. 자폐증이나 양극성장애 같은 정신질환의 진단은 이렇게 짧은 기간에 기하급수적으로 늘 만한 성질의 것이 아니다. 불안장애와 우울증은 상황에 영향을 받을 수 있다고 쳐도, 그 외 이러한 질환들은 일반적으로 확고하게 '생물학적'이라고 여겨지고 있으며, 유전으로 결정되는 부분이 크다고 믿는 연구자가 많다. 역사상 인간이라는 종에서 유전적 돌연변이가 유행병처럼 확산된 사례는 존재하지 않는다.

연구자와 임상의, 그리고 사회 전반에서는 이토록 급격한 정신질환 유병률의 증가세를 도대체 어떻게 이해해야 좋을지 고심하고 있다. 아직 의견 합치가 이뤄지지는 않았지만 많은 이가 나름의 이론을 제시하고 있는데, 크게 두 개의 범주로 나눌 수 있다.

첫 번째 범주는 통계 자체가 틀렸거나 그 수치가 우리가 생각하는 것과는 전혀 다른 의미를 지닌다는 믿음을 바탕으로 한다. 많은 사람이 정신질환을 앓는 인구의 비율이 이렇게 빠르게 증가하는 것은 불가능하다고 생각하며, 이 같은 통계 수치는 의사 또는 환자가, 혹은 양측 모두가 실제로는 존재하지도 않는 '장애'의 허상을 본 결과라고 믿는다. 이 범주에 속하는 가장 널리 알려진 이론 세 가지를 소개하자면 다음과 같다.

1. 제약회사가 문제다!

가능한 한 많은 사람에게 약을 팔려다 보니 제약회사는 의사와 대중 모두에게 약의 필요성을 납득시켜야만 한다. 이에 이들은 마케팅을 하고, 자신들의 제품명을 가장 먼저 떠올리도록 의사들에게 샘플을 보내는 데에만 매년 수십억 달러를 쏟아붓는다. 또 TV에 광고를 띄워 '삶이 전보다 재미없다'와 같은 모호한 여러 증상 가운데 하나라도 해당되는 것이 있지 않냐며 시청자에게 물음을 던진다. 만약 여기에 해당된다면 "의사와 상의해 'OO약'의 복용을 고려해보라"고 조언한다. 이러한 유형의 광고는 사람들의 건강염려증을 부추긴다. 그리고 이로 인해 걱정스러워진 사람들은 의사를 찾아가 새롭게 진단을 받고 당연히 자신의 병을 치료할 약을 처방받는 것이다.

2. 게으름이 문제다!

오늘날 사람들은 노력을 하고 싶어 하지 않는다. 또한 조금의 불편도 경험하고 싶어 하지 않으며, 그를 감내해야 한다고 생각지도 않는다. 그러다 보니 인간으로서 평범하게 겪는 정서나 경험도 '증상'으로 분류하는 일이 점점 많아진다. 그리고 이 '증상'을 완화해달라며 치료사에게 우르르 몰려간다. 때로는 이 문제를 호소하려고 의사를 찾기도 한다. 사람들은 쉽고 빠르게 문제를 해결하고 싶어 하는데 의사들은 많은 업무에 치여 바쁘므로, 결국 가장 쉬운 방법으로써 처방전을 써주게 되는 것이다.

3. 요즘 세대 아이들이 문제다!

유병률이 아동 및 청년에게서 가장 극적으로 증가하는 것을 보면, 이들 혹은 그 부모에게 문제가 있는 것이 분명하다. 부모가 요즘 세대 아이들에게 해달라는 대로 다 해주고 너무 애지중지하는 바람에 버릇을 망쳐놓았다. 이 아이들과 청년들은 평생 제대로 훈육을 받은 적도 없으며, 의지력이나 참을성도 부족하다. 그러니 조금만 힘들어도 쉽게 좌절하고 압도되고 만다. 부모가 더는 곁에서 챙겨주지 못하게 되거나 "안 돼"라고 말해주는 사람이 아무도 없으면 이들은 위기에 빠진다. 이렇게 무너진 결과, 이들은 정신질환 진단을 받는다. 아니면 현실 세계의 삶을 제어할 수 없게 되자 '정신질환' 핑계를 대는 것일 수도 있다.

이 같은 유형의 이론들은 그럴듯해 보일지 몰라도 정답일 가능성은 낮다. 만약 여러분 자신 또는 자녀가 정신 건강 문제로 고통받고 있거나 정신질환 환자를 매일 접하는 환경에 있지 않다면 이런 사람들이 단순히 징징거리고 엄살을 부리는 것에 불과하며 의사, 환자, 부모들이 손쉬운 해결책을 찾으려 한다고 치부하기 쉽다. 인간은 원래 어떤 문제가 자신과 한참 동떨어져 있다면 그 문제를 별것 아니라고 일축해버리기 쉽다. 그러나 이 통계 수치 뒤에 있는 진짜 사람들을 대면하고 그들의 고통을 직접 목격하고 나면 이처럼 문제를 쉬쉬하는 이론을 고수하기란 불가능하다. 가령 여러분이 '좋은 부모'라고 알고 있는 어떤 사람의 일곱 살 난 아이가 분노 조절이 안 되고, 잠도 안 자고, 자기 자신이나 다른 사람들을 죽이겠다고 위협한다면 그제야 정말로 문제가 있다는 실감이 날 것이다. 이런 행동들은 정상이 아니다. 어떤 여성이 극심한 공황발작 탓에 집 밖으로 나가지 못하는 것도 정상이 아니다. 어떤 사람이 너무 우울해서 아침에 잠자리에서 일어나지 못할 때가 있는 것도 정상이 아니다.

그러므로 정신질환 유병률의 증가에 대한 두 번째 범주의 이론들은 일단 통계가 진짜임을 인정한다. 이 갈래의 이론들을 내세운 사람들은 정신질환으로 고통받는 환자들이 실제로 많아지고 있다고 믿는다. 그리고 이러한 믿음을 바탕으로 다양한 관점과 가능성 있는 설명들을 제시한다.

1. 이는 좋은 현상이다!

이 통계 수치는 정신질환에 대한 이해도가 확장되고 정신질환을 어떻게 식별할 것인지 전보다 더 잘 알게 된 결과를 반영한 것이니 긍정적으로 봐야 한다. 요즘은 학교와 직장에서도 정신장애 및 물질사용장애 증상들을 알아차릴 수 있는 프로그램이 다수 진행되고 있다. 자살 예방에 초점을 맞춘 공익 캠페인들도 있다. 유명인들은 자신이 겪었던 정신 건강 문제를 솔직하게 이야기하고 있으며, 매체에서도 정신 건강에 대한 의식 수준을 높이는 것과 동시에 부정적인 낙인을 줄이기 위한 뚜렷한 목적하에 전보다 이 같은 주제를 더 많이 다루고 있다. 점점 더 많은 사람이 적절한 도움과 진단 및 치료를 받게 되었다.

2. 우리 사회가 문제다!

오늘날 과학 기술과 전자기기에 대한 의존도가 전보다 훨씬 높아졌다. 가만히 앉아 휴대폰, 컴퓨터, TV를 들여다보는 동안 우리는 몸을 많이 움직이지 않게 되었을 뿐만 아니라 각자의 세상 속에 고립되었다. 함께 시간을 보내거나 전화로 이야기를 나누는 대신 소셜 미디어를 통해 연결됨으로써 '현실 세계'에서 서로 교류하는 빈도가 줄어들었다. 사람들이 자신의 삶 속에서 '좋아 보이는' 일부만을 포스팅하다 보니 소셜 미디어는 진실한 교류가 아닌 비현실적인 기대와 수치심을 부채질한다. 삶의 속도도 전보다 빨라졌다. 모든 사람, 하다못해 아이들까지 바쁘고 지나치게 빡빡한 일정에 치이며 살아간다. '지난날'처럼 가족이 한자리에 모여 저녁 식사를 하지 않는다. 그러니 사람들이 번아웃을 느끼는 것도 당연하다. 그 많은 사람에게 정신질환이 생기는 것도 당연하다.

3. 독소, 화학물질, 인공첨가물 덩어리인 가짜 음식들이 문제다!

사람들의 행동만 변한 것이 아니다. 우리가 살고 있는 물리적인 세계도 마찬가지다. 우리는 매일 같이 스스로를 독소에 노출하고 있다. 우리가 먹고 있는 음식들은 인공첨가물로 가득하다. 잔디밭, 수돗물, 우리가 아침저녁으로 사용하는 개인 위생용품까지 도처에 새로운 화학물질들이 널려 있다. 특히 새롭게 만들어낸 합성물질들이 다른 합성물질과 더해졌을 때 우리에게 어떤 영향을 미치는지 잘 알지도 못하면서 자연 상태에서는 한 번도 마주친 적 없는 합성물질을 만들어내고, 이들에 둘러싸여 생활하고 있다. 비록 정확한 작용 원리는 아직 파악하지 못했지만 어쨌든 이 때문에 암과 비만, 그리고 정신장애를 비롯한 온갖 종류의 질환 환자들이 늘고 있다.

정신 건강 문제의 증가세에 대한 이 '두 번째 범주'의 이론은 이것 말고도 많지만, 이 세 가지가 가장 흔하게 논의되고 있다. 세 이론 모두 결코 무리한 설명이 아니다. 적어도 어떤 사람에게는, 혹은 어떤 시점에서는 정신질환 발병에 관여하는 요인들일 수 있다. 뒤에서 더 자세히 살펴보겠지만 이 중 일부는 확실히 그렇다.

그렇지만 세 이론 중 첫 번째, 즉 이 같은 통계 수치가 단순히 정신질환을 알아차리고 진단받는 비율이 늘어난 결과라고 합리화하는 관점에 대해 한마디 하자면, 증가하고 있는 것은 단지 정신질환에 대한 인식뿐만이 아니다. 이를 뒷받침하는 증거가 있다. 매해 수집된 데이터를 비교한 조사연구에는 진단 여부와 관계없이 전체 인구에서 추출한 표본이 포함되었다. 이 정신장애들은 실제로 확산되고 있다.

어쩌면 가장 중요하게 생각해야 할 점은 자폐증, 양극성장애, 우울증, ADHD 등 서로 굉장히 다른 정신질환 환자가 **모두** 동시다발적으로 늘어나고 있다는 사실일지 모른다. 어째서일까? 양극성장애, ADHD, 우울증은 완전히 다른 장애이며 발병에 이르게 하는 기여 원인contributing cause(근본적이고 궁극적인 원인은 아니지만 문제 발생에 직접적인 영향을 미친 가까운 원인-옮긴이)도 다르다고 여겨진다. 만약 이들이 유전적 장애라면 우리의 유전자에는 대체 무슨 일이 생긴 걸까? 수많은 돌연변이를 일으키는 독소가 있는 걸까? 만약 현대 사회의 빠른 삶의 속도에 따른 스트레스가 원인이라면 어째서 **모든** 장애가 증가하고 있는 걸까? 과도한 스트레스는 단순히 우울증과 불안장애의 증가를 낳는 것이 아니었던가? 스트레스가 자폐증이나 양극성장애의 원인이 아닌 것은 분명하다. 아니면 이것부터가 오류였던 걸까? 이처럼 유병률의 증가라는 통계 수치는 기존의 궁금증에 답을 제시한 것 이상으로 더 많은 의문을 낳았다.

상처에 소금 뿌리는 격으로 코로나19의 대유행은 문제를 더욱 악화시켰다. 2020년 6월 기준 미국 내 성인 전체 인구의 40퍼센트가량이 정신건강이나 물질사용 문제로 고통받고 있다고 보고했다. 조사에 응한 성인 가운데 11퍼센트는 지난 30일 동안 자살을 생각한 적도 있다고 답했다.[10]

정신 건강 문제가 만드는 또 다른 문제들

정신질환은 사회에 상당한 경제적 손실을 야기한다. 2010년 조사 기준, 정신장애가 전 세계에 미친 경제적 부담은 2.5조 달러였다. 2030년이면 무려 6조 달러에 달하게 될 것으로 예상된다.[11] 여기에는 직접적인 정신보건 서비스(입원, 의사와 심리치료사 방문 등)와 처방 약물 비용이 포함된다. 하지만 이 외에 고용인이 업무에 집중하지 못하게 되거나 병가를 냄으로써 발생하는 생산성 손실처럼 측정하기 훨씬 까다로운 경제적 비용 또한 존재한다. 이러한 손실은 고용주와 고용인, 사회, 그리고 각 환자에게까지 두루 영향을 미친다. 현재 우울증은 심혈관계질환, 암, 감염병을 비롯해 다른 모든 질환을 제치고 업무 장애를 초래하는 질환 1위 자리를 차지하고 있다. 나아가 정신장애 및 물질사용장애는 미국의 '장애생활연수years lost to disability(장애로 인해 건강하게 살지 못한 기간의 연수 - 옮긴이)'와 '전체 질병부담overall disease burden'에 가장 많은 영향을 미치는 원인이다.[12]

경제적 비용보다 훨씬 더 중요한 문제는 정신질환이 환자 개인과 그 가족에게 가하는 고통이다. 정신질환은 이루 말할 수 없는 지독한 불행과 절망을 가져온다. 사람들의 삶을 망가뜨리기도 한다. 사회적 고립을 낳고 학업과 진로 계획에 지장을 주며 사람들이 스스로에게 가질 수 있는 기대를 처절하게 제한한다. 이 같은 고통은 환자 본인 선에서 끝나는 일이 거의 없다. 가족의 삶 역시 혼돈의 구렁텅이로 던져질 수 있다. 이혼도 흔하게 발생한다. 환자와 가장 가까운 사람들은 자신도 불안장애나 외상 후 스트레스장애posttraumatic stress disorder, PTSD 같은 정신질환을 앓게 되거나 번아웃을 느끼고 자신의 건강을 지키기 위해 환자인 친구나 가족을 포기해버릴 수도 있다. 노숙자 쉼터에 머무르는 사람 중 적어도 절반은 정신질환 또는 물질사용장애로 고통받고 있다.[13] 교도소 수감자들의 상황도 마찬가지다.[14] 정신질환은 폭력성에도 영향을 미칠 수 있는데, 꼭 뉴스 헤드라인을 장식하는 학교 총격범뿐만이 아니라 가정 폭력범도 정신질환 환자인 경우가 많다. 정신질환은 스스로 목숨을 끊을 만큼 극단적인 절망감을 낳을 수도 있다.

하지만 대다수의 사람은 정신질환을 앓고 있어도 이렇게 극적으로 자신을 드러내거나 쉽게 눈에 띄지 않는다. 그보다는 홀로 조용히 괴로워하는 경우가 압도적으로 많다. 이들은 자신의 고통을 수치스럽게 여긴다. 자신의 증상에 어떻게 대처해야 할지 알지 못한다. 대부분은 자신이 질환을 앓고 있다는 사실조차 모른다. 자신의 증상을 '증상'이라고 생각지도 못하며, 실존의 자연스러운 한 부분이라고 생각한다. 스스로를 나약하다거나 남들보다 못났다고 믿기도 한다. 자신의 힘으로 바꿀 수 있는 것은 아무것도 없으므로 그저 주어진 삶 속에서 최선을 다하기만 하면 된다고 생각한다. 그리고 자신이 겪는 고통과 증상들을 자기 자신 혹은 자신의 삶에 있어 필요 불가결한 부분이라고 느낀다.

메리라는 여성이 있다고 하자. 메리의 부친은 알코올의존자였으며, 딸을 언어·물리적으로 학대했다. 아버지는 메리의 모든 행동을 흠잡았고, 그 속에서 그녀는 자신이 멍청한데다가 이를 만회할 장점도 거의 없다고 믿으며 자랐다. 괜히 문제만 키우고 아버지로부터 더 심한 학대를 당하리라는 생각에 아버지의 폭력에 대해 사람들에게 말하지도 않았다. 고등학생이 되었을 무렵에는 우울감에 사로잡히고 외톨이였으며 미래에도 별다른 희망이 없다고 생각했다. 이러한 상태는 성인이 된 후에도 지속됐다. 메리는 잠을 잘 이루지 못했고, 아버지가 자신에게 소리 지르는 장면이 플래시백 flashback(트라우마성 기억과 연합된 단서를 접함으로써 비자발적으로 현실 감각을 잃고 마

1부 · 모든 정신질환은 연결되어 있다

치 당시의 상황을 그대로 다시 경험하듯 기억에 강렬하게 몰입하는 현상—옮긴이)되었으며, 큰 소리에 쉽게 깜짝깜짝 놀랐다. 메리는 이 중 어떤 것도 '장애'로 볼 수 있다는 생각을 떠올리지 못했으니 하물며 치료가 가능하다는 건 꿈도 꾸지 못했다. 나는 무언가에 이끌려 치료를 받으러 오기까지 이처럼 몇 년이고 고통받는 메리 같은 환자들을 보곤 한다. 그리고 메리 같은 사람 중 많은, 정말 많은 수는 평생 아무런 치료도 받지 않는다.

지금의 치료법은 괜찮은가?

정신질환 치료는 매우 중요하다. 치료는 고통을 완화해줄 수 있다. 기능 전반이 현저하게 저해되지 않도록 예방해줄 수 있다. 사람들의 꿈과 잠재력을 되찾아줄 수 있다. 생명을 살려줄 수도 있다. 아니, 실제로 그런 일들이 일어나고 있다. 많은 사람이 현대의 정신 건강 치료법들로부터 엄청난 도움을 받고 있다. 환자들은 치료를 통해 중독을 극복하고, 정신증적 삽화(정신증적 증상들이 일정 기간 집중적으로 발현되는 상태—옮긴이)가 완화되는 경험을 하며, 불안을 다스리는 법을 배우고, 섭식장애에서 회복한다. 이 같은 성공은 진짜이며 큰 의미가 있다. 우리가 가진 치료법이 먹히고 있다는 뜻이기 때문이다. 그러나 불행히도 언제나, 누구에게나 효과가 있는 것은 아니다.

성공 사례를 먼저 살펴보자. 존은 36세의 엔지니어로 결혼 후 슬하에 어린 두 자녀를 두었다. 그의 삶은 썩 괜찮았다. 부인이 바람을 피운다는 사실을 알게 되기 전까지는. 존은 결혼 생활을 지키고 싶었지만 그의 부인은 다른 삶을 살기를 원했고, 결국 그를 떠나기로 결정했다. 존은 엄청난 충격을 받고 심한 우울증에 빠졌다. 잠이 들더라도 2시간 이상 자지 못했다. 자신의 삶이 엉망이 되었다는 생각에서 도저히 벗어날 수가 없었다. 유일한 방법은 부인을 다시 돌아오게 하는 것뿐이라고 생각했지만 그녀는 전혀 그럴 마음이 없었다. 존은 자신이 남편으로서, 아버지로서, 한 인간으로서 실패했다는 죄책감에 괴로워했다. 이러한 상태는 3개월간 지속되었고, 나아질 기미는 일절 보이지 않은 채 오히려 악화되기만 했다. 결국 존의 가족은 그에게 정신과 의사를 찾아가보라고 권했다. 그는 항우울제와 수면제를 처방받고 매주 심리치료를 받기 시작했다.

며칠이 지나자, 존은 전보다 잠을 많이 자게 되었다. 수면 시간의 증가는 지남력(시간, 장소, 방향, 자신에 관한 감각 등을 인지하는 능력 – 옮긴이)을 상실하고 압도된 듯한 느낌이 덜해지도록 도와줬지만 그래도 그는 여전히 마음이 산란했다. 그러다 한 달이 지나자 상황이 호전되기 시작했다. 그의 기분은 전보다 나아졌다. 수면제를 끊고도 정상적으로 잠을 이룰 수 있었다. 고문 같은 반추에 마음을 덜 쓰고 자신이 스스로 통제할 수 있는 것들에 더초점을 맞추게 되었다. 직장 업무와 집안일에 집중했으며, 건강도 관리해야겠다고 마음먹었다. 그는 자신의 두 아이와 가치 있는 시간을 보내기 시작했다. 이혼을 확정 짓지 않으려 그동안 회피했던 마지막 절차도 밟았다. 몇 달뒤, 그는 심리치료를 그만두어도 괜찮은 상태가 되었다. 1년 뒤에는 항우울제 복용량을 줄이고도 나쁘지 않은 기분 상태를 유지할 수 있었다. 그리고다시 새로운 사람과의 만남을 시작했다.

존의 사례는 현대 정신의학이 성공한 결과를 보여준다. 약물치료와 심리치료의 결합으로 우울과 불안을 완화하고 그의 삶에서 이례적으로 스트레스가 극심한 시기에 잘 대처할 수 있게 도운 것이다. 고통이 감소한 것은 존뿐만이 아니다. 이혼은 아이들에게도 힘든 사건이다. 실제로 부모의 이혼으로 인해 아이들도 정신 건강 문제를 겪게 될 위험이 커진다. 부모가 중증우울증을 앓는 것 또한 이 위험을 증가시키는 요인이다. 치료 덕분에 존은 호전됐고, 전보다 아이들에게 신경을 쓰는 아버지가 되었다. 즉, 존의 기분이 나아지게 돕는 일은 아이들에게도 이로운 결과를 가져다줬다. 존의 직장 역시 혜택을 받았다. 우울에 빠져 있는 동안 존은 매일 직장에 나가기는 했지만 업무에 집중하지 못해 맡은 일을 별로 효율적으로 해내지 못했다. 성공적인 치료는 존이 좀 더 생산적인 고용인이 되게 도와줬다.

존과 같은 사례는 무수히 많으며, 정신 건강 분야에 종사하는 연구자와 임상의들이 이들에 대해 이야기하고 싶은 이유도 쉽게 이해할 수 있다. 치료가 효과가 있을 수 있다는 사실을 강조하는 것이 중요하기 때문이다. 사람들이 도움을 청하도록 북돋아주고 치료를 통해 고통이 끝날 수 있음을 알려주는 것 또한 중요하다. 그리고 어느 분야에 있든 전문가들은 자신의 성공에 초점을 맞추고 싶어 하기 마련이다. 구태여 효과가 없다고 떠벌리는 일은 없다. 그러나 안타깝게도 정신 건강 분야에서는 효과가 없는 경우가 허다하다. 누구나 존처럼 긍정적인 결과를 얻는 것은 아니다. 아니, 사실 대부분이 그렇지 못하다.

우울증은 미국에서 가장 흔하게 진단이 내려지고 치료가 이뤄지는 정신장애 가운데 하나다. 2020년에는 2천 1백만 명의 성인이 적어도 한 차례의 우울 삽화를 경험한 것으로 추산되었는데, 이는 미국 전체 성인 인구

의 8.4퍼센트에 해당한다. 그 가운데 약 66퍼센트가 어떤 형태로든 치료를 받는다.[15]

그렇다면 우울증 치료를 받은 이 사람들은 모두 어떻게 되었을까? 상태가 호전됐을까? 그리고 더욱 중요한 것은, 만약 그랬다면 좋아진 상태가 장기적으로 유지됐을까?

한 연구에서 이 질문의 답을 찾기 위해 총 다섯 군데의 대학병원에서 주요우울장애 치료를 받던 환자들을 모집해 12년간 추적조사했다.[16] 이 연구에 포함된 환자의 수는 431명이었으며, 연구진은 주 단위로 이들의 우울 증상을 평가했다. 그 결과, 치료를 받아도 90퍼센트의 환자들에게 증상이 남아 있었다는 사실을 발견했다. 연구에 참가한 사람들은 평균적으로 12년의 기간 중 거의 7년 정도를 우울 증상에 시달렸다. 아무리 치료를 받고 매일 약을 복용해도 증상의 정도가 변동을 거듭하며 이따금 사라졌다가 곧 재발하곤 했다. 다시 말해, 연구에 참가한 환자 가운데 90퍼센트는 우울증이 완치되지 않았다. 환자들에게서는 증상들이 약한 수준으로 계속 남아 있거나 주요우울 삽화가 반복되었다. 우울증은 삽화성을 띨 뿐 만성적인 질환으로 밝혀졌다. 연구자들이 발견한 바에 따르면 존의 사례처럼 한 번의 우울 삽화만을 겪는 경우, 완전히 회복되어 평생 재발하지 않을 가능성이 높다. 그러나 이런 사람은 많지 않았다.

이 연구 결과가 특별히 예외적인 것이 아니다. 정신 건강 분야에 다년간 종사한 사람이라면 누구나 알고 있는 사실을 반영했을 뿐이다. 첫 번째로 시도한 치료법에서 일시적으로라도 증상이 완화되는 관해[remission]를 경험하지 않는 수는 우울증 환자의 거의 3분의 2에 달한다.[17] 통계 수치가 시사

1부 · 모든 정신질환은 연결되어 있다

하듯 많은 사람이 한 가지 치료법을 시도해보고 효과가 없으면 또 다른 치료법을 시도하며 애써도 몇 년이고 계속해서 고통을 겪는다. 이는 약물치료만의 이야기가 아니다. 많은 사람이 약물치료, 심리치료, 집단치료, 명상, 긍정적인 사고, 스트레스 관리를 비롯해 수많은 치료법을 시도한다. 어떤 이들은 심지어 경두개자기자극술transcranial magnetic stimulation, TMS이나 '전기충격요법shock therapy'으로 알려진 전기경련요법electroconvulsive therapy, ECT을 받기도 한다. 어떤 치료법으로도 그다지 효과를 보지 못한 사람들은 '치료 저항성 우울증'에 시달리기도 한다. 물론 증상이 어느 정도 완화되는 사람들이 더 많지만, 이들 또한 완전히 낫거나 장기적인 효과를 보지는 못한다. 우울증이 전 세계적으로 기능 저해를 야기하는 주요 원인이라는 사실은 현재 사용하는 치료법들이 효과적이지 않음을 분명하게 보여준다. 우린 대체 무엇을 놓치고 있는 걸까? 어째서 우울증 환자 대부분의 증상을 낫게 해주고 건강해진 상태를 유지하게 해주지 못하는 걸까?

이쯤에서 여러분은 우울증 말고 다른 정신질환의 예후는 어떤지 궁금할 수 있다. 슬프게도 통계 수치를 보면 다른 많은 질환의 경우에는 이보다 더 상황이 좋지 않다. 모든 정신질환의 데이터를 하나하나 살펴보지는 않겠지만 강박장애, 자폐증, 양극성장애, 조현병은 모두 치료의 성공 여부나 고통이 만성화되는 특성에 있어서 최소한 우울증만큼 비관적이다.[18] 이 환자들 가운데 다수는 평생 이 질환을 안고 살아야 하며, 인생에서 성취할 수 있는 수준에 대한 기대치를 낮춰야 한다는 말을 듣는다.

당연히 많은 환자가 정신 건강 치료의 효과가 없다는 사실에 좌절한다. 존과 같은 사례들을 듣고 자신도 그들처럼 치유되리라 상정하기 때문이다. 그러다 보니 자신의 치료를 담당한 전문가가 무능하다거나, 애초에 진단이 틀렸다거나, 아니면 그저 아직 자신에게 맞는 약을 찾지 못한 것이라고 믿는다. 그러나 안타깝게도 이 환자들이 차도를 보이지 않는 것은 보통 이런 이유 탓이 아니다. 단순히 치료법 자체가 대부분의 사람에게 그다지 잘 듣지 않기 때문이다.

정신 건강 분야에 있는 일부 전문가들은 이 같은 평가를 좋아하지도, 내가 이런 식으로 공개적으로 하는 이야기에 찬성하지도 않는다. 치료에 대한 비관주의로 사람들이 치료받으러 오는 것 자체를 꺼리게 될까 우려하는 것이다. 물론 타당한 걱정이다. 정신질환으로 고통받는 사람들이 전문가에게 도움을 청하는 것은 매우 중요하다. 때로는 이 도움만으로 자살 위기를 넘기고 삶을 유지하는 힘을 얻을 수 있기 때문이다. 그렇다고는 하나 내가 지금까지 제시한 데이터는 정확하다. 지금의 정신 건강 치료법들이 모든 사람(혹은 적어도 대부분의 사람)에게 효과가 있으며 병을 완치해준다는 주장은 아무리 봐도 진실을 오도하는 것이다. 더욱 우려스러운 부분은 이러한 주장이 정신질환 환자들에게 더 큰 수치심을 주고 부정적인 낙인을 찍는 역할을 할 수도 있다는 점이다. 만약 환자들에게 치료법이 효과가 있다고 말했는데 막상 이들의 증상이 호전되지 않으면, 누군가는 치료법과 전문가를 탓하겠지만 어떤 이들은 자기 자신을 탓한다. 환자뿐만이 아니다. 환자의 가족, 다른 임상의, 나아가 사회에서는 환자의 증상이 나아지지 않는 것을 두고 어떻게 생각하겠는가? 그 환자들이 앓고 있는 정신질환이 상대적으로 극심한 형태(이러한 시각에도 상당한 오류가 있다)인 '치료 저항성treatment-resistant(일반적인 치료를 통해 증상이 완화되지 않는 특성-옮긴이)' 정신질환이라서 그렇다고 말함으로써 고통스러운 낙인을 더하고 있지 않는가? 혹은 환자의 잘못이라는 시선을 보내지 않는가? 그 환자가 치료에 충분히 열심히 임하지 않는 것은 아닐까? 그 사람이 뭔가 내심 아프길 '원해서' 아픈 걸까? 불행히도 이런 시선은 임상의, 가족, 친구 등의 사람들에게서 몹시 흔하다. 여기에 다시 처음에 하던 이야기로 돌아가 솔직히 말하자면, 대부분의 정신질환에 대해 현재 우리가 사용하는 치료법들은 대다수의 사람에게 장기적인 치료 효과를 안겨주지 못한다. 이에 따라 애초에 치료가 필요한 사람들의 사기가 꺾이는 위험이 발생하게 된다.

*

이 장에서 개괄한 모든 것, 다시 말해 정신질환이 흔하며 점점 더 수두룩해지고 있다는 사실, 경제적인 측면과 사람들이 겪는 고통이라는 측면 모두에서 사회에 엄청난 부담을 지우고 있다는 사실, 그리고 이 같은 부담을 완화하는 과제에 있어서 우리가 현재 가진 치료법들이 제 역할을 하고 있지 못한다는 사실을 고려하면 정신질환 문제가 국제적 보건 비상사태임이 명백해 보인다. 지금까지 우리는 이 문제를 올바르게 이해하고 새로운 해결책을 발견하겠다는 희망으로 연구에 많은 돈을 쏟아부었다. 2019년 한 해만 해도 미국 국립보건원National Institute of Health, NIH에서는 정신 건강 연구에 32억 달러를 들였다. 여태껏 해온 연구의 성과로 과연 무엇을 내세울 수 있을까?

다음은 전 미국 국립정신건강연구소National Institute of Mental Helth, NIMH 소장 톰 인셀Tom Insel 박사가 2017년에 임기를 마치며 한 말이다.

"나는 미국 국립정신건강연구소에서 13년간 일하며 정신질환의 신경과학

및 유전학 연구를 중점적으로 밀어붙였는데, 돌이켜보니 제법 큰 비용(200억

달러 정도인 것 같다)을 들여 훌륭한 과학자들이 정말 훌륭한 논문을 많이 발

표하게 하는 데에는 성공한 것 같다. 하지만 정작 정신질환을 앓고 있는 수

천만 인구의 자살률과 입원율을 낮추고 회복률을 높이는 데에는 눈에 띄는

성과를 내지 못한 것 같다는 사실을 깨달았다."[19]

이렇게 스스로 인정한 것은 인셀로서는 상당히 용기 있는 모습이었

다. 정신 건강 분야에 종사하는 사람들이라면 이 말이 사실임을 안다. 다시

앞의 질문으로 돌아가보자. 우린 대체 무엇을 놓치고 있는 걸까?

분명한 사실은 실질적으로 눈에 띄는 발전이 있으려면 이 문제에 답

을 할 수 있어야 한다는 것이다. "정신질환을 일으키는 원인은 무엇인가?"

지금까지 우리는 이 답을 찾는 데 실패했다.

1부 · 모든 정신질환은 연결되어 있다

2

정신질환을 일으키는
원인은 무엇인가?

정신 이상, 광기, 불안, 비합리적 두려움, 빠져나올 구멍이 보이지 않는 우울, 중독, 자살 등 정신질환은 고대부터 현재까지 인류의 모든 문화권에서 묘사되었다. 앞에서 확인했다시피 최근 들어 유병률이 증가하고 있지만 정신질환의 고통 자체는 인류에게 전혀 새로운 것이 아니다. 그리고 과연 그 원인이 무엇인가 하는 문제는 계속해서 우리를 당혹스럽게 만들고 있다. 고대의 학자, 철학자, 시인들도 현대의 신경과학자, 의사, 심리학자들과 마찬가지로 이 문제를 끊임없이 고민했지만 확실한 답을 찾지 못했다.

지난 몇천 년 동안 수많은 이론이 제기됐다. 고대에는 정신질환이 대체로 초자연적인 힘이 작용한 결과로 여겨졌다. 그중에서도 신이 내린 벌이라는 것이 일반적인 생각이었다. 한때는 악귀가 씐 것이라는 믿음이 대세여서 퇴마 의식을 치료법의 하나로 여기기도 했다. 이러한 관점들이 역사적으로 그 명맥을 유지하며 계속해서 다시 부각되는 일이 반복되기는 했지만 전반적으로 모든 질환이 초자연적이라기보다는 자연적인 현상이라는 시각이 자리 잡기 시작하고, 의학적 장애의 일종으로서 정신질환의 개념이 정립되면서부터는 좀 더 과학적인 태도로 정신질환을 대하게 되었다. 고대 그리스 의사 히포크라테스Hippocrates는 정신질환을 진지하게 대한 인물 가운데 하나로, 생명 유지에 필수적인 인체 내 네 가지 액체, 즉 '체액humors'들의 불균형이 정신질환의 원인이라는 이론을 세웠다. 이 중 '흑담즙black bile'이 과다해지면 우울증 혹은 멜랑콜리아melancholia가 발병한다고 여겼다. 이에 따라 '멜랑콜리melancholy'라는 용어 또한 '흑담즙'을 가리키는 그리스 단어에서 유래되었다. (흥미롭게도 체내 물질, 특히 장내미생물과 관련된 찌꺼기라는 개념은 이후 정신질환을 설명하는 이론에서 다시 등장한다. 이에 대해서는 뒤에서 더 자세히 알아보기로 하자.)

의학의 탄생이 그랬던 것과 마찬가지로 심리학 분야의 발달 역시 자연히 정신질환에 관한 생각에 큰 변화를 가져왔다. 지그문트 프로이트Sigmund Freud는 정신질환이 무의식적인 욕망과 갈등으로 인해 발생한다는 유명한 이론을 세우고, 인간의 마음을 원초아id, 자아ego, 초자아superego라는 비물리적 실체 혹은 힘의 작용으로 바라봤다. 이를 필두로 인간의 행동과 신경과학에 대해 우리가 알고 있는 사실들을 바탕으로 정신질환을 좀 더 '과학적으로' 설명하려는 수많은 심리학 이론이 발달했다. 이를테면 현대의 인지적 또는 행동학적 이론들은, 불안장애를 내면화된 어떤 사고 패턴의 결과로 보거나, 심적 경험을 변화시키는 방법으로 특정 행동에 변화를 주라고 주장한다. 심리학 이론들은 오늘날에도 여전히 치료법으로 사용되고 있지만 임상의와 연구자 대부분은 이것만으로 모든 정신질환을 설명할 수는 없다고 생각한다. 19세기 중반부터 지금까지 정신질환에 생물학적인 요소나 영향이 있다는 증거는 계속해서 쌓여가고 있다. 화학적 불균형, 뇌에서 일어나는 변화, 호르몬, 염증, 면역체계의 문제 모두 정신질환을 일으키는 데 어느 정도 관여할 가능성이 있다고 여겨진다. 그렇지만 정신 건강 분야의 일부 권위자들은 심적 상태를 신체적 관점에서만 바라보는 것은 지나치게 '환원주의적 reductionistic(단순한 하위 단계의 여러 개념들을 합한 것으로써 복잡한 상위 단계의 개념을 설명할 수 있다고 보는 견해-옮긴이)'이라고 느낀다. 이런 이론들은 인간의 복잡한 행동, 정서, 경험을 화학 혹은 생물학적 작용의 결과만으로 환원시켜버리는데, 인간의 경험을 한낱 분자들만 가지고는 결코 설명할 수 없다는 입장인 것이다.

1977년, 내과 전문의이자 정신과 의사였던 조지 엥겔George Engel 박사는 정신질환의 원인에 대해 지금까지도 널리 사용되는 작업모형을 개발했다. 그는 이를 **생물심리사회 모형**biopsychosocial model이라고 일컬었다.[1] 생물심리사회 모형은 한 개인의 (1) 유전자와 호르몬을 비롯한 생물학적 요인, (2) 양육 환경, 확고한 신념과 같은 심리적 요인, 그리고 (3) 가난이나 친구가 없는 등의 사회적 요인이 모두 모여 정신질환을 일으킨다고 주장한다. 이와 양대 산맥을 이루는 또 다른 모형이 질병소인-스트레스 모형diathesis-stress model이다. '질병소인'이란 유전이나 호르몬 불균형처럼 생물학적으로 어떤 질병에 걸리기 쉬운 성향을 의미한다. 이 모형에서 말하는 스트레스는 실직, 약물 사용, 감염병까지 이미 질병소인을 갖춘 사람이 실제로 병에 걸리게 만드는 환경 속 그 어떤 것도 해당될 수 있다. 이 모형은 정신질환이 발병한 사람들 대부분이 그저 계기가 생길 때까지 대기 상태에 있었을 뿐, 살아가는 동안 어느 시점에서든 발병했을 가능성이 높다고 상정한다. 두 모형 모두 정신질환을 일으키는 데 관여하는 것으로 여겨지는 다양한 요인들을 두루 고려해 정신질환에 대한 전반적인 설명을 제시한다.

실제로 지금까지 각각의 정신장애를 일으킬 가능성이 높은 다수의 요인이 **규명되었다**. 현재 사람들이 일반적으로 정신장애의 원인으로 떠올리는 것도 바로 이 위험 요인들인데, 여기에는 스트레스, 약물 사용 및 음주, 호르몬 문제, 정신질환의 가족력 등이 포함된다. 문제는 이처럼 위험 요인들이 상당수 밝혀졌지만 이 중 어느 요인도 특정 정신장애를 앓고 있는 모든 환자에게 공통으로 발견되지는 않으므로, 특정 정신장애를 유발하는 **충분 조건**이라고 볼 수 있는 위험 요인은 단 한 가지도 없다는 점이다.

이를 단적으로 보여주는 예가 PTSD다. PTSD는 트라우마성(외상성) 사건을 겪고부터 몇 달에서 몇 년 동안 두려움, 플래시백, 과도한 불안, 무감각한 느낌을 경험하게 만드는 정신질환이다. 정의에 따라 PTSD 환자는 누구나 트라우마성 사건에 노출되어야 하지만 트라우마를 경험한 사람 중 겨우 15퍼센트 정도만이 실제 PTSD로 발전한다. 심지어 두 사람이 동일한 트라우마성 사건을 경험하더라도 한 명은 극심한 PTSD를 앓는 반면, 나머지 한 명은 전적으로 괜찮은 경우도 있다. 요컨대 트라우마 자체는 PTSD를 일으키는 '원인'이 아니다. 아마 여러분은 "그야 당연하지, 정신질환은 여러 위험 요인이 조합된 결과로 발생하는 거니까"라고 말할지도 모르겠다. 안타깝지만 PTSD를 '확정적으로' 일으키는 위험 요인들의 조합 또한 없기는 마찬가지다. 그리고 이는 다른 거의 모든 정신질환에도 해당되는 이야기다. 때로는 왜 정신질환에 걸리게 됐는지 쉽게 이해할 수 있는 사례들도 있다. 가령 어린 시절 끔찍한 학대를 받았고 현재는 갑상샘장애를 앓고 있는데다 불과 얼마 전 10년간 같이 산 남편이 다른 여자와 바람이 나 떠나버린 경험을 한 여자가 임상우울증에 걸렸다고 하자. 대다수의 사람은 그녀가 임상우울증에 걸릴 만한 위험 요인을 여럿 갖췄기 때문에 우울증에 걸렸으리라 이해할 수 있다. 하지만 이 세상에는 전혀 그럴 이유가 없어 보이는데 난데없이 정신질환이 발병하는 사례들도 있다.

우울증의 진짜 원인은 무엇일까

정신질환 가운데 가장 명확하게 정의되고 파악된 축에 드는 주요우울장애를 한번 살펴보자. 사람은 누구나 우울감을 느끼지만 모두가 주요우울장애를 앓게 되는 것은 아니다. 주요우울장애 환자들은 대부분의 시간 동안 슬프거나 우울감을 느끼는 상태이며, 피로를 경험하거나, 집중에 어려움을 겪거나, 숙면을 취하지 못하기도 한다. 주요우울장애는 삶에서 기쁨과 즐거움을 경험할 수 있는 능력을 모조리 앗아가고 절망감에 짓눌리는 듯한 느낌만을 남기며 심지어 자살을 생각하게 만들 수 있다. 증상으로는 총 아홉 가지가 있는데, 이 가운데 최소한 다섯 가지 증상을 이 주 이상 경험하면 주요우울장애 진단이 내려진다.

주요우울장애 발병에 관여한다고 분명하게 밝혀진 위험 요인은 여러 가지가 있다. 우울증의 유전적 소인이나 가족력, 스트레스, 사랑하는 사람의 죽음, 실연, 직장이나 학교에서의 갈등, 그리고 신체적 및 성적 학대가 여기에 포함된다. 이에 더해 갑상샘호르몬 저하, 높은 코르티솔 농도, 출산 후나 월경 기간 전후로 우울증의 위험을 높일 수 있는 여성 호르몬의 큰 변동성 등 다양한 호르몬 문제도 있다. 실제로 단순히 성별이 여성이라는 사실만으로도 우울증에 걸릴 위험이 남성보다 두 배나 높아진다. 과도한 약물사용이나 음주도 위험 요인이며, 특정 항생제나 혈압약처럼 의외로 그럴 것같지 않은 일부 처방약도 위험을 높일 수 있다. 더불어 괴롭힘이나 놀림을당한다든지, 친구가 없다든지, 아니면 그저 대부분의 시간을 외로움을 느끼며 보내는 것과 같은 사회적인 문제들도 있다. 가난, 영양실조, 안전하지 못한 주거 환경 역시 우울증의 위험을 높인다. 너무 많이 자거나 지나치게 적게 자는 수면장해 또한 우울증의 발병 요인이 된다. 만성 통증, 당뇨병, 심장병, 류머티즘 관절염을 비롯한 여러 신체질환 또한 위험 요인에 포함된다.

암도 위험 요인의 하나지만 아마도 여러분이 생각하는 이유와는 조금 다르다. 대다수의 사람은 암 진단을 받으면 스트레스를 받기 때문에, 이처럼 충격적인 진단으로 인해 우울해지는 것이 자연스러운 수순이라고 여긴다. 물론 일부는 실제로 그러하다. 그러나 어떤 사람들은 자신이 암에 걸렸다는 사실을 **알게 되기도 전에** 임상우울증에 걸린다. 특히 췌장암 환자들이 이런 순서를 공통으로 밟는데, 특별한 이유 없이 괜히 우울하다고 느끼다가 몇 달 뒤 췌장암 진단을 받는 식이다. 아울러 뇌졸중, 다발성 경화증, 파킨슨병, 알츠하이머병, 뇌전증을 비롯한 신경학적 장애는 사실상 전부 우울증 발병 위험이 높아지는 현상과 연관되어 있다. 더욱 흥미로운 점은 우울증 외의 다른 모든 정신질환이 기존의 병과 더해져 주요우울장애를 추가로 진단받을 위험을 크게 높인다는 사실이다.

이렇게 보면 위험 요인들이 참 많기도 하다. 게다가 상당히 다양하다. 생물학·심리·사회적 요인 등 이들이 각각 속한 유형뿐만 아니라 발병에 얼마만큼 영향을 미친다고 여겨지는지에 있어서도 꽤 차이가 난다. 예컨대 성별이 여성이라는 점이 주요우울장애의 위험 요인이기는 해도 성별이 주요우울장애의 원인이라고 말하는 사람은 아무도 없다. 그러나 어떤 요인들은 좀 더 직접적으로 발병에 영향을 미치며, 실제로 서로 팽팽하게 맞서는 여러 이론이 저마다 하나의 요인을 콕 집어 주요우울장애의 근본 원인으로 지목하고 있다. 생물심리사회 모형을 따르는 이들과 달리 일부 전문가들은 주요우울장애가 순전히 유전적이라거나, 순전히 생물학적이라거나, 순전히 심리적 문제에서 기인했으며, 나머지 위험 요인들은 그저 눈속임에 불과하다고 믿는다.

이런 단일 원인 이론 가운데 가장 널리 알려진 것은 **화학적 불균형**이 우울증, 나아가 사실상 모든 정신질환을 일으킨다는 이론이다. 화학적 불균형 이론은 정신질환은 모두 **신경전달물질**이라는 뇌 내의 화학물질의 균형이 깨진 탓에 발생한다고 주장한다. 신경전달물질은 뇌세포 간의 신호를 전달해주는 역할을 하는 화학물질이다. 우울증의 경우 세로토닌이라는 신경전달물질의 농도가 지나치게 낮아서 발생하므로, 세로토닌 농도를 높이는 약을 쓰면 우울증이 치료될 것이라는 생각이 일반적이다. 이에 따라 선택적 세로토닌 재흡수 억제제selective serotonin reuptake inhibitor, SSRI 계통에 속하는 약들이 우울증에 흔하게 처방되는 약 중에서 큰 비중을 차지한다(프로작, 졸로프트, 팍실 모두 여기에 해당한다). 대체로 이 약들은 우울증 증상들을 완화하는 데 실제로 도움을 줌으로써 화학적 불균형이 우울증의 원인일지 모른다는 이론에 힘을 싣는다. 다른 신경전달물질 체계에 영향을 미치는 계통의 약들도 우울증을 호전시켜줄 수 있으므로, 어쩌면 세로토닌뿐만 아니라 사람에 따라 다양한 신경전달물질이 병의 원인일 가능성도 있다. 어느 쪽이든 우울증에는 언제나 화학적 불균형이 근본적인 원인으로 자리하고 있다는 것이 다수의 정신과 의사나 연구자들의 생각이다.

그렇지만 이 이론에는 수많은 의문이 제기된다.

- 일차적으로 화학적 불균형을 일으키는 원인은 무엇인가?
- 화학적 불균형이 선천적인 문제라면 어째서 이들은 태어난 순간부터 늘 우울증에 시달리지 않는가?
- 어째서 SSRI 같은 약들이 효과를 나타내기까지 수주에서 수개월이 걸리는가? 신경전달물질 농도에 변화를 가져오는 데 고작 몇 시간이면 충분하다는 사실이 이미 밝혀졌는데, 그렇다면 이 약들이 즉각적인 효과를 내지 못하는 이유는 무엇인가?
- 일정한 화학적 불균형이 원인이라면 짧은 시간 안에도 계속해서 증상의 정도가 심해졌다 덜해졌다를 반복하는 이유는 무엇인가? 다시 말해, 어째서 어떤 날은 상태가 좋았다가 또 어떤 날은 나빠지며, 심지어 약을 지속적으로 복용하는 중에도 이 같은 현상이 나타나는가?
- 그토록 많은 사람이 더는 약효를 보이지 않는 이유는 무엇인가? 화학적 불균형 상태가 일정하게 유지되지 않는 이유는 무엇이며, 여기에 영향을 미치는 요인은 또 무엇인가?

이러한 의문점들은 비단 우울증뿐만 아니라 모든 정신질환 진단과 관련해 절실히 답을 필요로 하고 있다. 그러나 불행히도 화학적 불균형 이론은 만족스러운 답을 제시하지 못하고 있다.

주요우울장애의 원인을 설명하는 이론 중 널리 알려진 또 하나는 **학습된 무기력**learned helplessness 이론이다. 간단히 말해 이 이론은 사람들이 삶 속에서 마주하는 부정적인 상황들을 자신의 힘으로는 바꿀 수 없을 때 스스로가 무기력하다는 사실을 '학습'한다는 것이다. 아무리 갖은 노력을 기울여도 연애에 실패한다든지, 아니면 더 절박한, 학대 아동이 아버지의 폭력을 멈출 방법이 없는 상황 등에도 적용될 수 있다. 어느 쪽이든 이러한 상황에 처한 사람들은 무력감을 느끼기 시작하고, 우울감에 빠지고 만다. 종국에는 스스로 무언가를 더 해보려는 시도조차 전혀 하지 않게 된다. 왜 굳이 애를 쓰겠는가?

이에 일부 전문가들은 이들이 겪는 우울증의 원인이 심리적인 것이라고 주장한다. 스스로 무기력하다는 사실을 학습했고, 그대로 믿게 되었다고 말이다. 확실히 학대 아동은 일단 무기력감을 야기하는 환경에서 벗어나게 해주는 것이 무엇보다도 중요하다. 하지만 그로부터 몇 년이 더 흘러도 여전히 우울증에서 회복되지 못하는 경우도 있다. 대체로 이때는 대화 치료의 일종으로서 문제가 되는 생각, 정서, 행동을 규명하고 변화시키는 데 초점을 맞추는 형식의 인지행동치료cognitive behavioral therapy, CBT를 기반으로 한 치료법이 사용된다. 인지행동치료는 임상우울증을 앓고 있는 사람이 현재 처한 상황에 대한 현실적인 인지보다는 과거에 형성된 무기력한 마음가짐에 기대어 사고하기 때문이라는 확신을 바탕으로 진행된다. 궁극적으로는 환자들이 자신의 생각이 잘못되었음을 스스로 알아차리고 비교적 덜 비관적이고 절망적인 생각으로 대체할 수 있는 힘을 키워주는 것이 목표다. 이를 통해 환자들은 기분이 나아지고, 삶을 변화시켜 무기력을 덜 느끼는 방향으로 나아갈 수 있게 되며, 그 결과 상황이 개선되면서 선순환이 일어난다. 인지행동치료 또한 최소한 일부 환자에게는 효과를 나타내며 이 같은 유형의 문제가 우울증의 원인이라는 이론을 뒷받침한다.

이 밖에도 주요우울장애를 야기하는 것으로 여겨지는 특정 생물학·심리·사회적 요인에 치중한 이론이 많이 존재한다. 그중 다수가 특정한 유형의 치료법 및 중재법의 발달로 이어졌고, 실제로 환자들에게 적어도 일정 기간은 효과를 보였다. 사실상 대부분은 어떤 치료법이 일부 환자에게라도 효과가 있다면 그 질환의 원인이 되는 문제를 교정한 것임이 틀림없다는 논리로 우울증에 효과를 보인 치료법들을 따라 이론이 만들어지고 있다.

주요우울장애 치료에 사용되는 약에는 특별히 '항우울제'라고 알려진 것들이 포함되는데, 이 약들은 흔히 다섯 가지 계통으로 나뉜다. 각 계통의 약들은 세로토닌, 도파민, 노르에피네프린 등 저마다 다른 신경전달물질과 수용체에 작용한다. 그렇지만 주요우울장애를 치료하기 위해 사용되는 약이 항우울제만 있는 것은 아니다. 불안장애 약, 기분안정제, 항정신성약, 각성제, 항전간제(뇌전증 발작 완화를 위한 약—옮긴이), 호르몬제, 비타민, 그리고 세인트존스워트 같은 다양한 종류의 보조제들도 활용된다. 이 약들은 각자 매우 다른 방식으로 작용하지만 모두 우울증을 치료하는 데 일상적으로 사용되며, 다들 적어도 일부 환자에게 얼마간은 효과를 보였다.

심리치료 역시 굉장히 다양한 종류가 있다. 어떤 요법들은 인간관계에 집중하는가 하면 어떤 것들은 생각과 감정에, 또 어떤 것들은 행동에 치중한다. 현재의 변화에만 집중하는 요법들이 있는 반면, 과거나 아동기를 되짚는 것들도 있다. 심리치료 유형에 따라 접근법이 서로 매우 다를 수 있지만, 적어도 일부 우울증 환자에게는 도움을 줄 수 있다는 증거가 있다.

끝으로 앞에 소개한 것들보다 조금 더 공격적인 경두개자기자극술, 전기경련요법, 심지어 뇌의 일부를 절제하거나 뇌 또는 부교감신경계의 주요 신경인 미주신경을 자극하기 위해 전극을 심는 등의 수술요법들이 사용되기도 한다.

이처럼 치료법도 참 다양하다! 이 모두가 어떻게 같은 증상을 치료할 수 있는지 이해가 잘 되지 않는다. 그런데 이 중 어느 하나도 모든 우울증 환자에게 효과를 보이지는 않는다. 어째서일까? 주요우울장애의 원인은 개인차가 있어 그에 따라 각기 다른 치료법을 적용해야만 하는 걸까? 게다가 안타깝게도 앞 장에서 이야기했듯이 어떤 치료법에도 호전되는 기미가 없어 계속해서 새로운 치료법을 시도해보는 환자들의 수도 수백만 명에 달한다.

한편으로는 모든 주요우울장애 환자가 치료를 받는 것도 아니라는 사실을 간과해서는 안 된다. 실상은 세계적으로 대다수의 환자가 치료를 받지 않고 있다. 그럼에도 주요우울장애는 대부분 저절로 나아지곤 한다. 때로 몇 주 혹은 몇 개월 정도 증상들이 지속되다가 자연스럽게 사라지는 것이다. 이렇게 아무런 치료를 받지 않고도 증상들이 사라지는 원인은 무엇일까? 어째서 누군가에게는 우울증이 만성화되어 심신을 갉아먹는 질환으로 자리 잡는 것일까? 우울증이라는 정신질환의 원인을 제대로 파악한다면 이러한 문제에도 답을 할 수 있을 것이다.

하지만 이 문제의 복잡한 점은 이게 다가 아니다. 주요우울장애의 위험 요인들과 원인에 대한 이론들에 더해 주요우울장애와 **연관된** 신체적 변화들이 있음을 뒷받침하는 증거들 또한 상당하다. 즉, 우울증이 아닌 사람들에 비해 우울증 환자들에게서 더 빈번하게 관찰되는 신체적 특징이 있다는 뜻이다. 이 같은 변화들은 이미 우울장애 진단을 받은 사람에게서 관찰되는 특성이라고 볼 수도 있지만 반대로 우울장애의 원인에 대한 단서가 될 수도 있다.

가장 두드러진 특징은 염증이다. C-반응성 단백질이라든지 인터류킨 같은 다양한 생체지표 측정 결과, 만성 우울증을 앓고 있는 사람들은 그렇지 않은 사람들보다 평균적으로 염증 수치가 높다고 알려져 있다.[2] 하지만 지금 시점에서는 염증이 우울증의 원인인지, 우울증이 염증의 원인인지 분명하게 알 수 없다. 만약 염증이 우울증을 일으키는 것이라면 그 염증의 원인은 또 무엇일까? 지금까지 살펴보았던 위험 요인들 가운데 하나 또는 여럿이 결합된 결과일까? 아니면 아직 밝혀지지 않은 전혀 별개의 요인일까? 언제나 그렇듯 이에 대해서도 많은 사람이 만성감염, 자가면역질환, 독성 노출, 건강하지 못한 식습관, '장 누수' 증후군(외부 유해 물질의 유입을 차단하는 장벽의 조밀성이 감소해 방어벽 기능을 제대로 수행하지 못하는 상태 — 옮긴이) 등 저마다의 이론을 제시했지만 어느 것도 정답은 아니다. 설상가상으로 만성 우울증 환자라고 해서 전부 염증 수치가 높게 측정되는 것도 아니다. 우울증 환자들의 염증 수치가 높다는 결과를 발견한 연구들은 **집단** 간 비교를 통해 결과를 얻은 것이어서, 우울증 환자 집단과 비우울증 환자 집단을 비교했을 때는 우울증 환자 집단의 염증 수치가 높다. 하지만 우울증 환자 집단에 속

1부 · 모든 정신질환은 연결되어 있다

하는 모두가 비우울증 환자 집단의 모든 사람보다 염증 수치가 높은 것은 아니다. 분명히 짚고 넘어가자면, 연구자와 임상의들은 아직 인간의 몸속이나 뇌에서 우울증 환자와 비우울증 환자가 일관성 있게 차이를 보이는 염증 지표를 단 하나도 규명해내지 못했다.

한편 염증 수치 말고 만성 우울증 환자들의 뇌에서도 또 다른 점이 발견되었다. 일부 우울증 환자들에게서 특정 뇌 영역이 **위축**되는 현상이 나타났는데, 시간이 갈수록 그 정도가 심해질 수 있다는 것이다. 이러한 변화는 신경퇴행성장애에서 흔히 볼 수 있다 보니 일각에서는 우울증 또한 신경퇴행성장애의 일종이거나 알츠하이머병이나 파킨슨병과 같은 다른 신경퇴행성장애의 초기 단계에 있음을 보여주는 증상일지도 모른다고 추측하기도 한다.[3] 그런가 하면 또 다른 연구자들은 이 같은 변화가 우울증과 연관된 염증이 증가한 결과라고 추측한다. 염증이 장기간 지속되면 세포 조직에 손상을 줄 수 있다는 사실은 이미 밝혀졌다. 예컨대 무릎관절염으로 인해 염증이 생기면 주변 조직에 영구적인 손상이 발생할 수 있으며, 염증이 지속될수록 손상 정도가 심해진다. 어쩌면 뇌에서도 비슷한 현상이 일어나는지도 모른다. 즉, 염증이 먼저고 그에 따라 뇌 영역들이 손상됐을 수 있다.

더불어 연구자들은 우울증 환자들의 뇌 기능에서도 몇 가지 다른 점을 발견했다. 주요우울장애 환자들과 비우울증 환자들의 기능적자기공명영상functional magnetic resonance imaging, fMRI 스캔 결과를 비교해보니, 우울증 환자들의 뇌는 어떤 영역은 활동이 저하된 반면 또 어떤 영역에서는 활동이 증가했으며, 뇌 영역 간의 연결성에도 차이가 있었다.[4] 그렇지만 앞서 뇌의 변화를 관찰한 다른 연구들과 마찬가지로 fMRI 연구들 또한 집단 간의 상대적인 차이만을 보여줄 뿐이다. 게다가 이번에도 이러한 차이가 우울증의 원인이나 결과인지는 알 수 없다. 우울증과 이런 뇌에서의 변화를 동시에 일으키는 또 다른 과정이 개입했을 가능성도 있을까? 아직은 도무지 알 길이 없다.

마지막으로 문제를 더욱 어렵게 만드는 요인이 하나 더 있다. 바로 **장내미생물**이다. 인간의 소화기계에는 박테리아, 바이러스, 균류 등 수조 마리에 달하는 미생물이 있다. 이 미생물들이 호르몬과 신경전달물질, 염증성 분자들을 만들어내며, 해당 물질들은 장내로 방출된 뒤 혈관으로 흡수된다. 연구 결과들은 이 같은 미생물들이 비만, 당뇨병, 심혈관계질환, 우울증, 불안장애, 자폐증, 심지어 조현병에도 영향을 미친다는 것을 시사한다.[5] 하지만 미생물 연구는 비교적 신생 분야다 보니 어떤 미생물이 이롭고 또 어떤 것이 해로운지, 특정 미생물의 존재 유무 자체가 그 같은 결과를 가져오는지 아니면 다양한 유형의 미생물 간의 균형이 중요한 것인지 등 세세한 부분까지는 아직 알지 못한다. 더욱이 쥐를 대상으로 진행된 일부 연구에서 장내미생물의 변화를 매개로 우울증 증상들에 변화가 나타났다는 결과를 발견하기는 했지만, 이러한 정보를 어떻게 이용해야 우울증, 나아가 다른 대부분의 정신장애를 효과적으로 치료할 수 있는지는 아직 모르는 상태다.[6]

자, 이상 주요우울장애의 여러 위험 요인과 원인에 대한 몇 가지 이론, 그 원인에 초점을 맞춘 치료법들의 개요, 그리고 우울증 환자들에게서 관찰되는 생물학적 및 뇌에서의 몇 가지 변화까지 빠르게 살펴봤다. 그렇다면 이 모든 것을 종합해 '주요우울장애를 일으키는 원인은 무엇인가?'라는 질문에 어떻게 답하면 좋을까?

바로 이러한 점에서 **생물심리사회 모형**이 타당하게 여겨진다. 사람에 따라 생물학·심리·사회적 요인들이 다양하게 조합되어 주요우울장애를 유발하니까 말이다. 달리 표현하자면, 결국 사람마다 주요우울장애를 일으키는 원인이 다르다. 이에 일부 연구자와 임상의들은 우울증에 여러 **유형**이 있는 것이 틀림없다고 주장하기도 한다. 사회적 스트레스원으로 인해 발병하는 유형의 우울증이 있는가 하면 생물학적 요인으로 인해 발병하는 유형이 따로 있다는 것이다. 어쩌면 우울증의 유형이 수십 가지가 존재하고, 저마다 다른 위험 요인에 의해 발병하는지도 모른다. 어쩌면 특정 요인이 특정 증상을 일으키는 원인이어서 증상들을 제대로 군집화하기만 하면 이 다양한 유형들을 규명하고, 병의 원인을 더 잘 다스릴 수 있을지도 모른다.

하지만 불행히도 이러한 가설은 정답이라고 보기 어렵다. 임상의와 연구자들이 수십 년 동안 이 문제로 씨름했지만 위험 요인이나 예상되는 원인이 생물학적이든, 심리적이든, 사회적이든, 이들을 어떤 식으로 조합한 형태든 관계없이 유형을 어떻게 분류해도 증상들이 겹치는 일이 계속해서 일어났다. 동일한 집합의 증상들이 무수히 다양한 조건에 있는 무수히 많은 환자에게서 발견됐다. 심지어 주요우울장애의 증상들은 성경, 역사 문헌, 문학, 시, 그 옛날 히포크라테스 시절의 의학 기록에도 묘사되어 있다. 그렇다면 대체 진짜 원인은 무엇일까? 분명 답이 있을 것이다. 다양한 위험 요인, 나름대로 효과를 본 치료법, 계속해서 관찰되는 뇌와 신체의 변화에 대해 지금껏 밝혀진 온갖 사실들을 하나로 엮어주는 명쾌한 답이.

혹여나 같은 증상 묶음이라도 사람마다 서로 완전히 독립된 별개의 과정으로 인해 발생했을 가능성은 없을까? 글쎄, 가능성이야 있겠지만 매우 희박하다. **오컴의 면도날**Occam's razor이라는 말을 들어본 적 있는가? **절약**

의 법칙law of parsimony이라고도 알려져 있는데, 가장 통합적이면서도 단순한 설명이 정답일 가능성이 높다는 일반 원칙 또는 지침이다. 가령 모든 조건이 동일할 때 어떤 환자가 고열과 목 부위 통증, 두통을 호소한다면, 두통은 뇌출혈로 인해 발생하고 **동시에** 목의 통증은 신경 압박이 원인이며 **또 동시에** 발열은 감염 때문일 가능성보다는 이 세 가지 징후와 증상을 모두 설명할 수 있는 수막염에 걸렸을 가능성이 더 높다. 요컨대 우리가 지금까지 주요 우울장애에 대해 살펴본 것과 같은 상황이라면, 이 모든 연구 결과와 관찰된 사실들을 논리적이고 타당한 방식으로 연결해주는 통합적인 이론이 정답일 가능성이 가장 높은 것이다. 그렇지만 답을 찾는 일에 더 깊이 파고들기에 앞서 병의 원인을 아는 것이 왜 그다지도 중요한 일인지 짚어보면 좋을 듯하다.

징후와 증상에 따른 치료법의 차이

진단을 내릴 때 우리는 **징후**sign와 **증상**symptom에 의존한다. 흔히 사람들은 이 둘을 뭉뚱그려 '증상'이라고 칭하지만 징후와 증상 사이에는 중대한 차이가 있다. 먼저 **징후**는 어떤 질병의 객관적인 지표로서 타인이 관찰하거나 측정할 수 있는 것을 말한다. 발작, 혈압 수치, 진단검사 결괏값, 뇌 스캔에서 보이는 이상 등이 여기에 포함된다. 반면 **증상**은 환자가 말하지 않으면 알 수 없는 주관적인 경험이다. 기분, 생각, 통증이나 무감각증 등이 포함된다. 정신의학에서는 참고할 수 있는 징후가 거의 없다. 그러다 보니 대부분 과민성,

불안, 두려움, 우울감, 비정상적인 생각이나 지각, 기억력 저하와 같은 증상들에 기반해 진단을 내리게 된다. 정신질환에는 '정신적'인 것뿐만 아니라 비교적 '신체적'인 요소들도 포함되는데, 수면장해, 움직임 둔화, 피로, 과잉행동 등을 예로 들 수 있다. 이 가운데 일부는 외부에서 관찰이 가능하지만 대체로 환자의 보고에 의존하므로 징후가 아닌 증상으로 분류된다. 안타깝게도 정신질환을 정확하게 진단할 수 있는 검사나 뇌 스캔 혹은 그 밖의 객관적인 검사법은 존재하지 않는다.

정신의학적 진단은 모두 증후군이라는 개념을 기반으로 내려진다. 증후군syndrome이란 흔히 함께 발생하는 징후와 증상들의 군집으로, 아직 원인이 명확하게 밝혀지지 않은 이상 상태를 가리킨다. 여기에 해당하는 의학적 사례 하나로 1980년대부터 발생하기 시작한 일반적이지 않은 감염증 및 희소암들의 증후군, 일명 후천면역결핍증후군acquired immunodeficiency syndrome, 즉 에이즈AIDS를 들 수 있다. 이처럼 바이러스가 원인임이 밝혀지기 전까지는 에이즈도 증후군으로 분류됐다. **정신의학에서는 모든 진단이 증후군이다.** 이는 정신장애의 정의 자체에 내재된 특성 때문이다. 가령 어떤 환자의 정신적 증상들이 다른 의학적 혹은 신경학적 문제로 인해 발생했다면 그것만으로 그 환자는 정신장애의 분류에서 제외된다. 신경학적 질환, 암, 감염증, 자가면역질환 모두 뇌에 영향을 미칠 수 있다. 그러니 이러한 병을 앓고 있는 사람이 정신적 증상을 호소한다면 굳이 정신질환이라고 진단하지는 않는 것이다. 만약 어떤 환자가 과민성, 우울감, 기억력 저하로 고통을 받다 병원을 찾았고, 정밀검사 결과 감염증이나 암 때문에 이러한 증상들이 발생한 것으로 밝혀졌다면, 이 환자가 겪는 정신적 증상들이 아무리 '우울증만을'

앓고 있는 환자와 구별이 되지 않을 정도로 유사하더라도 정밀검사 결과에 따른 신체적 질병으로 진단이 내려지며, 정신의학과가 아닌 해당 질병의 전문의에게 치료를 받는다. 그러다 보니 정신과 의사 및 정신 건강 전문가들에게 남은 환자들은 정확한 원인을 알지 못하는 나머지 전부가 된다.

바로 이것이 정신보건에서 진전을 이뤄내는 데 어려움을 겪는 핵심 이유다. 명확한 원인을 알지 못하는 이상 질병 자체 대신 증상에 대한 치료만을 행할 수밖에 없는 것이다.

치료법 중에는 질병의 근본 원인에 대처하도록 고안된 것들이 있다. 이를 가장 잘 보여주는 예가 감염증 치료다. 박테리아에 의한 감염증은 발열, 혈구 수의 변화, 오한, 통증, 기침, 피로 등 다양한 징후와 증상을 일으킬 수 있다. 감염증을 확실하게 치료하는 방법은 체내의 박테리아를 박멸하는 항생제를 사용하는 것이다. 이러한 유형의 치료법은 다른 용어로 **질병 조절치료**disease-modifying treatment라고도 한다. 이 경우, 항생제 치료 과정이 끝나면 환자는 더 이상 감염증을 앓지 않게 되므로 질병이 **완치**된다. 그런데 의료 분야에는 흔히 사용되는 또 다른 유형의 치료법이 있다. 바로 **대증요법** symptomatic treatment이다. 이 치료법은 증상을 완화해 일단 환자의 고통을 경감시키도록 고안됐지만 질병의 진행에 직접적인 변화를 일으키지는 않는다. 예컨대 박테리아 감염증 환자의 열을 떨어뜨리기 위해 타이레놀을 처방하는 등의 대증요법을 시행한다. 대증요법은 고통을 줄여주며 환자가 정상적으로 일하고 기능하게 해줄 수 있지만 근본 원인을 해결하지는 못한다. 결국 타이레놀 복용 여부와 관계없이 신체가 스스로 감염원과 싸워 이기거나 항생제 치료를 받지 않으면 감염이 계속 진행되어 환자는 죽음에 이르고 만다. 타이레놀은 환자가 맞이하는 결말에 별다른 영향을 미치지 않는다.

정신 건강 분야에서는 사실상 대부분의 치료가 대증요법이다. 대다수의 환자에게 있어 정신과 약, 전기경련요법, 경두개자기자극술은 보통 증상을 완화하기 위한 목적으로 쓰인다. 이 치료법들로는 병의 근본 원인을 해결하지 못한다. 그렇지만 일부 환자들은 눈에 띄게 증상이 호전될 수도 있다. 또 어떤 경우에는 이 같은 치료를 통해 병이 진정되어 모든 증상이 완전히 나아지기도 한다. 앞서 존의 사례처럼 항우울제나 다른 약들을 1~2년 복용하고 그 뒤로는 약 없이도 평생 행복하게 사는 사람들도 있다. 이 말은 곧 이 환자들에게 약물요법이 질병조절치료였다는 뜻일까? 존과 같은 일부 사례는 그럴 가능성도 있다. 하지만 정신장애 환자 대부분에게서 매우 높은 비율로 증상이 지속되거나 사라졌다가도 재발하는 것을 고려하면, 현재 사용 중인 약들이 질병 자체를 조절해준다고 보기는 어렵다.

심리치료와 사회적 중재법의 경우에는 이 같은 치료가 근본 원인에 **대처한다**고 믿는 사람들도 있다. 일부 사례에 한해서는 이러한 관점도 납득이 된다. 예를 들어, 어떤 여성이 신체적으로 학대당하는 관계를 유지하고 있으며 그 결과 임상우울증을 앓게 됐다면 그 관계에서 벗어나 더 나은 삶을 새롭게 구축하도록 도움으로써 우울증을 해결해줄 수 있다. 이에 많은 심리치료사는 학대적인 관계가 이 여성이 앓는 우울증의 원인이라고 주장할 것이다. 하지만 지금까지 밝혀진 사실들을 근거로 볼 때 이미 학대적인 관계를 경험했고 임상우울증이 발병한 이력이 있다는 이유로, 이 여성은 앞으로 또 다른 학대적인 관계를 겪지 않더라도 미래의 어느 시점에선가 다시 우울증을 앓게 될 위험이 높다. 이로 미루어 봤을 때 우울증 발병에 학대 경험 외의 다른 요인도 작용했음을 알 수 있다. 그렇기에 학대 경험에 대한 치료만으로는 근본 원인에 완벽하게 대처했다고 할 수 없다. 이 여성이 미래에 우울증을 앓게 될 위험이 높은 상태에 머무르게 만드는 원인은 무엇일까? 정신질환을 야기하는 원인을 제대로 파악하게 된다면 이 문제에도 답을 할 수 있을 것이다.

정신 건강 분야에 있는 사람들은 흔히 순환 논리로 정신질환의 원인에 대한 자신의 이론을 뒷받침한다. 만약 어떤 치료가 증상 완화에 효과를 보였다면 그 치료로 인해 변화된 대상이 바로 정신질환의 원인이었으리라고 추정한다. 위의 사례에서 여성 환자가 상황이 변화됨에 따라 증상의 차도가 생겼다면, 이를 근거로 그 상황이 이 여성의 임상우울증의 근본 원인이라고 주장한다. 그리고 많은 정신과 약이 정신질환 증상 완화에 도움을 주었다는 사실을 근거로 화학적 불균형이 정신질환의 근본 원인이라고 주장한다. 일견 논리적으로 보일지 모르나 이는 언제나 참은 아니다.

이 같은 추론의 허점을 잘 보여주는 예를 들어보자면 이런 식이다. 앞서 발열 증상을 일으켰던 감염증 예시를 다시 떠올려보자. 가령 우리가 감염증이나 발열의 원인에 관해 일절 알지 못하는 상태에서 무엇이 문제인지 찾으려는 중이라면, 혹시 어떤 단서를 찾을까 싶어 발열 증상을 보이는 사람들의 뇌를 스캔해볼 수 있다. 그러면 무엇을 발견하게 될까? 신체의 발열 반응을 통제하는 뇌의 한 부분인 시상하부가 지나치게 활성화되어 있는 것을 보게 된다. 만약 타이레놀이 열을 떨어뜨린다는 사실을 이미 알고 있다면 타이레놀이 뇌에 어떤 영향을 미치는지 살펴보기 위해 검사를 할 수도 있다. 그러자, 놀라지 마시라, 타이레놀이 시상하부의 과잉 활동을 줄여줬다는 사실이 발견된다! 이를 바탕으로 우리는 참 논리적이게도 발열의 원인이 시상하부의 문제와 관련된 뇌장애라고 결론을 내린다. 발열 증상이 있는 환자의 뇌 활동에 이상이 발견되었고, 타이레놀이 그 이상 활동을 줄이는 데 효과를 발휘했다는 탄탄한 증거가 있기 때문이다. 하지만 여기서 우리가 발열의 **원인**을 규명했다고 결론 내린다면 이는 단단히 잘못 짚은 것이다. 실제로 규명해낸 것은 발열에 관여하는 뇌의 일부 영역과 열을 내리는 치료법의 하나가 뇌의 같은 영역에 영향을 준다는 사실뿐이다. 타이레놀은 감염증을 치료하지는 않는다. 타이레놀을 사용해 열을 내리는 치료로는 병의 진행에 아무런 변화를 불러오지 못한다. 발열 및 타이레놀의 효과에 대한 뇌스캔 결과는 그저 감염되었을 때 우리의 몸이 보이는 반응 가운데 한 측면만을 규명한 것에 불과하다. 이로써 이 질환의 한 **증상**에 대해, 혹은 이 질환으로 인해 신체에서 일어나는 한 가지 작용 원리에 대해 조금 더 자세히 알게됐다. 물론 유용한 정보는 맞지만, 이것만으로는 발열의 근본 원인인 감염증자체를 이해하는 데 도움이 되지 않는다.

모든 질환을 타이레놀로 치료하는 현실

"정신질환을 일으키는 원인은 무엇인가?"라는 물음에 답하기 위해서는, 먼저 이 같은 문제에 어떻게 접근하면 좋을지, 어떤 도구와 원칙을 사용해 탐구할 것인지에 대해 생각해볼 필요가 있다. 의학 연구자들이 어떤 질병의 원인을 밝혀내기 위한 수사 활동을 할 때면 보통 그 질병을 앓고 있는 환자 집단과 비환자 집단을 비교해 **상관관계**를 찾으려고 한다. 상관관계란 두 집단이나 변인 사이의 관계 혹은 연결성을 의미한다. 만약 두 변인이 서로 상관관계에 있다면 이는 어쩌면 연구자들이 궁극적으로 찾고 있던 인과관계를 **시사할 수** 있다. 상관관계를 찾기 위해 설계된 연구에는 다양한 유형이 있다. 가령 우울증 환자 집단과 비환자 집단의 뇌를 스캔해 집단 간 차이를 살피는 방법이 있는데, 앞서 우울증과 염증의 연관성을 보고한 연구도 두 변인(우울증과 염증)이 동시에 발생하는 경우가 상당히 잦다는 점에 주목해 집단 간의 비교를 통해 결과를 얻은 상관연구다.

　이런 연구에서 흔한 유형 중 하나가 대규모의 인구집단을 대상으로 여러 변인을 분석해 상관관계를 찾는 **역학연구**epidemiology study다. 이를테면 사람들의 체중을 측정하고 이후 10년 동안 추적 연구해 그 사이에 몇 명이나 심근경색을 앓았는지 기록한다. 그리고 첫 측정 당시의 체중을 바탕으로 연구 참가자들을 몇 개의 집단으로 분류한 다음, 각 집단의 심근경색 발병률을 비교해 체중이 심근경색과 상관관계에 있는지 살핀다. 만약 비만인 사람들이 날씬한 사람들보다 심근경색 발병률이 높다는 결과를 발견하면 비만과 심근경색이 상관관계에 있다고 결론을 내리게 된다. 여기서 두 변인이 '상관관계'라는 것이 중요하다. 하지만 이 연구 하나만으로는 비만이 심근경색을 일으키는 **원인**이라고 단정 지을 수는 없다. 상관연구의 까다로운 점이 바로 이런 부분이다. 흔히 사람들은 이를 잘못 해석해 확실하게 밝혀지지 않은 것을 마치 사실처럼 상정하는 오류를 범한다.

　상관관계는 인과관계와 같지 않다. 거의 모든 사람이 한 번쯤은 들어본 말일 것이다. 상관관계가 꼭 어떤 원인과 결과를 가리키지 않을 수도 있다. 하지만 안타깝게도 대부분의 사람이 이 원칙을 알면서도 실제 연구 결과를 해석할 때 적용하지 않는다. 만약 앞에 예로 들었던 연구가 오늘 기사화됐다면 '비만이 심근경색을 일으키는 것으로 밝혀지다'와 같은 헤드라인을 달고 부정확한 연구 해석을 박제해 널리 퍼뜨릴 가능성이 높다. 어쩌면 여러분 눈에는 단순한 말장난 같아 보일지도 모른다. 이에 "당연히 비만이 심근경색의 원인이지. 무슨 말을 하는 거야?"라고 생각할 수도 있다. 글쎄, 사실 비만 자체가 심근경색의 원인은 **아니다.** 아주 강력한 위험 요인이기는 하지만 확정적인 원인은 아니다. 둘의 차이가 뭘까? 비만인 사람이라고 모두가 심근경색을 앓지는 않는다. 만약 비만이 심근경색의 원인이라면 비만인 사람은 모두가 심근경색을 앓아야 마땅하며, 그 빈도도 잦아야 한다. 게다가 심근경색 환자 중 비만이 아닌 사람들도 많다. 비만이 심근경색의 원인이라면 마른 사람에게 발병할 이유가 무엇이겠는가? 그러니 분명 심근경색이 발병하는 데에는 비만 외의 다른 이유도 있는 것이 틀림없다.

그렇다면 심근경색의 **진짜** 원인은 뭘까? 정확한 답은 '심장의 동맥에 죽상경화증(혈관 내벽이 두꺼워지고 단단해져 혈관이 좁아지는 현상)이 발생하면서 어느 시점에 이르러 혈액의 공급이 차단된 결과, 혈류 부족으로 인해 심장 근육이 죽거나 손상된 것' 정도가 된다. 이런 현상을 일으키는 원인은 뭘까? 바로 이 지점에서 비만이 위험 요인으로서 등장하는데, 비만뿐만 아니라 유전, 콜레스테롤과 지방질 수치, 혈압, 운동 부족, 스트레스, 낮은 수면의 질, 흡연 등 다른 위험 요인들도 영향을 미친다. 이 같은 위험 요인들이 관여해 수년에 걸쳐 일어난 **연쇄적인 사건들** cascade of events이 결국 심근경색으로 이어진다. 이 연쇄적인 사건들 전체를 파악하고 나면 다양한 방법으로 치료를 시도할 기회가 무궁무진해지므로 이를 이해하는 것이 매우 중요하다. 만약 심근경색의 원인이 비만이라고 단정 짓고 해당 위험 요인에 대해서만 모든 치료를 집중한다면 비만과 관련 없는 많은 사람에게서 심근경색이 발병하는 것은 막지 못하게 될 것이다. 질병의 **원인**을 어떻게 정의하는지도 중요하다. 우리는 모두 간결한 답을 선호한다. 그렇지만 위에서 정의한 심근경색의 원인처럼 실제 답은 다소 복잡하다. 앞으로 알게 되겠지만 "정신질환을 일으키는 원인은 무엇인가?"에 대한 답 또한 마찬가지일 것이다.

두 변인 사이의 관계성을 의미하는 상관관계가 존재할 수 있는 몇 가지 이유가 있다. 가장 흔한 것이 한 변인이 다른 변인을 일으킨 원인이거나 그에 따른 결과라는 해석, 즉 **인과관계**의 경우다. 다시 말해 만약 A와 B가 상관관계에 있다면 A가 B의 원인이거나 B가 A의 원인인 인과관계가 성립할 가능성이 있기 때문이다. 하지만 이 외에도 사람들이 잘 이해하지 못하는 또 다른 가능성이 있다. 상관관계가 두 변인 사이의 **공통경로** 혹은 **공통의 근본 원인**이 존재한다는 사실을 밝혀주는 것일 수도 있다는 가능성이다.

우리가 감기 바이러스에 대해 아무것도 모르는 상태라고 가정해보자. 단지 아는 것은 콧물과 인후통으로 병원을 찾는 사람이 많다는 사실뿐이다. 어떤 환자들은 콧물과 인후통에 더해 두통이나 피로 같은 다른 증상들도 겪고 있다. 콧물과 인후통 둘 중 **한 가지**만 겪는 환자도 일부 있지만 대다수는 두 가지 모두 호소한다. 이에 연구자들은 콧물과 인후통이 상관관계에 있음을 알아차린다. 상관관계이므로 당연히 둘 사이에는 어떤 관계성이 성립될 것이다. 하지만 과연 어떤 관계성일까? 인과관계일까? 만약 그렇다면 어느 쪽이 원인일까? 인후통이 먼저 시작되고 콧물이 뒤따르는 경우가

1부 · 모든 정신질환은 연결되어 있다

많지만 모든 환자가 그런 것은 아니며, 때로는 순서가 반대인 경우도 있다. 그렇다면 인후통이 먼저 발생해서 콧물을 유발하는 걸까? 혹은 그 반대일까? 그것도 아니면 둘 다 그저 이 두 증상과 더불어 다른 증상들까지 모두 일으킬 수 있는 어떤 규명되지 않은 질병의 결과인 걸까?

지금은 누구나 한눈에 바로 알 수 있는 감기 바이러스 감염 사례이지만 한때는 이 하나하나가 모두 풀어야 하는 수수께끼였다. 혼란을 야기했던 요인 중 하나는 꽃가루 농도가 짙어질 때면 콧물을 흘리고 인후통에 시달리는 알레르기 환자들이었을 것이다. 이들 또한 동일하거나 유사한 증상들을 보였지만 감기 바이러스가 아닌 알레르기에 의한 것으로 근본 원인이 달랐다. 연구자들은 이 두 집단을 구분하느라 환자들을 다양한 방법으로 분류해보며 애를 먹었을 것이다. 하지만 결국 문제의 증상들은 구분이 불가능했을 텐데, 알레르기가 원인이든 감기가 원인이든 콧물은 콧물이기 때문이다. 그러다 계절적인 패턴이라든지, 어떤 환자들은 다른 사람들에게 증상을 퍼뜨리지만(감기 바이러스 환자) 또 다른 환자들은 그렇지 않다(알레르기 환자)는 사실을 알아차림으로써 상황이 조금 진전됐을 것이다. 이처럼 패턴들을 찾고 조합해보는 과정을 통해 연구자들은 두 집단을 구분할 중요한 단서를 얻는다. 궁극적으로 연구자들은 다음과 같은 중요한 문제의 답을 찾아야 한다. '두 환자 집단의 콧물과 인후통 증상이 어떤 식으로든 서로 연관되어 있는가?' 어쨌든 두 집단의 증상들은 같다. 왜일까?

답은 이들이 공통경로를 공유하기 때문이다. 바로 염증이다. 염증은 우리의 신체가 체내 조직들을 회복하거나 이에 가해진 공격에 맞서 싸우는 과정의 일환으로서 면역계가 활성화될 때면 늘 일어나는 반응이다. 신체가 방어 태세를 갖춘 상대가 감기 바이러스든 알레르기원이든, 염증은 콧물과 인후통을 일으킨다. 즉, 염증은 두 환자 집단의 증상들을 유발하는 공통경로지만 어디까지나 어떤 근본 원인에 따른 후속 과정이다. 따라서 근본 원인을 밝히기 위해서는 이 염증 반응을 일으키는 원인이 무엇인지 알아내야 한다.

콧물과 인후통의 원인을 파악하기 위해 연구자들이 시도해볼 수 있는 또 한 가지 방법은 두 증상을 따로따로 살펴보는 것이다. 모든 환자가 두 증상을 다 호소하지는 않으며, 두 가지 증상을 다 겪는 환자들 중에서도 일부는 둘 중 하나의 증상이 더 심하게 나타난다. 따라서 연구자들은 환자들을 콧물이 유일 혹은 주요 증상인 집단과 인후통이 유일 혹은 주요 증상인 집단으로 분류해볼 수 있다. 이렇게 분류하는 방법도 나름대로 타당해 보인다. 어쨌든 코와 목은 다른 기관이니까 말이다. 두 증상에 대한 치료법도 다르다. 타이레놀은 인후통의 통증을 경감시켜줄 수 있지만 콧물에는 도움이 되지 않는다. 콧물에 가장 효과적인 치료제는 주로 슈도에페드린이나 페닐레프린과 같은 성분이 들어 있는 슈다페드, 감기약, 독감 치료제일 것이다. 간혹 알레르기 환자들에게 사용하는 항히스타민제처럼 두 가지 증상을 모두 완화해주는 치료제도 있지만 타이레놀은 거의 모든 인후통에, 슈도에페드린은 거의 모든 콧물 증상에 도움을 주는 한편 서로 다른 증상에는 아무런 영향을 미치지 못한다. 이처럼 효과가 나타나는 치료제가 극명하게 차이가 난다는 사실은 콧물 또는 인후통 증상에 따라 환자들을 분류하는 방법에 힘을 실어준다. 이에 연구자들은 둘을 별개의 질병으로 여기고 각각 콧물장애와 인후통장애라고 이름 붙일 수 있다.

아니면 두 질병에 대한 치료제의 뚜렷한 차이를 바탕으로 이 질병들

1부 · 모든 정신질환은 연결되어 있다

이 어떤 식으로든 치료제의 성분과 관련이 있다고 생각하게 될지도 모른다. 이를테면 인후통 환자 집단은 체내 타이레놀 결핍 상태를 교정함으로써 문제를 바로잡을 수 있는 것처럼 보이므로, 몸속에 타이레놀 성분이 충분하지 않아서 증상이 발생한 타이레놀결핍장애라고 여길 수 있다. 마찬가지로 콧물 환자 집단은 치료제의 효과가 명백히 체내 슈도에페드린 불균형이 문제였음을 가리킨다는 점에서 슈도에페드린결핍장애로 명명될 수 있다.

　실없는 농담 같겠지만 위에서 사용한 논리는 우울증이 세로토닌 결핍으로 인해 발생한다거나 정신증적 장애가 도파민 과잉 때문이라는 결론을 도출할 때 사용한 논리와 완전히 같다. 논리 자체는 그럴듯해 보이지만 그것도 우리가 이미 잘 알고 있는 감기 바이러스 같은 예를 들기 전까지만이다. 감기 바이러스를 대입해보면 전혀 말이 안 되는 웃기는 이야기가 되어버린다. 그런데 바로 이것이 오늘날 정신 건강 분야에서 취하고 있는 접근법이다. 어떤 치료법이 효과가 있는지 살펴보고 이를 통해 해당 정신질환의 원인을 알 수 있다고 상정한다. 게다가 정신질환 자체도 단순히 정신질환이라고 이름 붙인 증상들을 군집화한 결과에 불과하다 보니 진단명은 원인과 결과 혹은 우리의 몸과 뇌에서 벌어지는 일에 대한 정보 측면에서 사실상 아무런 의미도 없다.

　자, 다시 앞의 가상 사례로 돌아가 보자. 연구자들은 콧물장애와 인후통장애라는 두 개의 서로 확연히 구분되는 두 질병을 규명해냈다. 두 질병은 증상과 치료법이 각기 다르므로 연구자들은 이 분류체계가 옳다고 제법 확신한다. 문제는 두 질병 중 하나만 앓는 사람들도 있지만 **공병**comorbidity, 즉 두 질병을 동시에 앓는 경우가 몹시 흔하다는 점이다. 콧물장애로 진단받은 사람들은 흔히 인후통장애도 앓게 됐다. 하지만 그 반대의 경우도 성립했다. 여기서 콧물과 인후통은 **양방향성 관계**bidirectional relationship를 잘 보여주는 예다. 이 말은 곧 두 질병 중 어느 쪽이든 하나를 앓으면 나머지 하나의 발병 위험 또한 매우 높아진다는 것이다. 어느 것이 먼저 발병하는지는 상관없다. 양방향성 관계는 보통 두 변인이 어떤 공통경로를 공유하고 있음을 의미한다. 앞서 설명했듯이 콧물과 인후통의 공통경로는 염증이다. 때로는 양방향성 관계에 있다는 사실이 두 변인이 공통경로를 공유할 뿐만 아니라 근본 원인 또한 동일할 수 있음을 시사하기도 한다. 위의 사례에서 우리는 공통경로 한 가지(염증)와 서로 다른 근본 원인들(감기 바이러스와 알레르기 등)에 대한 정보를 이미 알고 있다.

공병을 앓는 경우가 흔하다는 문제를 제외하고, 일단 증상과 치료법이 서로 다르다는 점에서 연구자와 임상의들은 콧물장애와 인후통장애를 각각 개별적인 진단명으로 분류하는 방법을 고수할 수 있다. 그러나 누군가 갑자기 나타나 두 질병 모두를 일으키는 공통경로나 근본 원인을 규명한다면 상황은 완전히 달라질 수밖에 없다. 어째서일까? 오컴의 면도날, 그러니까 절약의 법칙을 다시 떠올려보자. 의학에서 어떤 현상을 상대적으로 더 단순하게 설명할 방법이 있다면 그 설명이 옳을 가능성이 높다. 가령 이 예시에서는 감기 바이러스(근본 원인)가 두 질병 모두를 일으켰다는 설명이 환자들이 (타이레놀 결핍으로 인한) 인후통장애와 (슈도에페드린 불균형으로 인한) 콧물장애를 동시에 앓게 되었다는 설명보다 훨씬 간결하다. 알레르기(또 다른 근본 원인)가 두 장애를 모두 일으킨다는 사실을 밝히면, 그 또한 마찬가지로 증상에 기반해 진단을 내리던 의학 분야의 접근법을 바꾸기에 충분히 타당

1부 · 모든 정신질환은 연결되어 있다

한 근거가 될 것이다. 물론 공통경로(염증)의 규명은 더욱 효과적인 치료법을 개발하고 감기와 알레르기라는 서로 다른 근본 원인으로 인해 발생한 두 질병의 증상들이 어떻게 동일할 수 있는지 설명 가능하다는 점에서 특히 유용할 것이다.

그러나 같은 근본 원인이라도 사람에 따라 다른 증상을 초래할 수 있는데, 특히 그 사람이 기존에 지니고 있던 취약성이 개입하면 이런 일이 벌어진다. 이를 잘 보여주는 예가 독감이다. 독감 바이러스에 감염된 사람들은 보통 발열, 근육통, 무기력 등 예상 가능한 징후 및 증상들 가운데 일부를 경험한다. 하지만 모두 같은 질병이라도 경험하는 증상의 종류와 정도에는 개인차가 있다. 더구나 기저질환을 앓고 있던 사람이라면 이 차이는 더 커질 수 있다. 가령 건강한 스무 살 청년은 독감으로 몸 곳곳이 쑤시고 열이 올라 주말 내내 끙끙 앓다가도 다시 빠르게 건강한 상태로 돌아갈 수 있다. 반면 기저질환으로 천식을 앓고 있던 아이는 극심한 기관지염으로 진행되어 결국 병원에 입원해 인공호흡기를 달고 치료를 받게 될 수도 있다. 또 노쇠한 80세 남성은 치명적인 영향을 받아 장기가 손상되고 죽음에까지 이를 수 있다. 이들의 고통은 모두 독감 바이러스 감염이라는 하나의 근본 원인에서 비롯됐지만 제각기 몹시 다른 결과로 이어졌다.

이쯤이면 여러분도 아마 정신질환을 일으키는 원인에 대한 문제가 왜 중요하며 어째서 그토록 답을 찾기 어려운지 눈치챘을 것이다. 정신 건강 분야 전문가들은 증상을 바탕으로 정의한 증후군과 대증요법으로 정신질환에 접근하고 있다. 즉, 현재 우리는 감염을 타이레놀로 치료하고 있는 셈이다. 따라서 궁극적인 목표는 정신장애의 생리적 작용 원리를 파악함으로써 효과적인 치료법을 개발하고, 이상적으로는 발병 전에 예방까지 할 수 있게 되는 것이다.

인과관계를 밝힌다는 것은 하나의 변인이 다른 변인의 발생을 야기한다는 사실을 입증하는 일이다. 따라서 상관관계 연구만으로는 입증이 도저히 불가능하다. 상관관계는 인과관계를 **시사하거나** 적어도 어떤 단서를 제공할 수는 있지만, 인과를 입증하기 위해서는 단순한 상관 이상의 무언가가 있어야 한다. 인과관계를 **입증할 수 있는** 연구 방법 중 하나는 **무작위대조시험**randomized controlled trial이라는 실험 설계다. 이를테면 감기 바이러스가 콧물 증상을 일으키는 원인임을 입증하기 위해 건강한 사람들을 모집해서 절반은 코에다 감기 바이러스를 뿌려 바이러스에 노출시키고, 나머지 절반은 가짜 약(바이러스 대신 맹물)을 주는 실험을 진행해볼 수 있다. 이후 닷새간 각 집단에서 몇 명이나 콧물 증상을 보였는지 기록한다. 만약 감기 바이러스가 콧물 증상의 원인이라면 감기 바이러스에 노출된 집단의 참가자들이 가짜 약을 받은 집단보다 훨씬 높은 비율로 콧물을 흘릴 것이다. 실제로 이 같은 연구가 진행된 적이 있으며, 가설과 일치하는 결과가 나타났다.

인간을 대상으로 심각하거나 목숨을 위협할 정도로 위험한 질병의 인과를 입증하기가 어려운 이유 중 하나는 이 같은 무작위대조시험이 비윤리적이기 때문이다. 다시 말해 암이라든지 정신질환을 일으키는 원인에 대해 아무리 그럴듯한 이론을 세웠다고 한들, 이론을 명확하게 검증한답시고 사람들을 이 원인에 노출시키는 것은 비윤리적이다. 그렇다면 이러한 상황에서는 어떻게 할 수 있을까? 때로는 동물을 대상으로 이에 상응하는 실험을 진행하도록 허가를 받기도 한다. 정신 건강 분야에서도 동물 실험이 도움이 될 수 있기는 하지만 정신질환의 특성상 한계가 존재한다. 또 하나의 대안은 몸과 뇌에서 처음부터 끝까지 무슨 일이 벌어지는지에 대한 과학적인 이론을 세우고, 앞서 이야기했던 심근경색으로 이어지는 연쇄적인 사건들의 경우처럼 정신질환으로 이어지는 연쇄적인 사건들을 샅샅이 밝히는 것이다. 그리고 나면 자연히 다양한 위험 요인에 노출된 사람들에게서 이러한 연쇄적인 사건들이 일어나고 있다는 증거를 찾는 식으로 연구를 진행할 수 있다. 앞으로 찬찬히 설명하겠지만 이미 이 모든 유형의 연구들이 이뤄졌으며, 필요한 증거들은 다 모였다. 아직까지 이 증거 모두를 하나로 합친 사람이 아무도 없을 뿐이다. 이 책이 한 일이 바로 이것이다.

3

정신질환에는
반드시 공통경로가 있다

정신질환의 원인이 무엇인지 밝히기가 어려운 이유 중 하나는 무엇이 정신질환에 해당하는지 정의하는 일 자체가 쉽지 않기 때문이다. 사전이나 참고 서적마다 정확한 표현에는 차이가 있지만 이를 모든 상황에 쓸 수 있게 적당히 정리하자면 다음과 같다. **정신질환은 정서, 인지, 동기, 행동 가운데 일부 또는 전체에 변화나 이상이 발생해 괴로움을 겪거나 생활 속에서 기능하는 데에 문제가 있는 상태를 수반한다.** 그렇지만 상황적 맥락도 고려할 필요가 있다. 정신질환을 정의하기 까다로운 이유는 대부분의 증상이 특정 상황에서는 '정상'으로도 여겨진다는 점 때문이다.

이를테면 우리는 모두 긍정적 정서와 부정적 정서를 느낀다. 도전적이거나 자신에게 위험이 되는 상황을 마주하면 불안을 느낀다. 사랑하는 사람이 죽는 등 자신에게 소중한 무언가를 상실했을 때 우울감을 느낀다. 심지어 편집증 같은 것도 시간과 장소에 따라 '정상'으로 여겨질 수 있다. 여러분은 혹시 진심으로 두려움을 느끼게 하는 공포 영화를 본 적이 있는가? 만약 그렇다면 여러분도 영화를 본 직후 조금은 편집증적으로 변하는 경험을 했을 가능성이 높다. 어떤 사람들은 이런 영화를 보고 나면 잠자리에 들기 전 옷장 안을 확인하기도 한다. 밖에서 나는 소리를 듣고 겁에 질려 영화가 현실이 되는 상상을 하기도 한다. 이러한 현상은 모두 정상이다. 하지만 일정 시간이 지나면 극도로 부정적인 감정과 상태가 사그라들어 전과 같은 생활을 이어갈 수 있어야 한다. 따라서 모든 정신질환의 정의에는 어떤 식으로든 맥락과 지속 기간, 적합성이 포함되는 것이 중요하다.

이해를 돕기 위해 '소심함'을 예로 들어보자. 우리 사회에서 소심함이 용납되는가? 정상으로 여겨지는가? 대부분 그렇다고 대답할 것이다. 그렇다면 소심함이 사회공포증 같은 불안장애로 변하는 것은 어느 시점부터일까? 이처럼 정상과 이상을 가르는 선을 어느 지점으로 잡을 것인지는 정신 건강 분야에서도 의견이 분분하다. 특히 논쟁이 뜨거운 문제는 우울증과 관련해 특정 상황에서 느끼는 우울감이라는 증상을 질병의 일환이 아닌 '정상'으로 볼 것인지이다.

정신질환의 진단 및 통계 편람, 즉 DSM은 정신의학계의 '경전'이다. DSM은 온갖 다양한 진단명의 정의와 진단 기준을 제시하고 각 진단명에 관련된 중요한 정보와 통계 수치를 제공한다. 최신판은 2022년에 개정 출간된 《DSM-5-TR》이다(한국어판은 2023년에 출간되었다 – 옮긴이). 과거 《DSM-IV(제4판)》에서는 우울증의 진단 기준에 **애도 반응 배제** bereavement exception 라는 예외 조항이 포함되어 있었다.[1] 만약 어떤 사람이 사랑하는 사람을 먼저 떠나보낸 상황에서 우울증에 해당하는 증상들을 보인다면 우울증 진단을 보류하라는 뜻이다. 이때 전문가가 대화 치료의 형태로서 도움을 주는 것은 얼마든지 괜찮지만 약을 처방하는 것은 적절하지 않다고 여겼다. 단, 예외 조항에도 제한이 있었는데, 애도 반응으로 인한 우울 증상의 경우에는 두 달 이상 지속되어서는 안 되며, 자살 사고나 정신증적 증상들이 없어야 했다. 그러나 DSM-5에서는 예외 조항들이 모두 삭제됐다. 그러다 보니 임상의들은 사랑하는 사람을 잃는 등 스트레스가 심한 생활 사건을 마주한 상황에서도 우울증 진단을 내릴 수 있게 되었다. 이에 많은 임상의와 연구자들은 미국정신의학회(DSM을 편찬하는 주체)가 애도 같은 경험까지 지나치게 병리적으로 여기게 만들었다고 느낀다. 반면 예외 조항 삭제에 찬성하는 측에서는 애도를 경험하는 상황에서도 항우울제가 우울 증상 완화에 도움을 줄 수 있다는 연구 결과를 근거로 내세운다. 이들은 우울감으로 힘들어하는 사람들에게 우울증 진단을 내리지 않고 약물치료를 제공하지 않는 것은 불필요한 괴로움을 느끼게 하는 행위라고 생각한다.[2]

이 같은 논란이 있는가 하면 명확하게 딱 떨어지는 상황도 많다. 생활에 지장을 주는 환각과 망상에 시달린다든지, 집을 나설 때마다 두려움과 불안에 압도되어 고통을 겪는다든지, 극심한 우울증 탓에 일주일씩 침대에서 일어나지도 못하는 지경이라면 정신질환으로 보아야 한다는 데에 대부분 동의한다. 이처럼 증상의 성격과 정도가 '일반적이지 않다'거나 '부적절'한 경우, 주관적인 고통이 극심한 경우, 정상적으로 기능하지 못하는 경우 전부 정신질환으로 진단을 내릴 만한 어떤 심각한 문제가 있음을 시사한다.

DSM은 구판과 최신판 모두 각각의 정신질환이 명확한 진단 기준에 따라 서로 뚜렷하게 구분될 수 있다는 것을 전제로 한다. 일부는 누가 보아도 차이가 명백하다. 이를테면 조현병은 불안장애와 굉장히 다르다. 또 치매는 ADHD와 전혀 다르다. 이 같은 차이는 치료 지침을 정하고, 특정 진단을 받은 사람들에게 어떤 일들이 벌어질 것인지 예상하며, 임상의와 연구자들이 정신질환에 대해 서로 효과적으로 소통하는 도구로 활용하는 등 여러모로 유용하다고 여겨진다.

DSM에 따른 진단은 대단히 중요하다. 의학적 관리를 받거나 보험사에 보험금을 청구할 때면 언제나 진단 결과서가 요구된다. 대부분의 정신질환 연구가 한 번에 한 가지 장애에 초점을 맞추어 진행된다는 점에서, 진단 결과서는 연구비 지원을 신청할 때에도 거의 필수 요소다. 어떤 약이 미국 식품의약국Food and Drug Administration, FDA의 승인을 받으려면 제약회사에서 반드시 특정 장애에 대한 특정 약으로 대규모의 임상시험을 진행해 약효를 증명해야 하므로, 치료제의 개발과 보급에서도 몹시 중요하다. 심지어 심리치료 같은 중재법들도 일반적으로 특정 장애 한 가지에 맞추어 설계된 임상시험 환경에서 연구가 이뤄진다. 그러므로 정신 건강 분야는 다방면에서 전적으로 이 같은 진단명 분류를 중심으로 돌아간다고 해도 과언이 아니다.

그런데 정신 건강 분야는 특히나 (이전 장에서 이야기한 것처럼) 정신질환을 확정적으로 진단할 수 있는 객관적인 검사가 전무한 상황이다 보니 각기 다른 정신장애를 진단하는 법을 둘러싼 논쟁으로 오랜 기간 골머리를 앓았다. 이에 대안으로 사용하게 된 것이 증상 및 진단 기준들의 체크리스트다. 임상의들은 환자와 가족들에게 그들이 느끼는 감정, 목격한 것들, 경험 등을 묻고, 전문가의 시각으로 환자를 살펴보며 다각도로 수집한 정보들을 종합적으로 참고해 분석한 뒤, 가장 일치하는 항목이 많은 진단명으로 진단을 내린다.

어떤 상황에서는 이런 진단명 분류가 굉장히 유용하다. 앞서 예로 들었던 주요우울장애 환자 존을 기억하는가? 우울증이라는 진단은 그의 치료법을 결정하는 데 도움을 주었고, 실제로 그는 그 치료를 통해 효과를 보았다. 덕분에 존은 완쾌했다. 증상이 재발하지 않고 몇 년이 흐른 뒤에는 약을 끊고도 건강한 상태를 유지할 수 있게 되었다. 진단 기준이 있었기에 존의 담당의가 정신질환을 알아차리고, 어떤 치료법들을 적용할 수 있는지 이해해 그중에서 효과를 보일 법한 것을 선택했으며, 정해진 기간이 지난 뒤에는 약물치료를 중단할 수 있었다. 하지만 안타깝게도 모든 사람의 상황이 이렇게 간단하고 성공적으로 흘러가지는 않는다.

같지만 다른 하나의 정신질환

정신 건강 분야가 마주한 난제 가운데 하나는 같은 정신질환 진단을 받은 사람들이라도 그 질환이 완전히 동일하게 전개되는 경우는 하나도 없다는 것이다. 여기에는 두 가지 주된 이유가 있다. 바로 **이질성**heterogeneity과 **공병**이다.

이질성은 같은 장애로 진단받은 사람들이 증상 유형 및 중증도, 장애가 기능 수행 능력에 미치는 여파, 병의 진행 과정 등에서 차이를 보일 수 있다는 사실을 가리킨다. 어떤 진단도 기준 항목들을 모두 충족할 필요는 없다. 오히려 최소한의 항목 수만 충족하면 진단이 내려진다. 가령 주요우울장애 진단은 기준 항목 아홉 개 중 최소 다섯 개만 만족하면 된다. 그러다 보니 변수가 어마어마하게 커질 수밖에 없다. 어떤 주요우울장애 환자는 우울한 기분, 수면 과다, 집중력 저하, 낮은 활력 수준, 보통 때보다 훨씬 많은 양의 음식 섭취로 인한 체중 증가를 경험할 수 있다. 반면 같은 진단을 받은 또 다른 환자는 수면 시간을 세 시간 이상 넘기지 못하고, 식욕을 잃어 살이 9킬로그램가량 빠졌으며, 우울한 기분과 낮은 활력 수준으로 인해 자살을 생각할 수 있다. 두 환자의 증상은 서로 굉장히 다르며, 그렇기에 각기 다른 치료법으로 접근해야 한다. 한 명은 스스로를 해치려는 생각을 하지만 다른 한 명은 그렇지 않다. 한 명은 잠을 이루지 못해 수면제의 도움이 필요하지만 다른 한 명은 너무 많이 자는 것이 문제다. 이처럼 현저한 차이에도 불구하고 두 환자 모두 항우울제나 심리치료가 도움이 될 수 있다.

저명한 우울증 연구자이자 스탠퍼드대학교 정신의학 및 행동과학과 교수 앨런 샤츠베르크Alan Schatzberg 박사는 주요우울장애의 진단 기준에 대해 다시 생각해볼 것을 촉구했다.[3] 정신 건강 분야 종사자들은 이 흔한 질병에 대한 이해가 부족하고 계속해서 치료 성과가 좋지 못한 상황에 좌절감을 느낀다. 앞서 언급했듯이 처음 처방받은 항우울제만으로 주요우울장애의 모든 증상이 완전히 사라지는 경우는 30~40퍼센트에 불과하다. 샤츠베르크는 주요우울장애로 진단받는 사람들에게서 흔히 나타나는 증상 가운데 일부는 우울증의 핵심 진단 기준에 포함되어 있지 않다는 사실을 발견했다. 가령 불안은 우울증 환자 다수가 겪는 흔한 증상이지만 DSM에 수록된 우울증의 진단 기준 아홉 가지 항목에서는 빠져 있다. 우울증 환자의

40~50퍼센트가 겪는 과민성 증상도 마찬가지다.[4] 통증 또한 흔한 증상으로, 전체 인구 가운데서는 15퍼센트가량만이 일상적인 신체 통증을 경험하는 데 비해 주요우울장애 환자들은 약 50퍼센트가 이로 인해 고통받는다.[5] 어쩌면 이렇듯 특징적인 일부 증상들을 치료 대상에서 빠뜨렸기 때문에 치료 성과가 좋지 않은 것은 아닐까?

이렇게 많은 혼란과 논란을 낳는 것은 비단 우울증만이 아니다. 모든 정신장애가 실로 어마어마한 이질성을 내포하고 있다. 때로는 그 차이가 극명하고 극적이다. 이를테면 강박장애 진단을 받은 사람들 가운데 일부는 여전히 일을 하고 생활 속에서 정상적으로 기능할 수 있는 반면, 강박장애 증상들로 인해 모든 일을 놓아버릴 수밖에 없는 사람들도 있다. 자폐스펙트럼장애 진단을 받은 사람들도 서로 큰 차이를 보인다. 자폐스펙트럼장애 진단을 받고도 고기능을 유지하며 억만장자 사업가가 된 사람들이 있는가 하면, 스스로를 돌볼 능력도 없어 그룹홈group home(혼자서는 정상적인 생활이 어려운 장애인 등이 소규모로 공동 생활을 할 수 있게 하는 가정 시설 - 옮긴이)에서 생활하는 사람들도 있다. 그러니 이 같은 단일 진단명이 정말로 동일한 장애를 지칭한다고 보는 것이 맞을까? 아니면 이 모든 차이가 단순히 어떤 스펙트럼상에 존재하는 것이어서 어떤 사람은 조금 더 심각한 형태로 나타난 반면, 어떤 사람은 비교적 가벼운 형태를 경험하는 걸까? 불행히도 문제는 여기서 끝이 아니다.

같은 진단을 받은 사람들 사이에 개인차를 일으키는 또 하나의 큰 요인은 공병이다. 어떤 정신질환이든지 진단을 받은 사람들 가운데 절반가량이 두 가지 이상의 정신질환을 동시에 앓고 있다.[6] 공병에 대해서는 2장에서도 잠시 살펴본 바 있다. 콧물장애와 인후통장애 이야기를 기억하는가? 이 야기 속에서 둘 중 하나만 앓는 사람도 있었지만 많은 경우가 두 가지 모두를 앓았다. 실제 정신 건강 분야에서 우울증과 불안이 이와 비슷하다. 주요 우울장애 진단을 받는 대다수의 환자가 불안장애도 앓고 있으며, 불안장애 진단을 받는 대다수는 주요우울장애도 동시에 앓는다. 일례로 미국 내 9천 가구 이상을 대상으로 실시한 어느 조사 결과, 주요우울장애 환자의 68퍼센트가 일생의 어느 시점에선가는 불안장애 진단 기준에 충족한다는 것이 드러났다. 몇몇 연구에서는 성인 불안장애 환자의 절반에서 3분의 2가 주요우울장애 진단 기준을 충족한다는 사실을 발견했다.[7] 항우울제가 우울증과 불안장애 모두에 흔히 처방되는가 하면 항불안제가 우울증과 불안장애 치료 둘 다에 흔히 쓰이곤 한다. 그렇다면 이렇게 둘의 진단이 종종 중첩되고 때로는 치료제까지 동일한데 둘은 정말 다른 장애가 맞는 걸까? 실은 같은 장애인데 단순히 증상이 다른 것은 아닐까? 어쩌면 콧물과 인후통의 경우처럼 불안과 우울도 공통경로를 공유하고 있는 것일까?

마지막으로 정신질환의 양상은 시간이 흐르면서 달라지기도 한다. 증상들이 나타났다 사라지면서 전혀 다른 정신장애로 변해 치료와 진단을 한층 더 복잡하게 만드는 통에 이러한 장애의 특성과 원인에 대한 탐구 여정이 아주 괴로워지는 것이다.

예를 들어보자. 마이크는 43세 남성으로, 일상적인 기능의 저해를 초래하는 만성 정신질환을 앓고 있다. 그런데 과연 어떤 정신질환일까? 그는 어린 시절에 ADHD를 진단받고 각성제를 복용하기 시작했다. 약이 어느 정도 도움을 주기는 했지만 그래도 여전히 학교생활은 힘들었다. 괴롭힘과 놀

림당하는 일이 빈번하게 발생했다. 어린 마이크는 이러한 사회적 스트레스 원에 대해 엄청난 불안을 호소했고, 사회불안장애 완화를 위한 심리치료를 받았다. 어떤 임상의들은 당시만 해도 자폐스펙트럼 선상에 존재하되 그 자체로 하나의 독립된 진단명으로 받아들여지던 아스퍼거증후군의 가능성을 언급했지만, 공식적으로 진단을 내리지는 않았다. 청소년기에 이르렀을 무렵에는 주요우울장애 증상들을 보였는데, 그가 시달렸던 학업 및 사회적 스트레스원들을 고려하면 그리 놀라운 일도 아니었다. 이에 항우울제를 복용하자 조금은 나아지는 듯싶었다. 그러나 몇 달도 채 지나지 않아 이번에는 조증 증상들을 보였고 곧 양극성장애 진단을 받았다. 그는 환각과 망상에 시달렸고, 정신증적 증상과 기분 증상 모두를 표적으로 약물치료를 진행했다. 몇 차례 입원도 했다. 정신증적 증상들이 지속되고 치료에 반응을 보이지 않자, 다음 해에는 조현정동장애로 진단이 바뀌었다. 또한 이 시기에 마이크는 강박사고와 강박행동을 보이기 시작하면서 강박장애까지 추가로 진단받았다. 이후로 몇 년간은 정신의학적 증상들에 더해 담배를 피우고 오락성 약물을 사용하는 습관까지 생겼다. 결국 그는 아편에 만성적으로 중독되어 버렸다.

마이크의 진단명은 뭘까? DSM-5에 따르면 그는 현재 조현정동장애, 아편류 사용장애, 니코틴 사용장애, 강박장애, 사회불안장애 진단을 받을 수 있다. 그렇지만 과거까지 거슬러 올라가면 ADHD, 주요우울장애, 양극성장애, 심지어 아스퍼거증후군까지도 진단받을 수 있었다. 어쩌면 누군가는 양극성장애 환자 다수가 첫 번째 조증 삽화가 나타나서 명확한 진단을 받기 전까지 우울증으로 진단 되곤 한다는 사실을 근거로 마이크가 처음에 받았던 주요우울장애 진단은 오진이었을 것이라는 주장을 펼칠지도 모른다. 양극성장애에서 조현정동장애로 진단이 달라진 것에 대해서도 같은 주장이 가능하다. 하지만 그렇게 겨우 한두 개 지워낸들, 서로 다른 원인에 의해 발병해 저마다 다른 치료법을 요할 것임이 분명한 마이크의 다양한 진단명 목록의 길이는 크게 줄어들지 않는다. 그런데 마이크에게도 뇌는 단 하나뿐이다. 대체 어떻게 하면 그가 대여섯 가지의 서로 독립적인 별개의 정신질환을 동시에 앓게 된 유난히 지독하게 불행한 사람이라는 현실을 믿을 수 있을까?

마이크의 사례가 다소 극단적인 경우이기는 하지만 실제로도 증상과 진단명이 달라지거나 두 가지 이상의 정신질환을 진단받는 것은 잦은 일이다. 중독 문제 또한 정신질환 환자들에게서 흔하게 일어난다. 마이크와 같은 사례들은 현재 기준의 진단명이 얼마나 타당한지에 심각한 의문을 제기한다. 만약 DSM-5에 수록된 진단명들이 정말 서로 독립적인 별개의 정신질환들이라면 어째서 두 가지 이상을 진단받는 사람의 수가 그토록 많은 걸까? 어째서 시간이 흐르면서 진단명이 달라지는 일이 생기고 특정 정신질환이 다른 정신질환의 발병으로 이어지는 걸까? 만약 그렇다면 어떤 것이 먼저이며 정확히 어떤 과정을 거쳐 다른 장애들을 야기하는 걸까? 아니면 일부 정신질환들은 단지 증상이나 진행 단계상의 차이만 있을 뿐, 같은 문제로 인해 발생한 것일까? 각기 다른 치료제에 반응하는 전혀 다른 장애처럼 보이지만, 실은 염증이라는 공통경로를 공유하던 콧물장애와 인후통장애의 경우와 같은 것일까? 어쩌면 완전히 별개인 것처럼 보이는 정신질환들이라도 발병으로 이어지는 공통경로가 있는 것은 아닐까?

깊이 들여다보면 보이는 것

지난 수십 년 동안 연구자들은 각각의 정신질환이 생물학적인 수준에서 어떤 차이가 있는지 밝히기 위해 많은 노력을 기울였다. 그런데 흥미롭게도 아직까지 명확한 답을 찾지 못했다. 앞으로 설명하겠지만 오히려 현재까지의 연구 결과들은 저마다 다른 증상을 보이는 것 같아도 본질 자체는 정신질환별로 크게 다르지 않을 수도 있음을 시사한다.

조현병, 조현정동장애, 양극성장애라는 세 가지 정신증적 장애들을 예로 들어보자.

조현병 진단의 주요 특징은 환각, 편집증 등 만성적인 정신증적 증상들이다. 양극성장애 진단은 주로 조증과 우울 삽화 같은 기분 증상에 시달리는 사람들에게 내려진다. 그러나 양극성장애 환자들 또한 조증 상태일 때는 정신증적 증상을 보이는 경우가 흔하다. 때로는 심지어 우울 상태에서도 이 같은 증상들이 나타나곤 하는데, 대체로 기분 증상의 정도가 완화되면 정신증적 증상들도 대부분 사라진다. 조현정동장애는 만성적인 정신증적 증상들과 현저한 기분 증상들을 포함해 조현병과 양극성장애의 특징을 모두 보이는 사람들에게 내려지는 진단이다. 대다수의 사람은 이 정신질환들이야말로 반론의 여지가 없는 '진짜'라고 여긴다. 이에 정신 건강 분야의 많은 전문가는 이 같은 정신질환들을 우울증이나 불안장애 등과 따로 떼어서 '생물학적' 장애라고 부르기도 한다. 그렇다면 우리는 이 정신질환들에 대해 무엇을 알고 있을까? 이들 사이에는 과연 어떤 차이가 있는 걸까?

이 문제를 연구하기 위해 많은 돈이 투입됐다. 그 일환으로 미국 국

1부 · 모든 정신질환은 연결되어 있다

립정신건강연구소에서는 양극성장애와 조현병의 중간표현형 연구 프로젝트 $^{Bipolar\ and\ Schizophrenia\ Network\ on\ Intermediate\ Phenotypes,\ B-SNIP}$라는 전국적인 연구를 지원했다. 이 연구에는 조현병, 조현정동장애 또는 양극성장애 환자들과 그들의 일차 친척(부모, 형제, 자녀 등 가까운 가족 - 옮긴이) 그리고 이 같은 장애를 앓고 있지 않은 사람들(정상인 대조군)까지 총 2,400명 이상의 자료가 포함됐다. 연구진은 참가자들의 뇌 스캔, 유전자 검사, 뇌전도$^{electroencephalography,\ EEG}$, 혈액 지표, 염증 수치, 다양한 인지 검사에서의 수행 능력 등 핵심적인 생물학적 및 행동적 측정치들을 살펴봤다. 그 결과, 정신질환 환자들과 정상인 대조군 사이에서는 차이를 발견했지만 진단 집단 간에는 뚜렷한 차이점을 찾아내지 못했다. 다시 말해 양극성장애나 조현정동장애, 조현병을 앓는 사람들의 뇌와 신체에 이상이 있기는 했지만 이들 간에 유의미한 차이는 전혀 없었다. 만약 이 셋이 정말 서로 다른 정신질환이라면 어떻게 이런 일이 있을 수 있을까?

　그런데 한편으로 다른 정보들을 더욱 다양하게 고려하면 이 같은 결과는 전혀 놀랍지 않다. 우선 진단 기준상으로 조현병에는 현저한 기분 증상들이 포함되지 않지만, 현실에서는 조현병의 흔한 특징 가운데 하나가 바로 음성증상$^{negative\ symptom}$이라는 증상이다. 음성증상에는 표정이 무덤덤해지고, 말수와 생각이 심각하게 줄어들며, 삶에 흥미를 잃고(무관심), 생활 속에서나 활동에서 아무런 즐거움을 느끼지 못하고(무쾌감증), 타인과 교류하려는 추동력이 감소하고, 동기를 상실하며, 위생에 주의를 기울이지 않는 것 등이 포함된다. 아마 여러분도 이를 보고 우울증의 증상들과 상당히 겹친다는 사실을 눈치챘을 것이다. 흥미롭게도 DSM-5에서는 이 같은 음성증상들 가운데 상당수가 아무리 우울증 증상과 같더라도 조현병이 있는 사람에게 주요우울장애 진단을 내리지는 않도록 각별히 조심하라고 경고한다. 대신 이러한 환자들은 조현스펙트럼장애로 진단하도록 권고된다. 여기에는 비록 증상이 중복되더라도 같은 정신장애로 보아서는 안 된다는 의지가 내포되어 있다. 어째서일까? 이 같은 권고를 뒷받침할 만한 과학적인 근거는 있는 것일까? 실상은 DSM-5 역시 서두에서 우리가 그 어떤 정신의학적 진단명의 원인도 알지 못한다는 사실을 인정하고 있다. 그렇다면 어떤 사람들이 동일한 증상을 보일 때, 그들의 증상이 같은 과정에 의해 발생한 것이 아니라고 어떻게 단정지을 수 있을까?

이 같은 정신질환들은 치료법 또한 여러분이 생각하는 것보다 훨씬 중복되는 부분이 많다. 이를테면 리튬, 데파코트, 라믹탈과 같은 기분안정제는 양극성장애 치료에 흔하게 사용되며, 미국 식품의약국에서도 이러한 용도로 승인을 받았다. 그런데 조현병 진단을 받은 환자들은 진단 기준에 명시된 대로라면 유의미한 기분 증상들을 보이지 않아야 마땅함에도 이들 중 약 34퍼센트는 양극성장애 환자들과 똑같은 기분안정제를 처방받는다.[8] 항우울제도 마찬가지로 양극성장애와 조현병 모두에 흔히 사용된다. 연구 결과에 따르면 거의 모든 양극성장애 환자가 우울 삽화 기간에 항우울제를 복용하며, 조현병 진단을 받은 환자의 약 40퍼센트가 항우울제 처방을 받는다.[9]

게다가 항정신성약도 마찬가지다. 이 계통의 약들 또한 조현병, 양극성장애, 조현정동장애에 두루 쓰이며, 꼭 정신증적 증상만이 아니라 이 정신질환들이 보이는 **모든** 증상을 치료할 목적으로 처방된다. 심지어 미국 식품의약국에서는 이러한 약들 가운데 상당수를 '항정신성약'인 **동시에** 양극 성장애 치료를 위한 '기분안정제'로 승인했다.

이처럼 양극성장애, 조현정동장애, 조현병에 같은 약을 처방하는 일 이 흔하다는 사실은 이 정신질환들이 서로 겹치는 부분이 많다는 점을 시 사하지만 또 한편으로 양극성장애와 조현병의 **증상**들은 서로 극적으로 다 를 수도 있다. 실제로 양극성장애 환자 가운데 많은 수는 정신증적 증상을 전혀 경험하지 않는다. 한 번도 입원하지 않은 환자도, 생활 속에서 제법 잘 기능하는 환자도 많다. 이와 달리 조현병 환자는 거의 모두가 극심한 기능 저해를 경험하며 대부분이 장애등급 판정을 받게 된다.[10] 물론 조현병 환자 중에는 절대로 고기능을 유지하는 사람이 없다거나 양극성장애가 기능 저 해를 초래하지 않는다는 말은 아니다. 오히려 양극성장애 환자 146명을 약 13년간 추적 조사한 연구에서는 이들이 치료를 받고 있음에도 불구하고 13년 중 47퍼센트에 해당하는 기간 동안 증상들에 시달리고 있었다는 결과 를 발견했다.[11] 13년의 절반 정도를 건강하지 않은 상태로 지낸다면 직업을 유지하기도 힘든 수준이다. 하지만 일반적으로 드러나는 증상적 특징만 놓 고 보면 이들 사이에는 분명한 차이가 있다. 그렇다면 혹시 이들이 모두 같은 질병이지만 조현병은 유달리 극심하거나 현 의료계의 치료법에 덜 반응하는 형태인 반면 양극성장애는 증상의 중증도가 낮아 치료에 상대적으로 잘 반 응한 덕분에 주기적으로 증상이 회복되는 것일 가능성은 없을까?

B-SNIP 연구가 진행되던 시기에 미국 국립정신건강연구소의 소장 대행을 맡았던 브루스 커스버트Bruce Cuthbert 박사는 이런 의견을 제시했다. "발열이나 감염증이 매우 다양한 원인으로 인해 발생할 수 있듯, 다양한 정

신증 유발 질환이 작용하는 생물학적 경로는 서로 다르지만 증상이 유사할 수 있는 탓에 정신장애 치료에 애를 먹는 것이다."[12] 다만 B-SNIP 연구는 정신장애들을 구별 짓는 특징적인 생물학적 지표를 무엇 하나 발견하지 못했다. 여기서 커스버트가 명시적으로 언급하지는 않았지만, 발열은 이미 그 자체만으로 염증이 시상하부의 체온 증가 활동을 촉진함으로써 일어난다는 생물학적 경로가 명확히 밝혀진 증상이다. 그런데 염증을 촉발할 수 있는 요인은 감염이나 알레르기 반응을 비롯해 아주 많다. 다양한 감염증은 감염원(박테리아든 바이러스든)이 달라도 공통경로를 통해 같은 증상을 보일 수 있는 것이다.

따라서 양극성장애, 조현정동장애, 조현병의 증상들 또한 모두 공통경로를 따를 가능성도 충분히 있다.

정신질환의 무수한 교집합

지금까지 양극성장애, 조현병, 조현정동장애가 어쩌면 증상의 스펙트럼상 위치와 기존의 치료법에 대한 반응 정도가 다를 뿐 같은 질병일지 모른다는 가능성을 살펴봤다. 그런데 앞 장에서는 주요우울장애와 불안장애가 이와 유사하게 관련되어 있으며 공통경로를 공유할지 모른다는 가능성을 제시했다. 정신 건강 분야에 종사하는 많은 사람에게는 두 가지 주장 모두 딱히 이해하기 어려운 것도, 믿을 수 없는 것도 아닐 것이다. 정신 건강 전문가들은 이미 수십 년 동안 이런 정신질환들의 차이를 밝히기 위해 고전해왔기에 이들이 특성이나 치료법에서 중첩되는 부분이 상당하다는 사실을 너무나도 잘 알고 있다.

하지만 중첩되는 정신질환은 여기서 말한 것들이 다가 아니다.

흔히 연관되어 있으리라 예상이 가능한 유형들뿐만 아니라, 사실상 온갖 정신질환의 증상들이 서로 중첩된다. 가령 앞서 언급했듯이 매우 다양한 정신질환과 의학적 질병들이 정신증적 증상으로 이어질 수 있다. 실제로 주요우울장애 진단을 받은 환자의 약 10퍼센트가 정신증적 증상을 겪는다.[13] 불안 증상 또한 여러 질환에서 흔하게 나타난다. 일단 전 인구에서 불안장애의 전체 유병률은 상당히 높은 편으로, 한 해를 기준으로 했을 때 매년 인구의 약 19퍼센트가 불안장애를 앓는다. 평생 유병률을 살펴보면 이 수치는 33퍼센트까지 치솟는다. 이는 다시 말해 세 명 중 한 명은 사는 동안 한 번은 불안장애 진단 기준을 충족하는 증상을 겪는다는 뜻이다.[14] 우울증, 양극성장애, 조현병, 조현정동장애 환자들을 대상으로 하면 이 수치는 두 배 가까이 뛴다. 때로 우리는 이들의 증상을 그냥 합리화해 버리려고 한다. "조현병에 걸렸다면 **누구라도** 불안하지 않겠어?"라면서 말이다. 얼핏 보면 상당히 그럴듯한 생각 같지만 실상은 그렇게 단순한 문제가 아니다. 조현병과 불안장애 사이에는 강력한 **양방향성** 관계가 성립하기 때문이다. 달리 말하면 불안장애의 특징을 먼저 보인 사람들은 이후 조현병이나 조현정동장애의 발병 위험이 여덟 배에서 열세 배까지 증가한다.[15] 이는 결코 사소한 수준의 증가가 아니다. 하지만 어째서 이런 일이 벌어지는 걸까?

2005년, 로널드 케슬러Ronald Kessler 박사와 동료들은 미국 전역의 대표 표본representative sample(무작위로 큰 수의 표본을 구성해 다양한 연령, 계층, 교육 배경 등의 모집단, 즉 여기에서는 미국 국민 전체의 분포 속성을 최대한 가깝게 반영한 표본 - 옮긴이) 9천 명 이상에게 진단 면접을 시행했고, 그 내용이 포함된 미국 국가 공병 후속조사US National Comorbidity Survey Replication라는 가구 조사 결과를 발표했다.[16] 전반적으로 응답자의 26퍼센트가 직전 12개월 동안 정신질환 진단 기준을 충족했다. 무려 미국 인구의 4분의 1이다! 그중에서 22퍼센트는 중도에 해당했고, 37퍼센트는 중등도, 40퍼센트는 경도 수준이었다. 불안장애가 가장 흔했으며, 기분장애, 그리고 ADHD와 같은 충동조절장애가 뒤를 이었다. 주목할 점은 이들 가운데 55퍼센트는 한 가지 정신질환만을 가지고 있었지만 22퍼센트는 두 가지를 동시에 앓고 있었으며, 나머지는 세 가지 이상의 정신의학적 진단을 받았다는 사실이다. 이 말은 절반에 가까운 사람들이 두 종류 이상의 정신질환 진단 기준을 충족했다는 뜻이다.

불안은 우리 모두가 경험하는 심적 상태여서 그런지 불안장애와 관련해서는 정신장애 진단의 중첩을 대수롭지 않은 것으로 치부하기 쉽다. 그러니 이번에는 자폐스펙트럼장애를 한번 살펴보자. 대부분의 사람이 자폐증을 순수한 '정신'질환으로 보기보다는 어린 시절에 발병하는 발달장애 혹은 신경학적 장애로 여긴다. 그런데 자폐증 환자의 70퍼센트는 자폐증 외에도 최소한 한 가지 정신장애를 앓고 있으며, 두 가지 이상을 겪고 있는 환자도 거의 50퍼센트나 된다.[17] 자폐스펙트럼장애의 진단 기준에 강박장애의 증상이 다수 포함되어 있다는 점도 흥미롭다.

그렇다면 자폐증 환자들에게 장기적으로는 어떤 일이 벌어질까? 다른 정신질환이 추가로 발병할 위험이 남들보다 높을까? 이번에도 답은 대체로 '그렇다'이다. 자폐증의 두드러진 특징이 사회성 부족이므로, 만약 타인과의 상호작용이 이들에게 불안을 유발한다면 당연히 사회불안장애 진단으로도 이어질 수 있다. 이 경우 많은 사람이 자폐스펙트럼이 먼저고 사회불안은 그에 따른 필연적인 결과라고 상정한다. 하지만 현재는 자폐증이 그 자체만으로도 다른 모든 유형의 정신장애의 발병 위험을 높인다는 사실이 충분히 입증된 상태다.[18] 여기에는 불안장애뿐만 아니라 기분장애, 정신증적 장애, 행동장애, 섭식장애, 물질사용장애가 모두 포함된다. 어떻게 그럴 수 있을까? 단지 자폐증 환자로서 살아가는 것이 너무나도 심한 스트레스이기 때문일까? 스트레스가 온갖 종류의 정신장애 발병 위험을 높인다는 것은 이미 밝혀졌으며, 자폐증을 안고 산다는 것은 두말할 필요 없는 스트레스 그 자체의 삶이다. 그러나 뒤에서 살펴보겠지만 실제 답은 훨씬 더 복잡하다.

　게다가 이 같은 현상은 불안장애나 자폐스펙트럼장애에만 국한되지 않는다. 섭식장애를 살펴보면, 신경성 폭식증이 전체 인구의 약 1퍼센트, 신경성 식욕부진증(거식증)이 약 0.6퍼센트, 그리고 폭식장애(섭식장애의 신규 유형)가 약 3퍼센트에서 발병한다.[19] 많은 사람이 이 장애들을 뇌의 생물학적인 장애가 아닌 사회적인 장애로 여긴다. 그러나 신경성 식욕부진증 환자의 56퍼센트, 폭식장애 환자의 79퍼센트, 그리고 신경성 폭식증 환자의 95퍼센트가 섭식장애 외에도 최소한 한 가지 정신질환을 더 겪는다.[20] 그러다 보니 이번에도 같은 질문이 떠오른다. 과연 어느 쪽이 먼저일까? 섭식장애가 다른 정신질환을 일으키는 걸까 아니면 다른 정신질환들이 섭식장애를 일으키는 걸까? 둘 다 정답이다. 섭식장애와 다른 정신질환들 사이에도 양방향성 관계가 존재한다. 그럼 다른 정신질환들이라고 하면 구체적으로 어떤 것을 말하는 걸까? **전부 다**이다. 중독의 경우도 똑같다. 중독 역시 다른 정신질환들과 양방향성 관계가 성립된다. 어떤 유형이든 물질사용장애를 겪는 사람들은 다른 정신질환의 발병 위험이 높으며, 정신질환 환자들은 중독성 물질 사용 및 남용 위험이 남들보다 훨씬 높다. 어째서일까?

이런 식으로 모든 진단명을 하나하나 다 이야기할 수도 있겠지만 이쯤에서 멈추도록 하자. 2019년에 발표된 굉장히 중요한 연구 결과를 보면 이 모든 것이 한눈에 명확하게 보인다. 이 연구에서는 덴마크 국가보건등록사업 데이터베이스를 활용해 근 6백만 명에 달하는 사람들의 17년 동안의 정신질환 진단 기록을 분석했다.[21] 그 결과, **어떠한** 정신질환이든 발병 이력이 있다면 이후 또 다른 정신질환이 발병할 가능성이 극적으로 높아진다는 사실이 밝혀졌다. **모든 정신질환 사이에 강력한 양방향성 관계가 존재했던 것이다!** 심지어 일반적으로 사람들이 서로 전혀 관련이 없다고 여기는 정신질환들, 이를테면 조현병과 섭식장애라든지 지적장애와 조현병도 마찬가지였다. 어떤 조합을 시도하든 모두 같은 결과였다. 이 연구에서 교차비odds ratio(어떤 집단 내에서 특정 요인이 병의 위험을 얼마나 증가시키는지 알아보기 위해 병이 발생한 확률을 그렇지 않은 확률로 나눈 비율 – 옮긴이)는 전반적으로 2에서 30 사이로 나타났다. 쉽게 말해 어떤 정신질환이든 진단받은 이력이 있다면 그렇지 않은 사람들에 비해 이후 또 다른 정신질환이 발병할 가능성이 두 배에서 서른 배까지 높다는 뜻이다. 어떤 정신질환이 그렇냐고? 전부다! 정신질환들끼리 증상이 중첩되는 탓에 교차비 값이 아주 높게 나오는 경우도 있기는 하지만 어쨌든 여기서 핵심은 **모든** 정신질환의 조합에서 모든 방향으로 교차비가 높아진다는 점이다.

게다가 양방향성 관계는 일명 '기질성organic' 정신장애에도 적용된다.

1부 · 모든 정신질환은 연결되어 있다

'기질성 정신장애'란 의학적인 문제나 약물 부작용으로 인해 발생하는 것으로 여겨지는 정신질환 증상들을 가리키는 용어다. 앞에서도 잠깐 살펴보았지만, 예컨대 암 환자가 식욕을 잃고 우울감을 느낀다고 해도 보통은 이 환자에게 주요우울장애 진단을 내리지 않는다. 이 환자의 증상들이 암 때문에 발생한 것이므로 진정한 의미에서 '정신'질환이 아니라는 가정이 깔려 있다. 그런데 덴마크 연구 결과가 이제 의학적인 문제로 인해 '정신적' 증상들이 생겨났다고 하더라도, 이후에 정신질환이 발병할 위험이 훨씬 높아지며 그 반대 역시 성립한다는 사실을 증명한 것이다. 이 같은 결과는 과연 '기질성' 정신장애와 다른 정신질환들을 구분하는 것이 정말 의미가 있는 것인지 의문을 제기한다.

이 연구 결과는 몇 가지 중요한 쟁점을 제시했다. 더불어 양방향성 관계, 그중에서도 특히 양쪽 방향 모두가 관계성이 강하게 나타나는 조합은 이들 사이에 공통경로가 존재함을 시사한다. 증상이 다르더라도 어쩌면 정신장애들은 우리가 오랜 시간 생각해온 것보다 서로 훨씬 더 유사한지도 모른다.

그런데 모든 정신질환이 하나의 공통경로를 공유한다고 주장한 것은 이 덴마크 연구가 처음이 아니었다. 2012년, 벤자민 라헤이^{Benjamin Lahey} 박사와 동료들은 30만 명의 사람들을 대상으로 열한 가지 정신질환의 증상과 예후를 연구했다.[22] 그중에서도 연구진은 '내면화^{internalizing}' 장애와 '외현화 ^{externalizing}' 장애 간에 차이가 있는지 중점적으로 살폈다. 내면화 장애란 우울증이나 불안장애처럼 고통이 내면으로 향하는 정신질환을 일컫는다. 반면 외현화 장애는 물질사용장애나 반사회적 행동처럼 문제가 외부로 표출되는 경우를 말한다. 라헤이 연구팀은 이들 사이에 중첩되는 부분이 어마어마하다는 사실을 발견하고 이 모든 정신질환으로 이어지는 '일반 요인general factor'이 있을 가능성을 제기했다.

2018년에는 에브샬롬 카스피Avshalom Caspi 박사와 테리 모피트Terrie Moffitt 박사가 라헤이 연구팀의 연구를 확장해 〈전체는 하나이며 하나는 전체다: 하나의 차원에 존재하는 정신장애들All for One and One for All: Mental Disorders in One Dimension〉이라는 제목으로 모든 정신질환을 아우르는 개관논문을 발표했다.[23] 둘은 역학 연구, 뇌 영상 연구, 유전이나 아동기 트라우마처럼 이미 잘 알려진 정신질환의 위험 요인에 대한 연구를 비롯해 엄청난 양의 연구를 종합적으로 살폈다. 이들이 검토한 자료는 아동, 청소년, 성인 등 다양한 연령대와 다양한 국가의 사람들을 대상으로 한 연구 결과들을 두루 아울렀다. 이 자료들을 전부 꼼꼼하게 살펴본 두 사람은 모든 정신질환 사이에서 강한 상관관계를 발견했다. 정신질환의 위험 요인들 중 특정 정신질환 한 가지의 발병 위험만 높이는 요인은 단 하나도 없고, 각각이 여러 정신질환의 위험을 높인다는 결과를 낳았다. 이들은 정신질환의 유전적 요인을 탐구한 연구를 살펴봤는데,[24] 그 연구에서는 어떤 유전자들이 우울증, 불안장애, ADHD, 알코올의존증, 약물 남용, 조현병, 그리고 조현정동장애의 위험을 높이는 데에 관여하는지 규명할 수 있기를 바라며 3백만 쌍이 넘는 형제자매들의 자료를 분석했다. 이 정신질환들은 다 제각기 다른 것들이므로 저마다 연관된 유전자가 다르리라 예상할 수 있다. 하지만 연구자들은 대다수의 유전적 변이가 콕 집어 한 가지만이 아닌 광범위하게 다양한 정신질환들의 발병 위험을 높인다는 사실을 발견했다. 즉, 특정한 한 가지 정신질환에만 관여하

1부 · 모든 정신질환은 연결되어 있다

는 유전자는 없었다. 심지어 아동기 학대 경험도 유전적 요인과 마찬가지로 PTSD, 우울증, 불안장애, 물질사용장애, 섭식장애, 양극성장애, 조현병 등 대부분의 정신질환 발병 위험을 높인다.

이처럼 모든 정신질환 간의 상관관계와 그 위험 요인들과의 상관관계가 끝도 없이 발견되자, 카스피와 모피트는 이 모두를 관통하는 해석을 찾고자 복잡한 수학적 모형을 이용해 상관관계들을 분석했다. 결과는 놀라웠다. 모든 정신질환에는 단 하나의 공통경로가 존재하는 것처럼 보였다. 카스피와 모피트는 일반 정신병리학psychopathology의 머리글자를 따 이를 **p 요인** p-factor이라고 칭했다. 그리고 이 요인이 정신질환 발병 가능성, 두 가지 이상의 정신질환을 겪을 가능성, 만성적인 정신질환에 시달릴 가능성, 심지어 증상의 중증도까지 예측할 수 있다고 주장했다. p 요인은 수백 종류의 정신의학적 증상들과 모든 정신질환 진단 유형에 공통으로 적용된다. 새로운 사람들의 자료 및 다른 분석 방법들을 활용한 후속 연구 역시 이 요인의 존재를 확인했다.[25] 하지만 이런 연구는 그 문제의 p 요인이 무엇인지 밝히기 위해 설계된 것은 아니다. 그저 모든 정신질환에 영향을 미치는 규명되지 않은 어떤 변인의 존재를 시사할 뿐이다.

이제 우리가 할 일은 p 요인의 정체를 밝히는 것이다.

4

신체질환도 정신질환과
연결되어 있을까?

만약 우리가 찾고자 하는 공통경로가 비단 정신 건강 문제에만 국한된 것은 아니라면 어떨까?

앞서 보았듯이 현재 의학 분야에서는 정신장애를 다른 의학적 질환들과 구분하고 있다. 이들은 서로 영향을 거의 혹은 전혀 주지 않는 별개의 범주로 여겨진다.

하지만 실제로는 정신질환과 동시에 발병하는 사례가 빈번한 의학적 질환들이 많으며, 그 반대의 경우 또한 마찬가지다. 그렇다. 여기에서도 또다시 양방향성 관계가 등장한다. 정신질환 간에만 강력한 양방향성 관계가 존재하는 것이 아니라 **수많은 대사장애와 신경학적 장애** 또한 정신장애와 강력한 양방향성 관계를 형성하고 있다. 이러한 관계들은 공통경로의 본질적 특성과 관련해 정신질환의 수수께끼를 푸는 데 도움이 될 만한 아주 중요한 단서를 제공한다.

여기서는 대사장애 세 가지(비만, 당뇨병, 심혈관계질환)와 신경학적 장애 두 가지(알츠하이머병과 뇌전증)에 초점을 맞춰 이 다양한 범주의 장애 간의 관계를 살펴보자. 이 다섯 가지 질환(비만, 당뇨병, 심혈관계질환, 알츠하이머병, 뇌전증) 모두 우울, 불안, 불면증, 심지어 정신증적 증상까지 여러 정신장애 증상을 흔히 겪게 만든다. 반대로 정신장애 환자들은 이 다섯 가지 의학적 장애 발병 위험이 다른 사람들보다 훨씬 높다. 다만 분명한 것은 이 의학적 장애 환자들이 모두 정신장애를 겪는 것은 아니며, 정신장애 환자들이 모두 이 같은 의학적 장애의 일부를 겪는 것도 아니라는 점이다.

이런 의학적 장애 중 하나를 앓는 환자가 정신질환의 증상들을 보이면 때로 사람들은 힘든 질병과 싸우면서 보일 수 있는 당연한 반응이라며 대수롭지 않게 여긴다. 가령 심부전 환자들이 우울감을 경험하는 것은 심부전이라는 병의 심각성을 고려하면 충분히 그럴 수 있다고 받아들여진다. 더구나 이처럼 정신적 증상들을 경험하는 의학적 장애 환자들의 '정신'장애 진단 여부는 임상의의 재량에 달려 있는데, 임상의들은 보통 이 정신적 증상들을 '기질성' 장애에 따른 것으로 판단한다. 하지만 추정 원인이 무엇이든 증상들은 결국 동일하다. 우울감은 모두 같은 우울감이다. 불안은 불안이다. 편집증은 편집증이다. 치료 방법 또한 동일하다. 항우울제, 항불안제, 항정신성약 모두 '기질성' 장애 환자들에게도 흔히 처방된다.

이 질환들을 더 자세히 살펴보면 대사와 대사장애, 그리고 정신장애든 신경학적 장애든 뇌의 문제로 인해 발생하는 장애들 사이의 연결고리를 밝힐 수 있을 것이다. 또한 이를 통해 우리는 마침내 퍼즐의 마지막 조각을 맞추게 될 것이다.

대사장애

먼저 비만, 당뇨병, 심혈관계질환 등 대사장애 세 가지부터 시작해보자. '대사장애'라는 용어는 사실 이 밖에도 많은 질환을 아우르지만, 일반적으로 **대사증후군**과 관련된 장애들을 칭하는 경우가 가장 많다. 대사증후군은 고혈압, 고혈당, 과도한 복부 지방, 높은 중성지방 수치, 낮은 HDL('좋은 콜레스테롤') 수치 가운데 세 가지 이상 해당되는 사람에게 내려지는 진단이다. 대사증후군 환자들은 2형 당뇨병, 심근경색, 뇌졸중 발병 위험이 남들보다 높다.

당뇨병

당뇨병과 정신질환 사이의 연결고리는 백 년도 더 전부터 알려져 있었다. 1879년, 헨리 모즐리^{Henry Maudsley} 경은 "당뇨병은 정신이상이 만연한 가문에서 흔하게 모습을 드러내는 질병이다"라고 기록했다. 실제로 많은 정신장애가 당뇨병의 높은 발병 위험과 연관되어 있다. 조현병 환자들은 당뇨병에 걸릴 위험이 세 배나 높다.[1] 또 우울증 진단을 받은 사람들은 당뇨병에 걸릴 위험이 60퍼센트 더 높다.[2]

그렇다면 반대의 경우는 어떨까? 당뇨병 환자들의 정신질환 발병 위험도 이처럼 높을까? 그렇다. 대부분의 연구에서 우울증과 당뇨병의 관계를 집중적으로 살펴봤는데 그 결과, 당뇨병 환자들은 당뇨병에 걸리지 않은 사람들보다 주요우울장애를 앓을 위험이 두 배에서 세 배까지 높다는 사실이 밝혀졌다. 게다가 일단 발병하면 우울증 증상이 지속되는 기간도 당뇨병에 걸리지 않은 사람들보다 네 배나 길었다. 매년 당뇨병 환자 네 명 중 한 명은 임상적으로 유의미한 우울증을 겪는다.[3] 설상가상으로 우울증은 혈당치에도 영향을 주는 것으로 보이는데, 우울증을 앓는 당뇨병 환자들은 우울증이 없는 환자들보다 평균적으로 혈당치가 높게 나타났다. 하지만 이는 우울증만의 이야기가 아니다. 어느 연구에서는 130만 명의 청소년을 대상으로 10년 동안 정신질환 발병률을 조사했다. 연구 결과, 당뇨병을 앓는 청소년 참가자들은 기분장애에 시달리거나, 자살을 시도하거나, 정신과 진료를 받는 등 어떤 정신질환이든 발병 위험이 훨씬 높은 것으로 나타났다.[4]

비만

정신질환을 겪는 사람들은 과체중 또는 비만이 될 가능성이 높다는 것 또한 잘 알려진 사실이다. 한 연구에서는 조현병과 양극성장애 환자들을 20년 동안 추적 조사했다. 처음 정신질환 진단을 받았을 당시만 해도 대다수의 참가자는 비만이 아니었다. 그러나 20년이 지난 뒤에는 조현병 환자의 62퍼센트, 양극성장애 환자의 50퍼센트가 비만 상태가 되었다.[5] 연구가 진행되던 당시 뉴욕주 성인 전체 인구의 비만율은 27퍼센트였다. 자폐증을 앓는 아동은 비만이 될 위험이 40퍼센트가량 높다.[6] 120편의 관련 연구 결과를 바탕으로 메타분석한 어느 연구에서는 중증의 정신질환 환자들이 비환

자에 비해 비만 위험이 세 배 더 높다는 것을 발견했다.[7]

　많은 사람이 정신질환 치료제가 비만을 야기한다고 생각한다. 실제로 항우울제와 항정신성약의 흔한 부작용 가운데 하나가 체중 증가이다 보니 정신과 약들이 비만과 연관성이 있다는 데에는 의심의 여지가 없지만, 이것만으로는 충분한 설명이 되지 않는다. 이를테면 약물치료를 받는 ADHD 환자들과 그렇지 않은 환자들을 대상으로 이후 수년간 ADHD 환자가 아닌 사람들과 비교해 이들의 비만율을 분석한 어느 연구 결과를 보자. ADHD 환자들은 약물치료 여부와 관계없이 **모두** 비만이 될 위험이 높았다. ADHD의 주된 치료제는 일반적으로 식욕을 억제하는 성질의 각성제인데도 불구하고 이 각성제를 복용하는 ADHD 환자들의 비만율이 비환자보다 훨씬 높았다. 각성제를 복용하지 않는 환자들은 그보다 훨씬 더 비만이 될 가능성이 컸다.[8]

　그렇다면 이미 비만인 사람들은 어떨까? 이들도 정신질환 발병 위험이 남들보다 높을까? 이번에도 답은 '그렇다'이다. 비만인 사람들은 그렇지 않은 사람들보다 우울증이나 불안장애가 발병할 위험이 25퍼센트, 양극성장애가 발병할 위험은 50퍼센트 더 높다. 한 연구에서는 사춘기 무렵의 체중 증가와 관련해 이십 대 중반이 되었을 때의 우울증 발병 위험이 네 배나 높다는 결과를 발견하기도 했다.[9] 비만은 정신질환을 일으키게끔 뇌 기능에도 영향을 미치는 것으로 밝혀졌다. 가령 정신질환 환자들에게서 흔하게 볼 수 있는 시상하부라는 뇌 영역의 변화가 비만인 사람들에게서도 나타날 뿐만 아니라 뇌 영역 간의 연결성에도 변화가 생긴다는 것이 발견됐다.[10]

심혈관계질환

심혈관계질환, 그중에서도 특히 심근경색과 뇌졸중 역시 정신질환과 양방향성 관계에 있다. 이번에도 우울증을 먼저 살펴보면, 심근경색 환자의 20퍼센트, 울혈성 심부전 환자의 33퍼센트, 뇌졸중 환자의 31퍼센트가 발병 1년 이내에 주요우울장애를 경험했다.[11] 이 같은 발병률은 미국 인구 전체의 발병률보다 세 배에서 다섯 배나 높은 수준이다.

얼핏 보면 이해하기 어렵지 않은 결과다. 사람은 대부분 심근경색이나 뇌졸중 같은 트라우마성 사건을 겪고 나면 걱정이 많아지거나 우울감을 느끼기 마련이다. 하지만 이번에도 이것이 단순한 심리적인 반응이 아님을 시사하는 또 다른 양방향성 관계가 관찰됐다.

익히 알려져 있다시피 우울증은 심장에 영향을 미치기도 한다. 심근경색을 한 번도 앓은 적 없는 사람들이 주요우울장애를 경험하면 향후 심근경색이 발병할 위험이 50에서 100퍼센트까지 증가한다.[12] 심근경색 병력이 있는 경우에는 우울증을 겪으면 다음 해에 또다시 심근경색이 발병할 위험이 두 배 높아진다.

우울증뿐만이 아니다. 조현병이나 양극성장애 진단을 받은 사람들은 젊은 나이에 심혈관계질환이 발병할 위험이 53퍼센트나 높다.[13] 이러한 결과는 비만과 당뇨병 같은 위험 요인들을 통제하더라도 여전히 유효하다. 한편 거의 백만 명에 달하는 참전 용사들을 13년간 추적 조사한 연구에서는 PTSD 진단을 받았던 사람들이 일과성 허혈 발작(일시적인 뇌졸중 증상)을 경험할 가능성이 비환자들에 비해 두 배 높으며, 실제 뇌졸중까지 진행될 위험도 62퍼센트 높다는 결과를 발견했다.[14]

조현병, 양극성장애, 중증의 만성 우울증처럼 심각한 정신질환을 앓는 사람들이 평균보다 훨씬 일찍 사망한다는 것은 오래전부터 알려진 사실이다. 평균적으로 이들의 수명은 정상 수명보다 13년에서 30년까지 짧아진다.[15] 덴마크에서 7백만 명 이상의 인구 데이터베이스를 활용한 최신 연구에서는 이보다 더 우려스러운 결과를 발표했다.[16] 꼭 '심각한' 정신장애만이 수명 단축으로 이어지는 것이 아니었다. 심지어 불안장애나 ADHD 같은 경증 또는 아주 흔한 정신장애들을 비롯한 모든 정신장애가 수명 단축과 연관되어 있었다. 평균적으로 정신장애 병력이 있는 남성은 10년, 여성은 7년의 수명이 단축된다.

이들이 이렇게 조기에 사망하는 이유는 무엇일까? 대부분의 사람은 자살 때문이라고 생각하지만 실제로는 그렇지 않다. 정신질환 환자들의 자살률은 확실히 비환자들보다 높지만, 이들이 조기 사망하는 주요 원인은 심근경색, 뇌졸중, 당뇨병 등의 대사장애다. 정신장애 환자들에게서 대사장애 발병률이 높다는 점은 지금까지 충분히 살펴봤다.

만성적인 정신질환 환자들은 심지어 죽기 전에도 빠르게 노화하는 것처럼 보인다고 알려져 있다. 이러한 사실은 노화의 진행을 측정하는 다양한 방법을 통해 확인할 수 있다. 측정 대상의 하나로는 염색체 끝부분에 존재하는 입자인 텔로미어telomere의 길이가 있다. 사람이 노화할수록 텔로미어의 길이는 짧아지는 경향을 보인다. 비만, 암, 심혈관계질환, 당뇨병 등 노화와 연관되어 있다고 여겨지는 질병을 앓는 환자들에게서도 텔로미어의 길이가 짧아진 것이 관찰됐다. 우울증, 양극성장애, PTSD, 물질사용장애 환자들의 경우에도 마찬가지다.[17]

1부 · 모든 정신질환은 연결되어 있다

신경학적 장애

신경학적 장애와 정신장애는 모두 뇌에 영향을 미치며 그 결과의 하나로 흔히 '정신적' 증상들이 나타나게 되지만, 두 유형의 장애는 한 가지 측면에서 구분이 된다. 바로 신경학적 장애는 병을 진단하는 데 활용될 수 있는 객관적인 검사나 병리적 결과가 적어도 한 가지는 있다는 점이다. 뇌 스캔이나 EEG 결과에서 나타나는 이상일 수도 있고, 뇌 조직이나 뇌를 둘러싸고 있는 액체에서 관찰되는 특정한 병리적 문제일 수도 있다. 이에 반해 정신장애는 앞에서도 설명했듯이 진단에 활용될 만한 객관적인 검사가 전무하다.

알츠하이머병

알츠하이머병은 시간이 경과함에 따라 뇌가 점점 손상되는 신경학적 장애군을 일컫는 치매 가운데서 가장 흔한 형태이다. 모든 유형의 치매에서 흔하게 나타나는 증상은 기억장해, 성격 변화, 판단력 저하 등이다. 알츠하이머병의 특징은 뇌에서 발견되는 단백질 침적물plaque과 엉킴tangle이다. 사람은 나이가 들수록 알츠하이머병 발병 위험이 기하급수적으로 증가하는데, 구체적으로 65세 이후가 되면 5년마다 두 배씩 증가하는 수준이다. 그러다 85세가 되면 전체의 약 33퍼센트가 알츠하이머병을 앓게 된다.[18] 조발성 알츠하이머병(65세 미만에서 발병하는 알츠하이머병―옮긴이) 중에는 희소한 유전적 돌연변이나 다운증후군에 의해 발생하는 유형도 있기는 하다. 그러나 그 밖의 다른 모든 경우에는 정확히 무엇이 원인인지가 명확하지 않다. 나이 외에 지금까지 밝혀진 위험 요인에는 가족력, 두부 외상, 그리고 대사장애가 있다.

중년의 비만, 당뇨병, 심장질환은 모두 알츠하이머병의 발병 위험을 높인다. 흡연, 고혈압, 고콜레스테롤혈증, 운동 부족과 같은 대사장애의 **위험 요인들** 또한 마찬가지다. 흥미로운 점은 알츠하이머병의 유전적 위험 요인 가운데 하나인 APOE4라는 유전형이 지방 및 콜레스테롤 대사와 연관된 효소의 생성을 담당한다는 사실이다.

흔히 '정신적'인 문제로 여겨지는 것들도 알츠하이머병의 위험 요인이다. 이른 나이에 우울증을 경험한 경우, 알츠하이머병을 앓게 될 가능성이 두 배 증가한다.[19] 조현병 역시 알츠하이머병의 발병 위험을 높인다. 8백만 명 이상을 대상으로 진행된 한 연구에서 조현병 환자는 비교적 젊은 나이인 66세만 되어도 치매 진단을 받게 될 가능성이 조현병이 없는 사람들보다 스무 배나 높다는 결과를 발견하기도 했다.[20] 앞서 온갖 정신질환 사이에 양방향성 관계가 존재한다는 사실을 발견한 덴마크의 대규모 연구를 기억하는가? 이 연구에서 알츠하이머병은 섬망이나 다른 유형의 치매와 함께 의학적 문제로 인해 발생한 정신적 증상들을 가리키는 **기질성 정신장애** 범주에 포함됐다. 그리고 연구 결과, **모든** 정신질환이 기질성 정신장애의 발병 위험을 최소 1.5배부터 최대 20배까지 높이는 것으로 나타났다. 알츠하이머병을 다른 기질성 정신장애들과 분리해서 살펴보지 않았다는 점은 아쉽지만, 그래도 기질성 정신장애를 구성하는 가장 흔한 두 가지 유형이 바로 알츠하이머병과 섬망이다.

알츠하이머병 초기에는 보통 건망증과 더불어 우울, 불안, 성격 변화 등의 '정신적' 증상이 나타난다. 알츠하이머병 진단을 받고 난 뒤에는 거의 모든 환자가 정신의학적 증상을 겪게 되는데, 한 연구 결과에 따르면 이 비율이 무려 97퍼센트라고 한다.[21]

여기서 정신의학적 증상이라고 하면 불안, 우울, 성격 변화, 초조증, 불면증, 사회적 위축 등 사실상 우리가 떠올릴 수 있는 모든 증상이 포함된다. 나아가 알츠하이머병 환자 가운데 약 50퍼센트는 환각이나 망상 같은 정신증적 증상들을 겪는다.[22]

그러니까 기본적으로 알츠하이머병에는 모든 정신의학적 증상이 발생할 수 있다. 만약 그렇다면 이러한 증상을 일으키는 원인은 무엇일까? 노년기 이전에 정신적 증상들 및 정신질환을 경험하는 사람들의 경우와 같은 원인일까? 한 가지는 확실하다. 알츠하이머병과 다른 정신질환들에서 동일한 증상이 나타나는 것으로 미루어 볼 때, 알츠하이머병을 세밀하게 살펴보지 않고는 정신질환을 야기하는 원인이 무엇인지 그 질문에 대한 제대로 된 답을 찾을 수 없다.

뇌전증

뇌전증은 비교적 드문 뇌장애로, 이 또한 다른 정신질환들과 마찬가지로 양방향성 관계를 이루고 있다. 뇌전증은 어느 연령대에서든 발병할 수 있지만 가장 흔하게 발병하는 때는 아동기이며, 비율은 약 150명 중 한 명꼴이다. 뇌졸중, 두부 외상, 종양, 희소한 유전적 돌연변이처럼 명확히 식별할 수 있는 뇌의 이상으로 인해 발생하는 경우도 있다. 하지만 대부분은 원인 불명이다.

보통 뇌전증 환자들은 정신의학적 증상들을 겪는다. 때로는 이 같은 증상들이 정신질환 진단으로 이어지기도 한다. 그러나 대체로는 뇌전증 발작 때문에 정신의학적 증상들이 발생하는 것으로 여겨진다. 발작이 일반적이지 않은 정서, 감각, 행동 등을 일으킬 수 있다는 데에는 의심의 여지가 없다. 그렇지만 뇌전증 환자들은 발작이 일어나지 않는 동안에도 비환자들보다 정신적 증상들을 경험할 가능성이 높다.

　　뇌전증을 앓는 아동의 20~40퍼센트는 동시에 지적장애, ADHD 또는 자폐증 진단을 받는다.[23] 불안장애 또한 뇌전증 환자에게서 흔하게 나타나며, 전체 인구와 비교했을 때 발병률이 세 배에서 여섯 배가량 높다.[24] 한 연구에서는 뇌전증 환자의 55퍼센트가 우울증에 시달리며, 뇌전증 환자 전체의 3분의 1은 1회 이상 자살을 시도한 적이 있다는 사실을 발견했다.[25] 흥미로운 사실은 자살 시도가 이루어진 것이 대부분 뇌전증 진단을 받기 전이라는 점이다.[26] 한편 또 다른 연구들에서는 이들의 양극성장애 발병 위험은 남들보다 여섯 배, 조현병 위험은 아홉 배 높다는 것을 발견했다.[27] 이 같은 결과들은 뇌전증 환자에게서 유형을 막론하고 정신질환 진단이 유달리 흔하다는 사실을 명확하게 보여준다.

　　그렇다면 그 반대는 어떨까? 분명 정신질환 환자들도 일반적으로 뇌전증이 발병하거나 발작을 경험할 위험이 훨씬 높은 것으로 보인다. 자폐 아동 가운데 6~27퍼센트는 발작을 경험한다.[28] ADHD 아동의 16퍼센트는 EEG 결과상 뇌전증의 징후가 나타난다.[29] 이에 더해 발작을 경험하는 아동은 발작을 경험하지 않은 아동과 비교해 그 전에 이미 ADHD 진단을 받았을 확률이 2.5배 더 높다.[30] 주요우울장애 환자는 성인이 된 뒤에도 비유발 발작unprovoked seizure(내외부적 특정 유발 요인 없이 발생하는 발작-옮긴이)을 겪을 위

험이 여섯 배 더 높다.[31]

나아가 발작은 대사장애, 정신장애, 신경학적 장애 사이의 점들을 추가로 이어주며 공통경로에 대한 중요한 단서를 제공한다. 요컨대 뇌전증과 정신질환뿐만 아니라 뇌전증과 대사장애도 서로 관계가 있는 것이다.

저혈당증이 발작을 일으킨다는 사실은 일찍이 잘 알려져 있었다. 저혈당증은 1형과 2형 당뇨병 모두에서 흔하게 나타난다. 이는 당뇨병 환자들이 지나치게 많은 용량의 약을 복용하거나 음식 섭취량이 충분치 않을 때 경험할 수 있다. 그렇다면 과연 이들은 극심한 저혈당증과 무관한 발작을 겪을 위험도 높을까? 그렇다. 1형 당뇨병을 앓는 아동은 일반적으로 뇌전증 발병 위험이 또래보다 세 배 높으며,[32] 만약 당뇨병이 6세 이전에 발병했다면 이 수치는 여섯 배까지 증가한다.[33] 2형 당뇨병을 앓는 65세 이상 성인의 경우에는 뇌전증 발병 위험이 50퍼센트 더 높은 것으로 밝혀졌다.[34]

비만은 어떨까? 어쩌면 여러분은 체중이 뇌전증과 무슨 관련이 있겠나 생각할 수도 있지만 한 대규모 연구 결과, 극도로 저체중이거나 과체중인 사람들은 정상 체중인 사람들보다 뇌전증 발병 위험이 60~70퍼센트나 높았다.[35] 과체중과 저체중 모두 위험 요인이라는 사실이 놀라울 수 있다. 뒤에서 더 설명하겠지만 양극단 모두 대사에 스트레스를 준다. 게다가 임신 중 비만이 된 여성은 태어난 아기가 자라서 뇌전증을 겪을 위험이 높으며, 엄마의 체중이 증가할수록 발병률이 더 높아진다. BMI가 40 이상인 여성은 나중에 아이가 뇌전증을 앓을 위험이 82퍼센트나 높아지는데, 이는 무려 전체 인구의 평균 발병률보다 두 배 가까이 높은 수치다.[36]

동기 부여와 기력

이로써 우리는 정신질환이 다른 정신질환들뿐만 아니라 전혀 별개의 의학적 질병으로 여겨지는 것들과도 양방향성 관계를 이루고 있다는 희한한 사실에 직면했다. 양방향성 관계가 공통경로의 가능성을 시사한다는 점을 다시 떠올려보면 이 모든 장애를 일으키는 원인 혹은 간접적으로 영향을 미친 공통적인 무언가가 있다는 뜻이다. 이런 일이 가능할까?

흔히 이러한 장애 간에, 특히 대사장애와 정신장애 사이에 연결고리가 존재하는 이유는 이미 다들 알고 있지 않느냐고 생각하는 사람들이 많다. 앞서 정신질환을 둘러싼 부정적인 낙인 문제에 대해 잠깐 이야기한 적이 있는데, 대사장애와 관련해서도 사람들은 종종 멋대로 쉽게 판단을 내리곤 한다. 비만이거나 당뇨병 또는 심근경색을 앓는 사람들은 단순히 자신을 잘 돌보지 않았기 때문에 그렇게 됐다고 여기는 것이다. 음식을 너무 많이 먹는다든지, 담배를 피운다든지, 운동을 충분히 하지 않아서 그런 것이라고 말이다. 대체로 많은 사람이 이 같은 질병은 태만으로 인해 발생하며, 결국 환자의 책임이라고 믿는다. 같은 맥락에서 흔히들 정신질환을 앓다 보면 스스로를 잘 보살피지 못하게 되는 것이 당연하다고 생각한다. 가령 우울증은 환자들의 기력과 동기 수준을 떨어뜨린다. 그러면 이들은 하루 종일 한자리에 앉아 TV를 보고 먹는 일밖에 하지 않는다. 자연히 체중이 불어난다. 운동은 하지 않는다. '스트레스'가 건강하지 못한 생활 습관에 일조한다는 것은 누구나 아는 사실이다. 정신질환 환자들은 병의 특성상 기본적으로 누구보다 스트레스를 극심하게 느낀다. 따라서 이처럼 스트레스가 심한 증상들을 겪는 정신질환 환자들은 더욱더 불균형한 식사를 하고 운동도 게을리 하게 된다. 그러니 정신질환 환자들의 대사장애 발병률이 높은 것은 전혀 놀랍지 않은 일이다. 결국 많은 사람의 눈에 비친 원인은 단순하다. 의지력과 자제력이 문제인 것이다.

진짜 수수께끼는 이제부터다. 이 모든 장애의 유병률은 지난 50년간 급격하게 치솟았다. 비만, 당뇨병, 심혈관계질환, 그리고 정신질환까지 모두 말이다. 이건 어떻게 설명할 수 있을까? 우리 사회에 무슨 게으름 병 혹은 자기 파괴적 건강 행태가 유행한 걸까? 아니면 사람들이 더는 자제력을 발휘하지 못하게 된 걸까? 다들 자신의 건강 따위 어떻게 되어도 좋다고 여기는 걸까? 실제로 그런 사람들이 많겠지만 만약 여러분이 이 같은 물음들에 '그렇다'고 답한다면 또 다른 문제가 남는다. **왜 이런 일이 벌어졌을까?** 이 '게으름 병 유행'을 야기한 원인은 대체 무엇일까?

1장에서도 언급했지만 일부는 이 질문에 우리 사회가 원인이라고 답할 것이다. 매사가 전보다 빠른 속도로 흘러가다 보니 사람들에게도 그에 걸맞은 속도를 요구하게 되면서 스트레스를 주고 있는 것이다. 회신해야 할 이메일이 끊임없이 날아들고 소셜 미디어 포스트들은 마구 쌓여 저마다 우리의 관심을 끌기 위해 다툰다. 스마트폰은 어서 집어 들어 쉬지 않고 화면을 들여다보고, 검색하고, 스크롤하고, 확인하라며 우리를 잡아끈다. 그런가 하면 또 어떤 사람들은 인공첨가물 범벅과 가공식품 등 우리가 섭취하는 음식물을 문제로 지목한다.

결과적으로 보면 이들 모두 **분명** 어느 정도 영향을 미치는 요인들이다. 하지만 이들을 진짜 원인이라고 할 수 있을까? 이 '원인들'로부터 어떻게 게으름과 무관심, 번아웃이라는 결과가 발생했고, 과식하고 운동은 하지 않는 현상으로 이어졌으며, 종국에는 정신장애 또는 대사장애가 발병하게 된 것일까? 이 모두가 실제로 우리의 몸과 뇌에서 어떤 작용 과정을 거쳐 일어나는 것일까? 그리고 같은 작용력을 받은 사람들이 전부 당뇨병에 걸리고 우울증을 앓는 결말을 맞이하지 않는 이유는 무엇일까? 또 뇌의 물리적인 질병으로 여겨지는 신경학적 장애와의 연결고리를 현대인의 삶과 건강하지 못한 생활 습관들을 둘러싼 이 모든 가설에 어떻게 끼워 맞출 수 있을까? 대부분의 사람이 정신장애와 대사장애의 관계를 쉽게 설명할 수 있다고 생각하지만 이처럼 인간의 생리를 구체적으로 파고들면 상황은 상당히 아리송해진다.

사람들은 적게 먹고 많이 운동하라는 등 건강 행태를 바꾸라는 조언을 들으면 흔히 비슷한 반응을 보인다. "너무 힘들어요"라거나 "그럴 만한 기력이 없어요"라는 식이다. 이러한 반응은 거의 언제나 몹시 못마땅하다는 시선과 맞닥뜨리게 된다. 게으름 부리는 데 대한 핑계라거나, 문제를 충분히 심각하게 받아들이지 않는다는 증거라거나, 자제력이 부족한 모습으로 받아들여진다. 그런데 "너무 힘들어요" 또는 "그럴 만한 기력이 없어요"라는 반응이 핑계가 아니라 정말로 중요한 단서를 주고 있을 가능성은 없는 걸까? 타성과 동기 부족이 대사 문제의 **증상**인 것은 아닐까? 어쩌면 이들이 **말 그대로** 정말 기력이 충분치 않은 것이 아닐까?

결론부터 말하자면 그냥 가능성이 있는 정도가 아니라 사실임을 뒷받침하는 근거가 차고 넘친다. 알다시피 대사는 세포 내 에너지 생성을 수반한다. 뒤에서 더 자세히 살펴보겠지만 대사장애나 정신질환을 앓는 사람들은 세포 내에서 생성되는 에너지양이 부족한 것으로 밝혀졌다. 이 사람들이 말하는 것은 사실이었다. 정말로 기력이 충분치 않았던 것이다.

이는 동기 수준의 문제가 아니다. 대사의 문제다.

우리는 답을 코앞에 두고도 알아차리지 못하고 있었다.

✳

지금까지의 이야기들을 간단하게 정리해보자.

- 정신 건강 분야의 실태와 현재 우리가 시도하고 있는 치료법들이 효과가 없는 이유를 알아봤다.
- 정신질환들 사이에 중첩되는 증상 및 공병이 흔하다는 점과 더불어 진단명들을 구별하는 현재의 방법에 한계가 있다는 근거들을 살펴봤다. 그 결과 모든 정신질환은 또 다른 정신질환을 추가로 발병시킬 확률이 훨씬 높다는 사실을 확인했다. 이 같은 양방향성 관계는 모든 정신질환에 관여하는 하나의 공통경로가 존재할 가능성을 시사한다.
- 또한 정신장애가 최소한 세 가지 대사장애(비만, 당뇨병, 심혈관계질환) 및 두 가지 신경학적 장애(알츠하이머병, 뇌전증)와도 양방향성 관계를 이룬다는 증거를 살펴봤다. 이는 곧 하나의 공통경로가 정신질환들뿐만 아니라 여기서 언급한 모든 질환 사이에 존재할 가능성을 제기한다.

이 모든 이야기를 쉽게 받아들이기 힘들 수도 있다. 아마 이런 말이

육성으로 튀어나올지 모른다. "그렇지만 이건 전부 다 다른 질병이잖아!"
조현병을 당연히 섭식장애나 가벼운 불안장애와 동일선상에 둘 수 없다. 심
혈관계질환, 양극성장애, 뇌전증, 당뇨병, 우울증 또한 모두 다르다. 증상도
엄연히 다르다. 영향을 미치는 신체 부위도 저마다 다르다. 주로 발병하는 연
령대도 다르다. 일부는 뇌졸중처럼 발병 시 빠른 시간 안에 죽음에 이르게
할 수도 있다. 반면 고작 몇 달 정도 지속되는 경도 우울증은 아무런 치료 없
이 스스로 나아지기도 한다.

이 모든 장애가 하나의 공통경로를 공유한다는 점이 쉽사리 믿어지
지 않는다. 만약 **정말로** 그런 공통경로가 존재한다면 신체가 작용하는 아
주 다양한 측면에 영향을 미쳐야 마땅하다. 그리고 위험 요인과 증상, 효과
를 나타낸 치료법 등 지금까지 알려진 이 장애들에 대한 모든 요소를 하나
로 묶어줄 수 있는 것이어야 한다. 어떤 단일한 신체 과정이나 기능이 충족
하기에는 실로 엄청나게 커다란 역할이다.

2부에서 곧 확인하겠지만 대사가 바로 이 역할을 충족한다.

그렇다. 마침내 원인과 치료법, 증상과 중첩에 대한 이 실타래처럼
잔뜩 뒤엉킨 문제들에 답해줄 수 있는 공통경로이자 근본 원인에 도달한
것이다.

정신장애는 모두 뇌의 대사장애다.

밝혀진 연결고리,
뇌 에너지 이론

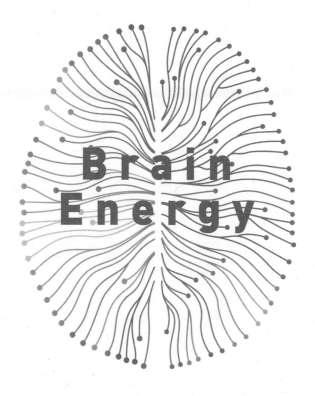

5

정신질환은
대사 문제에서 비롯된다

물리학자 알버트 아인슈타인Albert Einstein과 레오폴드 인펠트Leopold Infeld가 1938년에 발견한 다음과 같은 사실은 몹시 중요하다.

새로운 이론을 창조한다는 것은 오래된 헛간을 허물고 그 자리에 고층 건물을 세우는 것과는 다르다. 그보다는 마치 산을 올라 새롭고 넓은 시각을 가지게 되면서 우리가 떠나온 출발지와 이 아름다운 환경과의 예상치 못했던 연결고리를 발견하는 것과 유사하다. 비록 우리가 출발한 그 지점은 이제는 전보다 작게 보이고 산을 오르는 길에 만난 장애물들을 정복하면서 넓어진 우리의 시각을 구성하는 일부가 됐지만 그럼에도 여전히 존재하고 있으며

여전히 볼 수 있다.[1]

어떤 새로운 이론이든 진지한 관심을 받기 위해서는 기존에 사실로 알려진 것들을 아우를 수 있어야 한다. 무턱대고 기존의 이론을 대체하는 것이 아니라 우리가 본래 가지고 있던 지식과 경험을 하나로 엮어 좀 더 폭넓은 이해를 가능케 함으로써 우리의 시각을 확장하고 새로운 통찰을 줄 수 있어야 한다.

정신 건강 전문가들은 아인슈타인과 인펠트가 말한 산기슭에 여러 진영을 구축하고 있다. 일부는 정신질환이 화학적 불균형에서 비롯된 생물학적인 문제라고 믿는다. 이에 환자들에게 약을 처방하고 효과를 확인했다. 또 다른 전문가들은 심리·사회적인 요소들에 집중한다. 따라서 심리치료와 사회적 중재를 통해 환자들을 도왔고, 치료 효과를 보았다. 이들은 적어도 정신질환 가운데 일부는 심리·사회적 요소가 관여한다고 확신하며, 약 없이도 이러한 점들을 교정하면 최소한 일부 환자들의 경우에는 분명 문제가 해결될 수 있다고 여긴다. 실제로 이 관점들 모두 옳다. 이들 모두 옳다는 사실과 그 이유는 우리의 새로운 이론이 제시하는 입체적인 관점에서 보면 분명하게 알 수 있다. 이름하여 뇌 에너지 이론이다. 이 이론은 **정신장애는 뇌의 대사장애**라는 대단히 중요한 개념에 기반한다.

의료계에서 새로운 이론들은 현재로서는 설명할 수 없는 치료법과 질병 간의 관계를 좀 더 잘 이해할 수 있게 해준다. 또한 앞으로 진행될 연구 결과를 더욱 잘 예측할 수 있게 도와준다. 그리고 미래를 위해 기존의 것들보다 효과적인 치료법을 개발하는 데에도 도움을 준다. 뇌 에너지 이론은 정신질환과 관련해 이 모두를 가능케 해줄 것이다. 더욱이 그 영향력은 비단 정신 건강 분야에만 국한되지 않는다. 이 이론은 정신의학, 신경학, 순환기학, 내분비학 등 대부분의 사람이 전혀 관련이 없다고 생각하는 의학 분야를 하나로 통합한다. 물론 다른 분야들도 마찬가지다. 이 분야들 또한 산기슭에 저마다의 진영을 차리고 있다. 때로는 서로 다른 분야에 있는 임상의들이 협업하며 분야 간 연결고리를 발견하기도 하지만 그러지 않는 경우가 압도적으로 많다. 가령 한 환자가 순환기내과를 찾아가면 심장병 약을 처방받고, 내분비내과를 찾아가면 당뇨병 약을 처방받으며, 정신과를 찾아가면 양극성장애 약을 처방받는데, 이 전문가들이 서로 소통하는 법은 결코 없다. 나는 뇌 에너지 이론이 이러한 분위기를 전환해 전문 분야 간의 협업이 활성화되고 환자들에게 더욱 효과적이고 총체적인 치료를 제공할 수 있게 되기를 바란다. 앞서 살펴보았듯이 이 질환들 사이에 연결고리가 존재한다는 점을 고려한다면 이 같은 소통과 협업은 논리적으로 매우 타당해 보인다. 그러다 보면 머지않아 하나의 통합적인 치료 계획으로 이 **모든** 질환을 치료하거나 예방하는 것도 가능해질지 모른다.

*

뇌 에너지 이론을 입증, 아니 최소한 강력하게 뒷받침하기 위해 이후 장에서는 다음과 같은 점들을 보여줄 것이다.

- 비만, 당뇨병, 심혈관계질환 등의 대사장애로 진단받지 않은 정신질환

환자들에게서도 대사의 이상은 지속적으로 발견되고 있다.

- 기본적으로 정신장애와 대사장애의 위험 요인은 동일하다. 여기에는 식단 및 운동 습관, 흡연, 약물 사용과 음주, 수면에서부터 호르몬, 염증, 유전, 후생유전, 장내미생물에 이르기까지 다양한 생물학·심리·사회적 요인들이 포함된다. 또한 대인관계, 사랑, 삶의 의미와 목적, 스트레스 수준도 포함될 수 있다. 이 요인들 중 어느 한 가지를 따로 떼어서 확인해봐도 대사장애와 정신장애 모두 발병 위험이 증가하는 결과가 나타난다.
- 이러한 위험 요인들은 모두 대사와 직접적으로 연관이 있다.
- 정신질환의 증상들은 모두 대사, 좀 더 구체적으로 말하면 대사 조절을 총괄하는 미토콘드리아와 직접적으로 연관이 있다.
- 생물학·심리·사회적 중재법 등 현재 정신 건강 분야에서 쓰이고 있는 모든 치료법은 높은 확률로 대사에 영향을 미침으로써 작용한다.

이런 증거들을 살펴보면 정신장애가 뇌에서 일어나는 대사장애라는 사실뿐만 아니라 이 사실이 중요한 이유와 이를 치료에 어떤 식으로 적용하면 좋을지도 명확해질 것이다.

대사의 잔물결 효과

이렇게 다양한 질환들이 모두 대사 문제에서 비롯됐다는 주장은 일견 지나친 비약처럼 보일 수 있다. 흥미로운 사실은, 지금이야 의료계에서 비만, 당뇨병, 심혈관계질환을 전부 대사장애로 분류하지만 예전에는 그렇지 않았다는 점이다. 그도 그럴 것이, 이 질환들은 서로 증상이 몹시 다르고 효과를 보이는 약과 치료법도 제각각이다. 그렇기 때문에 비만의학(비만), 내분비학(당뇨병), 순환기학(심근경색), 신경학(뇌졸중) 등 지금도 여전히 이들 각각에 집중하는 전문 의학 분야가 별도로 존재한다. 그러나 어쨌든 이 질환들 모두 몸 전체에 영향을 미치며, 이 중 한 가지 질환을 앓는 사람은 다른 것들을 앓게 될 위험이 남들보다 훨씬 높다. 물론 비만인 사람이 모두 심근경색이나 당뇨병을 앓게 되는 것은 아니다. 모든 당뇨병 환자가 비만인 것도 아니다. 뇌졸중 환자가 모두 당뇨병을 앓는 것도 아니다. 하지만 이처럼 사람에 따라 다양하게 나타나는 징후와 증상들은 전부 서로 연결되어 있다.

대사장애가 신체에 미치는 영향은 비만, 당뇨병, 심근경색, 뇌졸중 등 또 다른 대사장애의 발병 위험 증가에 그치지 않는다. 이미 앞에서 살펴봤듯이 알츠하이머병, 뇌전증, 정신장애의 발병 위험 또한 높아진다. 그런데 이뿐만 아니라 일반적으로 대사 문제로 여겨지지 않는 무수히 많은 **다른** 질환의 발병 위험까지도 증가한다. 여기에는 간, 신장, 신경, 뇌, 호르몬, 관절, 위장, 자가면역 문제에 더해 심지어 암도 포함된다.

대부분의 사람이 대사장애는 단순한 문제이며 해결책도 단순하다고 여긴다. 이 질환들의 '근본 원인'을 알고 있다고 생각하기 때문이다. 바로 과식, 운동 부족, 흡연과 같은 행동들이다. 그러므로 과식하지 않고, 충분히 운동하고, 담배를 피우지 않는다면 대사라는 측면에서 볼 때 완전히 건강해질 것이다. 보았는가? 단순하다.

하지만 대사에 대해 깊이 파고들면 실상은 전혀 단순하지 않다.

예를 하나 들어보자. 마크는 겉으로 보기에는 건강하고 호리호리하면서도 체격이 탄탄한 45세 남성이지만 자가면역질환의 일종인 다발성경화증을 앓고 있다. 치료를 위해 그는 코르티코스테로이드(부신피질에서 분비되는 스테로이드 호르몬 및 그 합성 화합물의 총칭 - 옮긴이)인 프레드니손이라는 약을 처방 받았다. 몇 주 지나지 않아 그는 몸이 붓고 살이 찌기 시작했다. 한 달이 지났을 무렵에는 당뇨병 전 단계라는 진단과 함께 당뇨병 약을 처방받았다. 안타깝게도 체중 증가와 고혈당은 모두 프레드니손의 흔한 부작용이다.

그로부터 6개월 동안 마크의 체중은 18킬로그램이나 불어났다. 물론 이만큼의 체중이 전부 난데없이 늘어난 것은 아니다. 그의 행동, 그중에서도 특히 식습관과 운동 습관이 극단적으로 변한 탓도 있었다. 다발성경화증 진단을 받기 전까지만 해도 그는 언제나 균형 잡힌 식사를 했고 매주 서너 번은 땀이 나게 운동했다. 그러나 프레드니손과 같은 코르티코스테로이드 약은 익히 알려져 있다시피 식욕을 증가시키는데, 이에 마크도 식탐이 생겨 정크 푸드를 마구 먹는 등 예전과는 전혀 다른 모습을 보이기 시작했다. 운동 습관만은 유지하려고 애썼지만 살이 찌면서 그조차도 점점 어려워졌다. 운동을 전혀 하지 않은 것은 아니지만 아무래도 예전만큼은 아니었다. 혈압과 지방질 수치를 비롯해 심혈관계질환의 위험 지표도 악화됐다. 이제는 심근경색이나 뇌졸중이 발병하는 것도 시간문제가 되었다. 그리고 마크는 불안장애와 경도우울증도 앓게 되었다. 이런 상황에 우울하고 불안하지 않을 사람이 어디 있겠는가? 주치의는 그에게 요가를 한번 해보면 어떻겠느냐면서 다이어트를 권했다. 안타깝게도 그 조언은 그다지 도움이 되지

2부 · 밝혀진 연결고리, 뇌 에너지 이론

않았다.

　마크가 대사장애를 앓게 된 근본 원인은 뭘까? 코르티코스테로이드를 복용하기 시작하면서 6개월 사이에 그는 당뇨병과 비만을 얻게 되었다. 따라서 이 경우에는 마크의 의지력이나 자제력이 아닌 약이 유력한 용의자라는 근거가 압도적으로 명백하다. 식탐과 기력이 떨어지는 현상은 대사이상의 증상이다. 우울감과 불안 또한 이 약의 부작용으로 이미 알려진 것들이다. 어떻게 보면 이 약의 또 다른 부작용인 조증이나 정신증까지 겪지 않은 것이 다행이다.

　마크가 보인 반응은 프레드니손 같은 약을 사용하다 보면 언제든 일어날 수 있다. 다수의 정신과 약들을 비롯해 다른 약들 역시 이러한 유의 대사 문제를 야기할 수 있다. 그러나 여기서 하고자 하는 말은 이러한 약들을 복용해서는 안 된다는 것이 결코 아니다. 마크의 경우와 같은 자가면역질환은 장기에 영구적인 손상을 일으킬 수 있으므로 이를 치료하는 과정에서 발생하는 부작용들은 보통 병의 심각성과 비교했을 때 감수할 만한 수준으로 여겨지곤 한다. 그보다 이 이야기의 핵심은 대사 문제는 절대로 단순하지 않으며 의지력만으로 피할 수 있는 것이 아니라는 사실이다. 약 부작용은 많고도 많은 원인 중 한 가지에 불과하다. 가령 어린 시절에 끔찍한 학대를 경험한 사람은 체내에서 프레드니손과 동일한 역할을 하는 코르티솔의 농도가 남들과 다를 가능성이 높다. 어쩌면 당연하게도 트라우마성 사건을 겪은 사람은 대사장애 발병 위험이 훨씬 높으며, 정신장애도 마찬가지다. 그리고 일단 대사 문제가 발생하면 마크와 같은 증상과 생활 방식의 변화는 전혀 드물지 않다.

대사란 무엇인가

사람들은 대부분 '대사 metabolism'라는 단어를 들으면 우리 몸이 지방과 열량을 태우는 것을 떠올린다. '대사량이 높은' 사람들은 날씬하고 살이 잘 찌지 않는 반면 '대사량이 낮은' 사람들은 뚱뚱하고 많이 먹지 않아도 쉽게 살이 찐다는 것이 보편적인 상식이다. 대다수의 사람이 대사에 대해 생각하는 것은 딱 여기까지다.

물론 열량을 태운다는 것도 부분적으로 틀린 말은 아니지만 대사의 진짜 중요한 기능은 따로 있다. 대사는 사실상 신체가 기능하는 모든 측면에 영향을 미친다.

우리의 몸은 에너지를 생성하기 위해 음식, 물, 비타민과 미네랄, 그리고 산소를 필요로 한다. 호흡을 통해 산소를 들이마시고 대사 과정의 결과로 만들어진 노폐물인 이산화탄소를 내뱉는 것도 이 때문이다. 우리가 섭취한 음식물은 탄수화물, 지방, 아미노산으로 분해되며, 만약 비타민과 미네랄 성분도 포함되어 있었다면 이 또한 따로 분류된다. 이 모든 영양소는 혈관으로 흡수되어 몸 곳곳으로 실어 날라진다. 그러다 세포에 도착해 그 안으로 들어가고 나면 단백질이나 세포막 같은 것들을 구성하는 재료로 쓰인다. 일부는 만일에 대비해 지방으로 축적되기도 한다. 하지만 영양소의 대부분은 세포의 주요 에너지 분자인 아데노신삼인산 adenosine triphosphate, ATP으로 전환된다. ATP는 세포의 기계적인 활동을 가능케 하는 연료로 쓰인다.

이상이 고등학교 생물 수준으로 풀어본 대사에 대한 설명이다. 이를 한 문장으로 요약하자면 다음과 같다. 대사란 음식을 세포의 성장과 유지·

보수에 필요한 재료 또는 에너지로 전환하고 노폐물을 적절하고 효율적으로 관리하는 과정이다. 즉, 대사는 우리의 세포가 일하는 과정이다. 대사는 세포가 얼마나 건강한지, 몸과 뇌가 어떻게 발달하고 기능하는지, 생존에 최적화된 상태를 이루기 위해 상황에 따라 세포마다 자원을 어떻게 할당하는지 등을 결정한다. 또한 복잡한 비용 편익 분석을 통해 나이 들거나, 약하거나, 중요도가 덜한 세포들 대신 건강하고 도움이 되는 세포들을 우선시함으로써 어떤 세포들은 성장하고 활발하게 활동하게 만들고, 또 어떤 세포들은 시들시들해지다가 죽음에 이르도록 내버려두기도 한다. 신체의 자원 관리 체계로서 대사는 우리의 적응을 위해 존재한다고 해도 과언이 아니다. 우리의 환경은 지속적으로 변화하고 있으며, 그 안에서 우리가 처한 상황도 끊임없이 달라진다. 그 결과, 대사는 우리 주변 상황에 맞추기 위해 계속해서 변화한다. 이러한 적응을 통해 대사는 우리가 최적의 환경에서는 왕성하게 기능하고, 식량이 부족한 상황처럼 신체에 부담이 되는 상황에서는 그저 생존에 집중하게 한다. 꼭 식량의 양뿐만이 아니라 변화하는 양상에 맞추어 대사가 반응하는 요인들은 심리적인 스트레스, 빛에 노출되는 정도, 온도, 수면의 양과 질, 호르몬 농도, 세포가 가용할 수 있는 산소의 양 등 무수히 많다. 결국 대사는 신체가 생존을 이어가기 위한 투쟁인 셈이다. 이에 생물학계의 권위자들 중에는 대사가 생명 그 자체를 정의한다고 말하는 이도 많다.

대사와 에너지 불균형

대사는 우리 몸이 에너지를 생성하고 사용하는 과정이다. 따라서 대사 문제를 **에너지 불균형**으로 생각해볼 수 있다.

대사 문제는 세포 기능의 문제로 이어진다. 이는 인간의 몸을 구성하는 모든 세포에 해당된다. 이를테면 심장세포의 대사에 문제가 발생할 경우, 혈액을 펌프질하는 기능이 예전만 못하게 된다. 뇌세포 역시 정밀한 제어를 필요로 한다. 적확한 시점에 활동을 개시해 적확한 시점에 멈춰야 한다. 뇌세포의 대사에 문제가 생기면 이 활동 개시 및 중지 과정에 지장이 일어난다. 뇌 기능은 정밀성이 생명이기 때문에, 앞으로 살펴보겠지만 이 같은 문제는 곧 정신질환의 증상으로 여겨지는 상태를 야기할 수 있다.

뇌는 인간의 몸에서 가장 복잡한 기관이다. 단적인 예로, 성인의 뇌를 구성하는 뉴런의 수는 약 1천억 개로 추산된다. 게다가 각 뉴런에는 10개에서 50개의 아교세포glia cell가 추가로 붙어 있다. 뉴런은 '신경세포'이며, 아교세포는 흔히 뉴런을 보조하는 세포로 여겨진다. 종합해보면 인간의 뇌에는 1조에서 5조 개의 세포가 있는 셈이다. 일각에서는 이러한 추정치에 이의를 제기하며 뉴런의 수가 860억 개, 아교세포의 수가 840억 개여서 총합 1,700억 개에 가깝다고 주장하기도 한다.[2] 그렇다고 해도 어쨌든 어마어마한 수다.

이 많은 세포의 기능을 조율하는 주체는 무엇일까? 많은 이들이 세포의 화학적 전령chemical messenger인 신경전달물질이라고 답할 것이다. 신경전달물질은 '출발go' 신호와 '멈춤stop' 신호 둘 중 하나로서 흔히 흥분성(출발) 또

　　　　　　　　2부 · 밝혀진 연결고리, 뇌 에너지 이론

는 억제성(멈춤)으로 분류할 수 있다. 이 밖에도 다른 변형들이 있지만 일단 지금으로서는 이렇게만 분류해도 충분하다. 신경전달물질은 수십 년 동안 신경과학과 생물정신의학의 주요 관심사였다. 그렇다면 신경전달물질을 제어하는 주체는 무엇일까? 신경전달물질을 언제 방출해야 할지 세포들이 어떻게 알 수 있을까? 많은 이들이 다른 세포에서 방출한 신경전달물질들에 의해 촉발된다고 답할 것이다. 이쯤에서 여러분도 무언가 이상하다는 사실을 눈치챘을 것이다. 이 답도 완전히 틀린 것은 아니다. 하지만 이후 살펴볼 내용처럼 뇌세포에 활동을 지시하는 요인은 그 외에도 무수히 많다.

앞서 세포가 활동하기 위해서는 에너지가 필요하다는 사실을 밝힌 바 있다. 이 에너지는 근육이 기능하고, 호르몬을 생성하고 조절하며, 신경전달물질을 생성하고 방출하는 등 신체 곳곳에서 온갖 다양한 일에 활용된다. 이에 가장 많은 에너지를 요하는 신체 부위가 대사 문제의 영향을 가장 많이 받는 경향이 있다. 여러분도 짐작하다시피 가장 상위권에 위치한 부위는 뇌와 심장이다.

뇌의 무게는 체중의 약 2퍼센트밖에 차지하지 않지만 별다른 활동을 하지 않는 동안에도 몸 전체가 소비하는 에너지 중 20퍼센트를 사용한다. 뇌세포는 에너지 공급 문제에 몹시 민감하다 보니 몸 어딘가에서 대사 문제가 생기면 보통은 뇌가 이를 알아차리게 된다. 뇌는 우리 몸의 통제 센터이므로 결국 현실에 대한 지각을 통제하는 것도 뇌다. 따라서 몸 어딘가에서 대사 문제가 발생하면 우리는 통증을 지각하거나, 숨이 가빠지거나, 피로감 혹은 머리가 멍한 듯한 느낌을 경험하게 된다. 만약 대사 문제가 발생한 곳이 뇌라면 그에 따른 징후와 증상은 어떠한 형태로도 나타날 수 있다. 어떤 경우에는 착란, 환각, 의식 상실 등 누가 보아도 명백한 문제를 보인다. 하지만 어떤 경우에는 피로감, 집중력 저하, 가벼운 우울감 등 훨씬 미묘하고 눈치채기 어려운 형태로 나타난다.

대사 문제는 때로 **급성**으로 찾아오곤 하는데, 이는 다시 말해 급작스럽게 발생해 강렬한 영향을 미치는 상태를 의미한다. 심근경색, 뇌졸중, 심지어 죽음의 형태로 나타날 수도 있다. 예를 들어, 심근경색은 보통 심장으로 들어가는 동맥 가운데 하나에 생기는 혈전이 원인이다. 혈전이 혈관을 막으면 심장 세포 일부가 충분한 혈액과 산소를 공급받지 못하게 된다. 이는 충분한 에너지 생성을 방해한다. 빠른 시간 안에 혈류가 전처럼 원활해지지 않으면 심장세포는 죽고 만다. 이것이 바로 심장에서 일어난 대사 위기metabolic crisis다. 같은 맥락에서 뇌졸중은 뇌에서 발생한 급성 대사 위기다. 대사 위기의 궁극적인 형태는 죽음으로, 신체의 모든 세포가 더 이상 에너지를 생성하지 않는 상태에 이르는 것이다. 이처럼 전신의 에너지 부전으로 이어지는 경로는 심근경색, 뇌졸중, 독성물질에 노출됨으로써 일어나는 중독poisoning, 심각한 사고, 암 등 다양할 수 있다. 이 모두가 신체세포들이 더는 충분한 에너지를 생성하지 못하는 결과를 초래하고 결국 에너지 생성 부족 탓에 죽음에 이르게 만든다.

심근경색과 뇌졸중, 심지어 죽음까지 모두 절대적인 급성 에너지 문제가 세포의 죽음을 야기한 예다. 그런데 실제로는 세포로 가는 에너지 공급이 이보다 덜 저해된 상황도 있다. 에너지 생성이 완전히 멈추는 것이 아니라 세포에 공급되는 에너지의 양이 충분한 수준에 다소 미치지 못하는 경우다. 이렇게 되면 세포는 죽지는 않지만 제대로 기능을 하지 못하게 된다.

이러한 대사 문제는 겨우 몇 분 동안 지속되기도 하지만 몇 시간 동안 이어지는 경우도 있을 수 있다. 이를 잘 보여주는 예가 저혈당증, 그러니까 혈액 내 포도당 함유량이 낮은 상태다. 저혈당증은 한동안 음식을 제대로 섭취하지 않았을 때 가장 흔하게 발생한다. 경도 수준에서는 배고픔, 과민성, 피로감, 집중력 저하 등의 증상을 겪는다. 중등도의 경우에는 두통이나 우울감을 야기할 수 있다. 중증 상태에서는 환각 또는 발작을 경험하거나 혼수상태에 이를 수도 있다. 그러다 더욱 심해지면 절대적인 대사부전, 다시 말해 죽음까지도 **초래한다**. 하지만 대부분은 상태가 이렇게 심각해지기 전에 당연한 해결책을 실행에 옮긴다. 무언가를 먹는 것이다. 음식을 섭취하고 나면 혈당이 올라가고, 모든 것이 다시 정상적으로 기능하기 시작한다. 물론 아무것도 먹지 않더라도 우리 몸은 일반적으로 극심한 저혈당증을 예방하기 위한 대비 체계를 갖추고 있다. 그러나 강제로 혈당을 떨어뜨리기 위해 인슐린 주사를 맞거나 약을 복용하는 당뇨병 환자들은 이 같은 심각한 결과가 얼마든지 실제로 일어날 수 있다. 여기서 주목할 점은 저혈당증이 전신에서 일어나는 현상임에도 증상들이 대체로 뇌에 집중되어 있다는 사실이다.

이 밖에 다른 대사 문제들은 급성보다는 당뇨병처럼 증상이 오래도록 지속되는 **만성**장애의 형태로 나타난다. 당뇨병이라고 하면 높은 혈당 수치만 떠올리는 사람들이 많다. 하지만 역설적으로 당뇨병은 에너지 부족 또는 에너지 생성량 결핍의 측면에서 바라봐야 한다. 포도당은 세포의 주된 연료 자원이다. 그런데 당뇨병 환자들은 세포들이 포도당을 에너지로 전환하는 데 어려움을 겪는다. 혈액 내 포도당 농도는 높을 수 있지만, 아니 심지어 엄청나게 높더라도, 세포 내로 흡수되어 활용하지 못하는 것이다. 혈류 속 포도당을 세포 안으로 흡수하기 위해서는 췌장에서 생성되는 인슐린이라는 호르몬이 반드시 필요하다. 당뇨병 환자들은 체내에 이 인슐린이 부족한 상태거나 몸이 인슐린에 반응하지 않는 인슐린 저항성을 띠는 상태다. 세포에 포도당이 충분하지 않으면 그만한 에너지를 생성할 수가 없다. 그리고 에너지가 충분하지 않으면 세포는 제대로 일을 하지 못한다.

앞서 말했듯이 포도당은 우리 몸의 세포 대부분에게 주된 연료 자원이므로 당뇨병은 몸의 다양한 곳에 영향을 미칠 수 있다. 그렇지만 모든 사람이 같은 문제를 겪는 것은 아니다. 당뇨병은 증상의 폭이 매우 넓고 시간이 지나면서 양상이 달라진다. 초기에는 증상이 대부분 가볍다. 소변의 양이 증가하거나 예상치 못한 체중 감소 등이 있을 수 있다. 피로감이나 집중력 저하와 같은 정신적인 증상도 있을 수 있다. 그러다 병이 진행되면서 다양한 장기가 영향을 받게 된다. 어떤 경우에는 눈이나 신경 또는 뇌에 문제가 생긴다. 또 어떤 경우에는 심근경색이나 뇌졸중을 겪을 수도 있다. 신부전이나 치료하기 어려운 심각한 감염증을 경험하는 경우도 있다.

어째서 이렇게 큰 개인차가 발생하는 것일까? 어째서 당뇨병 환자들이 모두 같은 증상을 겪지도, 같은 신체 기관의 부전을 앓지도 않는 것일까? 답은 복합적이나, 대부분은 대사와 관련되어 있다.

대사는 수많은 요인에 영향을 받는다. 상황에 맞춰 늘 변화한다. 더욱이 때에 따라, 세포에 따라 다르게 이뤄진다. 어떤 세포가 죽어가는 동안 또 다른 세포는 정상적으로 기능할 수 있다. 어떤 세포는 만성적인 에너지 결핍으로 점차 제대로 된 기능을 하지 못하게 될 수 있다. 이처럼 대사는 실무율all or none(완전히 기능하거나 전혀 기능하지 않는 이분법적 단계로만 작용하는 방식-옮간이)의 방식으로 이뤄지지 않는다. 실제로는 아주 다양한 단계가 있는 것이다. 게다가 대사에 영향을 미치는 일부 요인들은 그 여파가 광역적인 반면 어떤 요인들은 신체의 특정 부위에만 영향을 미친다. 어떤 요인들은 특정 신체 기관에만 특정적으로 영향을 미친다. 어떤 것들은 그 대상이 특정 세포 수준으로까지 좁아지기도 한다.

대사는 교통 흐름과 같다

이렇게 한번 생각해보자. 우리의 몸은 수많은 길과 고속도로를 갖춘 거대한 도시다. 이곳은 교통량 또한 매우 많다. 각각의 차는 우리 몸의 세포에 비유할 수 있다. 러시아워 때면 도로는 정신없이 복잡하다. 만약 여러분이 차에 타고 있다면 이 상황이 혼돈의 도가니처럼 느껴질 것이다. 신호등, 차선을 변경하려는 다른 차들, 휴대폰에 한눈파느라 오락가락하는 차들까지 신경써야 할 것이 너무나도 많다. 그런데 가령 고층 건물 위에서 이 교통 흐름을 내려다본다면 꽤나 질서정연해 보일 것이다. 도로는 체계적으로 짜여 있다. 차들은 그 길을 따라 줄지어 이동한다. 일부는 멈추고 또 다른 차들은 계속 달린다. 멈췄던 차들은 순서를 기다렸다가 다시 출발한다. 어떤 길에서는 느려지기도 하지만 고속도로에서는 속도를 높인다. 어떤 차들은 차선을 변경하고, 그 주변의 차들은 자리를 만들어주기 위해 속도를 늦춘다. 어떤 차들은 문제가 발생해 갓길에서 꼼짝 못 하고 있다. 어디에서는 사고가 나서 다른 차들이 우회해가기도 한다. 만약 여러분이 동시에 이 모든 차의 구체적인 상태를 파악하려고 한다면 너무나도 많은 차와 신호등, 그 밖의 신경 써야할 너무나도 많은 요인에 압도되고 말 것이다. 하지만 전체적인 큰 그림을 본다면 교통은 잘 흘러가고 있다. 도시는 제대로 기능하고 있다. 사람들은 저마다의 목적지로 가고 있다. 이 도시는 살아 있다. 에너지가 있고, 그 흐름을 눈으로 확인할 수 있다. 우리 몸의 대사도 이와 똑같다.

앞서 던졌던 질문으로 다시 돌아가보자. 어째서 당뇨병 환자들은 각기 다른 증상을 겪을까? 혹은 같은 문제를 뇌 에너지 이론의 관점에서 비추어 볼 때, 만약 모든 정신장애가 대사장애라면 정신장애 환자들이 전부 같은 증상을 겪지 않는 이유는 무엇일까?

질환과 증상들은 마치 교통체증과 같다. 즉, 교통 흐름이 원활하지 않거나 완전히 멈춘 상태로 볼 수 있다. 그중 한 고속도로는 췌장을 나타낼 수 있다. 진입로 하나는 주의와 집중을 관장하는 특정 뇌 영역을 나타낼 수 있다.

이 길이나 고속도로에서 교통체증을 일으키는 원인은 무엇일까? 무수히 많다. 교통사고, 도로공사, 포트홀, 망가진 신호등, 도로 설계나 유지·보수 또한 원인이 될 수 있으며, 차나 운전자도 마찬가지다. 어떤 구간은 유난히 자주 정체가 발생한다. 애초에 설계가 잘못됐거나, 유지·보수가 잘되지 않거나, 그 길을 이용하는 운전자들이 특히 과격하고 부주의하기 때문일 수 있다. 이처럼 주기적으로 교통 문제가 발생하는 구간은 교통이 제대로 '기능'하지 못하는 상태로서 '증상' 혹은 '질환'을 나타낸다.

우리는 질환이나 증상을 이야기할 때 제대로 기능하지 않는 신체 부위나 뇌 영역에 초점을 맞춘다. 이는 세포의 발달, 기능, 유지·보수 등 세 가지 영역 중 하나에서 문제가 발생하는 경우가 대부분이기 때문이다. 세포는 신체가 필요로 하는 수준에 부합하기 위해 먼저 제대로 **발달**해야 한다. 신체의 모든 영역이 올바른 때에 올바른 방식으로 해야 할 일을 수행하는 것은 **기능**의 문제다. **유지·보수**는 이 모든 것들을 정상 상태로 유지하는 것이다. 이 세 영역을 교통에 대한 비유에 대입해보면 도로와 다리의 적절한 설계 및 건설(발달), 모든 차와 운전자와 신호등의 올바른 역할 수행(기능), 차량 정비, 도로 수리, 신호등 점검 등 전체 체계의 정기적인 관리(유지·보수)와 같다.

인간의 경우 세포의 발달, 기능, 유지·보수 모두 궁극적으로는 한 가지에 달려 있다. 바로 대사다. 대사에 문제가 생기면 이 세 영역 중 하나 혹은 그 이상에 문제가 생긴다. 그 문제가 충분히 심각해지면 '증상'으로 발전한다.

자, 그렇다면 대사에 영향을 미치는 것으로는 무엇이 있을까? 도시의 교통 상황과 마찬가지로 무수히 많다! 몇 가지만 꼽자면 식습관, 빛, 수면, 운동, 약물과 알코올, 유전자, 호르몬, 스트레스, 신경전달물질, 염증을 들 수 있다. 그런데 이들은 저마다 다른 세포에 다른 방식으로 영향을 미친다. 따라서 어떤 요인들의 조합에 노출됐는지에 따라 각기 다른 세포와 신체 기관이 영향을 받아 다른 증상과 질환을 겪게 된다. 유난히 교통체증에 취약한 도로 구간이 있는 것과 마찬가지로 어떤 세포들은 대사부전에 특히 취약하다. 요구되는 대사의 수준이 다소 낮을 때에는 신체 기관들이 정상적으로 기능하다가도, 마치 러시아워가 되면 넘쳐나는 출퇴근 교통량으로 고속도로가 마비되듯이 요구되는 수준이 증가하면 점차 제대로 기능하지 못하게 되는 경우도 있다.

＊

지금까지 대사란 세포가 얼마나 제대로 기능할지를 결정하며, 수없이 많은 요인에 영향을 미치는 동시에 이들로부터 영향을 받는 등 생명 그 자체를 규정하는 과정임을 알아봤다. 이러한 면에서 보면 정신질환이 대사와 관련되어 있는 것도 당연하다. 실질적으로 **모든 것**이 대사와 관련되어 있다! 이것이 의미하는 바는 무엇일까?

이제부터는 사실상 대사만이 정신질환을 둘러싸고 제각기 흩어진 여러 점들을 하나로 이어줄 **유일한** 방법이라는 사실을 여러분에게 보여줄 것이다. 대사는 **모든** 정신질환, 정신질환의 **모든** 위험 요인, 심지어 현재 사용 중인 **모든 치료법**의 관계를 설명하는 최소공통분모다. 나아가 더욱 중요한 사실은 대사가 제아무리 복합적인 과정일지라도 대사 문제는 보통 해결이 가능하며, 그것도 대부분은 단순한 중재법을 통해 이뤄낼 수 있다는 점이다.

그렇지만 본격적으로 본론에 뛰어들기에 앞서 **무엇**이 정신질환인지부터 명확히 짚고 넘어가고자 한다. 오랜 시간 동안 정신 건강 분야의 골칫거리이자 정상적인 심적 상태(특히 스트레스와 연관되어 있는 경우와 부정적인 심적 상태들)와 정신질환의 차이라는 쟁점의 중심에 자리하고 있었던 바로 그 문제다.

6

심적 상태와
정신질환

1부에서 이야기했다시피 정신 건강 분야가 마주한 딜레마 가운데 하나는 정상적인 인간의 정서를 특히 유사한 형태의 증상을 보일 수 있는 정신질환과 구별하는 일이다. 우리는 모두 때때로 불안이나 가벼운 우울감을 느낀다. 배우자의 갑작스러운 죽음과 같은 몹시 충격적인 상실을 경험하면 한동안 극심한 우울감에 시달릴 수도 있다. 이는 모두 정상적인 반응으로, 우리 뇌속에 뿌리 깊이 내재된 본능이다.

그러나 수많은 스트레스원에 동시다발적으로 노출된다든지, 스트레스가 매우 극심하거나 압도적인 경우(가령 잔혹한 폭행을 당하는 등의 경험)에는 정상적이고 충분히 이해할 수 있는 수준의 초기 반응이 우리가 흔히 말하는 '정신질환'으로 곧장 이어질 수 있다. 이렇게 발병하는 정신질환은 천차만별이다. 트라우마나 극심한 스트레스는 불안장애, 우울증, PTSD, 섭식장애, 물질사용장애, 성격장애, 심지어 정신증까지 여러 정신질환으로 이어질 수 있다. 스트레스와 트라우마가 어떻게 이렇게나 많은 정신질환을 모두 일으킬 수 있는 것일까? 또 역경에 대한 정상적인 반응과 정신질환을 구분 짓는 선은 어디쯤에 위치할까?

이 같은 문제들에 특히나 답하기 어렵게 만드는 요소가 두 가지 있다. (1) 둘의 증상이 같다는 점, (2) 심적 상태와 정신질환 모두 건강에 악영향을 끼칠 수 있다는 점이다. 그렇지만 아무리 어려워도 정상적인 심적 상태와 정신질환을 구분하는 것은 대단히 중요하다. 심적 상태는 본래 역경에 대한 적응반응이다. 반면 정신질환은 뇌가 제대로 기능하지 않음을 나타낸다. 이러한 차이는 둘의 치료법과도 직접적으로 연관되어 있다. 역경에 대처하도록 돕는 일은 제대로 기능하지 않는 뇌를 치료하는 것과 천지 차이다.

스트레스와 대사의 관계

스트레스원은 생물심리사회 모형에서도 심리·사회적 요인으로서 사람들이 흔히 정신질환의 '정신적인' 원인으로 여기는 요인이다.

아직도 많은 임상의나 연구자가 생물학적인 요인을 심리 및 사회적 요인과 별개의 것으로 취급한다. 가령 조현병 환자들이 흔하게 겪는 환각은 생물학적인 차원의 화학적 불균형이 원인이지만, 이들의 낮은 자존감은 심리적인 문제로 여겨진다. 두 가지 측면을 모두 고려할 수도 있겠지만 대부분은 둘을 서로 무관한 별개의 문제라고 여긴다. 한쪽은 약물치료가 필요한 문제이며, 다른 한쪽은 대화치료가 필요하다고 말이다. 하지만 나는 이런 이분법적인 관점에 동의하지 않는다. 나는 생물학·심리·사회적 요인이 모두 서로 밀접하게 연결되어 있으며 떼려야 뗄 수 없는 관계라고 생각한다. 생물학적인 측면은 우리의 심리적 측면 및 다른 사람과 관계를 형성하는 방식에 영향을 미친다. 그렇지만, 반대로 우리의 심리적 측면과 타인과의 상호작용 방식이 생물학적인 측면에 영향을 미치기도 한다. 이들의 연결성이 모든 정신과 대사 증상에 지대한 영향을 줄 수 있다. 본격적으로 이 문제를 파헤치기에 앞서 인류라는 종의 특성에 관한 아주 중요한 견해를 몇 가지 짚어보기로 하자.

인간은 집단생활을 하도록 진화했다. 이에 우리는 부모, 연인, 자녀, 친구, 스승, 지역사회 구성원 등 끊임없이 다른 사람들을 찾아 애착 관계를 형성한다. 이러한 관계들은 곧 우리 삶을 안전하게 만들고 든든하게 지지하는 사회망을 구축한다. 생물학적으로 이 같은 사람들을 원하고 필요로 하는 추동drive을 느끼는 것이다. 그렇지만 한 가지 까다로운 문제가 있다. 우리는 반드시 타인과 더불어 살아야 하지만 사실상 타인이 심리·사회적 스트레스의 주된 근원이라는 점이다. 이러한 심리·사회적 스트레스원의 대부분은 대인관계, 사회적 역할, 자원, 책임 등과 연관되어 있다. 사람들은 자신에게 주어지는 기대, 경제적인 문제, 수행 문제, 관계 문제, 혹은 사회적 지위로 인해 스트레스를 받는다. 어떤 이들은 사회·경제적 지위, 학대, 방임, 인종, 민족, 종교적 신념, 신체 능력, 인지 능력, 성정체성, 성적 지향성, 나이를 비롯한 무수히 많은 요인으로 인해 만성적인 스트레스를 경험한다. 다른 이로부터 해를 입거나 위협을 당할 수도 있다. 때로는 다른 사람 탓에 안전하지 않다는 느낌을 받거나 다른 사람 탓에 자신이 가치가 없다는 느낌을 받기도 한다. 인간이 다른 인간에게 스트레스를 주는 경우는 셀 수 없이 많다. 그런데 흥미로운 점은 다른 사람이 부재한 상황, 즉 외로움을 느끼는 것 또한 그 자체로 강력한 스트레스원이라는 사실이다.

이 모든 스트레스원은 뇌와 신체에서 일어나는 복합적인 일련의 생물학적인 변화인 **스트레스 반응**을 야기한다. 스트레스 반응에는 다음 네 가지 차원의 변화가 포함된다.

> 1. 혈류 속 코르티솔 농도를 증가시키는 시상하부-뇌하수체-부신
> 축hypothalamic–pituitary–adrenal axis, HPA axis
>
> 2. 혈류 속 아드레날린(에피네프린과 노르에피네프린) 농도를 증가시키는 교감
> 신경-부신수질축sympathetic–adrenal–medullary axis, SAM axis
>
> 3. 염증
>
> 4. 유전자 발현(특히 해마)[1]

이후 이 모든 변화는 **대사에 영향을 미친다.** 여기까지가 역경에 대한 인간의 반응에 포함되는 과정이다. 장애가 아니다. 어디까지나 '투쟁-도피'가 일어나기 위한 준비 과정이다. 그런데 현실의 일상적인 스트레스 상황 대부분에서 우리는 투쟁-도피 반응을 취하는 대신 그 상황 속에 그대로 머문다. 그러면서 그 속에서 화가 나거나, 불안하거나, 짜증이 나거나, 압도되어 무력감을 느끼거나, 혼란스럽거나, 두렵거나, 상처받거나, 슬픈 느낌을 오롯

이 경험한다. 그러다 보니 실제 투쟁-도피 반응 없이도 위의 핵심적인 변화들이 우리 몸과 뇌에서 일어나게 된다.

다양한 스트레스 상황은 저마다 다른 행동과 정서를 유발한다. 어떤 스트레스원은, 이를테면 도로에서 갑자기 앞으로 끼어들어 아무 이유 없이 대뜸 손가락 욕을 날리는 운전자처럼 누군가를 향해 마구 소리를 지르고 싶어지게 만든다. 다음 날 중요한 시험을 앞두고 준비가 덜 된 것만 같은 기분이 들 때처럼 계속된 반추로 머릿속이 복잡해지고 잠을 잘 이루지 못하게 만드는 스트레스원도 있다. 그런가 하면 인생에서 가장 사랑한 사람에게 차였을 때처럼 그저 웅크려서 울고 싶어지게 만드는 상황도 있을 수 있다. 이 모든 상황은 스트레스 반응을 수반한다. 관여하는 작용 원리 자체는 모두 유사하나 상황들 간의 뚜렷한 맥락 차이가 각기 다른 뇌 영역을 자극해 다른 반응을 이끌어낸다.

이러한 스트레스 반응들은 지극히 정상이지만 **대사에는 부담**이 된다. 우리 몸이 이 같은 변화를 만들어내기 위해 에너지를 끌어다 쓰다 보니 다른 기능에 가용할 수 있는 에너지의 양이 감소하기 때문이다. 이렇게 일어난 반응들 가운데 상당수는 높은 수준의 각성 상태를 유지하게 만든다. 이에 어떤 상황에서는 위협감을 느껴서 싸우거나 말다툼을 벌일 태세를 갖추게 된다. 또 어떤 상황에서는 상처를 받거나 무방비한 느낌 혹은 무력감을 느껴 이 세상으로부터 자꾸만 숨고 싶어질 수 있다. 어떤 경우에는 대사 자원까지 동원되고, 그 결과로 심장이 빠르게 펌프질한다. 혈압이 상승하고 혈당이 증가한다. 혈류 내 호르몬이 흘러넘치고 염증성 사이토카인이 분비된다. 몸이 스스로를 방어하기 위해 언제든 쓸 수 있도록 자원과 에너지를 갖추는 것이다.

대사기능이 건강한 사람이라면 스트레스가 가벼운 수준일 때에는 높은 회복탄력성으로 충분한 대처가 가능하다. 짧으면 몇 초, 길어야 몇 분이면 상황이 종료된다.

하지만 대사기능이 저하되어 있거나 스트레스 자체가 극심한 경우라면 이를 이겨내지 못하고 궁지로 내몰려 새로운 정신장애나 대사장애가 발생할 수 있다. 만약 기저질환이 있다면 그 증상들이 더욱 심해질 수도 있다. 그렇다. 스트레스는 우리가 알고 있는 모든 정신장애 및 대사장애를 악화시킬 수 있다. 우울증 환자는 우울감이 한층 심해질 수 있다. 알코올의존증 환자는 정신줄을 놓고 다시 술에 손을 댈 수 있다. 조현병 환자는 환각을 경험할 수 있다. 알츠하이머병 환자는 안절부절못하며 금방이라도 폭발해 아무나 붙잡고 싸울 것만 같은 초조증을 보일 수 있다. 뇌전증 환자는 발작을 겪을 수 있다. 당뇨병 환자는 혈당이 폭발적으로 높아질 수 있다. 그리고 심혈관계질환 환자는 흉부에 통증을 느끼거나 심근경색이 발생할 수 있다. 일부는 실제로 죽기도 한다. 스트레스만으로 말이다. 모두 많은 연구 결과를 통해 충분히 입증된 것들이다.

이 모두를 설명할 방법을 찾기 위해 별도의 의학 분야가 생겨났다. 바로 심신의학psychosomatic medicine 혹은 정신신체의학mind-body medicine이라는 분야다. 많은 보건 전문가들이 심리적 요인과 사회적 요인의 상호작용이 육체의 건강에 영향을 주는 경우를 목격했다. 임상의들 또한 이 모든 위험 요인이 인간의 생리에 있어 어떠한 역할을 한다는 사실을 알고 있다. 이러한 요인을 흔히 건강의 사회적 결정요인social determinants of health이라고 일컫는다. 가난, 학대, 우범지역에서의 생활과 같은 수많은 사회적 요인이 건강과 수명에 지대한 영향을 미칠 수 있다.

이와 관련해 가장 설득력 있는 데이터는 1995~1997년 사이에 추적 조사를 시작해 아동 및 청소년이 겪은 부정적인 경험의 수가 신체·정신적 건강에 장기적으로 미치는 영향을 탐구한 연구인 부정적 아동기 경험adverse childhood experience, ACE에서 찾아볼 수 있다. 오랜 기간 지속된 이 연구는 신체 및 성적 학대, 방임, 가정 내 물질남용, 가정 내 정신질환 환자의 존재, 가정폭력, 부모의 이혼 등 어린 시절 스트레스원에 노출된 경험이 이후의 건강 상태와 연관되어 있는지 판단했다. 그리고 이 연구들 가운데 서른일곱 편을 메타분석해 25만 명이 넘는 사람들의 건강상태를 스물세 가지 항목으로 살펴봤다. 2017년에 그 결과를 발표한 한 논문에 따르면 둘의 연관성은 분명히 존재했다.[2] 어린 시절에 더 많은 수의 부정적 아동기 경험에 노출됐을수록 성인이 된 뒤 건강상태가 좋지 못할 가능성이 높았다. 부정적 아동기 경험에 노출된 경우, 훗날 신체활동 부족, 비만, 당뇨병 상태에 놓일 위험이 25~52퍼센트 높았다. 흡연, 낮은 주관적 건강평가 결과, 암, 심장질환, 호흡기질환의 위험은 두세 배 높았다. 성적으로 위험한 행동을 하거나, 정신 건강이 좋지 않거나, 문제 수준으로 술을 마시거나, 불법 약물을 사용할 위험이 세 배에서 여섯 배가량 높았다. 더욱이 폭력 사건의 피해자 혹은 가해자가 될 가능성은 일곱 배 이상, 문제 수준의 약물 사용은 열 배, 자살 시도를 할 위험은 무려 서른 배나 높았다. 부정적 아동기 경험은 분명히 사망률에 영향을 미치고 있었다. 실제로 1만 7천 명의 사망률 데이터를 중점적으로 분석한 한 연구에서는 부정적 아동기 경험이 여섯 가지 이상일 경우에 이를

전혀 경험하지 않은 사람들보다 수명이 20년 짧은 것으로 추산했다.[3]

　이러한 연구 결과들을 접한 많은 사람이 부정적 아동기 경험이 신체질환과 정신질환 모두를 일으키는 **원인**이라고 결론 내렸다. 일부 전문가들은 여기서 한 걸음 더 나아가 부정적 아동기 경험, 특히 아동기의 트라우마와 학대 경험이 모든 정신장애의 **공통경로**일 가능성이 높다고 주장하기도 한다. 그러나 다시 한번 강조하지만 이 결과들은 어디까지나 상관관계일 뿐이다. 이것만으로는 인과관계를 입증하지 못한다. 더욱 중요한 점은 끔찍한 아동기를 겪은 사람 모두에게서 정신질환이 발병하는 것도 아닌데다가 정신질환 환자 가운데 다수는 전혀 나무랄 데 없는 아동기를 보냈다는 것이다. 그렇지만 만약 부정적 아동기 경험이 이처럼 다양한 장애의 위험성 증가에 어떤 식으로든 일조한 것이 사실이라면, 어떤 작용 원리로 이런 일이 가능한 걸까? 우리의 몸과 뇌에서는 대체 무슨 일이 벌어지기에 이 모든 현상이 일어나는 걸까?

스트레스가 신체세포에 미치는 영향

연구자들은 수십 년 동안 스트레스가 뇌와 신체에 미치는 생물학적인 영향을 연구함으로써 이들 간의 관계를 좀 더 잘 이해하고, 스트레스 가득한 생활사건으로부터 건강상태가 나빠지는 결과로 이어지는 인과 경로를 규명하기 위해 노력해왔다.

　앞서 언급했듯이 우리의 몸은 스트레스를 받으면 투쟁-도피 체계에서 대사 자원을 끌어다 쓰게 된다. 따라서 다른 기능에서 가용할 수 있는 에너지양이 적어지고 만다. 그러지 않아도 에너지 생성량이 줄어들어 겨우겨우 버티고 있던 세포들은 이 여파로 와르르 무너지기 시작한다. 이는 곧 대사 및 정신적 증상들을 야기할 수 있다.

스트레스는 우리 몸이 자체적으로 가지고 있는 유지·보수 기능도 망가뜨린다. 세포들은 매일 같이 몸이 온전히 기능할 수 있도록 뒤치다꺼리를 한다. 세포의 손상된 잔해들과 다양한 노폐물 분자, 잘못 접힌 단백질misfolded protein(정상적인 단백질 구조를 이루지 못하고 기형으로 형성된 단백질-옮긴이)을 치우고 새로운 것들을 만들어 그 자리를 채우는데, 이 일련의 과정을 **자가포식**autophagy이라고 한다. 자가포식을 곧이곧대로 해석하면 '스스로를 먹는다'는 뜻이다. 우리 세포들은 리소좀lysosome이라는 노폐물 제거 기관에서 이처럼 오래된 세포 잔해들을 분해한다. 이러한 물질들 가운데 일부는 재활용되어 새로운 부분을 만드는 데 쓰이기도 한다. 그런데 코르티솔 농도가 높아지면 자가포식을 억제해 이 같은 유지·보수 과정이 더뎌지거나 완전히 멈춘다는 사실이 밝혀졌다.[4] 자가포식 기능의 문제는 신경퇴행성장애, 신경발달장애, 자가면역질환, 염증, 암, 조현병, 양극성장애, 자폐증, 알코올의존증, 주요우울장애를 비롯해 몹시 다양한 장애에서 공통적으로 관찰됐다.[5] 자가포식 문제는 신경가소성 및 뇌세포의 유지·보수에도 영향을 주는 것으로 알려졌다.[6]

자가포식 문제뿐만 아니라, 세포들이 스트레스를 받으면 새로운 단백질을 생성하는 과정도 지연된다. 이렇게 함으로써 신체의 방어체계 가동을 위해 대사 자원을 보존하는 듯하다. 세포들이 단백질 생성을 지연하는 방법 중 하나는 전령 RNA(새로운 세포에 대한 정보를 전달하는 운반체) 분자를 '스트레스 과립stress granule'이라는 작은 응집체로 격리하는 것이다.[7] 스트레스 과립의 생성은 신경퇴행성장애와도 연관이 있으며, 고농도의 코르티솔에 의해 촉진된다.[8]

스트레스가 세포의 유지·보수 문제로 이어지는 또 한 가지 경우는 수면장애다. 스트레스가 불면증으로 이어질 수 있음은 이미 잘 알려진 사실이다. 수면은 신체와 정신 건강 모두에게 대단히 중요하다. 이때가 바로 우리 몸이 유지·보수 기능을 우선순위에 두는 시간이다. 따라서 제대로 숙면을 취하지 않으면 몸이 유지·보수 일을 수행하지 않는다. 설상가상으로 수면 부족은 그 자체가 하나의 스트레스원이다 보니 코르티솔 수치를 높여 문제를 한층 더 악화시킬 수 있다.

이 모든 스트레스는 언제 경험하든 관계없이 조기 노화를 일으킨다. 앞서 모든 **정신질환**이 조기 노화와 연관되어 있다는 사실을 언급한 바 있는데, **스트레스 하나**만으로도 같은 결과를 낳을 수 있다. 이와 관련된 한 연구에서는 스트레스가 노화에 미치는 영향을 정량화하는 시도를 했다.[9] 먼저 연구진은 건강한 자녀 또는 만성질환에 시달리는 자녀를 둔 건강한 완경 전 여성 총 58명을 모집했다. 이 여성들의 평균 연령은 38세였으며, 아직까지 건강상에 별다른 의학적인 문제가 없는 상태였다. 이어 연구진은 노화를 객관적으로 확인할 수 있는 세 가지 항목의 측정치를 확보하고 참가자들에게 주관적인 스트레스 수준을 평가하게 했다. 그러자 가장 오랜 기간, 가장 높은 수준의 스트레스를 경험한 참가자들은 스트레스 수준이 가장 낮은 참가자들에 비해 노화가 가속화됐음을 나타내는 징후가 관찰됐다. 이들은 평균

2부 · 밝혀진 연결고리, 뇌 에너지 이론

적으로 10년은 빠르게 노화됐다.

이처럼 스트레스는 명확히 인간의 건강에 영향을 미치며 대사에 심각한 부담을 준다. 스트레스만 없었다면 적절한 세포 기능과 유지·보수에 활용됐을 에너지를 끌어다 쓰기 때문이다. 스트레스의 강도가 극심하거나 오랜 기간 지속될 경우, 우리의 몸은 약화되고 제대로 된 기능을 수행하지 못해 종국에는 다양한 신체 및 정신질환이 발병하거나 노화될 수 있다. 만약 뇌나 몸이 이미 다른 문제로 인해 기능이 저하되고 취약한 상태에 있다면 스트레스는 이 취약한 세포들에게 갈 에너지까지 스트레스 반응용으로 소모해 증상을 더욱 악화시킬 수 있다.

마음챙김, 명상, 요가와 같은 스트레스 감소 활동은 아주 강력한 치료 효과를 발휘할 수 있다(이에 대해서는 3부에서 자세히 알아보도록 하자). 하지만 이 방법이 누구에게나 통하는 해결법은 아니다. 역경과 마주한 환경 속에서 생활하고 있다면 스트레스 반응을 전면 차단하는 것이 불가능하며 권장되지도 않는다. 전쟁에서 싸우고 있는 군인들은 항상 위험에 처해 있다. 복무 경험 자체가 정신장애와 대사장애 위험을 크게 높이지만 한편으로는 증대된 스트레스 반응 덕에 보호받고 있다. 우범지역에서 생활하는 사람들의 경우도 마찬가지다. 위험한 환경에 있는 사람들에게 숨을 깊게 들이마시고 마음챙김을 하라는 조언은 적절한 해답이 아니다. 환경이 안전해지고 나면 이런 전략들도 도움이 될 수 있겠지만 그때쯤이면 이미 손상을 입을 대로 입은 상태일 가능성이 높다.

나아가 정신질환을 야기한 원인이 스트레스가 아닐 수 있다. 이런 경우에는 스트레스 감소 기법들이 전혀 도움이 되지 않는다.

정신질환의 새로운 정의

앞서 살펴봤듯이 정신질환의 현행 분류 체계에는 이질성, 공병, 타당성 부족 등 문제가 많다. 현재의 진단명들은 어느 것 하나도 진정으로 독립적인 장애가 아니다.

미국 국립보건원에서도 전부터 이 같은 문제를 인식하고 있었으며, 이를 보완하기 위해 연구영역기준Research Domain Criteria, RDoC이라는 정신질환을 대하는 새로운 체계를 개발했다. 연구영역기준은 기존의 진단명과 분류 체계를 싹 무시하고 완전히 새로운 관점에서 다시 시작한다. 바로 정서, 인지, 동기, 사회 행동 등 기능의 영역에 초점을 맞추는 것이다. 그리고 이 기능 영역(구성 개념)들 각각에 정상에서 이상까지의 범위가 존재한다고 가정한 뒤 진단명의 틀에 갇히지 않은 열린 관점에서 이들을 탐구하기를 권장한다. 한때 연구영역기준을 지지하는 측에서는 현재의 정신의학적 진단 기준을 전면 재검토해야 한다고 주장하기도 했다. 하지만 정신의학과 정신 건강 분야를 이처럼 크게 바꾸는 건 쉽지 않은 일이다 보니, 현재의 진단 기준이 문제가 많다는 사실이 알려져 있으면서도 어쩔 수 없이 계속 유지되고 있다. 현시점에서 연구영역기준은 아직 연구 차원에 머무르고 있다. 하지만 뇌 에너지 이론과 관련해서는 이 모형이 좀 더 적절하므로 이를 이용해 정신질환을 정의해보자.

새로운 정의는 DSM-5의 진단명을 잠시 제쳐두고 증상에 초점을 맞추는 데서 시작된다. 그렇다고 해서 진단이 쓸모없다는 뜻은 결코 아니다. 실제로 유용한 경우가 많다. 현재 우리가 사용하고 있는 진단명은 뇌가 제대로 기능하지 못함으로써 나타나는 비교적 흔한 현상 가운데 일부를 있는 그 대로 묘사하고 있다. 그러므로 뇌가 제대로 기능하든 그렇지 않든 작용 방식이 예상 가능한 범위에 있는 한 필요에 따라 얼마든지 이 같은 흔한 사례를 참고해 도움을 받을 수 있다.

인간의 뇌는 마치 기계와 같다. 대단히 정교하고 복잡한 기계이지만 어쨌든 기계다. 뇌는 저마다 특정 기능을 수행하도록 설계된 수많은 부분으로 구성되어 있다. 일부 기능은 근육을 움직이거나 우리가 보고 느끼는 감각을 받아들이는 등 상당히 단순하다. 그런가 하면 어떤 기능은 특정 상황에 촉발되도록 만들어진 정교한 컴퓨터 알고리즘처럼 훨씬 복잡하다. 어느 쪽이든 뇌 기능은 모두 우리가 생존하고, 환경에 적응하고, 번식하도록 돕는 데 관여할 수 있다.

인간의 뇌가 조 단위까지는 아닐지 몰라도 천억 개가 넘는 세포로 이뤄져 있으며 각각의 세포가 그 자체로 또 하나의 복잡한 기계라는 점을 고려할 때, 우리는 잠재적으로 엄청난 문제를 마주하게 된다. 세포가 그토록 많이 존재한다는 말은 곧 어느 한 '부분'이 제대로 기능하지 못하는 경우의 수가 무한대에 가깝다는 것과 같기 때문이다. 좋든 싫든 그동안 정신 건강 분야는 바로 이 부분에 집중해 뇌라는 기계가 어떻게 작용하는지 단계별로 이해하려고 애썼다. 인간의 뇌처럼 복잡한 무언가를 처음부터 끝까지 속속들이 지도화하는 작업은 압도적으로 지난한 과제인데, 결국 이 작업이 끝나기를 기다리다가 정작 정신질환을 이해하고 치료하는 데 별다른 진전을 이루지 못한 셈이다.

하지만 꼭 이렇게 복잡한 과정을 밟을 필요는 없다. 정신질환의 모든 증상은 사실 정상적인 심적 상태 혹은 뇌 기능에 상응한다. 일어나지 말아야 할 때 일어나거나, 일어나야 할 때 일어나지 않거나, 그 정도가 적절한 수준보다 심하거나 혹은 약하거나, 지속 시간이 긴 것이 문제이기 때문이다. 이러한 뇌 기능에는 정서, 인지, 행동, 동기와 관련된 것들이 포함된다. 앞으로 이야기하겠지만 심지어 망상이나 환각처럼 기이하게 보이는 증상도 정상적인 뇌 기능과 관련되어 있을 수 있다. 우리는 이 모든 기능이 어떻게 작용하는지는 정확히 알지 못하지만 분명히 존재한다는 사실은 알고 있다. 여기서는 이 사실만으로도 충분하다.

그렇다면 간단하게 정의해보자. 정신질환이란 뇌가 제대로 기능하지 않는 상태다. 정상적인 뇌 기능이 **과활성화되거나**overactive, **저활성화되거나**underactive, **부재**absent한 경우다. 쉬운 예로 뚜렷한 이유 없이 공황발작을 경험하는 경우를 들 수 있다. 공황 체계는 위험과 마주했을 때 유용하다. 그 상황에 대응하게 해주기 때문이다. 그런데 뚜렷한 이유 없이 활성화되면 기능 부전으로 오히려 적응에 방해가 된다. 그 반대의 경우도 있다. 어떤 뇌 기능이 필요한 상황에 활성화되지 않는 것이다. 가령 치매 환자의 기억력 저하, 자폐증 환자의 사회성 결여 등이 여기에 해당한다.

정신질환의 증상은 결코 정상적인 뇌 기능에 상응한다고 볼 수 없다고 말하는 사람도 많다. 물론 이들의 관점에서는 뇌가 특별한 이유 없이 굉장히 독특하고 비일상적인 일을 하는 것처럼 보일 수 있다. 하지만 내 관점은 조금 다르다. 여느 기계의 부품처럼 뇌의 특정 부분은 일을 하거나 하지 않는 식으로 작동한다. 그러다 평소와 같은 기능을 엉뚱한 시점에 하게 되면 기이해 보이는 증상으로 나타나는 것이다. 정상적인 뇌 기능이 활성화되지 않거나 서로 관련이 없는 두 가지 기능이 실수로 동시에 일어나는 경우도 마찬가지다.

세 대의 자동차

'정상적인' 스트레스 반응과 정신질환이 유사한 증상을 보이고 건강에 악영향을 미칠 수 있다는 공통점에도 불구하고 결정적으로 다른 점이 무엇인지 한 가지 비유를 통해 알아보자. 세 대의 자동차가 있다. 세 대 모두 같은 회사의 같은 모델이고 수명과 전반적인 '건강' 수준은 동일하다. 이 차들이 각각 다른 사람을 나타낸다고 가정해보자.

A 자동차는 날씨가 맑고 도로 상태가 좋은 캘리포니아주에 살고 있다. 주행 빈도는 높지 않아 일주일에 대략 두 번 정도 도로를 달린다. 평소에는 차고에 주차되어 있으며 정기적으로 정비를 받는다. A 자동차는 좋은 삶을 살고 있다!

B 자동차는 겨울 날씨가 매섭고 포트홀이 가득한 시골길로 둘러싸인 뉴햄프셔주의 산악지대에 살고 있다. 매일 같이 주행하며 차고도 없다. 겨울이 되면 스노타이어로 갈아 끼우며, 심지어 스노체인을 장착할 때도 있다. 눈보라가 몰아칠 때면 전조등을 켜고, 와이퍼를 가동하며, 비상등을 켜고, 스노타이어와 체인을 장착한 채 사륜구동 시스템을 가동해 주행한다. 제어력을 잃지 않기 위해 브레이크를 밟는 빈도도 잦다. 이러한 거친 주행 환경에서 B 자동차는 A 자동차에 비해 연비가 매우 낮아진다. 혹독한 겨울

환경과 까다로운 주행 조건 탓에 정비받을 일도 더 많이 생긴다. 결국 B 자동차는 A 자동차보다 '건강상의 문제'가 더 많이 발생해 상대적으로 수명도 짧다.

생활하는 지역의 환경 상황에 맞춰 해야 할 일을 올바르게 수행한다는 점에서 두 자동차는 모두 '정상'이다. 둘 다 아무런 장애가 없다. 비록 B 자동차가 건강상의 문제를 자주 겪고 수명이 짧기는 하지만 사는 동안 마주한 역경을 고려하면 지극히 정상이다. 스노타이어 및 체인 장착, 사륜구동 주행, 잦은 브레이크 사용과 같은 적응 행동들은 사람으로 치면 우울, 불안, 두려움, 분노 등의 스트레스 반응에 해당한다. 이들은 B 자동차가 힘겨운 환경 속에서도 제 갈 길을 가게 도와주는 놀랍도록 유용한 역할을 수행한다. 이러한 적응 행동들이 없었다면 B 자동차의 삶의 질은 더 떨어졌을 것이다.

자, 이제 세 번째 차를 한번 보자. C 자동차는 뉴햄프셔주보다는 덜 혹독한 인디애나주에서 살고 있으며, 도로 여건도 그럭저럭 나쁘지 않다. 주행 빈도는 일주일에 닷새로, 어떤 날은 좋은 날씨에, 어떤 날은 나쁜 날씨에 도로를 달린다. 그런데 C 자동차에는 문제가 있다. 해가 쨍쨍한 날에도 와이퍼와 비상등을 작동하는 것이다. 와이퍼 날은 너무 많이 사용한 탓에 얇게 닳았다. 그 결과 와이퍼가 왕복할 때마다 전면 유리에 상처를 낸다. C 자동차는 화창한 날에 다른 차들이 모두 시속 100킬로미터 정도로 달릴 때도 한 번씩 사륜구동 시스템을 가동해 시속 30킬로미터대로 주행한다. 밤이면 전조등이 필요한데도 켜지 않는다. C 자동차는 사람으로 치면 정신 질환으로 볼 수 있는 장애를 겪고 있다. A나 B 자동차와 정확히 같은 기능과 적응 전략을 가지고 있음에도 일부 기능을 엉뚱한 때와 상황에 사용하고 또 어떤 기능은 써야 할 때 쓰지 않는다. 그러다 보니 C 자동차는 상당히 잦은 정비가 필요하다. 교통사고도 빈번하게 겪는다. 이처럼 장애로 인해 차의 건강과 안전이 심각하게 영향을 받을뿐더러 도로 위에서 다른 차들과 함께 주행할 수 있는 능력이 저해된다. 결국 C 자동차는 조기 폐차(사망) 수순을 밟게 된다.

정리하자면, A와 B 자동차는 '정상'이고, C 자동차는 장애가 있다.

B 자동차처럼 역경과 사투 중인 사람들은 보통 뇌가 제대로 기능하고 있더라도 도움이 필요한 상태다. 이들의 신체는 부정적인 생활 경험에 어디까지나 '정상적'이고, 예측 가능하며, 적응적인 방식으로 대응하고 있다. 따라서 지원해주고자 한다면 이들이 처한 환경 자체를 바꾸거나 혹독한 조건에도 최적의 반응을 할 수 있게끔 도와줘야 한다. 대부분의 경우, 이는 전쟁, 가난, 식량 불안정, 학대, 제도적인 인종차별, 동성애 혐오, 여성 혐오, 성희롱, 반유대주의 등 가히 사회적 '눈보라'라고 할 수 있는 다양한 사회적 요인들이다. 이 같은 눈보라가 더는 존재하지 않도록 사회 자체를 변화시키는 것이 가장 이상적일 것이다. 그렇지만 완전히 변화하기 전까지는 이런 어려움과 마주한 사람들이 최선의 방식으로 대처하게 하는 것 또한 도움이 될 수 있다.

정신질환 환자들의 뇌는 제대로 기능하지 않는다. C 자동차와 마찬가지로 엉뚱한 때에 혹은 엉뚱한 강도로 활성화되거나 해야 할 일을 하지 못한다. 자동차 내부 및 와이퍼의 작동 체계를 완전히 이해하고 있어야만 C 자동차에게 문제가 있다는 사실을 알 수 있는 것이 아니듯이, 어떤 사람에게 문제가 있는지 아닌지를 판단하기 위해 꼭 뇌가 작용하는 방식을 정확히 알 필요는 없다. 어쩌면 여러분은 C 자동차의 경우 자동차 자체가 아니라 운전자가 문제가 아닌가라는 생각을 할지도 모르겠다. 결론부터 말하면 그 생각이 옳다. 이 부분에 대해서는 곧 자세히 이야기하겠다.

또 한 가지 여기서 짚고 넘어갈 점은, 오래도록 지속되거나 극심한 스트레스가 장애로 **이어질 수 있다**는 사실이다. 어느 시점에 이르면 B 자동차는 자체적으로 지닌 적응 전략이 더는 효과가 없어 정비를 받아야 하는 상태가 된다. 가령 전조등이 켜지지 않거나 와이퍼가 닳아 얇아져서 유리를 효과적으로 닦아내지 못하게 될 수 있다(기능의 저활성화). 아니면 비상등이 꺼지지 않을 수도 있다(기능의 과활성화). 이때가 되면 B 자동차도 장애가 있다고 볼 수 있다.

통증이 알려주는 것들

그렇다면 이제는 간단한 예를 통해 이 같은 현상이 실제로 인간의 몸에서도 일어나고 있음을 확인해보자. 바로 통증이다. 통증은 신경세포와 뇌 영역들에 의해 제어되므로 앞으로 살펴볼 대부분의 정신적인 증상들에 통용되는 완벽한 예다.

비록 통증은 상당한 불쾌감을 주기는 하지만 인간에게 있어 지극히 정상적이고 건강한 경험이다. 우리의 생명을 구해주며, 몸을 상하게 하지 않도록 보호해주는 기능이다. 통증은 통각 수용기pain receptor, 척수로 들어가는 신경과 뇌로 향하는 신경, 그리고 통증 정보를 감지하고 처리하는 뇌 영역들에 의해 제어된다. 이 신경세포와 뇌 영역들의 정상 및 이상 기능을 살펴보면 정신장애를 이해하는 데 도움이 되는 단순한 체계를 마련할 수 있다.

통증 체계에서의 장애는 통증 체계를 구성하는 세포들의 기능 상태, 즉 기능의 과활성화, 저활성화, 부재에 따라 크게 세 가지 범주로 분류할 수 있다.

1. 과활성화

과활성화는 통증을 정상보다 더 높은 빈도나 강도로 경험하는 경우다. 임상의 및 연구자들은 이를 가리켜 흔히 통증 체계의 **과흥분**hyperexcitability이라고 칭한다. 예를 들어, 당뇨병 환자들은 통증 정보를 처리하는 신경세포나 뇌 영역들이 활동하지 않아야 할 때 발화하거나 멈춰야 할 때 멈추지 않는 신경병증을 앓을 수 있다. 이는 통증을 유발하는 원인이 전혀 없는 때에도 통증을 느끼게 만든다. 이로 인해 어떤 사람들은 심신을 피폐하게 만드는 만성적인 통증 문제를 경험할 수 있다.

2. 저활성화

저활성화는 정상적인 수준에 비해 통증 신호를 적게 느끼는 경우로, 이 또한 당뇨병 환자들에게서 나타날 수 있다. 당뇨병성 신경병증은 과흥분을 일으키기도 하지만 한편으로는 특히 발의 감각을 둔하게 만들기도 한다. 이에 신경이 제대로 기능하지 않다 보니 통증 체계가 저활성화된다. 그렇다고 해도 통증 감각을 전혀 못 느끼지는 않으므로 신경 자체는 여전히 살아서 존재하고 있음을 알 수 있다.

3. 부재

부재는 중증 당뇨병이 오랜 기간 지속될 때도 일어날 수 있지만 척수가 손상되거나 뇌졸중을 앓았을 때처럼 다른 문제로 인해 발생하기도 한다. 세포가 죽었거나 심각하게 손상되어 더는 기능하지 않으므로 이 경우에는 통증을 전혀 느끼지 못한다.

이상의 세 가지 경우, 즉 기능의 과활성화, 저활성화, 부재는 모두 장애에 해당한다. 통증 체계가 올바르게 작동하지 않는 상태이기 때문이다.

정상적인 통증과 통증장애를 명확하게 구별하기 어려울 때도 있다. 요추의 추간판탈출증(허리 디스크)으로 인해 통증을 느끼는 경우를 예로 들어보자. 처음 추간판탈출증이 발병했을 때 통증을 느끼는 것은 장애가 아니다. 통증 체계가 마땅히 해야 할 일을 한 결과다. 그러나 수술을 하고 여러 약을 복용한 뒤에도 오랜 시간 통증이 지속된다면 어느 시점에선가 통증장애라는 명칭이 붙게 된다. 정상적인 통증을 장애로 발전하게 만든 원인은 무엇일까? 탈출한 추간판이 가한 압박 탓에 신경이 손상된 것이 원인일 가능성이 있다. 이렇게 손상된 신경들은 과흥분 상태가 될 수 있다. 이에 따라 지나치게 잦은 빈도 또는 지나치게 강한 세기로 통증 신호를 전달하는 것이다. 현재의 진단검사에 기반해서는 통증이 정상적인 반응에서 장애로 넘어가는 지점을 정확히 알기 어렵다. 그러다 보니 어떤 경우에는 정상인지 장애인지 명확하지 않을 때도 있다. 하지만 통증이 만성화되고, 극심하며, 비유발성일 때, 우리는 이를 장애라고 칭한다.

부상에 대한 정상적인 반응인지 장애인지와 관계없이 통증에 대한 처치는 언제든 적절한 것으로 여겨진다. 이를테면 수술받을 때 고통을 느끼리란 사실은 누구나 알고 있다. 이때 느끼는 통증은 정상이며 마땅히 일어날 것으로 예상되는 반응이다. 그럼에도 우리는 고통을 경감하기 위해 처치를 한다.

그렇다고는 하나 정상과 이상을 구별하는 것은 몹시 중요하다. 통증에 대한 처치를 하는 의사들은 뛰어난 임상 능력을 갖추고 있어야 한다. 먼저 환자가 통증을 경험할 만한 여러 이유들을 두루 파악해야 한다. 통증장애일 것이라는 가정을 하기에 앞서 가능한 원인들 가운데 해당되는 것이 있는지 환자를 잘 살펴봐야 한다. 가령 어떤 환자가 발의 통증을 호소한다면 이는 염좌 때문일 수도, 근육경련이나 골절 혹은 피부에 유리 조각이 박힌 탓일 수도 있다. 그리고 이들은 제각기 완전히 다른 치료법으로 접근해야 한다. 통증장애가 원인이라는 가정하에 통증을 치료하면 증상은 어느 정도 완화할 수 있을지라도 문제 자체를 해결하지는 못한다. 오히려 더욱 악화될지도 모른다. 하지만 발의 통증을 유발할 만한 명백한 원인이 없다면 그때는 의사도 통증장애로 진단을 내릴 수 있다. 정신장애 여부를 판단할 때도 이와 같은 세세한 인과관계 분석이 필요하다. 이 경우에도 마찬가지로 환자가 역경에 대처할 수 있게 돕는 것과 제대로 기능하지 않는 뇌를 치료하는 것은 굉장히 다른 문제다.

정신질환의 재정의

앞서 우리가 간단하게 정리한 정신질환의 새 정의는 다음과 같다. **정신질환은 뇌가 제대로 기능하지 않는 상태다.** 그렇다면 이제부터는 이를 한층 더 확장해보자. 정신질환은 일정 기간 뇌가 제대로 기능하지 않는 상태로서, 정신적인 증상들을 유발해 주관적인 고통이나 기능의 손상을 낳는다.

상당히 짧고 간결하지만 이 문장에는 어느 것 하나 중요하지 않은 부분이 없다. 이 정의에는 네 개의 필수 요소가 담겨 있다.

1. 뇌가 제대로 기능하지 않는다.
2. 정신적인 증상들을 유발한다.
3. 이 기능 이상은 일정 기간 지속된다.
4. 증상들은 주관적인 고통이나 기능의 손상을 낳는다.

얼핏 단순한 개념처럼 보일지 몰라도 깊이 따져보면 상당히 복잡해진다.

정의의 첫 번째 요소인 **뇌가 제대로 기능하지 않는다**는 부분은 말 그대로이므로 간단해 보인다. 하지만 앞서 살펴본 통증의 예처럼 현재 우리가 가진 기술을 바탕으로 이를 측정하고 평가하기는 사실 어렵다. EEG나 뇌 영상 기법을 비롯해 뇌의 건강 및 기능 상태를 측정할 수 있는 검사는 많다. 하지만 어느 것도 정신질환을 정확하게 진단할 만큼 민감하고 구체적인 결과를 내놓지는 못한다. 극히 미시적인 뇌 영역들의 기능을 측정하기란 매우 어려운 일이다. 그렇다면 현실 세계에서 뇌가 제대로 기능하지 않는지 어떻게 알 수 있을까?

이 물음은 곧 우리 정의의 두 번째 요소, **정신적인 증상들을 유발한다**는 부분으로 이어진다. 증상들은 뇌 기능에 이상이 있음을 가장 잘 알려주는 지표다. 하지만 통증의 경우와 마찬가지로 정신질환의 증상들은 적절한 상황에서는 충분히 정상적이고 건강한 기능들일 수 있다. 심지어 환각조차도 상황에 따라서는 대부분의 사람에게서 일어날 수 있다. 우리는 꿈을 꿀 때면 그곳에 존재하지 않는 것들을 보고 듣는 등의 환각을 경험한다. 단지 엉뚱한 때에 일어나거나 정작 활성화되어야 할 때 그러지 못한다면 장애를 나타내는 것일 수 있다. 증상 또한 통증장애를 이야기할 때 사용했던 것과 동일한 세 가지 범주, 요컨대 기능의 과활성화, 저활성화, 부재로 분류할 수 있다.

세 번째 요소인 **이 기능 이상은 일정 기간 지속된다**는 부분은 증상의 지속 기간이 중요하다는 사실을 강조한다. 누구든 뇌가 완벽하게 기능하지 않을 때가 적어도 가끔은 있으며, 이로 인해 우리가 증상이라고 칭하는 상태를 보이게 된다. 대부분의 사람은 간혹 기억에 착오가 생기는 경험을 한다. 어떤 때는 주변 사람은 아무도 듣지 못했는데 자신은 이상한 소리를 들은 것만 같다는 느낌을 받기도 한다. 어떤 날은 아침부터 괜스레 뒤숭숭해서 특별한 이유 없이 기분이 가라앉곤 한다. 이러한 경우 모두 뇌가 제대로 기능하지 않는 예이다. 하지만 이는 정신질환이라기보다는 밤에 잠을 잘 자지 못했다든지, 유난히 스트레스가 심한 상황을 마주했다든지, 술을 마시거나 약물을 사용했다든지, 아니면 그냥 단순히 하루 일진이 사나웠다든지와 같은 다양한 상황에 의해 일어날 수 있는 흔한 일들이다. 이런 경험은 흔히 뇌와 몸의 간단한 조정 과정만으로도 금세 나아진다(이 또한 대사와 관련이 있다). 반면 정신질환의 경우에는 증상을 야기한 뇌 기능의 문제가 **지속성**을 띤다. 증상의 지속성 여부는 현재 정신 건강 분야에서 사용하는 진단 기준에도 포함되어 있지만 얼마 동안 지속될 때 장애로 분류할 것인가에 대해서는 진단명마다 다르다.

여기서 우리가 내린 정의의 네 번째 요소인 **증상들은 주관적인 고통이나 기능의 손상을 낳는다**는 부분이 중요해진다. 우리는 다들 살면서 정서, 인지, 동기, 행동의 변화를 겪는다. 그도 그럴 것이, 우리는 계속해서 학습하고 성장한다. 새로운 사람들을 만나 이런저런 변화를 시도한다. 힘겨운 경험들을 거치고 상실과 좌절을 겪는다. 이 같은 자연스러운 변동 자체는 정신질환이 아니다. 변화로 인해 일반적이지 않은 방식으로 고통스러워하거나 자기 삶에서 제대로 기능하지 못하게 된다면 비로소 정신질환일 가능성이 고려되기 시작한다. 그런데 이 같은 구분이 사실은 상당히 까다로울뿐더러 주관적인 고통과 기능의 손상이라는 문제를 둘러싼 논쟁 또한 복잡하게 얽혀 있다. 이에 특히 중요한 핵심 두 가지를 짚어보자면 다음과 같다.

1. 사람은 누구나 주류 문화에 반해 개성 있고 창의적인 삶을 살며 자유롭게 변화할 권리가 있다

남들과 다르다는 것이 곧 정신질환은 아니다. 다만 다른 사람들이 이 개성에 거부감을 보인다면 그로 인해 주관적인 고통을 느낄 수는 있다. 예를 들어, 많은 아이가 십 대에 반항기를 겪는다. 이는 보통 스스로 성장하고 부

모로부터 독립하기 위한 정상적인 발달 과정의 일환이다. 대부분의 경우, 이 현상만으로는 정신질환으로 보지 않는다. 또 다른 예로, 많은 사람이 다이어트를 하며 자신의 체중을 빈번하게 확인한다. 그러면서 무엇을 먹을지, 자신이 남들의 눈에 어떻게 비칠지 등에 대해 전보다 깊이 고민하기 시작한다. 하지만 이러한 변화 자체가 섭식장애는 아니다. 두 상황 모두 정서, 인지, 동기, 행동의 변화를 수반하지만 일반적이지 않은 방식으로 고통스러워하거나 제대로 기능하지 못하는 상태와는 전혀 관계가 없기 때문에 정신질환이 아닌 것이다.

2. 일부 정신질환 환자들은 자신의 문제를 자각하지 못한다

이들은 자신의 증상들이 정상이 아니라는 사실을 깨닫지 못한다. 아울러 이 증상들이 자신의 행동과 기능에 영향을 미친다는 것도 알아차리지 못한다. 다른 사람들이 왜 자신의 변화를 일반적이지 않다고 여기는지 이해하는 데에도 어려움을 겪는다. 어쩌면 자신은 아무런 문제가 없는 정상이라고 주장할 수도 있다. 하지만 만약 이 증상들로 인해 사회에서 제대로 기능하지 못한다면 정신질환일 가능성을 고려해볼 필요가 있다.

환각과 망상을 겪는 사람들은 이처럼 자신의 질환을 자각하지 못하는 경우가 흔하다. 예를 들어, 편집증이 있는 사람은 자신이 정말로 박해받고 있으며 이는 '상상'이 아니라 현실이라고 주장한다. 그런가 하면 섭식장애 환자는 이토록 살이 많이 빠지고 전보다 아름다워졌다는 사실에 스스로 대단히 만족스러워 하기도 한다. 이들에게 있어 학업이나 친구들에게 시간을 덜 쏟게 된 것과 같은 기능상의 변화는 모두 살을 빼고 아름다워지기 위해서라면 치러야 할 희생일 뿐이다. 다른 사람의 눈에 명백하게 보이는 심각한 건강 문제도 무시할 수 있다. 두 경우 다 자신이 겪은 정서, 인지, 동기, 행동의 변화가 정상이며 자신과 같은 상황에 놓인다면 누구라도 같은 변화를 겪었을 것이라고 주장한다. 기능의 손상에 대해서도 보통 철저하게 부정한다. 이때는 정신장애로 보아야 할까? 그렇다. 자신은 미처 깨닫지 못하거나 외면하고 있다고 하더라도 심각한 주관적 고통 및 기능의 손상 (건강 문제 포함)이 일어난 상태이기 때문이다.

이처럼 미묘한 딜레마가 그저 남들과 다를 뿐인데 이를 용납하지 않는 빡빡한 사회에 살고 있는 경우와 진짜로 정신질환을 앓고 있는 경우를 구분하기 어렵게 만들고 있다. 그러다 보니 정신 건강 분야에서는 한때 동성애를 장애로 분류했다가 후에 번복하는 등 시대에 따라 이 같은 사안에 대한 입장을 조금씩 바꿔왔다.

정신질환 증상이 발생하는 세 가지 상황

지금까지 정신질환을 새롭게 정의하고 각 요소를 하나하나 뜯어보는 작업을 마쳤으니, 이제부터는 이 새로운 정의를 실전에 적용해 정신질환의 증상들이 발생할 수 있는 세 가지 일반적인 상황들을 알아보도록 하자. 이번에도 통증 체계의 장애와 관련해 설명했던 모형에 따라 크게 뇌 기능이 과활성화되거나, 저활성화되거나, 부재한 경우로 나뉜다.

뇌 기능의 과활성화

뇌세포와 신경망의 과활성 또는 과흥분은 여러 정신질환에서 확인됐다. 증상이나 뇌 기능이 엉뚱한 때에 나타나거나 정상적인 수준보다 훨씬 빈번하게 또는 강하게 나타나는 상황이 여기에 해당한다.

두려움 및 불안 증상은 두려움 반응에 관여하는 뇌 영역 가운데 하나인 편도체가 과흥분한 결과로써 일어난다. 이 뇌 영역의 뉴런들이 시도 때도 없이 발화하거나 활동을 멈추지 않는 탓에 적절하지 않은 때에 불안 증상을 느끼거나 과도한 두려움 반응을 보이게 된다.

강박 사고와 강박 행동은 매무새를 다듬고 확인하는 행동들과 연관된 뇌 영역의 세포 및 신경망이 과흥분한 결과로써 일어난다. 우리는 다들 일반적으로 자신의 매무새를 살피고 주변에 별다른 문제가 없는지 확인하곤 한다. 강박장애는 바로 이러한 행동 체계가 과활성화되었을 때 발생한다.

정신증적 증상들, 이를테면 환각과 망상은 여러 정신장애나 신경학적 장애에서 관찰된다. 이뿐만 아니라 어떠한 장애로 진단받은 적이 없는 사람들에게서도 일어나는 경우가 많다.

정확히 어떤 뇌세포나 영역이 정신증적 증상들을 일으키는지 밝히기 위한 연구가 수십 년 동안 집중적으로 이어졌지만 아직까지도 명확하게 밝혀지지는 않았다. 그렇지만 뇌에서 어떤 일이 벌어지고 있는지 유추해볼 수 있는 방법이 몇 가지 있기는 하다.

가장 쉬운 방법은 지각을 처리하는 뇌세포들이 과흥분해서 정신증적 증상들이 발생했다고 보는 것이다. 예를 들어, 소리를 지각하는 뇌세포와 신경망이 과흥분하면 우리는 실제로 존재하지 않는 소리를 들을 수 있는데,

이것이 바로 환청이다. 신경외과적으로 전극을 이용해 뇌 영역들을 자극하면 인위적으로 '환각'을 경험하게 만들 수 있다. 과흥분 세포들이 환각을 일으키는 것도 기본적으로 이와 같은 원리다.

이 경우에는 소리를 지각하는 세포들 자체가 문제라기보다는 이 세포들을 조절하고 활동 수준을 낮추는 역할을 하는 세포들이 문제일 가능성이 크다. 이 세포 집단을 '피질 중간뉴런cortical interneuron'이라고 한다. 피질 중간뉴런은 표적세포의 활동을 둔화시키는 감마아미노부티르산gamma-aminobutyric acid, 일명 GABA라는 신경전달물질을 분비하는 억제성 뉴런으로 알려져 있다. 이 뉴런들의 기능 이상은 조현병, 알츠하이머병, 뇌전증, 자폐증을 비롯해 다수의 장애에서 확인됐다. 억제 능력이 부족해지면 결국 해당 뉴런이 담당하던 표적세포는 과활동하게 된다.

또 한 가지 가능한 설명은 정신증적 증상들이 뇌의 수면 체계와 관련 있다는 것이다. 앞에서도 이야기했지만 우리는 누구나 매일 자는 동안 환각과 망상을 경험한다. 꿈속에서는 실제로 존재하지 않는 것들을 보고 듣는다. 터무니없고 괴상한 것들을 믿을 수도 있다. 많은 이들이 누군가에게 쫓기거나 박해받는 악몽을 꾼다. 이 모든 일들이 자는 동안에만 일어난다면 그저 나쁜 꿈일 뿐이지 정신질환은 아니다. 그런데 정신질환 환자들의 경우에는 밤에 이 같은 경험을 만들어내는 뇌세포와 신경망들이 과흥분 상태가 되어 낮에도 엉뚱하게 발화할 가능성이 있다.

자신이 사랑하는 사람들이 돌연 그들을 흉내 내는 어떤 사기꾼들로 대체됐다고 믿는 카그라 증후군Capgras syndrome처럼 기이하게만 보이는 일부 망상들의 경우는 사실 구체적으로 어떤 신경망이 관여하고 있는지 이미 알려

2부 · 밝혀진 연결고리, 뇌 에너지 이론

져 있다.[10] 이러한 망상을 하는 사람들은 특정 뇌 영역들이 과활성화 혹은 저활성화된 것으로 보인다.

한 가지 중요한 사실은 환각이 대부분의 사람이 생각하는 것만큼 드문 현상이 아니라는 점이다. 연구자들은 9~12세 사이의 아동 가운데 12~17퍼센트, 성인의 5.8퍼센트가 낮 동안 환각을 경험한다는 결과를 얻었다.[11] 나아가 성인의 37퍼센트는 '입면환각hypnagogic hallucination'이라는 용어로도 알려진, 잠이 들려고 할 때 나타나는 환각을 경험한다.[12] 이들 대다수는 정신장애로 진단받지 않는다.

뇌 기능의 저활성화

뇌세포 및 신경망의 저활성화 역시 여러 정신질환에서 확인됐다. 우리가 보는 증상들 중 적어도 일부는 이 개념을 통해 쉽게 설명이 된다. 기능의 저활성화와 부재를 굳이 구분한 이유는 기능의 저활성화의 경우 세포가 여전히 살아 있으며 가끔은 제대로 기능할 수 있는 상태에 있음을 시사하기 때문이다. 이는 증상들이 저절로 나아지고 심해지기를 반복한다는 점에서 특히 중요하다. 어떨 때는 정상인 것처럼 보이지만 또 다른 때는 증상들을 겪을 수도 있는 것이다. 뇌 기능이 저활성화된 몇 가지 예를 살펴보자.

- ADHD 환자들은 청반locus coeruleus(중뇌에 위치한 작은 구조물로 스트레스 및 공황의 생리적 반응에 관여한다-옮긴이)에 있는 노르에피네프린성 뉴런들의 활동이 감소할 수 있다. 이 뉴런들은 집중하고, 계획을 세우고, 하던 일을 계속 유지하도록 돕는 역할을 하므로 이들의 활동이 감소하면

ADHD 증상들이 나타나게 된다.

- 기억력 저하와 같은 인지 문제는 기억의 저장과 인출에 관여하는 뉴런들의 활동이 감소함으로써 발생한다. 이러한 현상은 알츠하이머병 환자에게서 뚜렷하게 나타나는데, 그 외 대부분의 만성적인 정신질환 환자들에게서도 나타난다. 만성적인 정신질환을 겪는 사람들은 진단 기준에는 포함되어 있지 않지만 인지 문제를 겪는 경우가 흔하다.

- 우울증의 양상 가운데 하나는 디폴트 모드 네트워크default mode network라는 신경 체계의 활동 감소를 수반할 수 있다.[13] 그 결과 정상적인 뇌 기능이 둔화되거나 혼란에 빠진다.

- '정서 조절emotional regulation'은 기분장애, 성격장애, 불안장애를 비롯해 다양한 정신질환의 증상들을 가리키는 용어다. 우리 뇌에는 정서 반응을 통제하고 기분을 조절하도록 설계된 체계가 있다. 어떤 사람들은 뇌의 이 영역들이 저활성화되어 기분이 불안정하고 분노조절을 못 하는 등의 증상을 겪는다.

특정 뇌 기능의 부재

일부 정신장애는 뇌세포 및 연결성에서 일어난 변화가 영구적으로 지속된다. 여기에는 크게 두 가지 이유가 있는데, 하나는 **발달 과정상의 문제**이고 또 하나는 **세포의 사멸**이다. 각각 **신경발달장애, 신경퇴행성장애**와 흔히 관련되어 있다. 세포의 사멸은 또한 신경퇴행성장애와는 다르지만 마찬가지로 정신적인 증상들을 초래할 수 있는 뇌졸중이나 뇌 손상과 같은 문제에 의해서 발생할 수도 있다.

신경발달장애에는 여러 가지가 있다. 자폐증도 그중 하나다. 이들의 뇌는 일부 뉴런 혹은 뉴런 간의 연결성이 없거나 최소한 정상과는 다른 상태다.

알츠하이머병을 비롯한 신경퇴행성장애는 뇌의 위축 및 뉴런의 사멸과 연관되어 있다. 뉴런은 일단 죽고 나면 보통 다시 살릴 수 있는 방법이 없다.

두 경우 모두 있어야 할 세포나 연결성이 없는 상태이므로 뇌가 제 기능을 수행하지 못한다. 이처럼 영구적인 변화로 인한 증상들은 항시 그대로 잔존한다. 즉, 나아졌다가 심해지는 일이 없다. 자폐증 환자에게서 나타나는 사회성 결함은 결코 나아지지 않는다. 알츠하이머병 환자들의 일부 인지 결함 역시 결코 나아지지 않는다. 하루는 이랬다가 다른 날은 저랬다가 하는 식으로 달라질 수 있는 성질의 것들이 아니다. 하지만 자폐증과 알츠하이머병 모두 나아졌다 심해졌다 하는 정신적인 증상들도 있는데, 불안, 정신증, 기분 변화 등이 여기에 포함된다.

*

이상의 세 가지 상황, 요컨대 뇌 기능의 과활성화, 저활성화, 부재만으로도 사실상 정신장애의 모든 증상을 설명할 수 있다. 그렇지만 여기서 특별히 더 자세히 살펴보면 도움이 될 만한 사례가 두 가지 있는데, 둘 다 얼핏 앞의 세 가지 상황에는 잘 들어맞지 않는 것처럼 보인다. 바로 다면적인 뇌의 적응 기제multifaceted brain adaptation와 행동장애다.

다면적인 뇌의 적응 기제

뇌는 때로 어떤 상황에 대해 일부 뇌 기능은 활성화되고 또 다른 일부는 비활성화되는 식으로 복수의 증상이 동시에 나타나는 복합적인 반응을 보인다. 이와 관련해 여기서는 우울증과 경조증의 증상들, 그리고 트라우마 반응을 예로 살펴보자. 셋 다 적확한 때와 상황에 일어난다면 충분히 정상적이며 적응적이라고 여겨질 수 있다. 교감신경계나 부교감신경계가 활성화되었을 때 뇌와 신체의 일부 기능은 활동하고 또 다른 일부는 활동을 멈추는 상태가 복합적으로 작용하는 경우와도 유사하다.

우울증은 본래 다양한 스트레스원, 역경, 상실에 대한 정상적인 반응이다. 사람은 누구나 살면서 한 번쯤은 우울감을 느낀다. 이 경우, 대부분은 극심한 증세가 2주 이상 지속되지 않는데, 이것이 뇌의 정상적인 반응이다. 흔히 기분, 기력, 식욕, 수면에서 변화가 일어나지만 변화의 양상은 개인차가 몹시 클 수 있다. 가령 식욕 체계가 과활성화된 것처럼 지나치게 많이 먹는 사람이 있는가 하면 저활성화된 것처럼 너무 안 먹는 사람도 있다. 마찬가지로 어떤 사람은 너무 많이 자는 반면 어떤 사람은 충분한 숙면을 취하지 못할 수도 있다. 따라서 우울증에 보통 다양한 증상이 있다고 해도 특정 뇌 영역들의 과활성화와 비활성화를 나타내는 증상들을 나누어 각각 따로 살펴보는 편이 우울증을 이해하는 가장 효과적이고 정확한 방법일 수 있다.

경조증은 여러모로 우울증과 정반대라고 할 수 있다. 경조증 상태에서는 기분이 좋아지고, 병적일 정도의 희열을 느끼며, 활력이 넘치고, 생산성이 증가한다. 심지어 잠을 적게 자고도 멀쩡할 수 있다. 하지만 이 또한 상황에 따라 정상일 수 있다. 사실 경조증만 단독으로 나타난다면 DSM-5 기

2부 · 밝혀진 연결고리, 뇌 에너지 이론

준으로는 진단을 내릴 만한 장애가 아니다. 대부분의 사람은 살면서 경조증과 같은 증상을 경험한다. 흔히 사랑에 빠졌을 때 경조증 증상이 나타나는데, 그 외에 자신이 맡은 프로젝트에서 성취한 결과에 신이 났을 때라든지 영적 각성을 경험했을 때도 마찬가지다. 이 또한 보통 닷새 이상은 지속되지 않지만 어쨌든 누구나 경험할 수 있다는 점에서 모든 사람의 뇌에 내재된 본능적인 기능임을 시사한다.

트라우마 반응 또한 정상이다. 여기에는 플래시백과 악몽, 트라우마의 대상이 된 사건을 떠오르게 하는 상황을 회피하는 행동, 부정적인 기분과 사고(우울증과 유사), 수면장애, 벼랑 끝에 몰린 듯 과도한 각성 상태 등의 증상이 포함된다. 한 연구에서는 강간을 당한 지 얼마 되지 않은 여성들 가운데 94퍼센트가 처음 몇 주간 이와 같은 유의 증상들을 겪었음을 발견했다.[14] 그러므로 이러한 반응들은 모두 '정상'일 수 있다.

이 다면적인 뇌의 적응 기제가 **장애**가 되는 것은 기제 자체가 **과활성화**되었을 때다. 요컨대 이 복합적인 반응들이 모두 엉뚱한 때에 나타나거나, 지나치게 오래 지속되거나, 증상의 정도가 과도하게 극심한 경우다. 어떤 경우에는 이를 관장하는 체계가 과흥분성 활동을 보이며 뚜렷한 계기가 없는데도 활성화될 수 있다. 혹은 삶의 주요 스트레스원처럼 명확한 이유가 있어서 활성화됐다가 적정 시간이 지나도 비활성화되지 않는 경우도 있다. 비활성화되어야 하는데 '활성화' 상태에 '고착'된 채로 머무는 것이다. 이는 다수의 통증장애 환자에게서 통증세포들이 과흥분하는 현상과도 유사하다. 통증세포들은 아무런 이유 없이 발화하기도 하고 아주 사소한 상처나 자극으로 인해 통증을 촉발할 수도 있다.

행동장애

어떤 정신질환은 행동적인 측면이 주된 문제로 여겨지는데, 특히 물질사용장애와 섭식장애가 여기에 해당한다. 이 유형 또한 특별히 주의 깊게 살펴볼 가치가 있다. 이러한 장애들이 다른 모든 정신질환과 강력한 양방향성 관계에 있다는 사실을 떠올려보자. 지금까지 우리는 정신질환을 크게 뇌 기능의 과활성화, 저활성화, 부재로 이해할 수 있다고 이야기했다. 그렇지만 행동의 경우에는 사람들이 스스로 '선택'한 것이 아닌가. 이 같은 행동들은 과연 뇌가 제대로 기능하지 않는 것과 무슨 관련이 있을까?

세 가지 관점에서 생각해볼 수 있다. 첫 번째는 음식물 섭취와 중독성 물질 사용은 모두 뇌에 의해 통제되는 행동들이라는 것이다. 뇌에는 갈망, 식욕, 동기, 자기통제, 충동성, 새로움 추구를 통제하는 뚜렷한 경로가 존재한다. 따라서 뇌의 이 부분들이 과활성화 또는 저활성화되는 경우 이러한 행동을 하고자 하는 추동을 느끼게 만들어 문제를 일으킬 수 있다. 두 번째는 기존에 (특정 뇌 영역들의 과활성화 또는 저활성화로 인해) 다른 정신질환 증상들을 겪고 있어서 이 증상들에 대처하다 보니 술이나 약물에 손을 댔거나 섭식행동에 변화가 일어났을 가능성이다. 이를 흔히 **자가요법 가설**self-medication hypothesis이라고 한다. 세 번째는 건강에 아무런 이상이 없고 '정상'임에도 돌연 이러한 행동들을 보이기 시작할 가능성이다. 어떤 사람들은 순전히 주변 사람들의 권유와 분위기에 휩쓸려 약물이나 술에 손을 댔을 수도 있다. 다이어트를 시작하는 계기도 마찬가지다. 뒤에서 더 자세히 살펴보겠지만 이 모든 행동은 대사와 뇌에 엄청난 영향을 미친다. 대사의 이상을 초래해 특정 뇌 기능의 과활성화와 저활성화를 일으킴으로써 악순환에 빠뜨리고 결국 각각 물질사용장애와 섭식장애로 일컬어지는 상태에 이르게 만들 수 있다.

정신질환이라는 퍼즐을 푸는 뇌 에너지 이론

정신질환의 원인을 규명하는 일이 어려운 이유 중 하나는 지금까지 언급한, 가령 디폴트 모드 네트워크 활동의 감소가 우울증으로 이어진다는 등의 연구 결과들이 같은 정신질환 환자들에게서 일관성 있게 관찰되지 않으며, 심지어 한 사람에게서도 때에 따라 다르다는 점이다. 발달 이상이나 세포의 사멸 같은 경우를 제외하면 증상들은 나아졌다 심해지기를 반복하므로 신경과학 연구 결과도 그에 따라 오락가락할 수 있는 것이다. 아직까지 정신질환의 객관적인 진단 검사가 확립되지 않은 것도 이 때문이다. 발달 이상도 특정 장애의 진단 기준으로 삼기 어렵다. 아무리 같은 장애로 진단받았더라도 사람에 따라 매우 다양한 유형의 세포와 뇌 영역들에 영향을 받을 수 있다. 이처럼 정신질환과 관련된 뇌의 변화 및 뇌 기능 양상을 탐구할 때에는 이질성과 비일관적인 연구 결과가 관건이 된다.

고려해야 할 것들이 이다지 많으니 정신질환이라는 퍼즐이 그토록 풀기 어려운 것도 당연하다. 과연 무엇이 각기 다른 뇌 영역들의 과활성화 또는 저활성화를 일으켜 정신질환의 증상들을 초래하는 걸까? 또 무엇이 증상이 나아졌다 심해지기를 반복하게 만드는 걸까? 정확히 무엇이 이 같은 발달 이상이나 특정 뇌 영역 내 세포들의 위축과 사멸을 야기하는 걸까?

대체 무엇 때문에 사람마다 개인차가 크게 나타나는 걸까? 모든 정신질환을 설명하려는 이론이라면 이러한 의문들에 전부 답할 수 있어야 한다. 좋은 소식은 뇌 에너지 이론이 여기에 답을 제시할 수 있다는 사실이다. 그리고 이 모두는 **하나의 공통경로**를 통해서 이뤄진다.

희망의 공통경로,
미토콘드리아

자, 이제 다시 대사 이야기로 돌아가 이 모든 퍼즐 조각을 맞춰보자. 5장에서 도시의 교통 상황을 예로 들어 인간의 세포 하나하나를 자동차에 비유했던 것을 떠올려보자. 앞서도 설명했듯이 대사란 매우 복잡하다. 끊임없이 변화하며, 때와 세포에 따라서도 크게 달라질 수 있다. 따라서 실질적으로 **하나의 공통경로**라고 하지 않는 편이 마땅하다. 그보다는 수백 가지의 대사 경로가 관여하고 있다고 보는 편이 가깝다.

그렇다면 대사를 통제하는 것은 무엇일까? 영양분과 산소는 자신이 어디로 가야 할지 어떻게 아는 것일까? 무엇이 다양한 세포들의 대사율을 변화시키는 것일까? 과연 무엇이 어떤 세포에서는 느리게, 또 어떤 세포에서는 빠르게 대사가 이뤄지게 만드는 것일까? 무엇이 인체의 이 복잡한 연결망을 운용하는 것일까?

누군가는 뇌가 이를 관장한다고 답할 것이다. 물론 뇌가 대사에서 중요한 역할을 하는 것은 맞으나, 뇌 혼자만으로는 이 모든 세포의 각기 다른 대사를 정확히 시간을 맞춰 통제하기 어렵다. 도시의 교통에서 각각의 자동차를 통제하는 운전자가 있듯이 인체에도 세포 단위에서 일정 수준의 통제력을 갖추고 있다고 보는 것이 타당하다. 세포는 다른 세포들로부터 출발 또는 정지 신호를 입력받는다. 그리고 가까운 거리에 있는 주변 세포들에게 출발 혹은 정지 신호를 보내기도 한다(자동차의 브레이크등을 떠올려보자). 그렇지만 일부 신호는 몸 전체에 전달되기도 한다. 뇌나 간세포에서 시작됐지만 결국은 멀리 떨어진 세포들에게까지 전해져 전신의 세포에 영향을 미치는 것이다. 이 같은 과정은 도시의 교통이 여러 단계에서 조율되는 것처럼 모두 대사의 조율에 관여한다.

도시의 교통 흐름을 만들어내는 데에는 많은 요소가 있다. 다양한 유형의 길과 고속도로, 길마다 다른 속도 제한, 정지 표지와 신호등 모두가 교통 흐름과 조직에 매우 중요한 요소다. 그렇지만 결국 진정한 의미에서 차량의 움직임을 통제하는 일차적인 힘의 주체는 운전자다. 운전자들은 교통 규칙을 숙지하고 따르며 자동차를 직접 움직인다. 차량을 멈추거나 방향지시등을 조작한다. 도로에 문제가 없는지 살피고 문제가 발생한 지점을 우회한다. 목적지까지 차를 운행한다. 각각의 운전자가 다른 도로를 달리는 다른 차들이 어떤 상황에 처했는지 모르더라도 교통은 아무런 문제없이 흘러간다.

인간의 세포에도 활동을 개시하고 멈추게 만드는 '운전자'가 있을까? 있다. 인간의 세포, 나아가 인체의 대사를 이끌어가는 운전자의 이름은 미

토콘드리아다. 그리고 바로 이들이 정신장애와 대사장애의 공통경로다.

*

만약 여러분이 학창 시절에 생물학 수업을 들어본 적이 있다면 미토콘드리아가 '세포의 에너지 발전소'라는 사실을 기억할 것이다. 미토콘드리아는 영양분과 산소를 ATP로 전환함으로써 세포를 위한 에너지를 생성한다. 에너지 생성에서 미토콘드리아의 역할이 매우 중요하다는 것은 누구나 알지만 사실 이들의 역할은 단순한 발전소에 그치지 않는다. 미토콘드리아가 없다면 우리가 아는 삶은 아예 존재조차 하지 않는다.

2005년에 출간된 《미토콘드리아: 박테리아에서 인간으로, 진화의 숨은 지배자》에서 닉 레인^Nick Lane 박사는 인간의 진화 과정 속 미토콘드리아의 존재와 그 역할에 대해 면밀하고 설득력 있는 이야기를 들려준다.[1] 가벼운 대중서 같은 인상을 주는 제목과 달리 레인은 미토콘드리아가 역사적으로 인간의 건강과 수명에 어떤 역할을 해왔는지 엄격한 과학적 연구 결과들을 제시한다.

미토콘드리아의 기원

옛날 아주 먼 옛날, 최초의 미토콘드리아(단수형은 미토콘드리온이다)는 박테리아였다. 연구자들은 미토콘드리아가 약 10~40억 년 전 하나의 독립된 유기체에서 지금과 같은 형태로 진화한 것으로 추정한다. 1998년 《네이처》에 발표된 한 논문에서는 미토콘드리아가 발진티푸스를 일으키는 **리케차 프로바제키**Rickettsia prowazekii라는 현대의 박테리아와 유전자의 많은 부분이 일치한다고 주장했다.[2] 수십억 년 전, **고세균**archaea이라는 단세포유기체가 이 고대의 미토콘드리아를 집어삼켰다. 그런데 잡아먹힌 미토콘드리아는 일반적인 경우와 달리 죽지 않았고, 결국 둘 다 살아남았다. 이 새로운 유기체가 진화해 **최초의 진핵세포**eukaryotic cell(내부에 핵을 가지고 있는 세포)가 됐다고 여겨진다. 곧 내부에 자리 잡은 박테리아는 에너지 생성에 집중하기 시작했으며, 이에 따라 외부를 이루는 유기체는 식량을 구하는 데에 집중할 수 있게 되었다. 기억하자, 이는 아주 중요한 사실이다. 절대로 사소하게 넘겨서는 안 된다.

그러니까 인간의 DNA를 담는 세포핵이나 다른 세포 기관들이 생겨나기도 전, 세포 안에는 미토콘드리아가 존재했다. 미토콘드리아 하나와 숙주 세포 하나가 공존한 것이다. 둘은 생존을 위해 의기투합했다. 그 결과, 그냥 생존 수준이 아니라 아주 성공적으로 삶을 꾸려갔다. 다른 모든 형태의 생명체와 마찬가지로 이들은 성공적인 삶에 진심이었다. 그리고 마침내 목표를 이뤘다!

그렇게 시간이 흐르면서 이 공생 방식 덕분에 오늘날 우리의 눈으로 볼 수 있는 사실상 모든 유기체의 형태인 다세포생물이 탄생하게 되었다. 모든 진핵생물의 내부에서 이 박테리아는 미토콘드리아로 진화했다. 식물과 수생생물(이 또한 진핵생물의 일종이다)의 경우에는 이 중 일부가 오늘날 우리가 말하는 **엽록체**chloroplasts로 진화했다. 미토콘드리아와 엽록체는 이름이 다를 뿐 외형과 기능이 유사하며, 수십억 년 전 같은 박테리아에서 유래된 것

2부 · 밝혀진 연결고리, 뇌 에너지 이론

으로 여겨진다. 이뿐만 아니라, 이러한 박테리아와 단세포생물의 합병은 단 한 번밖에 일어나지 않았으므로 현존하는 모든 식물, 동물, 수생생물, 균류가 동일한 유기체에서 비롯됐다고 추정된다. 신을 믿는 사람들은 어쩌면 오늘날 우리가 아는 것과 같은 모습의 생명체들이 모두 어떤 하나의 사건에서 생겨났다는 개념에 마음이 편해졌을지도 모르겠다. 신을 믿지 않는 사람이라면 이 사건 또한 그저 이후 수십억 년 동안 이어진 진화에 영향을 미친 비일상적이고 흔치 않은 여러 사건 가운데 하나일 뿐이라고 보면 된다. 어떤 시각에서 바라보든 이는 생명체의 역사에서 대단히 중요한 사건이었다.

진화에서는 최초가 차지하는 중요성이 크다. 가령 서로 다른 유기체 간에 중첩되는 유전자가 있다면 흔히 이 유전자는 특정 종에만 존재하는 것들보다 훨씬 중요도가 높다고 여겨진다. 어느 특정한 종에만 있는 유전자는 진화의 연대표상 훨씬 최근에 발생한 것인 반면, 공통 유전자는 역사가 길다고 볼 수 있기 때문이다. 무언가가 오랜 기간 계속 남아 있었다면 이는 생명에 필수적인 것일 가능성이 높다. 이렇게 믿을 만한 근거는 최소한 두 가지다. 첫째, 진화는 생존 또는 번식에 있어 필수적이지 않거나 딱히 이점이 되지 않는 것들은 제거하는 경향이 있다. 만약 유기체가 진화하면서 더는 필요 없어진 특성이 있다면 그 특성은 이후 더 이상 선택되지 않아 보통 사라지게 된다. 둘째, 새로운 유전자 및 특성들은 기존의 유전자 및 특성들에 영향을 받아 발달하며 이들과 어우러지도록 적응한다. 미토콘드리아는 진핵세포 안에 가장 먼저 자리 잡은 세포 기관이다. 초창기만 해도 그저 박테리아 하나와 이를 둘러싼 세포 하나가 전부였다. 그러다 시간이 지나면서 핵과 다른 세포 기관들이 발달했다. 다른 세포 기관들도 물론 모두 중요하지만 그중에서도 미토콘드리아는 최초의 기관이라는 점에서 중요성이 더해진다. 아마도 미토콘드리아가 나머지 세포 기관들이 발달하는 데에 영향을 미쳤고, 그러다 보니 결국 없어서는 안 될 기관이 되었을 것이다. 실제로 이 나머지 세포 기관들은 미토콘드리아가 없으면 제대로 기능하지 못한다.

현대의 미토콘드리아

미토콘드리아는 더 이상 진핵세포를 벗어나서는 자가 증식할 수 없다. 미토콘드리아는 인간의 몸속에서 자신의 DNA 대부분을 인간의 DNA가 저장된 세포핵으로 옮겨뒀다. 인간의 DNA 안에는 현재 약 1,500개의 미토콘드리아 유전자가 포함되어 있다. 이 1,500개의 유전자가 미토콘드리아를 생성하거나 유지하는 데 필요한 단백질을 만들어내는데, 이렇게 만들어진 단백질은 같은 세포 내의 모든 미토콘드리아가 공유한다. 하지만 미토콘드리아가 자신의 DNA에 대한 소유권을 전부 포기한 것은 아니다. 미토콘드리아 안에는 37개의 유전자가 여전히 남아 있다. 이 유전자를 각자가 재량껏 사용할 수 있는 덕분에 각각의 미토콘드리아는 다른 미토콘드리아나 이들이 머무는 세포 자체로부터 어느 정도의 독립성을 유지한다. 이 같은 현상은 생물학에서 대단히 이례적이다 보니 그 목적성을 둘러싸고 논쟁이 이어지고 있다. 그렇지만 어쨌든 여기서 중요한 사실은 미토콘드리아와 인간의 세포들이 현재 서로에게 100퍼센트 의지하고 있다는 것이다. 둘 중 하나가 사라지면 나머지는 생존이 불가능하다.

미토콘드리아는 굉장히 작다. 평균적으로 인간의 세포 안에는 하나 당 3~4백개가량의 미토콘드리아가 있다.[3] 이 말은 곧 인간의 몸속에 무려 1경京 개의 미토콘드리아가 있다는 뜻이다. 그토록 작은 크기에도 불구하고 미토콘드리아는 우리 체중의 약 10퍼센트를 차지한다. 뇌세포처럼 높은 대사율을 필요로 하는 세포들의 경우에는 미토콘드리아가 세포 하나당 수천 개나 존재해 세포 용적의 40퍼센트 이상을 차지할 수도 있다.

미토콘드리아는 바쁘다. 꼭 미토콘드리아가 아니더라도 해당glycolysis(세포 내에서 당이 분해되어 에너지가 생성되는 대사 과정-옮긴이)이라는 과정을 통해 소량의 ATP가 생성될 수는 있지만 실질적으로 미토콘드리아가 세포 내 ATP 생성량의 압도적으로 큰 비중을 담당하고 있으며, 이는 특히 뇌세포의 경우 더욱 극명하다. 평균적으로 성인의 몸속에서는 미토콘드리아가 초당 9×10^{20}개(9해垓 개)의 ATP 분자를 만들어낸다.[4] 한 연구팀은 특수한 뇌 영상 기법을 활용해 인간의 뇌 속 뉴런 하나가 매초 47억 개의 ATP 분자를 사용한다는 것을 발견했다.[5] 실로 많은 수다!

미토콘드리아는 움직인다. 이는 신기술의 발달로 살아 있는 세포를 연구할 수 있게 되면서 비교적 최근에 밝혀진 사실이다.[6] 죽은 세포를 현미경으로 들여다보면 아무것도 움직이지 않으므로 당연히 기존의 연구자들이 미토콘드리아가 이리저리 돌아다니리라는 생각을 하지 못했던 것도 이해가 된다. 다른 세포 기관들은 보통 움직이지 않는다. 따라서 미토콘드리아가 실제 살아 있는 세포 안에서 이동한다는 사실은 몹시 예상 밖이었다. 미토콘드리아가 움직이는 영상을 직접 보고 싶다면 참고 문헌에 기재한《플로스 바이올로지PLOS Biology》에 수록된 논문에서 확인할 수 있다.[7] 그 밖에 온라인에도 여러 영상이 있으니 참고하기를 바란다. 세포에는 미토콘드리아가 이동하는 데 사용하는 소위 **세포골격**^{cytoskeleton}이라고 불리는 미세소관과 섬유(필라멘트)들의 연결망이 전체적으로 포진되어 있다. 여기에는 여러 작용 원리가 관여하지만 깊이 다루려면 이 책의 핵심 주제에서 지나치게 벗어나므로 넘어가기로 하자. 핵심은 간단하다. 일부 미토콘드리아는 이리저리 이동한다는 것이다.[8] 그렇지만 모든 미토콘드리아가 이동하는 것은 아니다. 다른 미토콘드리아들이 움직일 때 제자리를 굳건히 지키는 것들도 있다.

그렇다면 미토콘드리아는 왜 이동하는 것일까? 글쎄, 첫째로는 세포 내에서 어떤 일이 벌어지고 있어 에너지가 필요한 장소로 가기 위해서인 듯하다. 에너지는 적확한 때에 적확한 장소에서 적확한 양만큼 생성되어야 하고 이후 상상할 수도 없을 만큼 빠른 속도로 재활용되는데, 여기에도 미토콘드리아가 관여한다. 이동하지 않는 미토콘드리아들은 단백질이 생성되는 기관(리보솜)이나 많은 양의 에너지가 필요한 시냅스 근처와 같이 늘 무언가 일이 진행되고 있는 장소에 머무르는 것으로 보이며, 이는 뇌 기능의 작용 방식과도 관련이 있는 매우 중요한 사실이다. 현미경 너머로 뇌세포를 관찰하던 연구자들은 수십 년 전부터 시냅스가 있는 곳을 확인하려면 미토콘드리아의 위치를 찾으면 된다는 것을 알고 있었다.

미토콘드리아는 신속한 재활용 전문가다. ATP는 인간의 세포에서 에너지 화폐 역할을 한다. 에너지로 활용되고 나면 ATP는 인산기 하나가 제거되어 아데노신이인산^{adenosine diphosphate, ADP}으로 변한다. ADP는 더 이상 에너지 공급을 할 수 없지만 인산기 하나가 다시 더해지면 마치 새것처럼 쓰일 수 있다. 미토콘드리아가 하는 역할이 바로 이것이다. ADP를 가져다가 인산기 하나를 더해 ATP로 되돌린 뒤 세포질 밖에서 이를 필요로 하는 곳으로 옮긴다. ADP 하나를 재활용함으로써 ATP 하나를 새로 공급하는 것이다. 세포의 어느 특정 부분에서 많은 활동이 이뤄지고 있다면 그곳에는 미토콘드리아가 있다. ATP를 공급하려는 목적도 있지만 다 쓰고 난 ADP를 전부 수거해 재활용도 해야 하기 때문이다. 이처럼 미토콘드리아는 일종의 작은 진공청소기처럼 세포 곳곳을 다니며 ADP를 빨아들이고 ATP를 생성한다.

앞서 뇌세포 하나당 매초 수십억 개의 ATP 분자를 사용한다고 했던 것을 기억하는가? 만약 필요한 장소에서 제때 그 많은 ATP를 공급하고 다시 그 많은 ADP를 전부 재활용해야 할 미토콘드리아가 한두 개(혹은 그 이상) 사라진다면 세포는 금방 에너지 부족 사태를 맞아 활동이 느려지거나 아예 멈춰버린다.

그런데 미토콘드리아가 이동하는 데에는 적확한 때에 적확한 장소에 에너지 공급이 이뤄지게 하는 것 이상으로 중요한 이유가 또 있다. 바로 다른 세포 기관들 및 미토콘드리아 개체들과 상호작용하기 위해서다. 이 같은 상호작용은 세포의 거의 모든 기능, 심지어 유전자의 발현에도 결정적인 영향을 미친다.

미토콘드리아의 역할을 보다 알기 쉽게 설명하기 위해서는 먼저 뉴런이 어떻게 작용하는지에 대한 기본적인 정보 몇 가지를 간략하게 짚고 넘어가야 한다. 모든 세포, 특히 뇌세포는 더욱이 복잡한 기능들을 수행하지만 그중에는 미토콘드리아가 직접 조절하는 기본적인 것들도 일부 있다. 일단 이를 잘 이해하고 나면 이후 뇌세포의 각기 다른 기능들을 대사 및 미토콘드리아와 연관 지어 설명해도 쉽게 와닿을 것이다. 정신질환의 모든 증상이 대사 및 미토콘드리아와 어떻게 직접적으로 연관되어 있는지에 대해서는 다음 장에서 자세히 알아보기로 하자.

뉴런에는 안정막전위resting membrane potential라는 것이 있다. 쉽게 말해 세포막 바깥에 비해 세포막 안쪽이 음전위(전위란 전하의 위치에너지를 뜻하는 용어이며, 음전위는 상대적으로 음전하가 집중되어 전위가 낮은 쪽을 가리킨다. 전위의 차이, 즉 전위차가 클수록 음전위의 방향으로 전류가 흐를 동력도 강해진다. – 옮긴이)를 띠고 있는 상태를 뜻한다. 이 전위차는 세포가 기능하는 데 있어서 몹시 중요하다. 세포막전위의 변화는 나트륨, 칼륨, 칼슘을 비롯한 이온들을 세포 안팎 또는 세포 내의 각 구획 사이를 오가게 해주는 이온펌프의 작용으로 생겨난다. 이 펌프들은 모두 에너지를 필요로 한다.

세포들은 발화를 준비하는 과정에서 이온펌프를 수없이 가동한다. 그러다 일단 세포가 발화하면 준비해둔 대로 신경전달물질이나 호르몬을 방출하는 등 주어진 역할을 해내기까지 연쇄작용이 몰아친다. 마치 도미노와 비슷하다. 준비 과정에는 시간과 노력이 들지만 줄줄이 쓰러지게 만드는 것은 그중 하나를 살짝 건드리기만 해도 충분하다. 그렇게 전부 쓰러지고 나면 다시 처음처럼 세우는 작업이 필요하다. 여기에는 더 많은 노력이 필요하다. 세포에서는 이 모든 작업에 필요한 에너지의 대부분을 미토콘드리아가 제공한다.

세포를 켜고 끄는 미토콘드리아

세포가 기능하는 데에는 칼슘의 농도가 중요한 역할을 한다. 세포질 안쪽의 칼슘 농도가 높아지면 온갖 세포활동이 촉발될 수 있다. 칼슘은 여러모로 '켜짐/꺼짐' 스위치와 같다. 농도가 높을 때 세포는 '켜짐' 상태가 된다. 반대로 농도가 낮을 때 세포는 '꺼짐' 상태가 된다. 미토콘드리아는 바로 이 칼슘 농도 조절에 직접적으로 관여한다. 미토콘드리아가 제대로 기능하지 못하게 막으면 칼슘 조절에 지장이 생겨 이 중요한 '켜짐/꺼짐' 스위치에도 문제가 생긴다.[9] 따라서 미토콘드리아는 세포를 켜고 끄는 모든 과정에서 반드시 필요하다. 정리하자면 미토콘드리아는 이온펌프 가동에 필요한 에너지를 공급하며, '켜짐/꺼짐' 신호의 기능을 하는 데 필요한 칼슘 농도를 조절한다.

세포를 켜고 끌 때 **모두** 에너지와 미토콘드리아가 필요하다. 어떻게 보면 역설적인 것 같지만 자동차에 전자식 브레이크 스위치가 있는 경우를 떠올려보면 이해가 될 것이다. 필요한 순간에 브레이크 장치를 강하고 빠르게 작동할 만큼 에너지가 충분하지 않다면 차량은 제어 불능 상태가 되어 교통 흐름에 큰 지장을 초래할 수 있다. 이처럼 대사와 미토콘드리아의 기능 부전으로 인해 세포가 활동을 시작하지 않거나 혹은 멈추지 않는 정반대의 결과가 발생할 수 있다는 사실은 아주 중요하니 반드시 이해하고 있어야 한다. 이 때문에 에너지가 결핍되면 어떤 세포는 지나치게 오랜 시간 동안 활동 상태를 유지하고, 또 어떤 세포는 아예 활동을 시작하지 못하는 것이다. 자세한 설명은 조금 뒤에 이어서 다시 하도록 하자.

세포를 켜고 끄는 일은 아주 중요하다. 이 기능을 이해하면 대부분의 정신질환 증상을 설명하는 데에도 도움이 된다. 미토콘드리아의 역할은 여기서 그치지 않는다. 인간의 건강에서 미토콘드리아가 하는 역할은 최근 거의 모든 의학 분야에서 활발하게 연구가 이뤄지고 있는 주제다. 여기서는 정신 건강과 관련된 미토콘드리아의 중요한 역할 가운데 몇 가지만 살펴보자.

미토콘드리아는 전반적인 대사 조절을 돕는다

2001년, 휴매닌humanin이라는 펩타이드가 대사와 건강에 광범위한 영향을 미친다는 것이 처음으로 보고됐다.[10] 이 펩타이드의 유전정보는 미토콘드리아의 DNA와 핵 DNA 양쪽 모두에 포함되어 있다. 최초로 발견된 것은 알츠하이머병 연구에서였다. 이후 MOTS-c와 SHLP1-6이라는 펩타이드 두 가지가 추가로 발견되어 함께 **미토콘드리아 유래 펩타이드**mitochondrially derived peptide라는 새로운 분자 종류에 속하게 되었다. 이 펩타이드들은 유전정보가 미토콘드리아의 DNA에 있으므로 생성 또한 미토콘드리아에 의해서 이뤄진다. 현재 연구자들은 이들에게 지대한 관심을 가지고 있다. 알츠하이머병, 뇌졸중, 당뇨병, 심근경색, 특정 유형의 암과 같은 질병에 이로운 효과를 보였기 때문이다. 게다가 대사, 세포의 생존, 염증에도 광범위한 영향을 미치는 것으로 확인됐다.[11] 이러한 펩타이드들이 존재한다는 사실은 다시 말해 미토콘드리아들이 신체 전반의 대사를 조절하기 위해 펩타이드 신호로 서로 정보를 주고받을 수 있음을 시사한다.

미토콘드리아는 신경전달물질의 생성과 조절을 돕는다

신경전달물질은 예전부터 지금까지 정신 건강 분야의 주요 관심사다. 미토콘드리아는 이 물질의 생성과 분비를 비롯해 전반적인 조절에도 결정적인 역할을 하는 것으로 밝혀졌다.

뉴런은 보통 한 가지 신경전달물질을 생성하는 데에 특화되어 있다. 어떤 뉴런들은 주로 세로토닌 생성을 담당한다. 어떤 뉴런들은 도파민을 생성한다. 신경전달물질 생성 과정에는 에너지와 재료들이 필요하다. 미토콘드리아는 이 둘을 다 제공한다. 그러다 보니 아세틸콜린, 글루타메이트, 노르에피네프린, 도파민, GABA, 세로토닌 생성에 직접적인 영향을 미친다.[12] 신경전달물질은 생성되면 나중에 사용될 때까지 소낭vesicle이라는 작은 주머니에 저장된다. 신경전달물질들로 가득 찬 소낭은 축삭(뉴런에서 전기 신호를 말단까지 전달하는 긴 신경섬유 - 옮긴이)을 따라 이동해 최종적으로 방출될 장소로 이동한다. 여기에도 에너지가 소요된다. 신경전달물질의 방출 신호는 앞서 설명한 안정막전위와 칼슘 농도에 따라 보내진다. 신호가 오면 실제로 신경전달물질을 방출할 때 다시 한 번 에너지가 쓰인다. 흥미롭게도 신경전달물질이 한 지점에서 방출되고 나면 새로운 신경전달물질 묶음을 방출하기 위해 미토콘드리아가 세포막의 또 다른 위치로 이동한다.[13] 그렇게 방출된 신경전달물질은 신경이든 근육이든 선세포든, 표적이 되는 조직에 작용해 효과를 발휘한다. 이후에는 표적세포의 수용체로부터 떨어져 나와 시냅스전세포의 축삭종말(시냅스에 닿아 있는 축삭 말단 부분 - 옮긴이)로 다시 흡수되는데(이 과정을 재흡수reuptake라고 한다), 이제 여러분도 예상하다시피 이 과정에서도 에너지가 쓰인다. 재흡수된 신경전달물질은 다시 소낭 안에 저장되어 또 한

번 에너지를 사용해 다음 활동이 일어날 때까지 대기한다.

미토콘드리아는 보통 시냅스에 대규모로 포진해 있다. 어떤 이유로든 미토콘드리아가 시냅스까지 도달하지 못한다면 아무리 ATP가 있어도 신경전달물질은 방출되지 않는다.[14] 아울러 미토콘드리아가 제대로 기능하지 않는 상태에서는 신경전달물질들의 균형이 깨질 수 있다. 신경전달물질은 신경세포들이 서로 정보를 주고받는 중요한 수단이므로 신경전달물질의 불균형은 정상적인 뇌 기능을 저해한다.

신경전달물질 조절에서 미토콘드리아의 역할은 단순히 합성, 방출, 재흡수만이 아니다. 미토콘드리아에는 일부 신경전달물질에 대응하는 수용체가 자체적으로 갖춰져 있는데, 이는 미토콘드리아와 신경전달물질 사이에 일종의 피드백 순환 고리feedback loop가 있음을 나타낸다. 또한 미토콘드리아는 신경전달물질의 분해에 관여하는 모노아민산화효소와 같은 일부 효소 물질도 가지고 있다. 게다가 GABA의 방출을 조절하는 데 관여할 뿐만 아니라 내부에 직접 GABA를 저장하기도 한다.[15] 마지막으로 몇몇 신경전달물질은 미토콘드리아의 기능, 생성, 성장을 조절하는 것으로 알려져 있다. 즉, 신경전달물질도 세포 간의 전령으로서 우리의 기분에 영향을 미치는 것 외에도 명백히 하는 일이 있다. 대사와 미토콘드리아의 조절에서 핵심적인 역할을 맡고 있는데, 이 부분은 뒤에서 더 자세히 알아보기로 하자.

미토콘드리아는 면역체계 기능의 조절을 돕는다

미토콘드리아는 면역체계 기능에도 매우 중요한 역할을 한다.[16] 여기에는 바이러스와 박테리아에 맞서 싸우는 일에 더해, 대사장애와 정신장애 대부분에서 일정 수준 관찰되는 저강도의 염증에 대응하는 일도 포함된다. 미토콘드리아는 면역세포가 면역 수용체로부터 들어오는 정보에 어떻게 반응할 것인지 조절하는 데에도 도움을 준다. 게다가 세포는 고도로 스트레스를 받으면 흔히 미토콘드리아의 구성 성분들을 방출하는데, 이는 곧 체내 다른 영역들에 위험 신호로 작용해 그에 따라 만성적인 저강도의 염증을 활성화하게 만든다.[17]

한 연구에서는 상처를 치유하기 위한 복잡한 수복 과정에서 대식세포macrophage라고 불리는 특정 유형의 면역세포가 맡은 일들을 어떻게 조율하는지 살펴봤다. 대식세포는 치유의 단계마다 각기 다른 일을 한다. 그러나 그전까지만 해도 대식세포가 언제, 어떻게 이 단계의 변화를 알아차리는지는 알려지지 않았다. 그러다 이 연구에서 바로 미토콘드리아가 이 과정을 구체적으로 통제하고 있다는 사실이 밝혀졌다.[18]

미토콘드리아는 스트레스 반응의 조절을 돕는다

이제는 미토콘드리아가 인체의 스트레스 반응을 통제하고 조율하는 데 도움을 준다는 사실을 다들 알고 있다. 여기에는 신체적인 스트레스와 정신적인 스트레스 모두 포함된다. 신체적인 스트레스원으로는 굶주림, 감염, 산소 부족 등이 있다. 정신적인 스트레스는 (앞장에서 이야기했듯이) 위협을 느끼게 하거나 시련을 주는 모든 대상을 들 수 있다.

세포는 물리적으로 스트레스를 받으면 통합 스트레스 반응integrated stress response을 가동한다. 이는 대사와 유전자 발현의 변화를 비롯해 온갖 적응 기제를 통해 자신이 처한 역경에 적응하고 생존하기 위해 세포들이 보이는 조직적인 노력이다. 한편 많은 연구에서 미토콘드리아의 스트레스도 그 자체만으로도 통합 스트레스 반응을 이끌어낼 수 있음을 보여줬다.[19] 만약 세포가 이 스트레스를 감당하지 못한다면 일어나는 일은 둘 중 하나다. **세포자살**apoptosis이라는 과정을 통해 스스로 사멸하거나, 노화나 암 등 여러 건강 문제와 연관된 **세포노쇠**senescence라는 '좀비' 같은 상태에 접어든다.

최근까지만 해도 다양한 양상의 심리적인 스트레스 반응들이 어떻게 신체와 뇌에서 전부 조율됐는지 알려진 바가 없었다. 그런데 여기에서도 미토콘드리아가 결정적인 역할을 한다는 사실이 밝혀졌다! 이를 입증한 것은 마틴 피카드Martin Picard 박사와 동료들의 훌륭한 연구로, 〈미토콘드리아의 기능은 급성 심리적 스트레스에 대한 신경내분비, 대사, 염증, 전사transcription(DNA의 유전 정보로 RNA를 합성하는 과정 – 옮긴이) 반응을 조절한다〉라는 제목에 모든 핵심이 담겨 있다.[20] 피카드 연구팀은 쥐의 미토콘드리아를 유전적으로 조작한 뒤 이러한 변화가 쥐의 스트레스 반응에 어떤 영향을 미치는지 살펴봤다. 연구진이 조작한 유전자는 딱 네 가지였는데, 그중 둘은 미토콘드리아 내에 위치했으며, 나머지 둘은 세포핵 내에 있지만 미토콘드리아에서만 사용되는 단백질을 부호화한 것들이었다. 각각의 유전자 조작은 미토콘드리아의 제각기 다른 기능에 문제를 불러일으켰다. 겨우 네 가지 유전자만 조작했을 뿐인데도 모든 스트레스 반응 요인에 영향이 나타났다. 여기에는 코르티솔 농도, 교감신경계, 아드레날린 농도, 염증, 대사 지표, 해마에서의 유전자 발현 등의 변화가 포함됐다. 이에 연구진은 이 모든 스트레스 반응을 통제하는 데에 미토콘드리아가 직접적으로 관여하고 있으며 미토콘드리아가 제대로 기능하지 않을 시에는 스트레스 반응에 변화가 일어난다고 결론지었다.

미토콘드리아는 호르몬의 생성 및 분비와 이에 대한 반응에 관여한다

미토콘드리아는 호르몬의 조절에도 핵심적인 역할을 한다. 호르몬을 생성하는 세포들은 상대적으로 많은 에너지가 필요하다. 신경전달물질과 마찬가지로 세포들은 호르몬을 합성하고, 소낭에 저장하고, 방출한다. 이 모든 과정에서 다량의 ATP가 소요되며, 미토콘드리아가 이를 제공한다.

코르티솔, 에스트로겐, 테스토스테론과 같은 일부 호르몬에서 미토콘드리아의 역할이 특히나 더 중요하다. 이러한 호르몬들의 생성에 발단이 되는 효소가 오직 미토콘드리아에서만 나오기 때문이다. 즉, 미토콘드리아가 없다면 이 호르몬들은 생성되지 않는다. 여기서 끝이 아니다. 또 다른 세포 안의 미토콘드리아가 이 호르몬들의 수용체를 가지고 있는 경우가 있다. 그러니까 다시 말해서 이 호르몬들의 시작을 담당하는 것도 어떤 유형의 세포 내 미토콘드리아고, 끝을 담당하는 것도 또 다른 유형의 세포 내 미토콘드리아인 것이다.

미토콘드리아는 활성산소종의 생성과 제거를 돕는다

미토콘드리아는 탄수화물, 지방, 단백질 등의 연료를 태운다. 연료를 태우는 과정에서는 때로 노폐물이 생긴다. 미토콘드리아가 연료를 태울 때면 전자전달계를 따라 전자가 이동한다. 이 전자가 보통 ATP나 열을 만들 때 사용되는 에너지의 원천이다. 그런데 간혹 이 전자가 평소의 이동 경로에서 이탈해 체계 밖으로 새어나가는 경우가 발생한다. 이때 **활성산소종**reactive oxygen species, ROS이 형성된다.[21] 활성산소종에는 초과산화물 음이온($O_2{}^-$)superoxide anion, 과산화수소(H_2O_2), 수산화라디칼($\cdot OH$)hydroxyl radical, 유기과산화물organic peroxide과 같은 분자들이 있다. 한때 연구자들은 활성산소종을 단순히 독성을 띤 노폐물이라고 여겼다. 하지만 이제는 소량의 활성산소종이 오히려 세포 내에서 유용한 신호 처리 기능을 수행한다는 사실이 알려졌다. 일례로 2016년에 《네이처》에 발표된 한 연구에서는 활성산소종이 대략적인 대사율을 측정할 수 있는 지표인 열의 발생 및 에너지 소비를 조절하는 데 있어 핵심적인 역할을 한다는 것을 발견했다.[22] 하지만 과량의 활성산소종은 **분명** 독성을 띠며 염증을 유발한다.[23] 여러분은 어쩌면 **산화 스트레스**oxidative stress라는 용어를 들어봤을지 모르겠다. 이것이 바로 활성산소종의 독성을 의미한다. 활성산소종은 미토콘드리아와 세포에 손상을 일으키는 것으로 알려져 있다. 노화나 다양한 질병과도 연관되어 있다. 미토콘드리아 내에서 생성되는데다가 화학적 반응성이 몹시 높다 보니 활성산소종은 보통 미토콘드리아에 가장 먼저 손상을 입힌다. 특히 미토콘드리아의 DNA는 별도의 보호를 받고 있지 않으므로 과량의 활성산소종은 미토콘드리아의 DNA에 돌연변이를 일으킨다. 또한 미토콘드리아의 조직 자체에도 손상을 입힌다. 그러다 미토콘드리아 밖으로 새어나가면 그때부터는 세포의 다양한 부위를 손상시키는 것이다.

그런가 하면 미토콘드리아는 활성산소종의 청소부 역할도 한다. 활성산소종을 생성할 뿐만 아니라 정교한 효소 체계와 여러 요인을 통해 활성산소종의 독성을 없애고 일부는 직접 제거하기도 한다.[24] 세포에는 이 외에도 다른 항산화 체계가 있지만 그래도 미토콘드리아의 역할이 크다. 이 같은

2부 · 밝혀진 연결고리, 뇌 에너지 이론

해독 체계가 제대로 작동하지 않을 경우, 활성산소종 노폐물이 쌓여 손상을 초래할 수 있다. 그렇게 되면 세포의 기능부전으로 노화, 세포의 사멸, 질병 등이 발생한다.

미토콘드리아는 자신의 형태를 바꿀 수 있다

미토콘드리아는 다양한 환경 요인에 대응해 자신의 형태를 변화시킨다. 어떤 경우에는 가늘고 긴 형태를 띤다. 또 어떤 때는 짧고 뚱뚱하다. 때로는 둥근 모양을 하고 있다. 이에 더해 미토콘드리아는 서로 심오한 방식으로 상호작용한다. 가령 **융합**fusion이라는 과정을 통해 여럿이 뭉쳐 하나의 미토콘드리온을 형성한다. 반대로 **분열**fission을 통해 둘로 나뉠 수도 있다. 이러한 형태 변화는 세포가 기능하는 데 있어 매우 중요하다. 이를테면 2013년, 《셀Cell》에 게재된 두 편의 연구는 미토콘드리아가 서로 융합하는 과정이 지방의 축적, 섭식행동, 비만에 지대한 영향을 미친다는 사실을 보여줬다.[25] 미토콘드리아의 형태 변화 및 융합은 전신에 영향을 줄 수 있는 신호를 생성하는 것으로 보인다. 미토콘드리아의 이 같은 활동에 지장이 생기면 단지 해당 세포에서만 이상이 발생하는 것이 아니라 몸 전체에서 대사 문제가 뒤따르기도 한다.

미토콘드리아는 유전자 발현에 주요한 역할을 수행한다

인간의 유전체genome는 핵 DNA에 있다. 그리고 이는 다시 세포핵 안에 담겨 있다. 연구자들은 한때 유전자가 인체의 모든 것을 통제한다고 생각했다. 세포핵이 세포의 통제 센터라고 상정했다. 하지만 이제는 유전자 자체보다는 특정 유전자를 발현시키거나 억제하는 요인들이 더 중요하다고 알려져 있다. 이를 연구하는 분야가 바로 **후생유전학**epigenetics(DNA의 염기서열 변화 없이 환경에 의해 발현한 특정 형질이 유전되는 현상을 연구하는 학문 분야-옮긴이)이다.

미토콘드리아는 이 후생유전의 조절에 주요한 역할을 담당한다. 몇 가지 경로를 통해 핵 DNA에 신호를 보내는 것이다. 이를 가리켜 **역행 반응**retrograde response이라고도 한다.

일찍이 ATP와 ADP의 비율, 활성산소종의 농도, 칼슘 농도 모두 유전자의 발현에 영향을 준다는 사실이 알려져 있었다. 여러분도 이제 알다시피 이는 모두 미토콘드리아의 기능과 직접적으로 관련이 있다. 하지만 동시에 전반적인 세포의 건강과 기능 상태를 나타내는 지표이기도 하다 보니 누구도 이를 주의 깊게 살펴보지 않았다. 미토콘드리아가 세포핵 속의 유전자 발현을 직접적으로 통제하는 수단이라고는 더더욱 생각지 않았다.

그러다 2002년, 후생유전의 중요한 요인인 히스톤 H1histone H1이라는 핵단백질의 수송에 미토콘드리아가 반드시 필요하다는 사실이 밝혀졌다.[26] 유전자 발현의 조절을 돕는 이 단백질은 세포질에서 세포핵으로 옮겨지는데, 이 과정에서 당연히 ATP가 소요된다. 그런데 연구 결과, ATP만으로는 충분하지 않았다. 반드시 미토콘드리아가 있어야 수송이 일어났던 것이다. 다시 말해 미토콘드리아 없이는 히스톤 H1이 세포핵으로 수송되지 않는다.

2013년에는 미토콘드리아가 생성한 활성산소종이 후생유전적으로 세포핵 내의 유전자 발현을 조절하는 히스톤 탈메틸효소 Rph1phistone demethylase Rph1p라는 효소를 직접 비활성화시킨다는 것이 발견됐다.[27] 이러한 과정은 이스트의 수명을 연장하는 역할을 한다고 밝혀졌으며, 인체에도 어떤 영향을 미칠 가능성이 있다고 여겨졌다.

2018년에는 유전자 발현에 미토콘드리아가 훨씬 더 많은 역할을 한다는 사실을 보여준 연구가 두 편 추가됐다. 첫 번째는 분자생물학자 마리아 다프네 카다몬Maria Dafne Cardamone과 동료들의 연구로, 미토콘드리아가 대사 스트레스에 대한 반응으로 GPS2라는 단백질을 방출한다는 사실을 보고했다.[28] 대사 스트레스를 유발하는 요인은 다양한데, 굶주림도 그중 하나다. 미토콘드리아에 의해 방출되고 나면 GPS2는 세포핵으로 진입해 미토콘드리아의 생합성biogenesis 및 대사 스트레스와 관련된 유전자들을 조절하는 역할을 수행한다.

한편 김경화 박사 연구팀은 미토콘드리아의 DNA에 의해 생성되어 유전자 발현에 중요한 역할을 하는 또 다른 미토콘드리아 유래 단백질인 MOTS-c를 발견했다.[29] 이는 누구도 예상치 못한 결과였다. 고작 20여 년 전만 해도 모두가 미토콘드리아 DNA는 그저 ATP 생성에 필요한 기구라고만 여겼기 때문이다. MOTS-c 또한 대사 스트레스에 대한 반응으로 미토콘드리아 내에서 생성된다. 이후에는 세포핵으로 이동해 핵 DNA와 결합한다. 이는 스트레스 반응, 대사, 항산화 효과 등과 관련된 광범위한 유전자의 조절을 초래한다.

마지막으로 가장 극적인 연구는 세포의 돌연변이를 통해 미토콘드리아에 인위적으로 조작을 가함으로써, 기능부전이 발생한 미토콘드리아의 수가 증가할수록 후생유전적 문제와 변화가 더 많이 일어난다는 사실을 실험적으로 입증한 마틴 피카드 박사 연구팀의 결과다.[30] 미토콘드리아 기능부전에 따른 후생유전적 변화들은 해당 세포 내에서 발현한 거의 모든 유전자에서 나타났다. 궁극적으로 대부분의 미토콘드리아가 기능부전 상태에 이른 경우에는 세포가 사멸했다. 이 연구는 미토콘드리아가 에너지 대사와 관련된 유전자뿐만 아니라 모든 유전자의 발현에 관여하고 있을 가능성이 높다는 증거를 제시했다.

미토콘드리아는 증식할 수 있다

적합한 상황이 되면 세포는 **미토콘드리아 생합성**이라는 과정을 통해 미토콘드리아를 더 많이 생성한다. 그 결과 어떤 세포 안에서는 미토콘드리아의 수가 아주 많아질 수 있다. 이 같은 세포들은 더 많은 에너지를 생성할 수 있으므로 능률이 높아진다. 따라서 세포는 건강한 미토콘드리아를 많이 가지고 있을수록 건강하다는 것이 정설로 여겨진다. 미토콘드리아의 수는 나이가 들수록 감소한다고 알려져 있는데 여러 질병에 의해서도 그 수가 줄어들곤 한다. 반면 육상선수처럼 운동으로 다져져 몸이 '탄탄한' 사람들은 남들보다 미토콘드리아가 훨씬 많고 건강하다.

미토콘드리아는 세포의 성장과 분화에 관여한다

세포의 성장과 분화는 아직 유형과 기능이 특화되기 전인 일반 줄기세포가 특정 기능을 지닌 세포로 변화해가는 복합적인 과정이다. 분화differentiation란 한 세포가 다른 세포와 다르게 성장해 특화된 역할을 맡는 것을 의미한다. 어떤 줄기세포는 심장세포로 분화한다. 또 어떤 것들은 뇌세포가 된다. 더욱이 뇌 안에서도 세포의 유형에 따라 수행하는 역할이 다양하다. 뇌세포는 살아가는 동안 계속해서 변화한다. 일부는 새로운 시냅스를 형성하고 일부는 불필요한 부분을 가지치기한다. 일부는 필요한 경우 성장하고 세력을 확장한다. 이를 **신경가소성**neuroplasticity이라고 한다.

이 같은 성장과 분화 과정이 일어나기 위해서는 적확한 때에 적확한 세포에서 특정 유전자가 활성화되어야 한다. 여기에는 수많은 신호 체계가 관여한다. 아울러 새로운 세포를 구성하는 데 필요한 재료들의 생성과 이에 요구되는 에너지양의 균형을 유지하는 것도 중요하다.

미토콘드리아가 세포의 성장과 분화에 반드시 필요하다는 사실은 오래전부터 알려져 있었다. 다만 많은 연구자들이 세포가 성장하고 분화하는 데에 에너지가 소요되므로 그저 발전소로서의 기능 때문에 미토콘드리아가 필요하다고 여겼다. 그런데 최근 연구 결과는 미토콘드리아가 이보다 훨씬 능동적인 역할을 수행하고 있음을 강력하게 시사한다. 칼슘 농도 조절을 비롯해 미토콘드리아가 관여하는 여러 신호 체계가 세포의 성장 및 분화 과정에 꼭 필요한 것이다.[31] 이를테면 미토콘드리아 간의 융합은 세포핵 안의 유전자를 활성화하라는 신호를 보내는 듯하다. 미토콘드리아의 융합을 방해하면 세포들은 올바르게 발달하지 못한다.[32] 또 다른 연구는 미토콘드리아의 성장과 성숙이 세포가 제대로 분화하기 위한 필수 요건이라는 사실을 보여줬다.[33] 그런가 하면 뇌세포의 발달에서 미토콘드리아가 직접적이고 핵심이 되는 역할을 한다는 것을 보여준 연구도 있다.[34] 요컨대 미토콘드리아가 제대로 기능하지 않으면 세포는 정상적으로 발달하지 않는다.

미토콘드리아는 기존 세포들의 유지·보수를 돕는다

6장에서 **자가포식**과 세포 유지·보수에 관해 했던 이야기를 떠올려 보자. 미토콘드리아가 이 과정에도 직접적으로 관여한다는 사실이 밝혀졌다. 활성산소종을 비롯한 다양한 대사 요인들과 같이 자가포식에 핵심적인 역할을 하는 여러 신호를 발생시키는 것이다. 또한 리소좀 등 이 과정에 관여하는 세포의 다른 부분들과도 상호작용한다. 물론 유지·보수에 필요한 에너지와 구성 재료들을 제공하는 역할도 수행한다.

미토콘드리아는 **미토파지**^mitophagy라고 알려진 과정을 통해 제대로 기능하지 못하는 미토콘드리아는 제거하고 건강한 미토콘드리아로 대체하며 세포의 자가포식과 복잡한 피드백 순환 고리를 이루는 것으로 보인다. 이 속에서 미토콘드리아가 자가포식의 수혜를 입을 수도 있지만 동시에 세포 전체의 좀 더 광범위한 자가포식을 촉진하는 역할도 한다.[35]

미토콘드리아는 나이 들고 손상된 세포를 제거한다

세포들은 매일 죽는다. 세포의 사멸에는 크게 두 가지 유형이 있는데, 바로 **괴사**^necrosis와 **세포자살**이다. 괴사는 심근경색이 발병했을 때 심장세포가 죽는 것처럼 갑작스럽게 죽임을 당하는 경우다. 괴사는 좋지 않다. 반면 세포자살은 나이 들고 손상된 세포에게서 일어난다. 흔히 **프로그램된 세포의 사멸**^programmed cell death이라고 칭할 만큼 사전에 계획된 과정으로, 죽으라는 명령 신호 자체가 해당 세포 내에서 발생한다. 전반적으로 세포자살은 인간의 건강과 생존에 매우 좋다고 여겨진다. 나이 든 세포를 새로운 세포로 대체하기 때문이다. 방치할 경우 암으로 발전할 가능성이 있는 손상된 세포들을 제거하기도 한다. 인간의 몸에서는 하루에 평균적으로 백억 개가량의 세포가 죽고 새로운 세포로 대체된다.[36]

한때는 세포핵 내의 유전자들이 세포자살을 통제한다고 여겨졌다. 하지만 현재까지 밝혀진 바에 따르면 이 추측은 틀렸다. 세포자살을 통제하는 것은 사실 미토콘드리아다. 미토콘드리아는 심한 스트레스를 경험하고 활성산소종이 다량 축적되면 서서히 분해되기 시작한다. 이때 미토콘드리아에서는 사이토크롬c[cytochrome c]라는 단백질이 방출되어 일명 '살해 효소[killing enzyme]'로 불리는 **카스파제**[caspase]를 활성화한다. 이 효소는 세포가 결국 죽을 때까지 세포 내 모든 부분을 분해한다. 이렇게 분해된 세포의 잔해 가운데 다수는 재활용된다.

자가포식과 세포자살은 서로 어느 정도 연관이 있지만 엄연히 다른 과정이다. 자가포식은 보통 세포가 살아 있는 상태에서 세포 내의 손상된 부분들을 수복하고 새롭게 대체하는 과정이다. 이와 달리 세포자살은 세포 자체가 완전히 죽음을 맞이한다. 그렇지만 두 과정 모두 인간이 건강하고 오래 살기 위해 꼭 필요하며, 미토콘드리아는 두 과정에서 주요한 역할을 수행한다.

세포의 사멸에는 이 외에도 많은 유형이 있지만 이 책의 핵심에서 벗어나는 내용이므로 더 이상 깊이 설명하지는 않겠다. 별도로 이 모든 유형을 미토콘드리아의 기능과 연관지어 살펴본 개관논문도 있으니 관심 있다면 읽어보기를 추천한다.[37]

세포 속 일꾼 미토콘드리아

변화는 힘들다. 기존의 이론 모형이나 관행, 개념적 틀을 바꾸기란 몹시 어렵다. 그런데 만약 세포의 통제에 관한 기존의 관념들이 모두 틀렸다면 어떻게 해야 할까?

다시 앞에서 이야기했던, 각 세포가 꽉 막힌 도로 위 혹은 거대한 도시 속 한 대의 자동차와 같다는 비유로 돌아가보자. 차 안을 들여다보면 수많은 운전자가 앉아 있다. 이 운전자가 모두 미토콘드리아다. 이쯤에서는 비유를 바꿔 세포 내부를 공장이라고 가정해보는 편이 더 이해하기 쉬울 것이다. 공장은 포도당, 아미노산, 산소 등의 물자를 제공받아 맡은 기능을 수행한다. 어떤 공장은 신경전달물질을 생성한다. 또 어떤 공장은 호르몬을 생성한다. 어떤 공장은 근육세포로서 신체가 움직이게 만든다. 미토콘드리아는 이 공장들 내부의 일꾼이다(일꾼에 대한 비유는 닉 레인의 책에서도 쓰였다).[38] 이 일꾼들에게는 다양한 역할과 과제가 주어진다. 일부는 호르몬이나 신경전달물질의 생성과 방출을 돕는다. 일부는 활성산소종이나 기타 쓰레기를 치우는 청소 일을 돕는다. 일부는 유전자를 켜고 끄는 신호를 보냄으로써 세포핵과의 의사소통을 보조하고 칼슘과 활성산소종의 농도 조절을 비롯한 세포 내의 중요한 신호 체계를 관장한다. 또한 다른 개체와 융합하고, 세포 안을 이리저리 돌아다니고, 코르티솔 등의 호르몬이나 미토콘드리아 유래 펩타이드와 같은 경로를 통해 다른 세포의 미토콘드리아와 정보를 주고받으며 함께 열심히 일한다. 물론 공장이 돌아가기 위해 필요한 대부분의 에너지(즉, ATP)도 제공한다. 한 세포 내의 일꾼들이 제대로 일을 하지 않으면 같

2부 · 밝혀진 연결고리, 뇌 에너지 이론

은 세포 내의 다른 일꾼들뿐만 아니라 다른 세포의 일꾼들에게까지 영향을 미칠 수 있다.

　세포 내 미토콘드리아의 역할과 관련해 지난 20년 동안 보고된 새로운 증거들은 상당수가 몹시 놀랍고 전혀 예상치 못한 것들이었다. 미토콘드리아가 일상적으로나 세포의 성장 및 분화 과정에서 세포핵 안의 유전자 조절을 통제할 수 있다는 것은 대부분 생각조차 못 한 사실이다. 소포체나 리소좀과 같은 다른 세포 기관들과 상호작용하고 이들을 직접 조절한다는 것 또한 뜻밖이다. 미토콘드리아는 비교적 중요성이 덜하고 아주 작은 한낱 ATP 공장에 불과하다는 것이 일반적인 인식이었다. 심지어 '꼬마 건전지'로까지 묘사됐을 정도다. 지금도 여전히 많은 연구자가 이러한 시각을 견지하고 있다.

　수백 년 동안 연구자들은 세포가 어떻게 작용하는지 밝히기 위해 애썼다. 그리고 최근까지만 해도 세포의 큰 기관들에 주로 집중하며 작디작은 미토콘드리아는 대체로 외면해왔다. 아직까지 선망의 대상인 인간의 유전체를 품고 있는 세포핵을 통제 센터로 보는 사람들도 많다. 그런가 하면 일각에서는 세포막 밖에서 일어나는 일들에 초점을 맞춰 세포막에 있는 다양한 수용체의 중요성을 더 높이 평가한다. 이에 세포에게 여러 가지 일을 하게 만드는 신경전달물질이나 호르몬 연구에 치중한다. 그런데 만약 이 두 가지 관점 모두 부분적으로는 옳지만, 사실 그 뒤에 숨은 진짜는 우리의 일꾼 미토콘드리아라면 어떨까? 세포의 기능에 그토록 다양한 측면에서 중요한 역할을 수행한다는 사실을 고려하면 미토콘드리아가 세포의 작용 방식에 대한 진짜 해답일 가능성이 있지 않을까? 오히려 다른 모든 세포 기관이 그저 미토콘드리아가 세포 내에서 다양한 일을 수행하는 데 이용하는 거대한 기계나 저장소에 불과하다면? 세포핵은 미토콘드리아가 필요할 때 사용하기 위해 단순히 DNA라는 세포의 청사진을 보관만 해두는 대형 저장소일 수도 있지 않을까? 어쩌면 다른 세포 기관들도 미토콘드리아가 목적에 따라 가동하는 단백질 생성 기계(리보솜)나 폐기물 처리 기계(리소좀)인 것은 아닐까? 어쨌든 세포 내에서 이곳저곳 이동하고 다른 개체, 그리고 모든 세포 기관과 상호작용하는 존재는 미토콘드리아가 유일하다. 세포 내에 최초로 자리 잡은 것도 미토콘드리아다. 최초의 세포 기관인 것이다. 또한 한때는 독립적으로 살아 움직이던 유기체이기도 하다. 이 모든 근거로 미루어 볼 때 이러한 가능성을 배제할 수 없다.

물론 그렇다고 해서 미토콘드리아에도 뇌가 있어서 이 모든 기능을 독자적인 의사결정에 따라 수행한다고 주장하는 것은 아님을 분명히 해둔다. 그보다는 미토콘드리아가 마치 작은 로봇 일꾼처럼 프로그램된 대로 착실히 일을 수행하고 있다는 말을 하고 싶다. 미토콘드리아는 오랜 기간 인간의 세포에서 일해온 충실한 사용인이다. 그렇지만 우리가 미처 수고를 인식하고 고마움을 느끼지 못하는 여타 많은 사용인이나 일꾼들처럼 미토콘드리아가 맡아서 해내고 있는 그 많은 일을 조금은 더 존중하고 알아줄 필요가 있을지 모른다.

여러분이 이 같은 비유에 마음이 움직이든 혹은 미토콘드리아를 그저 작은 건전지에 불과하다고 보는 입장을 고수하든, 한 가지 사실만은 아주 명확하며 반론의 여지가 없다. 미토콘드리아가 기능하지 않으면 인간의 몸이나 뇌도 기능하지 못한다.

8

미토콘드리아와
뇌 에너지 불균형

7장에서 우리는 미토콘드리아의 인상적인 활약상을 개괄적으로 살펴봤다. 미토콘드리아의 기능은 인체의 모든 세포에 영향을 미친다. 세포의 기능, 신경전달물질, 호르몬, 염증, 면역체계 기능, 유전자 발현 조절, 세포의 발달과 유지·보수와 건강관리 등의 측면에 모두 관여한 결과, 미토콘드리아는 몸과 뇌 전반에 광범위한 영향력을 행사하게 되었다. 미토콘드리아는 세포와 대사를 제어하는 운전자다. 인체라는 공장이 제 기능을 하게 만드는 일꾼이다.

하지만 그래도 여전히 의문이 남는다. 미토콘드리아로 인한 대사 문제가 정신장애와 정말 관련되어 있는지, 그렇다면 어떤 식으로 연관된 것인지 뒷받침하는 근거는 있는 것일까?

그렇다! 대사 문제와 정신질환을 연결 짓는 근거는 매우 많다.

5장에서 이야기했듯이 임상의나 연구자들은 정신장애가 당뇨병과 같은 대사장애와 관련 있는 것처럼 보인다는 사실을 백 년도 더 전부터 알고 있었다. 비만, 당뇨병, 심혈관계질환 등이 아직 발병하지 않은 정신장애 환자들에게서 대사의 이상 징후를 직접적으로 발견하기 시작한 시점은 최소한 1950년대까지 거슬러 올라간다. 이상이 발견된 대사의 지표로는 ATP 농도, 산화환원 지표(활성산소종과 같은 산화물과 항산화물질 사이의 균형), 호르몬, 신경전달물질, 젖산(대사 스트레스를 나타내는 지표) 등이 있다. 1980년대에는 공황장애 환자의 정맥에 젖산을 주입하면 보통 즉각적인 공황발작을 촉발한다는 사실이 발견됐다.[1] 앞서 설명했다시피 적어도 일부 환자의 경우에는 코르티솔 조절 문제도 정신질환에 영향을 미치는데, 코르티솔도 대사 호르몬의 일종이다.

뇌 영상 연구들은 정신질환 환자들이 뇌의 대사에서 비환자들과 차이를 보인다는 증거를 산더미처럼 제시했다. fMRI와 근적외선 분광법near-infrared spectroscopic imaging, NIRSI은 신경 활동과 관련된 대뇌 혈류의 국지적인 변화를 측정해 대사와 뇌 활동 자체를 간접적으로 알아낼 수 있다. 양전자방출단층촬영positron emission tomography, PET, 혈중 산소 농도 의존 영상기법blood-oxygen-level-dependent imaging, BOLD, 단일광자 방출 컴퓨터단층촬영single-photon emission computed tomography, SPECT은 각각 포도당이나 산소 혹은 정맥에 주입한 방사성 분자의 농도를 추적하는 등 모두 대사의 측정치들을 분석한다. 이러한 영상 연구들이 뇌에서 일어나는 대사를 측정하는 이유는 대사가 뇌 활동을 나타내는 지표이기 때문이다. 뉴런은 활동 시 평소보다 많은 에너지를 필요로 하지만 안정 상태에 있을 때는 상대적으로 에너지를 덜 쓴다.

이러한 연구들은 무수히 많은 데이터를 바탕으로 건강한 대조군과 비교해 정신장애 환자들의 뇌에서 나타나는 차이를 보여줬다. 정신질환 환자들의 뇌에서 일부 영역은 과활성화됐고, 또 어떤 영역은 저활성화됐다. 최근에는 특정 기능을 수행하기 위해 어느 영역들이 정보를 주고받는지 규명하고자 둘 이상의 뇌 영역 간의 상호작용을 탐구하는 **기능적 뇌 연결성**functional brain connectivity 연구가 이뤄지고 있다. 하지만 이 모든 접근법으로 아무리 연구를 진행해도 이질성 및 비일관적인 결과는 여전히 쉽사리 풀리지 않는 문제로 남았다. 못 믿겠다면 미국정신의학회에서 2018년에 발행한 〈뇌 영상 기법 자료집Resource Document on Neuroimaging〉을 보자. "현재로서는 정신의학의 모든 진단 유형에 임상적으로 활용 가능한 뇌 영상 생체지표는 단 한 개도 없다"는 것이 공식적인 결론이다.[2]

그런데 뇌 영상 연구를 해온 연구자들은 수십 년 전부터 이미 정신질환 환자들의 뇌에서 일어나는 대사가 비환자들과 차이가 있다는 사실을 알고 있었다. 따라서 이들에게는 일견 이 책에서 제시하는 뇌 에너지 이론이 전혀 새롭지 않을 수 있다. "당연히 정신질환은 대사와 관련이 있지! 밝혀진 지가 언젠데! 생명 활동에서 대사를 빼놓고 이야기할 수 있는 게 뭐가 있다고. 대체 뭐가 새롭다는 거야?"라며 말이다.

여러분도 곧 이해하게 되겠지만 이 이론에는 분명 새로운 점이 있다. 아니, 그냥 새로운 정도가 아니라 혁명적이다. 위와 같은 연구자들은 대사와 뇌의 작용 방식이 내포한 복잡성에 짓눌려 방향성을 잃은 채, 대체 무엇이 어떤 뇌 영역을 과활성화시키고 또 어떤 뇌 영역을 저활성화시키는지 밝히는 일에만 집중하느라 정작 대사의 큰 그림은 보지 못하고 있다. 더욱이 이 모든 과정에서 미토콘드리아가 수행하는 역할을 간과하고 있다. 한 발 뒤로 물러나 더 큰 그림(이 큰 그림이라는 것이 사실은 현미경으로 보아야 할 만큼 작은 단위의 세계에서 이뤄지는 과정들이기는 하지만)을 보면 그제야 대사와 정신 건강에서 과연 무슨 일이 벌어지고 있는지 이해하고 정신장애라는 문제를 전과 다른 시각에서 바라볼 수 있게 될 것이다.

미토콘드리아 기능부전과 정신 건강

정신질환 환자들의 미토콘드리아가 제대로 기능하지 않고 있다는 가설을 뒷받침할 증거가 있을까?

그렇다! 그것도 이제는 아주 많다.

최근 몇십 년 사이에 미토콘드리아가 인간의 건강에서 상상했던 것보다 훨씬 큰 역할을 한다는 사실이 명확하게 드러났다. 미토콘드리아가 제대로 기능하지 않으면 인간의 몸도 제대로 기능하지 않는다. **미토콘드리아 기능부전**mitochondrial dysfunction은 이처럼 미토콘드리아의 기능에 문제가 발생한 상태를 지칭하는 용어로 가장 많이 쓰이고 있다. 미토콘드리아 기능부전과 연관된 장애나 질환의 유형은 몹시 다양하며, **거의 모든** 정신질환이 여기에 속한다. 이뿐만 아니라 비만, 당뇨병, 심혈관계질환, 알츠하이머병, 뇌전증 등 앞에서 이야기했던 대사장애나 신경학적 장애들도 포함된다. 여러 종류의 암, 파킨슨병 등 실제로는 더 많은 장애가 이에 해당한다. 여기서 이 모든 장애를 하나하나 상세하게 다루지는 않을 것이다. 그렇지만 이 책에서 제시하는 이론적 기틀은 결국 이들 모두에 적용된다.

구체적으로 미토콘드리아 기능부전이 확인된 정신질환으로는 조현병, 조현정동장애, 양극성장애, 주요우울장애, 자폐증, 불안장애, 강박장애, PTSD, ADHD, 신경성 식욕부진증, 알코올 사용장애(알코올의존증), 마리화나 사용장애, 아편성 물질 사용장애, 경계성 성격장애가 있다. 흔히 신경학적 질환으로 여겨지는 치매와 섬망도 포함된다.

위의 목록에는 DSM-5에 수록된 모든 정신의학적 진단명이 담겨 있지는 않다. 하지만 이는 다른 정신장애들에 미토콘드리아 기능부전이 일어나지 않아서라기보다 아직 이들에 관한 연구가 진행되지 않았기 때문이다. 그렇다고는 해도 이 목록에만도 충분히 광범위한 정신질환이 포함되어 있어서, 미토콘드리아 기능부전이 정신의학에서 볼 수 있는 사실상 모든 증상을 아우를 만큼 다양한 유형의 정신질환에서 발견됐다고 해도 무방하다.

그런데 이러한 증거들이 이미 한참 전부터 존재했다면 어째서 그동안 미토콘드리아 기능부전이 대사장애나 정신장애의 공통경로라고 주장한 사람이 아무도 없었던 것일까?

사실, 그렇게 주장한 사람들이 있었다! 이 책을 읽는 독자 여러분은 대부분 새로운 정보라고 생각할 수 있다. 그렇지만 이 책은 결코 인간의 건강과 질병에서 미토콘드리아가 차지하는 중요성을 역설한 최초의 글이 아니다.

레이몬드 펄Raymond Pearl 박사는 1928년에 **생활속도이론**rate of living에 대한 책을 발표해 대부분의 대사질환을 비롯한 노화에 따른 질병 및 수명은 대사 속도에 따라 달라진다는 주장을 내세웠다. 그런가 하면 1954년, 덴햄 하먼Denham Harman 박사는 활성산소종이 노화 관련 질병들의 원인이라는 데에 초점을 맞춘 노화에 관한 활성산소 이론free radical theory of aging(유리기설)을 제시했다. 그는 이후 1972년에 자신의 이론을 더욱 발전시켜, 활성산소종 생성에 미토콘드리아가 핵심적인 역할을 한다는 사실에서 착안한 **노화에 관한 미토콘드리아 이론**mitochondrial theory of aging을 발표했다. 최근에는 의학계에 비만, 당뇨병, 심혈관계질환과 더불어 노화 자체도 미토콘드리아와 관련되어 있다는 연구 논문이 수만 건씩 쏟아지며 이 같은 관점의 연구가 폭발적으로 늘어나고 있다.

정신의학계 또한 정신장애에서 미토콘드리아의 역할을 조명하는 저명한 연구자들의 논문이 가득하다. 의학 문헌 검색 결과, 2021년을 기준으로 조현병 및 양극성 장애와 관련된 논문이 4백 건 이상, 우울증 관련 논문이 3천 건 이상, 알츠하이머병 관련이 4천 건 이상, 알코올 사용장애 관련이 1만 1천 건 이상 조회됐다. 이처럼 선구적인 연구 가운데 일부는 내가 25년 넘게 근무한 하버드대학교 의과대학과 맥클린 병원의 브루스 코헨Bruce Cohen 이나 도스트 윙괴르Dost Öngür 교수처럼 존경받고 국제적으로 명성이 높은 동료들의 연구도 포함되어 있다.

2017년에는 미토콘드리아 유전학 분야를 창시한 더글러스 월리스Douglas Wallace 박사가 정신의학계의 저명한 학술지 중 하나인《미국의학협회 저널 정신의학JAMA Psychiatry》에 (이 책에서 내가 그렇듯이) 모든 정신장애가 미토콘드리아 기능부전의 결과로 발생한다는 대담한 주장을 펼친 논문을 발표했다.[3] 유전학자로서 월리스는 미토콘드리아의 유전자에 초점을 맞췄다. 미토콘드리아는 DNA를 보호하기 위한 체계가 갖춰져 있지 않다보니 활성산소종으로 인해 유전자가 흔히 돌연변이를 일으킨다. 월리스는 미토콘드리아의 에너지 생성에 문제가 발생하면 가장 많이 영향을 받는 기관이 뇌라고 주장했다. 또한 에너지 결핍에 상대적으로 민감한 영역들이 먼저 기능을 잃으므로 특정 뇌 영역들이 다른 곳들보다 먼저 타격을 입을 것이라고 덧붙였다. 기계도 대부분 '약한 부분'이 먼저 망가진다는 점을 고려하면 타당한 주장이다. 뇌도 아마 마찬가지일 것이다. 부족한 에너지의 양이 적을 때는 ADHD나 우울증이 발생하고, 많을 때는 조현병 등 다른 장애가 발생하는 것일 수 있다.

곧장 반박이 이어졌다. 타마스 코지츠Tamas Kozicz 박사와 그 동료들은 사람들이 아무리 '단순한' 설명을 선호한다고 하더라도 정신장애는 이렇게 단순하게 설명할 수 있는 성질의 문제가 아니라고 주장했다.[4] 이들도 '미토콘드리아의 기능이 최적에 못 미치는 상태'가 대부분의 정신장애에 일정 부분 역할을 하는 것 같다고 인정했다. 하지만 미토콘드리아의 에너지 생성에만 초점을 맞춰서는 수십억 인구의 정신장애 환자들이 보이는 증상의 다양성을 설명할 수 없다고 말했다. 심지어 희소한 미토콘드리아 유전병 환자들에게서 관찰되는 증상의 다양성조차 설명이 되지 않는다. 동일한 미토콘드리아의 유전적 돌연변이도 사람에 따라 다른 증상을 일으킨다. 상황이 이렇다 보니 정신장애는 어느 단일 요인만으로 설명하기에는 너무나도 복합적이고 개인차가 크다는 것이 이들의 논지였다.

하지만 이들이 간과한 것이 있었으니, 미토콘드리아는 에너지 생성 외에도 무수히 많은 역할을 한다는 점이다. 미토콘드리아의 기능과 건강에는 또 얼마나 많은 요인이 영향을 미치는지 역시 알아차리지 못했다. 어쨌든 미토콘드리아가 제대로 기능하지 않는 상태라면 뇌도 제대로 기능하지 않는다.

뇌의 대사가 제대로 통제되지 않으면 뇌는 제대로 기능하지 않는다. 정신질환의 증상은 몹시 다양한 형태로 나타날 수 있지만 미토콘드리아 기능부전은 이 모두를 설명하는 **필요조건이자 충분조건**이다.

미토콘드리아 기능부전이란

7장에서 이야기한 바와 같이 미토콘드리아는 매우 다양한 일을 수행한다. 그렇기 때문에 기능부전이 무엇을 뜻하는지 정의하기도 어렵고 연구에 따라 그 의미가 천차만별일 수 있다.

자동차도 마찬가지다. 차가 '고장 났다'고 하면 무슨 의미일까? 고속도로를 달릴 때 엔진에서 털털거리는 소리가 나는 상태를 가리킬 수 있다. 타이어에 바람이 빠져서 도로를 잘 달리지 못하는 상태일 수도 있다. 전조등이나 후미등, 방향지시등이 작동하지 않는 것일 수도 있다. 이들 모두 자동차에 일어나는 각기 다른 문제다. 모두 다른 원인에 의해 발생한다. 하지만 중요한 사실은 이 가운데 어느 것이든 자동차에 문제가 있으면 도로를 달릴 때 다른 차량에 영향을 줄 것이라는 점이다. 교통 흐름을 저해하거나 사고를 유발할 가능성이 높다. 흐름이 지체되거나 완전히 멈춰버릴 수도 있다. 결국 문제 있는 차 한 대로 인해 고속도로 자체가 '기능하지 못하는' 상태가 되는 것이다. 현실에서는 압도적으로 절대다수의 교통사고가 자동차 자체보다는 운전자로 인해 발생한다. 운전자도 '고장 난' 상태가 될 수 있다. 가령 휴대폰에 정신이 팔릴 수 있다. 졸음운전을 할 수도 있다. 음주 상태에서 운전대를 잡았을 수도 있다. 마약에 취했을 수도 있다. 난폭운전을 할 가능성도 있다. 이처럼 자동차든 운전자든, 구체적인 고장의 원인과 관계없이 고장 난 상태에서 주행한다면 교통에 유사한 방식으로 악영향을 미치게 된다.

미토콘드리아 기능부전도 이와 같다. 다양한 원인에 의해 발생해 미토콘드리아 자신이나 자신이 속해 있는 세포에 다양한 문제를 일으킨다.[5] 그런데 미토콘드리아 각각의 기능 상태를 측정하기란 쉽지 않다. 미토콘드리아의 크기가 얼마나 작은지 기억하는가? 세포 하나당 보통 수백 개에서 수천 개의 미토콘드리아가 있다. 세포 하나만 해도 이미 충분히 작은데 말이다.

미토콘드리아 기능부전은 미토콘드리아 자체의 문제로도 발생할 수 있다. 유전적 돌연변이나 세포 내 미토콘드리아의 수가 부족한 상태가 여기에 해당한다. 앞서 말했듯이 미토콘드리아는 자체적으로 DNA를 가지고 있다. 그렇지만 인간의 유전체와는 달리 별도로 보호를 받고 있지 않으므로 돌연변이가 쉽게 일어날 수 있다. 미토콘드리아는 활성산소종을 생성하는데, 이 양이 지나치게 많아지면 미토콘드리아의 DNA나 다른 부분에 손상을 입힌다. 그 결과 미토콘드리아에 결함이 생긴다. 이렇게 결함이 생긴 미토콘드리아는 처분되거나 재활용되고 새로운 미토콘드리아로 대체되어야 한다. 그러지 않으면 세포는 일꾼 부족 사태를 맞이할 수 있다. 나이가 들수록 세포 내 미토콘드리아의 수가 감소해 세포의 대사 능력이 떨어진다는 것은 이미 잘 알려진 사실이다.

이처럼 나이가 들어서 자연적으로 혹은 제대로 기능하지 못하는 미토콘드리아로 인해 일할 수 있는 미토콘드리아의 수가 줄어들면 세포의 생산성이 떨어진다. 이대로 미토콘드리아의 수가 계속 감소하면 세포는 보통 사멸한다. 이는 다시 체내 여러 기관 및 조직들의 위축으로 이어진다. 세포가 계속해서 사멸할 경우, 체내 기관들은 약해지고 스트레스에 더욱 취약해진다. 이에 따라 뇌가 위축되고 근육량이 감소한다. 심장이 전처럼 활발하게 뛰지 못한다. 이러한 현상은 만성적인 정신장애 환자들에게서도 볼 수 있다. 앞에서도 이야기했다시피 노화가 가속화되는 현상은 모든 정신질환 환자에게서 공통으로 나타난다.

미토콘드리아의 결함을 야기하는 더욱 큰 원인은 바로 **미토콘드리아 조절장애**mitochondrial dysregulation다. 미토콘드리아의 기능에 영향을 미치는 요인 가운데 상당수는 세포 외부에서 비롯된다. 신경전달물질, 호르몬, 펩타이드, 염증 신호, 심지어 알코올 같은 물질도 여기에 포함된다. 그렇다! 술은 미토콘드리아의 기능에 영향을 미친다. 이런 요인으로 인한 문제를 기능부전과 구분해 조절장애라고 칭하고자 한다. 조절장애는 환경이 갑자기 나빠지면서 멀쩡하게 기능하고 있던 미토콘드리아에 결함을 초래한 경우다. 우리가 갑자기 많은 스트레스를 받는 상황에서는 최선을 다해 대처하더라도 그로 인한 영향을 완전히 피하기 어려운 것과 비슷하다.

미토콘드리아의 기능 가운데 어느 것에 초점을 맞출지 정하는 일은 몹시 중요한데, 이는 연구마다 다르다. 어떤 연구는 살아 있는 세포 안에 있는 미토콘드리아를 연구(생체 내in vivo)하는 반면 또 어떤 연구는 미토콘드리아를 따로 추출해 실험실 시험관 내에서 연구를 진행한다(생체 외in vitro).[6]

많은 연구자가 미토콘드리아의 ATP 생성 기능에 초점을 맞췄다. 이를테면 세포질 내 ADP 대비 ATP의 양을 측정함으로써 미토콘드리아가 얼마나 잘 기능하고 있는지 추정할 수 있다. 이 같은 연구의 기본 전제는 명확하다. ATP는 세포가 일하는 데 필요한 에너지를 공급한다. 따라서 이 수치가 낮으면 세포가 제대로 일을 하지 못한다. 게다가 ATP와 ADP의 비율은 세포 내에서도 중요한 신호로 작용하여 유전자 발현을 비롯해 세포 기능의 수많은 측면에 영향을 미친다. ATP 농도가 낮아지는 현상은 조현병, 양극성장애, 주요우울장애, 알코올의존증, PTSD, 자폐증, 강박장애, 알츠하이머병, 뇌전증, 심혈관계질환, 이형당뇨병, 비만 등 다양한 장애에서 발견됐다. 보통 비만이라고 하면 에너지 과잉이라고 생각하기 쉽지만 비만인 사람의 몸과 뇌의 세포들 가운데 상당수는 사실 미토콘드리아 기능부전으로 인해 ATP 결핍 상태에 놓여 있다.[7]

그런가 하면 또 어떤 연구자들은 **산화 스트레스**에 초점을 맞췄다. 알다시피 이는 활성산소종의 축적을 가리키는 용어다. 미토콘드리아가 활성산소종을 생성하기도 하지만 동시에 항산화 과정을 통해 독성을 중화하는 데 도움을 주기도 한다는 사실을 떠올려보자. 미토콘드리아가 제대로 일하지 않으면 활성산소종은 계속 축적되어 세포에도 전반적으로 손상을 입히지만 무엇보다 미토콘드리아에 많은 해를 끼쳐 악순환에 빠지게 만든다. 무수히 많은 연구가 실질적으로 지금까지 우리가 다룬 모든 대사장애, 신경학적 장애, 정신장애에서 산화 스트레스가 높다는 결과를 발견했다. 아울러 이는 세포의 손상 및 노화의 가속과도 연관되어 있다.

그렇지만 현재까지 건강과 질병 문제에서 미토콘드리아의 역할을 살펴본 연구 내용 중 부족한 측면이 세 가지가 있다.

1. 한 가지 기능에만 편중되어 있다

지금까지 대부분의 연구가 미토콘드리아의 한 가지 기능이나 측면에만 초점을 맞춰왔다. 미토콘드리아의 그토록 다양한 기능을 전부 고려하지 못한 것이다. 미토콘드리아의 기능 중에서 일부는 정상이고 일부는 이상이 발생했을 수도 있는데 말이다. 게다가 일부 기능은 다른 기능에 영향을 줄 수도 있다. 이를테면 미토콘드리아의 ATP 생성 기능을 탐구한 연구들은 보통 이를 미토콘드리아의 가장 중요한 혹은 유일한 역할이라고 간주한다. 그러다 보니 연구 대상이 된 세포에서 나타나는 부정적인 결과를 모두 ATP 생성 기능의 결함 탓으로 여긴다. 하지만 실제로는 ATP를 충분히 생성하지 못하는 미토콘드리아의 경우, 다른 미토콘드리아와 융합하는 데에도 문제가 있을 수 있고, 외부로 새어나가는 활성산소종의 양이 많아진 상태일 수도 있으며, 세포 내에서 칼슘 농도를 제대로 조절하지 못할 수도 있다. 측정되지는 않았지만 어쩌면 이러한 기능들이야말로 연구자들이 관찰한 세포의 결함에서 더 중요한 역할을 했을지도 모른다. 어떤 경우에는 ATP 생성 기능은 정상이지만 다른 기능에 이상이 발생해서 실제로는 문제가 있는데도 연구자들이 미토콘드리아가 제대로 기능하고 있다고 결론 내릴 수도 있다.

2. 세포 간의 차이를 고려하지 않는다

미토콘드리아는 세포 안팎의 무수히 많은 요인의 영향을 받는다. 그러다 보니 몸과 뇌에 존재하는 모든 세포에서 미토콘드리아의 수와 건강 상태가 균등하지는 않다. 어떤 세포에는 완벽하게 건강한 미토콘드리아가 넘쳐나는 반면 어떤 세포에는 미토콘드리아에 결함이 있거나 그 수가 충분치 않을 수 있다. 따라서 미토콘드리아가 어떤 질환에 중요한 역할을 하는지 판단하려면 실제로 그와 관련된 특정 세포를 살펴봐야 한다. 건강한 면역세포를 연구해봤자 제대로 기능하지 않는 뇌세포에서 무슨 일이 벌어지고 있는지 알 턱이 없다.

3. 피드백 순환 고리의 역할을 간과한다

닭이 먼저냐, 달걀이 먼저냐와 같은 문제는 많은 연구자가 엉뚱한 길로 빠지게 만드는 주범이다. 미토콘드리아 기능부전이 질환의 원인일까? 아니면 질환으로 인해 미토콘드리아 기능부전이 발생하는 것일까? 그것도 아니면 그 밖의 어떤 파괴적인 과정이 따로 있고, 미토콘드리아는 그저 지나가는 행인 1이자 엉뚱하게 휘말린 희생자일까?

원인과 결과를 따지고 들면 상황은 더욱 혼란스러워질 수 있다. 미토콘드리아 기능부전을 일으키는 원인은 다양하다. 그에 따른 결과 역시 매우 다양하다. 이들 각각에 대해서는 잠시 후에 다루기로 하자. 여기서 혼란스러운 것은 원인이 결과로 이어질 수도 있지만 결과가 원인으로 이어질 수도 있다는 점이다. 이러한 패턴을 만나면 피드백 순환 고리를 생각해보아야 한다. 이렇듯 대사나 미토콘드리아와 관련해서는 대부분이 피드백 순환 고리의 형태로 조절된다.

한 가지 예로 알츠하이머병 연구를 떠올려보자. 알츠하이머병 환자의 뇌에는 비정상적인 단백질 **베타아밀로이드**beta-amyloid가 축적된다고 알려져 있다. 알츠하이머병 연구는 주로 이 단백질을 대상으로 진행됐다. 이에 베타아밀로이드가 많이 축적되어 있을수록 알츠하이머병 발병 가능성이 높다는 사실이 밝혀졌다. 베타아밀로이드는 미토콘드리아에도 독성으로 작용해 미토콘드리아 기능부전을 야기한다는 것 또한 잘 알려져 있다.[8] 많은 연구자가 여기에서 연구를 멈췄다. 이것만으로도 미토콘드리아가 이 파괴적인 단백질로 인해 피해를 본 선량한 행인임을 입증할 충분한 증거가 된다고 여긴 것이다. 베타아밀로이드가 축적된 원인은 무엇일까? 모른다. 지금도 여전히 그 원인을 찾고자 연구하고 있다. 그런데 이들은 미토콘드리아 기능부전도 베타아밀로이드 축적의 원인이 될 수 있다는 점을 놓치고 있다. 미토콘드리아 기능부전이 베타아밀로이드가 축적되기 훨씬 전부터 시작된다는 증거는 이미 있다.[9] 이 두 가지 문제가 정적 피드백 순환을 하고 있을 가능성은 충분하다. 요컨대 먼저 미토콘드리아 기능부전이 세포의 유지·보수 문제를 일으킨다. 그로 인해 베타아밀로이드(처분 및 재활용되어야 할 단백질)가 축적된다. 이렇게 축적된 베타아밀로이드는 미토콘드리아 기능부전을 더욱 악화시킨다. 이 같은 피드백 순환은 결국 알츠하이머병이라는 하강 나선에 빠지는 결과를 낳는다.

다행인 점은 최근 20여 년 사이에 이뤄진 연구들 덕분에 미토콘드리아의 기능에 대한 시야가 크게 확장됐다는 것이다. 7장에서 언급한 미토콘드리아의 역할들은 전부 미토콘드리아가 수행하는 다양한 기능을 탐구한 여러 연구에서 밝혀진 사실들이다.

미토콘드리아 기능부전이나 조절장애는 정신장애와 대사장애에 대해 우리가 기존에 알고 있던 것들을 모두 일관성 있게 하나로 연결해준다.

미토콘드리아가 바로 이들의 공통경로다. 과학자나 순수주의자들이라면 이 이론이 미토콘드리아가 얼마나 다양한 역할을 해내고 있는지부터 대사에 영향을 주는 온갖 요인들로 인해 어떤 결과가 초래되는지(이 부분에 대해서는 3부에서 자세히 다루도록 하자)까지 아우른다는 점에서 **정신질환의 대사 및 미토콘드리아 이론**이라는 명칭이 더 정확하다고 생각할지 모르겠다. 하지만 대부분의 정신질환 증상이 결국은 에너지 조절장애로 설명이 된다는 것을 고려하면 좀 더 짧고 기억하기 쉬운 '뇌 에너지 이론'이라는 명칭이 내게는 더 와닿는다.

미토콘드리아 기능 이상과 정신질환

지금부터는 미토콘드리아의 기능부전이 어떻게 정신질환에서 나타나는 뇌의 변화와 증상들 모두를 초래할 수 있는지 알아보자. 미토콘드리아는 뇌의 발달, 다양한 유전자의 발현, 새로운 시냅스 형성 및 가지치기, 그리고 뇌 활동 전반에 영향을 미친다. 이로 인해 잘못하면 여러 가지 **구조적 문제와 기능적 문제**를 일으킬 수 있다. 각각을 찬찬히 살펴보면 미토콘드리아가 우리가 이미 알고 있던 사실들 가운데 상당 부분을 하나로 이어주는 공통경로임을 발견할 수 있다. 이를 입증하는 과학적 연구 결과들을 하나씩 살펴보자.

정신장애에 대해 지금까지 밝혀진 신경과학적 연구 결과들을 제대로 이해하려면, 어째서 특정 뇌 영역은 과활성화되고 또 다른 영역은 저활성화되어 지금과 같은 증상들을 야기하게 됐는지 먼저 설명해야 한다고 했던 것을 떠올리기를 바란다. 더불어 어째서 세포들에 이상이 발생하며 그중 일부는 위축되고 사멸해 결국 뇌 기능들을 영구적으로 잃어버리게 되는지도 설명이 필요하다. 이러한 구체적인 작용 원리를 알면 정신질환의 증상들을 이해하는 데 도움이 될 것이다. 앞서 6장에서 간단히 설명한 이론적 기틀과도 같은 맥락이다. 5장에서 인간의 질환이 보통 세포의 발달, 기능, 유지·보수 등세 영역 중 하나에서 발생한 문제에 기인한다고 설명했던 것도 떠올려보자.

미토콘드리아는 이 모두에 관여하는 것으로 밝혀졌다.

이제 **미토콘드리아 기능부전 및 조절장애**로 인해 발생하는 결과를 세포의 유지·보수 능력 감소, 뇌 기능의 과활성화, 뇌 기능의 저활성화, 발달과정상의 문제, 세포의 위축과 사멸 등 크게 다섯 가지로 나누어 살펴보자.

세포의 유지·보수 능력 감소

자동차처럼 무생물인 기계와 다르게 살아 있는 세포만이 지닌 독특한 특징 중 하나는 스스로 유지·보수를 하기 위해 에너지와 대사 자원이 필요하다는 점이다. 세포의 각 부분은 수복되거나 새롭게 대체되는 과정을 끝없이 이어가야 한다. 여기에는 모두 에너지와 대사에 활용할 수 있는 재료들이 필요하다. 이와 관련해 한 연구에서는 뇌의 ATP 생성량 중 약 3분의 1이세포 유지·보수, 즉 '뒤치다꺼리' 기능에 쓰인다고 추산했다.[10] 세포 유지·보수에 더없이 중요한 자가포식 과정에서 스트레스와 코르티솔, 그리고 미토콘드리아의 역할에 대해서는 이미 설명한 바 있다. 하지만 매번 그랬듯이 이야기는 여기서 끝이 아니다.

미토콘드리아는 다른 세포 기관들과 상호작용해 일상적인 유지·보수 기능을 촉진한다. 리소좀과의 상호작용을 예로 들어보자. 실험에서 인위적으로 이들 간의 상호작용을 방해할 경우 리소좀에 노폐물이 쌓이게 된다.[11] 미토콘드리아는 단백질 접힘protein folding(사슬 형태의 아미노산 복합체가 고유하고 안정화된 단백질 구조를 형성하는 과정 – 옮긴이) 등 다양한 역할을 수행하는 소포체와도 상호작용한다. 신경퇴행성장애의 상당수는 소포체의 잘못 접힌 단백질과 연관되어 있다. 이 잘못 접힌 단백질이 쌓이면 그로 인한 손상을 줄이기 위해 **미접힘 단백질 반응**unfolded protein response이라는 과정이 일어난다. 그런데 미토콘드리아의 외막에 미접힘 단백질 반응에 핵심적인 역할을 하는 PIGBOS라는 미소단백질microprotein이 있다는 사실이 발견됐다. 이 미소단백질을 제거하자 세포가 사멸할 가능성이 비약적으로 증가했다.[12] 이 같은 결과는 미토콘드리아가 미접힘 단백질 반응에도 결정적인 역할을 한다는 것을 강력하게 시사한다. 하지만 이는 미토콘드리아 기능부전이 정신장애 환자들의 세포에서 나타나는 갖가지 유지·보수 문제와 구조적 결함의 원인이 된 미토콘드리아의 세포 유지·보수 능력에 문제를 일으킬 수 있는 여러 경로 중 겨우 한 부분에 불과하다.

어떤 경우에는 세포의 구조적 결함이 정적 피드백 순환으로 이어져 대사에 영향을 미침으로써 세포가 제대로 기능하기 더욱 어렵게 만들 수도 있다. 이를 잘 보여주는 구체적인 예가 바로 **희소돌기아교세포**oligodendrocyte라는 아교세포로 이뤄진 뉴런의 보호막, **수초**myelin다. 수초는 뉴런이 전기 신호를 효율적으로 전달할 수 있게 도와주는 역할을 한다. 수초에 결함이 발생하면 뉴런이 활동하기 위해 더 많은 에너지가 필요해진다. 이를 극단적으로 보여주는 사례가 자가면역 과정에 의해 수초가 파괴된 다발성경화증이다.

미토콘드리아 기능부전은 이 수초의 생성과 유지·보수 문제와 연관이 있다. 뇌 에너지 이론과 일관되게 조현병, 주요우울장애, 양극성장애, 알코올의존증, 뇌전증, 알츠하이머병, 당뇨병, 심지어 비만인 사람들의 뇌에서 수초의 결함이 확인됐다.[13]

세포의 또 다른 구조적 결함이자 유지·보수로 인한 문제인 세포 내의 잔해는 미토콘드리아의 이동을 방해할 수 있다. 가령 알츠하이머병은 앞서 언급한 베타아밀로이드 외에 타우[tau]라는 단백질의 축적과도 연관이 있다. 그런데 타우 단백질이 미토콘드리아에 미치는 영향을 살펴본 결과, 이 단백질이 미토콘드리아의 세포 내 이동 능력을 심각하게 제한한다는 사실이 밝혀졌다.[14] 이동 경로가 온갖 세포 잔해들에 가로막히고, 미토콘드리아가 이동할 때 이용하는 세포골격이 타우 단백질 때문에 간섭을 받았다. 이처럼 미토콘드리아가 원활히 움직이지 못하게 되면 세포는 제대로 기능하지 못하게 되어 결국 위축되거나 사멸할 수 있다.

뇌 기능의 과활성화

6장에서 과활성화 혹은 과흥분에 관해 이야기했던 것을 기억하는가? 미토콘드리아의 기능부전이나 조절장애가 이 현상의 원인이 될 수 있다. 이 또한 미토콘드리아 기능부전의 가장 역설적인 면이 아닐까 싶다. 미토콘드리아가 제대로 기능하지 않으면 ATP가 충분하지 않은데도 뇌 영역들이 때로는 저활성화가 아닌 과활성화가 된다는 사실이 말이다.

현실에서 세포의 과흥분은 제법 흔하게 일어난다. 세포의 과흥분 상태를 나타내는 의학적 문제도 다양하다. 발작은 명확히 뇌세포가 과흥분해서 발생하는 극단적인 사례다. 부정맥은 심장세포의 과흥분이 원인일 수 있다. 근육경련은 근육세포가 과흥분한 것이다. 만성 통증은 신경세포의 과흥분으로 인해 발생한다. 모두 세포가 발화하지 않아야 할 때 발화하거나 멈춰야 할 때 멈추지 않음으로써 벌어진 문제를 보여주는 예다.

미토콘드리아 기능부전은 이 같은 과활성화와 과흥분을 유발할 수 있다. 이렇게 되는 작용 원리를 적어도 세 가지 정도로 생각해볼 수 있다.

1. 미토콘드리아가 세포의 '꺼짐' 신호에 꼭 필요한 이온 펌프의 활동과 칼슘 농도 조절에 관여한다는 사실을 떠올려보자. 미토콘드리아가 제대로 기능하지 않으면 이 과정이 정상적인 경우보다 지체되어 세포가 과흥분 상태가 될 수 있다.

2. 어떤 경우에는 GABA 세포처럼 다른 세포의 활동을 억제하는 세포의 기능부전으로 인해 과활성화 혹은 과흥분이 발생할 수 있다. 만약 GABA 세포가 제대로 기능하지 않으면 억제의 대상이 되는 세포들은 고삐가 풀려 과흥분 상태에 빠지게 된다. 6장에서 설명했듯이 피질 중간뉴런도 이처럼 다른 세포의 활동을 제어하는 세포 중 하나이며, 여러 정신장애와 신경학적 장애에서 피질 중간뉴런의 기능부전이 발견된다.

3. 앞서 유지·보수 문제가 어떻게 수초나 베타아밀로이드 문제와 같이 세포의 구조에 변형을 초래하는지 설명했다. 이러한 유지·보수 문제도 과흥분을 일으킬 수 있는데, 예를 들어 수초가 손상되면 이온이 그 틈을 통해 세포 안으로 새어 들어갈 수 있어 세포가 의도치 않게 발화하는 결과를 초래할 수 있다.

한편 한 연구팀에서는 미토콘드리아의 건강에 필수적이라고 알려진 시르투인 3 sirtuin 3 단백질을 쥐의 몸에서 제거함으로써 미토콘드리아 기능부전이 세포의 과흥분을 일으킨다는 사실을 직접적으로 증명했다. 이 단백질이 제거된 쥐들에게서는 당연히 미토콘드리아 기능부전과 과흥분, 발작이 발생했으며, 조기 사망 현상이 관찰됐다.[15] 또 다른 연구팀은 양극성장애 환자들과 정상인 대조군의 줄기세포를 추출한 뒤 뉴런으로 분화시켜 살펴본 결과, 양극성장애 환자들의 뉴런이 미토콘드리아 이상을 보이며 세포가 과흥분 상태가 된다는 것을 발견했다.[16] 흥미롭게도 리튬은 이러한 과흥분을 감소시켰다.

뉴런의 과흥분은 여러 정신장애 및 대사장애에서 확인됐다. 이를테면 발작을 일으키는 원인으로써 뇌전증 환자의 뇌에서 나타날 수 있다. 이뿐만 아니라 섬망, PTSD, 조현병, 양극성장애, 자폐증, 강박장애, 알츠하이머병 환자들의 뇌에서도 관찰된다. 심지어는 만성적인 스트레스에 시달리는 것 외에는 특별한 문제가 없는 건강한 쥐에게서도 과흥분이 발견됐다.[17] 과흥분은 측정하기가 어려울 수 있는데, 사실 꼭 정확하게 수치상으로 확인해야만 하는 것도 아니다. 보통은 신체나 뇌에서 일어나지 말아야 하는 일들이 일어나는 것만으로도 세포의 과흥분이 발생했음을 알 수 있기 때문이다. 통증세포의 과흥분은 통증을 일으킨다. 뇌에서 불안을 지각하는 경로의 세포들이 과흥분하면 불안을 느낀다. 우리의 정서, 지각, 인지, 행동을 관장하는 그 어떤 뇌 영역이든 과흥분하면 이런 경험을 하게 만든다.

뇌 기능의 저활성화

미토콘드리아 기능부전 혹은 조절장애는 세포의 기능을 둔화 혹은 감소시킨다. 세포가 기능하기 위해서는 에너지가 필요하다. 그 에너지는 미토콘드리아가 제공한다. 동시에 미토콘드리아는 세포의 '켜짐/꺼짐' 스위치 역할을 하며 칼슘 농도를 비롯한 여러 신호를 통제한다. 뇌세포가 신경전달물질과 호르몬을 생성, 방출하고 제대로 기능하려면 에너지가 있어야 한다. 세포 기능이 떨어진 것만으로도 정신질환 환자들의 뇌에서 신경전달물질과 호르몬의 농도가 정상과 다른 현상을 상당 부분 설명할 수 있다. 더욱이 미토콘드리아는 코르티솔, 에스트로겐, 테스토스테론 등 일부 호르몬의 생성 과정에 직접적으로 관여하므로 미토콘드리아 기능부전 혹은 조절장애가 발생할 경우 이러한 호르몬의 농도 또한 제대로 조절되지 않을 수 있다.

발달 과정상의 문제

태아기부터 청년기까지 인간의 뇌는 빠르게 성장하며 뉴런과 뉴런 사이, 뉴런과 다른 뇌세포 사이에 연결망을 형성한다. 이러한 연결망은 생명체가 살아가기 위한 기본 토대이자 '핵심적인 배선 설계'를 마련해주는 지극히 중요한 요소다. 뇌에는 이 같은 핵심적인 배선 설계가 분명하게 이뤄져야 하는 **발달 시기**developmental window가 정해져 있다. 만약 이 시기에 정상적으로 발달이 이뤄지지 않으면 기회의 창이 닫혀버려 영영 '정상적'인 뇌가 될 기회를 놓치게 된다. 그리고 이 모든 과정에서 미토콘드리아가 결정적인 역할을 한다. 앞서 설명했듯이 미토콘드리아는 세포의 성장, 분화, 시냅스 형성에 매우 중요한 역할을 한다. 따라서 미토콘드리아 기능부전이나 조절장애가 발생하면 뇌는 정상적으로 발달하지 못한다. 이러한 사실은 자폐증처럼 영유아기나 아동기에 시작되는 신경발달장애와 관련해서 특히 중요하게 고려해야 할 부분이다. 생애 초기가 지난 이후에도 우리의 뇌는 예측 가능한 방식으로 계속해서 변화한다. 세포의 성장과 분화뿐만 아니라 상황에 따라 뉴런이 변화하고 적응하는 **신경가소성** 또한 살아가는 내내 중요한 역할을 수행한다. 미토콘드리아가 제대로 기능하지 않으면 이 모든 과정에서 문제가 일어날 수 있다. 이로 인해 특정 세포나 세포 간의 연결이 존재하지 않게 되면 특정 뇌 기능이 영구적으로 부재할 수 있다. 이러한 유의 증상들은 해당 기능을 수행해야 하는 세포나 연결망이 아예 없어서 발생하는 것이므로 결코 나아지고 심해지기를 반복하는 일이 없다.

세포의 위축과 사멸

미토콘드리아 기능부전은 세포가 쪼그라드는 **위축** 현상을 초래한다. 미토콘드리아의 수가 감소하거나 건강 상태가 나빠지면 세포는 스트레스를 받게 된다. 미토콘드리아가 세포 내 곳곳에 분포되어 있다는 점을 떠올려 보자. 그중 일부는 늘 이리저리 다니며 처리해야 할 일이 없는지 살핀다. 그런데 일할 수 있는 미토콘드리아의 수가 감소하면 전처럼 세포 내의 모든 일을 다 해낼 수가 없게 된다. 그러다 보면 더 이상 축삭종말이나 가지돌기와 같은 세포의 말단부를 챙기지 못하는 경우가 발생한다. 미토콘드리아가 가서 살피는 일을 중단하면 그 부분은 죽기 시작한다. 뒤이어 염증이 생긴다. 이에 뇌의 면역세포인 미세아교세포가 나서 죽은 세포 잔해 일부를 흡수한다.[18] 결함이 있는 미토콘드리아의 수가 점점 늘어갈수록 세포는 더욱 위축된다. 이 과정이 지속되면 세포는 결국 사멸한다.

　만성적인 정신질환 환자들의 뇌는 시간이 갈수록 세포가 위축되는 징후가 나타난다. 앞에서 확인했듯이 이들은 남들보다 빠르게 노화한다. 위축되는 뇌 영역은 사람에 따라 다르다. 해마와 같이 상대적으로 흔하게 영향을 받는 영역들도 있지만, 이를테면 같은 조현병 진단을 받은 사람들 사이에서도 위축되는 뇌 영역에는 큰 차이가 있을 수 있다.[19] 여기에서 **이질성**이 다시 등장한다. 미토콘드리아 기능부전과 조절장애가 바로 이러한 이질성을 설명해준다. 무수히 많은 요인이 미토콘드리아의 기능에 영향을 미치다 보니(3부에서 곧 다룰 것이다) 그에 따른 결과도 다양한 뇌 영역에서 나타나는 것이다. 결국 어떤 위험 요인과 원인의 조합에 노출됐느냐에 따라 뇌는 각기 다른 방식으로 영향을 받는다. 앞서도 언급했다시피 이들에 노출이 된 시기와 발달 과정에 따라서도 다른 결과가 발생한다. 14세에 세포가 위축되기 시작한 사람의 뇌는 39세가 되어서야 같은 문제를 겪기 시작한 사람의 뇌와 차이가 있을 수밖에 없다.

＊

이쯤에서 자동차에 비유해 내용을 정리해보자. 자동차에는 연료탱크, 탱크에 주입된 연료(휘발유), 엔진, 전기 에너지에 필요한 배터리, 조향장치, 제동장치 등 많은 부분이 있다. 문제는 다양한 부분에서 발생할 수 있으며, 그에 따라 저마다 다른 증상이 초래된다. 어떤 경우에는 연료탱크에 물이 들어갔다든지, 점화플러그가 고장 난 탓에 엔진에서 털털거리는 소리가 나거나 속도가 느려질 수 있다(기능의 저활성화). 배터리가 방전되기 시작하면 차량의 불빛이 흐려지거나, 와이퍼가 느리게 움직이거나, 라디오가 켜지지 않거나, 아예 시동이 걸리지 않을 수도 있다(전부 기능의 저활성화를 보여주는 예다). 서로 굉장히 다른 증상들이지만 모두 에너지와 연관되어 있으며, 보통 한 가지 원인에 의해 발생한다. 이번에는 자동차를 살아 있는 세포와 같다고 생각해보자. 이제 자동차가 작동할 **때뿐만 아니라** 스스로 유지·보수를 하는 데에도 에너지가 필요하다고 가정해보자. 에너지가 충분하지 않으면 타이어에 바람이 빠지고, 조향이 불안정해지고, 문에 녹이 슬어 구멍이 생기기 시작한다(유지·보수 문제). 엔진과 배터리의 수명이 다 되어버려 배터리 내부의 산이 흘러나와 엔진 이곳저곳이 엉망이 된다(활성산소종). 엔진오일을 오랜 기간 교체하지 않아 엔진 속 부품들이 손상된다. 이러한 유지·보수 문제가 엔진의 상태를 더욱 악화시킨다(정적 피드백 순환). 그렇게 어느 시점에 이르면 이 차는 이제 도로 위 다른 차량과 교통 흐름에 위험한 존재가 된다. 브레이크가 더는 듣지 않는다('꺼짐' 스위치의 결함으로 인해 발생한 과흥분 상태). 결국 추돌 사고를 내고 도로가 정체되게 만든다. 이후에는 고철 처리장으로 견인되고, 쓸 만한 부품들은 재활용된다(세포자살). 만약 이런 상태에서도 누군가가 다시 운행하려고 한다면 이 차는 계속 도로 위 다른 차들과 교통 흐름을 위험에 빠뜨릴 것이다(대사장애 및 정신장애).

2부 · 밝혀진 연결고리, 뇌 에너지 이론

현실 속 뇌 에너지 이론

이제 뇌 에너지 이론을 현실에 적용해보자. 여기서부터는 세 가지 정신질환에 집중해 뇌 에너지 이론을 뒷받침하는 증거들을 하나씩 살펴보고 미토콘드리아와 대사의 관점에서 증상들이 발생하는 작용 원리를 어떻게 개념화할 수 있을지 이야기하려고 한다.

주요우울장애

만성 우울증 환자의 몸에서 미토콘드리아가 제대로 기능하지 않고 있다는 사실은 많은 연구 결과로 입증됐다.[20] 이를테면 여러 연구에서 우울증 환자들은 뇌세포뿐만 아니라 근육세포와 순환면역세포에서도 ATP 농도가 낮다는 것이 발견됐다. ATP 생성량 감소는 동물을 활용한 우울증 연구에서도 확인됐다. 만성 우울증을 앓았던 사람들의 뇌 조직을 부검한 연구에서는 미토콘드리아 단백질에서 구체적인 이상을 발견함으로써 이들에게 미토콘드리아 기능부전이 있었음을 분명하게 보여주기도 했다.[21] 또한 앞에서도 언급했다시피 우울증 환자들에게서는 산화 스트레스 수치가 높게 나타난다.

또 다른 증거로 우울증 환자들의 혈액 생체지표가 있다. 많은 연구자가 우울증 환자 수천 명에게서 혈액 샘플을 채취한 다음 정상인 대조군과 비교해 어떤 이상이나 차이가 있는지 살펴봤다. 그러자 무수히 많은 생체지표가 확인됐다. 이 같은 연구 46편을 메타 분석해 이들 간에 공통경로나 크게 겹치는 결과가 있는지 살펴보자, 실제로 공통점이 존재했다. 이 연구들에서 발견한 생체지표들은 주로 아미노산과 지방질의 대사와 연관되어 있었는데, 둘 모두 미토콘드리아의 기능과 밀접한 관련이 있다.[22]

그중에서도 특히 많은 관심이 집중된 생체지표가 아세틸-엘-카르니틴acetyl-L-carnitine, ALC이다. 이 물질은 미토콘드리아 내부에서 생겨나며, 에너지 생성에 중요한 역할을 한다. 그리고 이는 우울증과 흔히 연관성이 발견되는 뇌 영역 가운데 하나인 해마의 기능에 결정적인 영향을 미친다. 이와 관련해 우울증 환자와 비환자의 혈중 ALC 농도를 살펴본 한 연구에서는 우울증 환자들의 ALC 수치가 평균적으로 낮다는 결과를 발견했다.[23] 게다가 이처럼 낮아진 ALC 농도를 통해 우울증의 중증도, 만성화 여부, 치료 저항성, 심지어 정서적 방임 경험 유무까지 예측이 가능했다. 이후 460명의 우울증 환자를 대상으로 진행된 후속 연구에서는 환자가 항우울제 치료에 효과를 보이면 그와 더불어 ALC 수치가 개선되며, 이 수치를 통해 어떤 환자가 모든 증상의 관해를 경험할 것인지도 예측할 수 있다는 것이 밝혀졌다.[24] 이에 해당 연구진은 "주요우울장애 치료를 개선하기 위해 미토콘드리아를 표적으로 하는 새로운 전략을 탐구할 필요가 있다"고 결론 내렸다.

우울증에서 미토콘드리아의 역할을 입증한 증거 중에서는 아마도 쥐를 대상으로 했던 이 명쾌한 연구 결과가 가장 직접적이고 충격적일 것이다.[25] 연구진은 불안 수준이 높고 우울증과 유사한 행동을 보이는 쥐의 측좌핵nucleus accumbens이라는 특정 뇌 영역에서 미토콘드리아의 기능에 다른 점이 있는지, 세포의 발달은 어떻게 이뤄져 있는지 살펴봤다. 그러자 두 가지 모두에서 이상이 발견됐다. 불안과 우울 증상을 보이던 쥐의 측좌핵에서 세포당 미토콘드리아의 수가 정상보다 적었을 뿐만 아니라, 미토콘드리아가 산소를 이용해 ATP의 형태로 에너지를 전환하고 다른 세포 기관인 소포체와 상호작용하는 방식에서도 다른 점이 눈에 띄었다. 뉴런의 형태 자체도 일반적인 모습과는 달랐다. 더욱 자세히 살펴본 결과, 이 쥐들은 미토콘드리아의 외막에서 다른 미토콘드리아나 소포체와 융합하는 능력에 핵심적인 역할을 하는 미토푸신-2$^{mitofusin-2, MFN2}$라는 단백질의 농도가 낮다는 사실이 밝혀졌다.

진짜 충격적인 부분은 지금부터다. 연구자들이 불안과 우울 증상을 보이던 쥐에게 MFN2 농도를 현저히 높이는 바이러스 매개체를 주입하자 모든 것이 달라진 것이다! 미토콘드리아가 정상적으로 기능하기 시작하고, 뉴런들은 정상적인 형태를 띠었으며, 불안 및 우울증 증상과 유사한 행동들이 더 이상 나타나지 않았다. 이는 우울과 불안에 미토콘드리아가 직접적인 원인으로 작용했음을 분명하게 보여준다. 적어도 쥐에 한해서는 말이다.

우울증의 일부 증상은 기능의 저활성화 혹은 대사량 감소 유형과 완벽하게 맞아떨어진다. 수면, 기력, 동기, 집중력 등에서의 변화는 모두 뇌세포 기능의 저하와 관련이 있다. 미토콘드리아 기능부전이 전신의 모든 세포에서 나타난다는 점을 고려하면 이처럼 세포 기능이 저하되어 느껴지는 피로감은 온몸의 근육으로까지 확대될 수 있다. 어떤 환자들은 팔다리가 마치 납으로 만들어진 것처럼 무거워 꼼짝하기도 힘든 느낌을 경험하는데, 이를 '납 마비$^{leaden paralysis}$'라고 칭하기도 한다. 이러한 현상은 근육세포 내의 미토콘드리아 기능부전으로 설명할 수 있다. 근육에 에너지가 충분치 않으면 몸을 움직이기 어려워진다. 이와 같은 대사부전의 극단적인 형태가 바로 **긴장증**^{catatonia}으로, 마치 마비된 듯 움직이거나 말하는 데 심각한 어려움을 겪는 것처럼 보이는 증상이 나타날 수도 있다.

양극성장애

양극성장애(그리고 조현병) 환자의 대사 이상을 입증하는 직접적인 증거는 1956년에 연구자들이 이 환자들에게서 젖산 대사의 이상을 알아차리면서 처음 발견됐다.[26] 이후 무수히 많은 연구가 양극성장애 환자들에게서 우울증 환자와 유사한 미토콘드리아 기능부전을 보고했다. 하지만 중요한 의문 하나가 남는다. 과연 무엇이 우울증과 조증의 차이를 만드는 것일까? 이 두 정신질환 환자를 본 사람이라면 누구나 둘 사이에 큰 차이가 있음을 알 수 있다.

2018년, 〈미토콘드리아 기반 양극성장애 설명 모형A Model of the Mitochondrial Basis of Bipolar Disorder〉이라는 제목의 개관논문이 발표됐는데, 우울 상태는 에너지 결핍인 반면 조증 상태는 뇌에서 에너지의 생성량이 증가한 것이라는 견해를 제시하는 내용이었다.[27] 논문에서는 뇌에서 미토콘드리아의 에너지 생성량이 증가했음을 짐작할 수 있는 포도당과 젖산의 활용량 증대가 조증 상태와 연관되어 있음을 보여주는 다수의 연구 결과를 인용했다. 게다가 조증 상태에서 신경전달물질인 글루타메이트와 도파민의 농도가 높았다는 점도 해당 뉴런들의 활동량이 증가했음을 시사한다. 요컨대 조증 상태는 적어도 일부 뇌세포에서 미토콘드리아가 정상보다 많은 양의 에너지를 생성하고 있는 얼마 안 되는 특이한 상황 중 하나인 것으로 보인다. 하지만 놀랍게도 이 또한 미토콘드리아 기능부전이나 조절장애에 해당한다. 미토콘드리아는 밤이면 신체가 잠에 들게 하는 등 때에 맞추어 활동량을 줄여야 한다. 대도시를 달리는 차량처럼 세포들은 각기 특정한 때에 활동을 멈춰야 한다. 그런데 조증 상태에서는 미토콘드리아의 에너지 생성 활동이 과활성화되어 있어 세포들이 멈춰야 할 때조차 '달리게' 만든다. 이를테면 일단 멈춰야 하는 구간에서도 전혀 양보하거나 속도를 줄이지 않는 셈이다. 이로 인해 여러 뇌 영역이 과활성화된다.

또 다른 연구들도 이 모형을 뒷받침하는 증거를 내놓았다.[28] 일례로 양극성장애 환자들은 특히 조증 삽화 동안이면 칼슘 농도가 정상보다 확연히 높은 것으로 나타나는 등 조금 전에 설명한 과흥분 작용 원리와 일관된 결과를 보였다. 실제로 양극성장애 환자들의 신경 흥분성에 변화가 있다는 사실도 직접적으로 확인됐다. 울증이나 조증 상태에 있는 사람들을 본 적이 있다면 이러한 결과에 고개가 절로 끄덕여질 것이다. 조증 상태인 사람들은 분명 에너지가 지나치게 많다. 울증인 사람들은 분명 에너지가 충분하지 않다. 흥미롭게도 이러한 현상이 모두 세포 수준에서 확인됐다. 양극성장애 환자들의 경우에는 일단 조증 삽화에서만 벗어나면 미토콘드리아 기능부전이 지속되어 전반적인 에너지 생성량이 부족해진다. 최근 한 연구팀은 혈액 세포에서 조증 상태와 우울증 상태일 때 모두 미토콘드리아 수가 유의미하게 감소했다가 증상이 개선될 때면 다시 수가 정상화되는 현상을 명확하게 보여줄 수 있는 미토콘드리아 생체지표를 규명했다.[29] 이들의 연구 결과에 따르면 조증 또는 울증 상태에서는 비단 뇌뿐만이 아니라 전신의 미토콘드리아 생합성이나 미토파지가 저해될 가능성이 있다.

조증 삽화 동안의 에너지 과잉이 가장 위험한 경우는 과흥분 세포에 급작스럽게 많은 에너지가 공급될 때다. 이 세포들은 미토콘드리아가 손상되거나, 미토콘드리아의 수가 적거나, 유지·보수 문제로 구조적인 결함이 있는 상태다. 조증 삽화에 짧은 시간 동안 폭발적으로 에너지가 공급된다고 해도 미토콘드리아 기능부전과 연관된 해묵은 문제들을 바로잡기에는 역부족이다. 세포가 수복되기에는 에너지도 시간도 부족하기 때문이다. 오히려 이 과다한 에너지는 정신증적 증상들, 불안, 초조증 등 심각한 문제들을 일으키는 원인이 된다. 이 문제도 다시 자동차에 비유해보면 쉽게 이해할 수 있다. 제때 점검을 받지 않아 타이어의 정렬도 제대로 되지 않고 바람이 다 빠진 차에 갑자기 휘발유를 잔뜩 채우면 도리어 위험한 상황이 벌어질 수 있다. 많은 에너지 혹은 높은 속도를 감당할 준비가 되지 않았기 때문이다. 그러다 보니 자칫 추돌 사고를 일으키거나 불이 날 가능성이 높다. 과흥분 세포에 과다한 에너지를 공급할 때 벌어지는 일도 이와 마찬가지다.

외상후 스트레스 장애 Posttraumatic Stress Disorder

PTSD는 트라우마 반응 체계가 과흥분한 상태로 이해할 수 있다. 이 체계는 본래 삶에 위협이 되는 사건들에 대한 정상적인 반응이다. 하지만 작동하지 말아야 할 때 작동하거나 작동을 멈춰야 할 때 그러지 못해서 문제가 발생한다. 어떤 사람들의 경우에는 이 체계가 발동하는 자극의 역치 자체가 낮아진 것처럼 보인다. 예컨대 트라우마 경험이 있는 사람들은 상당수가 증상을 유발하는 '촉발 요인'이 명확하게 정해져 있다. 이들은 특정한 장소, 사람, 냄새, 단어, 심지어 생각만으로도 증상이 발생할 수 있다.

PTSD를 겪는 사람들에게서는 흔히 편도체와 내측전전두피질 medial prefrontal cortex, mPFC에서 문제가 나타난다. 편도체는 두려움 반응을 발동시키는

데, PTSD 환자들은 이 영역이 과흥분 상태에 있다는 사실이 밝혀졌다. 내측전전두피질은 편도체를 억제하는 뇌 영역이다. 따라서 공황을 일으킬 만한 이유가 없다는 것을 깨달았을 때 과흥분 상태의 편도체를 억누름으로써 공황 반응을 멈출 수 있다. 그런데 PTSD 환자들은 이 영역이 저활성화되어 있어 공황 반응을 멈추는 데에 어려움을 겪는다. 더불어 미토콘드리아 유전자의 발현 이상, 전체 미토콘드리아 수의 감소, 산화 스트레스 수치 상승, ATP 농도 저하 등을 입증한 부검 연구들을 비롯해 여러 연구 결과를 통해 PTSD 환자들에게서 미토콘드리아 기능부전이 확인됐다.[30]

미토콘드리아와 정신질환을 이어주는 증거

정말로 모든 정신장애가 대사부전과 미토콘드리아 기능부전으로 인해 발생하는 것이 가능할까?

온갖 질환을 하나로 뭉뚱그려 대사부전과 미토콘드리아 기능부전의 결과로 묶는 것이 다소 지나친 비약처럼 느껴지는 탓에 정신질환을 새롭게 개념화하는 데에 아직 불편함을 느끼는 사람이 있을 수 있다.

이 같은 의구심을 해결하는 데에 도움이 되려면 누구나 미토콘드리아의 기능에 급작스럽게 결함이 생겼다는 것을 알 수 있으면서 동시에 사실상 온갖 정신의학적 증상들이 발생하는 상황이 있어야 한다. 그리고 이를 명확하게 보여주는 사례가 실제로 존재한다. 바로 섬망이다.

섬망은 급성정신장해acute mental disturbance로 규정하는 심각한 증상이다.

여기서 '급성'이란 문제가 급속도로 일어난다는 뜻이다. '정신장해'는 착란, 지남력 상실, 주의산만성, 특정 주제에 대한 집착, 환각, 망상, 기분 변화, 불안, 초조증, 사회적 위축, 수면 패턴의 극적인 변화, 성격 변화 등 **모든** 정신의학적 증상이 해당된다. 섬망이 일어나는 동안에는 어떤 정신질환 증상도 나타날 수 있는 것이다. 심지어 섭식장애와 유사한 섭식행동이나 신체상에 대한 지각의 변화까지도 관찰됐다.

그렇다면 섬망의 원인은 무엇일까? 모범 답안은 '정확히 어떻게 해서 발생하는지는 아무도 모르지만 단지 위중할 때 일어날 수 있는 증상이라는 것만은 알려져 있다'이다. 현존하는 거의 모든 의학적 장애가 섬망을 유발할 수 있다. 즉, 감염증, 암, 자가면역질환, 심근경색, 뇌졸중 등의 질환이 모두 포함된다. 의학적 장애의 중증도가 심각할수록 섬망을 일으킬 가능성도 높다. 그러다 보니 집중치료실에 입원하는 환자들은 일반 환자들보다 섬망을 겪을 가능성이 훨씬 높다. 연구에 따라 차이는 있겠지만 전반적으로 중환자의 35~80퍼센트가 섬망 진단을 받는다.[31]

다른 병의 치료를 위해 사용하는 약도 영향을 줄 수 있다. 새로운 약을 복용하기 시작한 사람들은 섬망으로 이어질 수 있는 신체 반응을 보이기도 한다. 약물치료를 중단하거나 알코올처럼 과용 시 독성을 띨 수 있는 물질 사용을 갑자기 중지한 데 따른 금단증상 또한 섬망을 야기한다. 특히 알코올 금단증상으로 인한 섬망에는 **진전섬망**delirium tremens이라는 특별한 명칭이 붙는다. 이는 자칫 생명에 심각한 위협이 될 수도 있다. 노인은 섬망에 더욱 취약하다. 알츠하이머병 등 이미 치매를 앓고 있는 사람은 더더욱 취약하다. 실질적으로 섬망을 일으키는 원인은 셀 수 없이 많다. 그리고 곧 다시 설명하겠지만 이러한 원인은 모두 미토콘드리아의 기능에 영향을 미친다.

섬망은 어떻게 진단이 내려질까? 섬망 증상이 나타나기 시작한 시점에 그 원인이 명확한 경우가 있다. 어떤 때는 섬망의 초기 증상이 의학적 질병에 대한 정상적인 반응으로 여겨질 수 있다. 가령 심근경색 환자들은 마땅히 불안을 느낀다. 목숨이 왔다 갔다 하는 상황과 마주했는데 불안하지 않다면 오히려 이상할 것이다. 이에 의사들은 보통 환자들의 불안을 완화해줄 목적으로 벤조디아제핀과 같은 정신과 약들을 처방한다. 이처럼 초기 단계에서는 정신과 약을 처방했다고 하더라도 일반적으로 섬망이나 정신질환 진단을 내리지 않는다. 환자가 보이는 불안 증상이 대부분 충분히 정상적이고 이해할 만한 반응으로 여겨지기 때문이다. 하지만 만약 이 불안 증상이 섬망의 초기 증상이라면 대체로 상태는 더욱 극적으로 변한다. 환자들은 곧 공황발작과 극심한 불안을 경험한다. 이는 순식간에 착란, 지남력 상실, 환각으로까지 진행될 수 있다. 이러한 증상은 심근경색을 앓는 노쇠한 노인에게서 흔하게 나타난다. 이는 치매나 조현병의 증상과도 동일할 수 있지만 의사들은 그보다는 섬망으로 진단을 내린다.

그렇다면 의사들은 이들을 어떻게 구별할까? 대부분의 보건 전문가는 심근경색이 주는 스트레스 하에서는 뇌가 제대로 기능하지 않는다고 생각한다. 따라서 새롭게 나타나는 정신의학적 증상이 있다면 **무엇이든 전부** 심근경색 탓으로 간주한다. 강박사고, 강박행동, 착란, 우울증, 초조증, 망상, 전부 다 말이다! 보건 전문가들은 이 모든 증상을 섬망으로 뭉뚱그려 진단한다. 섬망 환자라고 모든 정신질환 증상을 다 겪는 것은 아니다. 그중 고작 몇 가지만 경험한다. 어떤 환자는 강박장애 증상을 보인다. 어떤 환자는 전보다 우울해지고 위축된다. 조증을 경험하거나 안절부절못하고 돌발행동을 하는 초조증 증세를 보이는 경우도 있다. 하지만 어떤 증상들이 나타나든 상관없다. 모두 섬망이 원인이다.

때로는 섬망이 좀 더 점진적으로 발생하기도 한다. 노인에게 섬망을 일으키는 가장 흔한 원인 가운데 하나는 요로감염증이다. 이 경우에는 원인을 알아차리기도, 진단하기도 훨씬 까다롭다. 보통 노인들은 자신이 요로감염증에 걸렸다는 사실을 알지 못한다. 이 병의 징후가 먼저 나타나는 곳은 요로기계가 아니라 뇌다. 몇 주 전까지만 해도 멀쩡했던 노인들이 착란과 기억 문제를 겪기 시작한다. 이에 가족이나 보건 전문가들은 보통 알츠하이머병을 의심한다. 겉으로 보기에 증상은 완전히 똑같다. 환자들은 자주 착란 증상을 보인다. 운전하다 길을 잃기도 한다. 매일 만나는 사람의 이름을 기억하는 데에도 애를 먹을 수 있다. 보건 전문가를 찾아 의학적 검진을 받고 난 뒤에야 비로소 요로감염증이라는 문제가 밝혀진다. 요로감염증을 치료하면 이 모든 증상이 해결된다. 이때 환자들이 감염된 곳은 요로기계인데 증상은 엉뚱하게 뇌에서 나타났다. 왜 그럴까? 에너지 결핍 혹은 미토콘드리아 기능부전에 가장 민감하게 반응하는 기관이 바로 뇌이며, 뇌는 가장 약하고 손상되기 쉬운 부분이기 때문이다. 이처럼 뇌는 거의 모든 질병에 대해 미약한 징후가 가장 먼저 나타나는 장소다.

그런데 이렇듯 서로 전혀 다른 의학적 질병이 어떻게 실질적으로 모든 정신의학적 증상을 일으킬 수 있는 것일까? 전문가들은 신경전달물질, 스트레스 반응, 염증과 관련이 있을 것이라고 추론한다.[32] 세 가지 모두 옳다. 하지만 정확히 어떻게 이 셋이 정신의학적 증상으로 이어지는 것일까? 현재

2부 · 밝혀진 연결고리, 뇌 에너지 이론

의학계에는 이를 논리정연하게 엮어 설명하는 이론이 없는데, 뇌 에너지 이론을 통하면 설득력 있는 설명이 가능하다.

섬망이 대사 문제 때문에 발생한다고 주장한 사람은 내가 처음이 아니다. 1959년, 생물심리사회 모형을 개발한 조지 엥겔이 뇌 에너지 대사장해, 다시 말해 '대뇌 대사부전'이 섬망의 원인이라는 견해를 내세웠다.[33] 이후 많은 연구자가 이 가설을 확장해 연구를 진행했다.[34] 가령 PET 결과를 통해 섬망 환자들의 뇌에서 포도당 대사율이 낮아졌다는 것이 발견되기도 했다.[35] 수많은 중증 의학적 질병이 대사 및 미토콘드리아 기능에 직접적으로 영향을 미친다는 사실은 잘 알려져 있다. 하지만 의학계에서 그동안 정신적 증상들을 제대로 설명하지 못하다 보니 대사와 미토콘드리아의 이상이 정신적 증상들을 일으키는 데 어떤 역할을 하는지는 불명확할 수밖에 없었다.

그렇다면 섬망은 어떻게 치료할까? 구체적인 증상과 원인에 따라 다르다. 섬망을 야기한 의학적 질병이 규명된 경우에는 해당 질병에 대한 표준적인 치료법이 시행된다. 요로감염증이라면 항생제를 투여하고, 심근경색이라면 표준화된 심장질환 치료 관행을 따르는 식이다. 정신적인 증상들은 어떨까? 섬망으로 진단이 내려졌더라도 증상을 통제하기 위해 정신의학에서 쓸 수 있는 모든 치료법을 그대로 동원한다. 항정신성약, 기분안정제, 항우울제, 항불안제, 수면제 등의 진정제가 흔히 처방된다. 간혹 섬망의 증상이 극심한 우울감과 기력 저하라면 각성제가 쓰이기도 한다. 이처럼 증상 완화를 위해 약물치료를 진행하지만 실제로는 그저 섬망의 원인이 된 의학적 질병이 완치될 때까지 시간을 버는 것뿐이다. 근본적인 의학적 질병이 나으면 섬망 증상들도 보통 사라지기 때문이다. 미토콘드리아 기능부전이 일시적으로 나타났다 해결되는 경우다.

그렇다면 섬망은 과연 그 자체로도 중요할까? 심근경색 등 일차적인 의학적 질병이 규명되고 나면 환자가 정신적 증상들을 보이는지가 정말로 의미가 있을까? 많은 사람이 그렇지 않다고 생각한다. 정신적 증상들을 별로 심각하게 여기지 않는 것이다. 그저 의학적 질병에 대해 적절한 치료를 하는 데 방해가 되는 성가신 문제라고만 생각한다. 가령 심장전문의들은 환자가 심근경색을 앓고 있다면 보통 정신적 증상들에는 관심을 두지 않는다. 이들의 관점에서 문제는 어디까지나 심근경색이기 때문이다. 환자가 불안을 느끼는지는 그다지 중요하지 않다. 심지어 환각을 경험한다고 한들 대수롭지 않게 여길 것이다. 이는 정신과 자문의가 대응해야 할 문제다. 심장전문의의 업무에는 포함되지 않는 일이다. 안타깝지만 의료계에 너무나도 만연해 있는 이 같은 시각은 대단히 근시안적이다. 섬망이 그 자체로도 매우 중요하다는 무수히 많은 연구 결과를 깡그리 무시하는 셈이다. 때로는 이로 인해 삶과 죽음만큼이나 큰 차이가 발생한다.

뇌 에너지 이론이 맞다면 섬망 환자들은 비환자들에 비해 훨씬 광범위하거나 심각한 미토콘드리아 기능부전이 발생한 상태다. '정신적' 증상들이 위험 신호를 보내고 있는 것이다. 만약 정말로 이런 상태라면 광범위하고 극심한 미토콘드리아 기능부전은 굉장히 많은 의미를 내포한다. 즉, 섬망 환자들이 정신질환, 치매, 발작 등을 일으킬 위험도 훨씬 높다는 것을 시사한다. 사망 위험 역시 훨씬 높다. 그렇다면 실제로 이 모든 우려가 사실일까? 연구 결과에 따르면 그렇다.

불안장애, 우울증, PTSD와 같은 정신질환들은 섬망 삽화 이후 흔하게 나타난다. 같은 의학적 질병을 앓은 환자들 가운데 섬망을 앓았던 환자들은 퇴원 후 3개월, 12개월, 18개월이 지난 시점에 치매와 인지장애가 발병할 위험이 섬망을 앓지 않았던 환자들에 비해 더 높다는 결과도 일관되게 보고됐다.[36] 실제로 섬망을 겪은 노인은 이후 치매 발병 위험이 다른 사람들에 비해 여덟 배나 높다. 뇌세포의 과흥분 현상도 꾸준히 확인되며, 심한 경우 발작이 일어나기도 한다. 한 연구에 따르면 섬망 환자들 가운데 84퍼센트가 EEG 결과에서 이상을 보였고, 15퍼센트에게서는 뚜렷한 발작 활동이 나타났다.[37] 섬망 환자들은 조기 사망 위험 또한 높다. 이들은 입원 기간에 섬망을 겪지 않은 다른 환자들보다 조기 사망하는 비율이 두 배가량 높다.[38] 퇴원한 뒤에도 섬망 환자들은 1년 이내 사망률이 35~40퍼센트로, 비환자들보다 훨씬 높다.[39]

　이 모든 연구 결과로부터 무엇을 알 수 있을까? 섬망은 뇌에서 미토콘드리아 기능부전이 발생했음을 알려준다. 어떤 경우에는 미토콘드리아의 기능이 되살아나 완전히 증상이 회복되기도 한다. 하지만 언제나 그런 것은 아니다. 위와 같은 데이터는 미토콘드리아 기능부전이 지속되거나 심지어 더욱 악화될 수도 있음을 시사한다. 미토콘드리아가 손상되면 세포 내에 제대로 일할 수 있는 미토콘드리아의 수가 감소한다. 이로 인해 해당 세포는 계속되는 기능부전에 훨씬 취약한 상태가 된다. 그러다 보면 실제로 일부 세포가 사멸하고 새로운 세포로 대체되지 않을 수도 있다. 이 모두가 다양한 뇌 영역의 예비력을 감소시키는 결과를 낳는다. 이렇듯 뇌 영역들의 활동 능력이 저해되면 결국 정신질환, 알츠하이머병, 발작 등으로 이어진다.

　집중치료실에 입원하는 동안 우울증처럼 비교적 가벼운 정신질환의 증상들을 보이는 환자는 어떨까? 우울증도 미토콘드리아 기능부전으로 인해 발생한 것이라면 이 또한 사망률이나 발작 위험 증가와 연관되어 있으리라 예상할 수 있다. 정말로 그럴까? 그렇다. 앞서 소개한 심근경색 발병 이후 우울증 증상을 보인 환자들은 1년 이내에 다시 심근경색이 나타날 위험이 두 배 높다는 연구 결과를 생각해보자. 또한 노인 우울증 환자들은 발작을 겪을 위험이 동년배보다 여섯 배 더 높다. 이와 유사한 연구가 다양한 의학적 질병 환자들을 대상으로 무수히 이뤄졌다. 집중치료실에 입원했던 환자들 가운데 우울증을 앓았던 이들은 퇴원 후 2년 이내에 사망할 확률이 우울증을 앓지 않았던 환자들보다 47퍼센트 높았다.[40] 이 모든 연구 결과를 종합하면 꼭 섬망으로 진단을 받지 않았더라도 **어떠한** 정신적 증상이든 이를 경험한 환자들은 조기 사망 위험이 높다고 결론 내릴 수 있다. 단언컨대 정신적 증상들은 탄광 속 카나리아와 같다. 대사와 미토콘드리아의 기능부전을 가장 먼저 보여주는 지표인 것이다.

장기 정신질환 환자들의 경우는 어떨까? 이들이 겪는 정신장애의 원인이 정말로 미토콘드리아 기능부전이라면, 그리고 섬망 또한 미토콘드리아 기능부전에 의해 발생하는 문제라면, 정신질환을 오래 앓았던 사람들은 그렇지 않은 사람들보다 섬망에 더 취약할 것이다. 실제로도 그럴까? 앞서 덴마크에서 6백만 명가량의 데이터를 분석했던 연구 결과를 떠올려보자.[41] 이 연구에서는 어떠한 정신질환이든지 발병 이력이 있는 사람들은 이후 섬망과 치매를 비롯한 '기질성' 정신장애의 발병 위험도 높다는 결과를 발견했다. 정신질환의 유형에 따라 차이는 있지만 전반적으로 이들은 비환자들에 비해 향후 기질성 정신장애가 발병할 위험이 두 배에서 스무 배 더 높았다.

만성적인 정신질환은 마치 자동차에 표시되는 경고등과 같다. 대사의 건강 상태를 들여다볼 수 있는 창구로서 대사나 미토콘드리아의 기능부전으로 인해 뇌가 제대로 기능하지 않고 있다는 사실을 알려준다. 때로는 이를 무시하더라도 저절로 문제가 해결될 수 있다. 하지만 문제가 지속되는데도 계속해서 못 본 척한다면 대부분은 다른 증상이나 질병으로 이어진다.

섬망에 대한 증거들만으로는 설득력이 부족하다고 느껴진다면 이번에는 임종 과정을 한번 살펴보자. 일부 의과대학에서는 학생들에게 임종의 전형적인 과정인 '발작, 혼수, 사망'을 마치 주문처럼 외우게 한다. 여기에는 거의 보편적으로 나타나는 또 하나의 과정인 섬망이 빠져 있다. 임종 과정에서 사람들은 흔히 환각, 지남력 상실, 기분 증상들 혹은 그 밖의 여러 정신적 증상을 경험한다. 뇌세포 안의 미토콘드리아들이 죽어가면서 뇌도 서서히 제 기능을 잃어가기 때문이다. 임종 과정은 명백하게 미토콘드리아 기능부전과 연관되어 있다. 섬망, 발작, 혼수, 사망까지 이 짧은 일련의 사건은 지금까지 설명했던 미토콘드리아 기능부전의 결과를 총망라한다. 미토콘드리아 기능부전이 빠르게 진행되며 결국 생명체가 죽음을 맞이하는 이 전 과정 속에서 세포의 기능 저하와 과흥분이 한꺼번에 발생하는 역설을 뚜렷하게 볼 수 있다.

진단명, 대사성 뇌 기능부전

뇌 에너지 이론은 모든 정신질환의 공통경로가 미토콘드리아의 기능부전이라는 견해를 제시한다. 미토콘드리아가 제대로 일을 하지 않으면 결국 뇌도 제대로 기능하지 못한다. 만약 이 이론이 맞다면 현재 우리가 의존하는 진단명은 얼마나 의미가 있는 것일까? 정신질환들을 어떻게 칭해야 옳을까?

현행 진단명은 앞으로도 얼마간은 그대로 유지될 가능성이 높다. 변화는 어렵고 시간이 많이 걸린다. 게다가 현재 사용 중인 진단법도 어느 정도는 유용한 정보를 담고 있다. 사람들이 보이는 무수히 많은 증상을 묘사하는 데에 탁월하다. 증상에 대한 정보는 중요하다. 적어도 대증요법에 있어서는 증상마다 각기 다른 치료법을 적용해야 하기 때문이다.

하지만 서로 다른 진단 간에 중첩되는 부분이 많을뿐더러 같은 진단을 받고도 환자에 따라 다른 증상을 보일 수 있다는 점을 고려하면 개선해야 할 부분이 있다는 사실은 분명하다. 미토콘드리아 기능부전 및 조절장애는 이처럼 무한대에 가까운 증상의 개인차에 관한 설명을 제공한다. 우리는 어떤 뇌세포와 신경망에서 결함이 발생했는지, 또 어떤 요인이 미토콘드리아의 기능에 영향을 미쳤는지에 따라 사람마다 다른 증상을 보일 수 있음을 확인했다. 이로써 정신질환을 대하는 생각의 관점을 바꿔야만 할 타당한 근거가 마련됐다.

간단한 개선 방법은 모든 정신질환을 섬망이라고 칭하는 것이다. 이어 이를 일시적 섬망과 만성 섬망으로 구분한다. 일시적 유형은 두세 달이면 증상이 나아지는 반면 만성 유형은 그보다 오래 지속된다. 이렇게 하면 임상의들은 단순히 대증요법만을 행하기보다는 대사성 뇌 기능부전을 야기한 원인을 찾아야 한다는 생각을 할 것이다. 대체로 지금과 같은 섬망 치료 관행을 따르겠지만 대신 그 대상이 의학적 질병에 의한 섬망 환자뿐만 아니라 '정신적으로 아픈' 환자 전체로 확대될 것이다.

만약 '섬망'이라는 명칭을 모든 정신질환에 붙이는 것이 불편하다면 '대사성 뇌 기능부전'이라는 용어로 칭하며 여기에 환자들이 경험하는 다양한 증상을 구체적으로 덧붙이는 방법도 대안이 될 수 있다. 이를테면 불안 증상이 두드러지는 환자는 '불안 증상을 보이는 대사성 뇌 기능부전'으로 진단하는 식이다. 조현병의 경우는 '정신증, 우울, 인지 증상들을 보이는 대사성 뇌 기능부전' 정도로 진단할 수 있을 것이다. 어떤 경우든 주요 진단명은 '대사성 뇌 기능부전'으로 같지만 구체적인 증상은 치료가 효과를 발휘한다든지 병이 악화되거나 나아지면서 얼마든지 달라질 수 있다. 따라서 지금처럼 여러 정신질환의 진단을 동시에 받는 것이 아니라 대사성 뇌 기능부전 하나로 진단을 받되 그에 따른 다양한 증상을 보이는 상태가 되는 것이다.

정신장애는 뇌의 대사장애다

다시 간단히 정리해보자.

정신장애는 뇌의 대사장애다. 대부분의 사람이 대사라고 하면 열량을 태우는 것만을 떠올리겠지만, 대사는 이보다 훨씬 복잡한 과정이다. 대사는 인체에 존재하는 모든 세포의 구조와 기능에 영향을 미친다. 대사 조절에 관여하는 요인으로는 후생유전, 호르몬, 신경전달물질, 염증을 비롯해 여러 가지가 있다. 미토콘드리아는 그중에서도 가장 중심에 있으며 상술한 모든 요인을 통제하는 역할을 한다. 미토콘드리아가 제대로 기능하지 않으면 몸이나 뇌의 세포 가운데 적어도 일부가 제대로 기능하지 않게 된다.

정신질환의 증상들은 뇌 기능의 과활성화, 저활성화, 또는 부재로 이해할 수 있다. 미토콘드리아 기능부전 혹은 조절장애는 이 모든 문제를 일으킬 수 있으며, 여기에 이르는 작용 원리는 (1) 세포 기능의 과활성화, (2) 세포 기능의 저활성화, (3) 비정상적인 세포 발달(이로 인한 뇌 기능의 부재), (4) 세포의 위축과 사멸(마찬가지로 이에 따른 뇌 기능의 부재), (5) 세포의 유지·보수 문제(이로 인한 뇌 기능의 과활성화, 저활성화, 또는 부재) 등 다섯 가지가 있다. 가령 불안을 관장하는 세포가 과활성화되면 불안 증상을 경험하게 된다. 기억을 관장하는 세포가 저활성화되면 기억장해를 겪는다. 이른 나이에 대사 문제가 발생하면 뇌 발달이 비정상적으로 이뤄져 자폐증과 같은 장애가 발생할 수 있다. 대사 문제가 오랜 기간 지속되면 대부분의 만성적인 정신질환과 알츠하이머병 환자에게서 발견되는 것처럼 세포가 위축되거나 사멸할 수 있다. 마지막으로 유지·보수 문제는 세포를 절망적인 상태에 이르게 만들어, 위에 나열한 문제 가운데 어느 것이라도 일으킬 수 있다.

이쯤이면 여러분은 그렇다면 대사와 미토콘드리아의 기능부전 혹은 조절장애를 일으키는 원인이 대체 무엇인지 궁금해질 수 있다. 답은 엄청나게 많다. 좋은 소식은 이들 가운데 상당수가 이미 여러분이 아는 것들이라는 사실이다. 마지막 3부에서는 이들에 대해 이야기해보도록 하자. 다행히 대부분 이미 규명됐고 대응책도 있다.

뇌 에너지 이론이
가져올 혁명

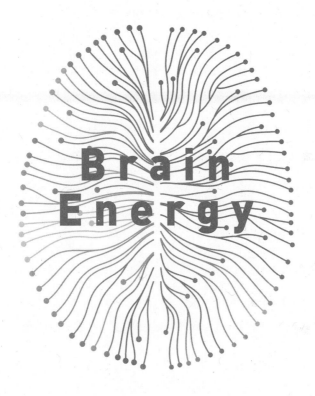

9

문제 원인과
대처 방법 찾기

이제 뇌 에너지 이론이 제시하는 대사 및 미토콘드리아 기능부전이라는 새로운 시각에서 정신질환의 위험 요인들과 원인에 대한 기존의 이론들을 다시 한번 찬찬히 살펴보자. 만약 정말로 정신장애가 모두 대사장애이고 미토콘드리아가 공통경로라면, 정신질환 발병에 영향을 미치는 것으로 알려진 모든 위험 요인은 대사나 미토콘드리아의 기능과 직접적으로 연관이 있어 어떻게든 일관성 있게 연결이 되어야 한다. 즉, 이들 사이에 인과관계가 있다는 증거가 발견되어야 마땅하다. 이와 관련해 지금부터 살펴볼 위험 요인들은 대부분 정신질환과의 연관성이 충분히 입증되어 누구나 수긍할 수 있는 것들이다. 그렇지만 아직은 누구도 이 각각을 하나로 연결할 방법을 찾지 못했다. 이에 우리는 다음 장부터 이 위험 요인들 하나하나를 대사 및 미토콘드리아와 연결 지어 정신 건강 분야에서 오랜 시간 간과해왔던 숨겨진 연결고리의 존재를 증명해보도록 하자.

위험 요인이라는 용어는 본래 인과관계가 분명하지 않을 때 쓴다. 하지만 뇌 에너지 이론을 바탕으로 인과관계를 명확하게 밝힐 수 있다. 따라서 지금부터는 위험 요인 대신 **기여 원인**이라는 용어를 사용할 것이다. 대부분 한 가지 단일한 근본 원인이 아니라 여러 개의 기여 원인이 작용해 질병이 발생한다.

본격적으로 들어가기에 앞서 용어 사용에 대해 일러둘 점이 있다. 3부에서는 어떤 때는 대사라는 용어로, 또 어떤 때는 미토콘드리아라는 용어로 설명을 이어갈 것이다. 둘은 밀접한 관련이 있기는 해도 완전히 동일한 개념은 아니다. 이 차이를 명확히 이해하기 위해 다시 자동차 비유로 돌아가보자. 대사가 교통 흐름이라면 미토콘드리아는 차를 직접 운행하는 운전자이자 그 안에서 일하는 일꾼이다. 앞서 이야기한 바와 같이 교통 흐름을 원활히 하는 일차적인 책임은 운전자에게 있지만 운전자가 교통 흐름에 영향을 미치는 유일한 요인은 아니다. 낮에 운전하는지 밤에 운전하는지와 같은 주행 환경, 비나 눈이나 우박을 동반한 폭풍과 같은 날씨 상태, 도로 공사를 비롯한 미처 예상치 못한 장애물 등 운전자가 통제할 수는 없지만 그에 따른 적절한 대응 능력을 요하는 상황들도 교통 흐름에 영향을 준다. 요컨대 미토콘드리아는 언제나 대사에 관여하지만 반대로 대사 문제가 반드시 미토콘드리아의 '기능부전'에 의한 것은 아닐 수 있다. 때로는 미토콘드리아가 주어진 상황 속에서 제 할 일을 해내고 있는데도 환경 탓에 대사성 문제가 발생하기도 한다. 예를 들어, 대사의 건강 상태가 양호한 어떤 여성이 환각제를 사용하면 즉각 환각을 경험한다. 약물이 대사와 미토콘드리아의 조절에 문제를 유발해 증상을 일으킨 것인데, 이를 미토콘드리아 '기능부전' 상태로 보기에는 미토콘드리아 입장에서 조금 억울한 상황이다. 우박이 쏟아지는 폭풍을 뚫고 차를 몰고 있는 운전자처럼 그저 악조건 속에서도 최선을 다하고 있을 뿐이니 말이다.

앞으로 살펴볼 기여 원인 가운데 상당수는 단순히 미토콘드리아의 활동과 기능을 조금 저해하는 데 그친다. 그렇지만 즉각적인 위해를 가하는 것들도 있다. 일부는 세포 내 미토콘드리아를 파괴할 수 있다. 어떤 기여 원인은 에너지 생성 능력을 손상시킨다. 또 어떤 것은 그 외 융합이나 DNA로 향하는 신호 체계를 운용하는 등의 기능을 수행하는 능력에 결함을 초래한다. 어떤 기여 원인은 사소해서 곧바로 그 영향을 알아차리지 못하지만 계속해서 누적되다 보면 정신적 증상들이 발생할 정도로 미토콘드리아에 크나큰 결함을 일으킬 수 있다. 그런가 하면 미토콘드리아 독성 물질처럼 결정적이고 파멸적인 해를 끼쳐 즉각 심각한 정신적 증상들을 유발하는 것들도 있다. 이처럼 심각한 피해는 단순히 뇌에만 그치지 않으며(예컨대 전신의 세포가 영향을 받을 수 있다), 경우에 따라서는 생명에 위협이 되는 상황도 발생한다.

어떤 기여 원인은 미토콘드리아를 자극해 적어도 단기적으로는 에너지 생성량을 늘리기도 한다. 때로는 이러한 자극도 도움이 될 수 있다. 그러나 일부 경우를 제외하면 에너지 과잉으로 인해 오히려 문제를 일으킬 수 있다. 단순하게는 커피를 마시고 밤에 잠을 잘 이루지 못하는 경우처럼 사소한 문제로 나타나기도 한다. 하지만 과흥분 세포들의 위험성을 여러분도 기억하지 않는가? 세포 내의 지나치게 많은 에너지는 불안, 정신증적 증상, 발작 등의 문제가 일어날 소지를 제공한다. 더욱이 때로는 한 가지 요인이 이처럼 각양각색인 증상을 모두 촉발할 수 있다는 사실에 여러분도 놀랄 것이다. 가령 리탈린이나 애더럴(리탈린과 같이 메틸페니데이트를 주성분으로 하는 약들은 국내에서도 ADHD 치료제로 처방되지만 유사한 효과의 암페타민을 주성분으로 하는 애더럴 등의 약은 금지 약물로 분류되어 있다.-옮긴이)과 같은 처방 각성제들은 미토콘드리아를 자극한다. 이로써 일부 환자들에게는 적절한 증상 완화 효과를 주지만 동시에 다른 사람들에게는 불안, 정신증적 증상, 발작 등을 유발할 수도 있다.

다양한 기여 원인을 살펴볼 때 염두에 두어야 할 점이 세 가지 있다.

1. 기여 원인은 모두 대사와 미토콘드리아에 직접적으로 영향을 미친다.
2. 기여 원인은 모두 정신질환의 광범위한 증상들과 연관되어 있다. 하나의 정신질환 혹은 증상과만 특정적으로 연관된 것은 한 가지도 없다. 이는 모든 정신질환이 하나의 공통경로를 공유하고 있다는 우리의 이론과도 일치한다. 바로 미토콘드리아 말이다.
3. 기여 원인은 모두 비만, 당뇨병, 심혈관계질환, 알츠하이머병, 뇌전증과 같은 대사장애 및 신경학적 장애들과도 연관되어 있다. 그 외에도 무수히 많은 의학적 장애와 연관되어 있지만 이 책에서는 이 다섯 가지에만 집중하기로 하자. 앞으로 다룰 요인들은 이처럼 '신체적인' 장애도 악화시키는 원인이 될 수 있다. 이는 곧 정신질환이 이러한 의학적 장애 및 신경학적 장애와도 공통경로를 공유한다는 우리의 이론을 뒷받침한다.

각 요인에 대해 지금까지 발표된 모든 과학적 연구 결과를 낱낱이 살펴보지는 않을 것이다. 각각을 입증하는 연구의 수가 너무나도 많기 때문이다. 3부의 목표는 어디까지나 이 모든 기여 원인이 대사, 미토콘드리아, 정신 건강과 어떻게 관련되어 있는지 개괄적으로 알아보는 것이다.

생물학적 요인들부터 시작해 심리·사회적 요인들을 살펴보는 순서로 진행하기로 하자. 그렇다고 해서 생물학적 요인들이 상대적으로 더 중요하다는 의미는 아니다. 그렇지 않은 경우도 아주 많다. 이 순서로 진행하는 것은 단지 생물학적 요인들을 먼저 살펴봄으로써 심리·사회적 요인들이 대사와 미토콘드리아에 어떻게 영향을 미치는지 이해할 기본 바탕을 다지기 위함이다.

증상과 장애가 개인별로 다른 이유

이 문제에 대해서는 2부에서 먼저 다뤘지만 구체적으로 각각의 기여 원인과 치료 방안을 짚어보는 과정에서 이와 관련된 두 가지 의문점을 다시 살펴보는 것도 의미가 있으리라 여겨진다. 첫 번째 의문점은 이것이다.

모든 정신질환이 미토콘드리아의 기능부전 혹은 조절장애로 인해 발생한다면 증상의 개인차가 이토록 큰 이유가 무엇일까? 이를테면 미토콘드리아의 기능 이상과 대사 부담이 어째서 누군가에게는 우울증을 일으키고 또 다른 누군가에게는 강박장애를 일으키는 것일까?

이에 대한 일차적인 답은 두 가지다.

1. 기존의 취약성 차이 때문이다

사람은 모두 다르다. 일란성 쌍둥이도 마찬가지다. 유전부호가 완전히 같더라도 이들은 전혀 다른 별개의 독립체다. 결국 사람은 모두 생물학적 청사진(유전)과 더불어 과거 경험 및 접해온 환경의 산물이다. 선천적 영향과 후천적 영향 모두가 어우러진 결과인 것이다. 여기서 경험과 환경이란 심리·사회적 경험은 물론이고 대사 환경도 포함된다. 그리고 이러한 영향은 우리가 수정되는 순간부터 시작된다. 우리의 몸은 끊임없이 자신이 속해 있는 환경과 그 안에서 얻을 수 있는 영양분, 산소, 호르몬, 온도, 빛을 비롯한 모든 요인에 반응한다. 이 모두가 우리의 대사와 미토콘드리아에 영향을 미치지만, 간혹 특정 요인은 일부 세포에만 작용하는 경우도 있다. 그렇게 시간이 지나다 보면 튼튼하고 회복탄력성이 높아지는 뇌 영역과 신체 부위가 생기는가 하면, 취약하고 기능부전이 발생하기 쉬운 곳도 생기게 된다. 특정 세포 혹은 신경망에서 발생하는 대사부전이 곧 정신적 증상의 원인이므로, 이러한 일부 뇌 영역의 취약성은 어떤 증상이 먼저 발생할지를 좌우하게 된다. 요컨대 대사의 건강은 신체에서 가장 약한 부분의 상태에 달려 있다.

우리 몸의 근육에 빗대어 생각해보자. 평소에 어떻게 단련했느냐에 따라 근육의 강도는 제각기 다르다. 만약 굉장히 무거운 물건(주요 스트레스원)을 들어 올리느라 근육에 부하가 가해지면 가장 근육이 약한 부위부터 무너지기 시작할 것이다. 어떤 근육이 가장 약한지는 사람마다 다르다. 세 사람이 똑같은 고중량의 물건을 든다고 해도 한 사람은 손목이 접질리고, 또 한 사람은 다리 근육을 다치고, 나머지 한 사람은 허리를 삐끗할 수 있다. 이처럼 같은 스트레스원에도 사람에 따라 증상이 다르게 나타나는 것은 저마다 취약한 부분이 다르기 때문이므로 각기 다른 치료법을 적용해야 한다.

2. 노출된 기여 원인의 차이 때문이다

세포와 그 안의 미토콘드리아는 수많은 요인에 영향을 받는데, 그에 따른 결과가 나타나는 시점과 부위도 천차만별이다. 다음 장부터 미토콘드리아에 각자의 방식으로 영향을 미치는 다양한 기여 원인을 본격적으로 살펴볼 것이다. 대부분이 이미 정신질환의 위험 요인으로 잘 알려진 것들이다. 개중에는 몸과 뇌의 전 세포에 영향을 미치는 요인도 물론 있지만 대부분은 그렇지 않다. 일부 세포에만 영향을 미칠 뿐, 나머지 세포에는 아무런 해도 입히지 않는 요인도 다수 있다. 어떤 상황 또는 과제를 맞닥뜨렸는지에 따라 서로 다른 신체 부위나 뇌 영역이 관여하며, 이들이 필요로 하는 에너지의 양도 달라진다. 만약 이렇게 관리되지 않고 전신에 에너지가 모두 균등하게 배분됐다면 그만큼의 에너지가 필요하지 않은 세포에는 낭비일뿐더러 정작 필요한 세포에 전달되어야 할 귀중한 에너지가 괜히 분산됐을 것이다. 요컨대 기여 원인마다 특정 뇌 영역에만 영향을 미친다는 뜻이다. 이로 인해 나타나는 증상도 다를 수 있다.

이러한 답들은 곧 두 번째 의문점으로 이어진다.

만약 사람마다 취약한 부분이 다르고 요인마다 기능 이상을 일으키는 부위가 다르다면 어떻게 온갖 정신장애와 대사장애가 서로 연관되어 있는 것일까? 어느 특정 유형의 세포에서 발생한 대사 문제가 다른 유형의

세포의 기능과 연관이 있는 이유가 대체 무엇일까?

여기에 답하기 위해 다시 대도시의 교통 상황으로 돌아가보자. 원활한 교통 흐름을 결정짓는 요인은 아주 많다. 대사도 마찬가지다. 그리고 동시에 이들은 모두 서로 밀접하게 연결되어 있다.

교통 문제는 도시의 아주 작은 한 구역에서부터 시작하는데, 붐비는 길에서 발생한 교통사고 한 건이 차량의 통행을 막는 발단이 된다. 대사 문제도 한 세포 집단에서 시작되어 해당 세포들이 하는 일과 연관된 증상이 가장 먼저 발생하게 된다. 이처럼 처음 문제가 생길 때는 바로 앞에서 설명했듯이 기존의 취약성 및 노출된 기여 원인과 관련된 세포들에만 국한된다.

그러나 문제가 지속되면 증상이 확산될 수 있다. 도시에서 교통사고가 발생했는데 현장이 신속하게 정리되지 않으면 교통체증 범위가 점점 넓어져 도시의 다른 지역의 교통 흐름에까지 영향을 주게 된다. 만약 교통 문제의 원인이 도로 정비가 제대로 되지 않은 탓이라면 문제가 장기화될 수도 있다. 대사의 경우도 같다. 몸의 한 부분에서 시작된 문제는 보통 시간이 지나면서 다른 부분들로 확산된다. 어째서일까? 이는 대사가 고도로 상호 연결된 체계이기 때문이다. 대사는 전신의 피드백 순환 고리에 의존한다. 따라서 한 구역에서 제대로 대사가 이뤄지지 않으면 신체의 다른 부분들도 영향을 받는다. 만약 문제가 바로잡히지 않는다면 수년에서 수십 년 동안 서서히 이로 인한 부담이 누적되어 다른 곳까지 퍼져나가는 것이다.

치료와 성공 사례

앞으로 나올 내용에서는 정신질환의 각 기여 원인을 살펴보며 가능한 경우에는 문제에 대응할 수 있는 몇 가지 전략도 함께 알아볼 것이다. 그중 일부는 표준적인 기존의 치료법이다. (앞에서도 말했듯이 새로운 이론이 기존의 지식과 관행을 전부 대체하지는 않는다.) 그렇지만 여러분이 전혀 고려하지 않았던 새로운 방법도 있을 것이다. 전반적으로 이 대응 전략들은 다음 유형들 가운데 하나에 속한다.

1. 건강하지 못한 식습관, 수면장해, 음주나 약물 사용, 일부 처방약, 심리·사회적 스트레스원 등 미토콘드리아나 대사에 조절장애를 야기하는 요인을 제거 또는 감소하는 치료법
2. 신경전달물질이나 호르몬 불균형처럼 대사의 불균형을 바로잡는 치료법
3. 대사를 증진시키는 치료법
   이 전략은 다시 세 가지 하위 유형으로 나눌 수 있다.
   - 미토콘드리아 생합성: 세포 내의 미토콘드리아 수를 증가시키는 방법이 몇 가지 있다. 이처럼 일꾼의 수를 늘리면 대사 능력이 개선된다.
   - 미토파지: 나이 들고 결함이 발생한 미토콘드리아를 새롭고 건강한 것으로 대체하는 것도 도움이 될 수 있다. 일꾼들을 다시 생생한 상태로 만들면 대사가 개선된다.
   - 자가포식: 오랜 기간 지속된 대사 문제로 세포에 발생한 구조적 손상을 수복하는 것도 장기적인 치유에 꼭 필요한 과정이다.

20장에서는 종합적인 치료 계획을 수립하는 데에 유용한 몹시 중요하고 기본적인 전략들을 알아볼 것이다. 끝까지 읽기 전까지는 아직 이 책에서 언급한 어느 치료법도 섣불리 시행하지 않기를 바란다. 먼저 다양한 기여 요인과 그에 대한 치료적 접근법을 전부 이해하고 난 다음 그중에서 어떤 것이 가장 자신에게 적합할지 판단해야 한다.

그 과정에서 대사 중재법을 통해 정신 건강이 개선된 실제 사례들도 함께 만나보자. 개인정보 보호를 위해 가명을 사용했지만 모두 실제 사례다.

10

정신질환은 가족력의
영향을 얼마나 받을까?

정신질환은 가족력의 영향을 받는다. 이는 수백 년 전부터 알려져 있었으며, 현재에 이르러서는 엄청나게 많은 연구 결과를 바탕으로 정설로 받아들여지고 있다. 이로 인해 많은 사람이 적어도 일부 환자의 경우에는 정신질환의 근본 원인이 유전자에 있다고 결론 내린다. 어떤 질병이 가족력의 영향을 받는다고 하면 대부분은 유전적인 요인을 떠올리는데, 일반적으로 부모에서 자식에게 정보가 전달되는 방식이 바로 유전이기 때문이다. 하지만 최근 밝혀진 바에 따르면 실상은 이처럼 단순하지 않다.

유전

1990~2003년까지 국제 학계는 당대 최대 규모였던 어느 과학 연구에 몰두했다. 바로 인간 유전체 프로젝트 Human Genome Project, HGP다. 연구자들은 인간 DNA의 염기서열 약 30억 개를 모두 밝히고 지도화하는 작업에 착수했다. 이로써 온갖 질병, 특히 유전병에 종말을 고할 수 있으리라는 가능성에 전 세계가 흥분과 희망에 부풀어 있었다. 정신의학계에서는 유전자 지도만 완성되면 각 정신장애의 원인이 되는 유전자를 규명하고, 이들이 부호화하는 단백질을 찾아내 문제를 해결할 약을 개발하고, 어쩌면 치유법까지 발견할 수 있으리라고 기대했다.

인간 유전체 지도가 완성된 이래 연구자들은 다양한 질병의 원인이 되는 유전자를 1천 8백 개가량 발견하고 특정 질병의 유전적 소인을 측정할 수 있는 유전자 검사를 약 2천 가지나 개발해냈다. 어떤 환자들은 치료약의 대사가 지나치게 빠르거나 느리게 이뤄질 가능성이 있다는 사실도 검사를 통해 미리 알 수 있다. 이처럼 많은 영역에서 연구자들의 노력이 결실을 보았다. 하지만 안타깝게도 정신의학계에서는 그렇지 못했다.

정신질환을 일으키는 유전자를 찾는 여정은 대부분 빈손으로 끝났다. 노력이 부족했기 때문은 아니다. 연구자들은 인간 유전체를 낱낱이 뒤져가며 신경전달물질, 이를 생성하는 효소, 그리고 이들에 반응하는 수용체와 관련된 유전자를 꼼꼼하게 살폈다. 세로토닌, 도파민 등 신경전달물질은 화학적 불균형 이론에서 핵심이 되는 화학물질이므로 이들을 연구 대상으로 삼는 것은 당연했다. 그러나 불행히도 이러한 유전자들과 정신질환 사이에는 그 어떤 유의미한 관계도 발견되지 않았다.

이에 연구자들은 전장유전체 연관성 분석genome-wide association study, GWAS을 통해 정신질환과 관련되어 있을 만한 유전자의 유전체는 전부 닥치는 대로 분석하기로 했다. 그리고 정신질환을 야기하는 유전자를 찾기 위해 기존의 선입견을 다 배제하고 뇌나 정신의학과 전혀 관련성이 없어 보이는 유전자까지 모두 살펴봤다. 이렇게 샅샅이 탐색한 결과, 연구자들은 정신질환과 관련이 있을 법한 유전자를 다수 밝혀냈지만 정작 정신질환 환자들 가운데 유의미한 비율에 유의미한 수준의 위험으로 작용했을 만한 유전자는 거의 발견하지 못했다. 매우 높은 수준의 위험으로 작용했을 가능성이 있는 아주 희소한 유전자가 일부 **밝혀지기는 했지만** 대부분의 정신질환 환자는 발병하는 데에 이런 특수한 유전자의 영향을 크게 받지 않았다. 설상가상으로, 밝혀진 유전자들 대부분은 특정 장애에만 영향을 끼치는 것도 아니었다. 하나하나가 모두 다양한 정신장애, 대사장애, 신경학적 장애의 위험으로 작용한다는 결과가 나온 것이다. 이를테면 일부 정신증 위험 유전자는 조현병, 양극성장애, 자폐증, 발달지체, 지적장애, 뇌전증 모두에 위험으로 작용했다.[1] 즉, 하나의 유전자가 여러 장애의 발병 위험을 높인 것이다. 주요우울장애와 관련해서는 다소 논란이 있는데, 어떤 연구에서는 주요우울장애 발병 위험을 아주 약간 높이는 유전자(이 중 몇 가지는 잠시 뒤에 살펴보도록 하자)가 있다는 결과를 보고한 반면 또 다른 연구에서는 인간 DNA의 유전적 변이를 120만 개 넘게 살펴봤음에도 주요우울장애 발병에 유의미한 위험으로 작용하는 유전자는 단 한 가지도 발견되지 않았다고 보고했다.[2]

이렇듯 유전병의 가능성이 있는 장애인데도 불구하고 유전자를 통해 해답을 찾지 못한 실망스러운 경우는 정신의학계에서만 있었던 일은 아니다. 비만, 당뇨병, 심혈관계질환 등 대사장애도 마찬가지다. 이들 역시 가족력의 영향이 큰 것으로 여겨지며, 흔히 정신질환 병력이 있는 가족에게서 나타난다. 그렇지만 대사장애와 관련해서도 인간 DNA를 통한 손쉬운 해답을 찾지 못했다.

설령 수천 개의 유전자가 각각 아주 조금씩 위험 요인으로 작용한다고 치더라도 이를 뇌 에너지 이론의 관점에서는 어떻게 이해할 수 있을까? 미토콘드리아와 대사의 문제가 모든 정신장애의 원인이라면 유전자가 과연 정신질환과 관련이 있기는 한 것일까?

일단 위험 유전자로 밝혀진 것들 가운데 상당수는 미토콘드리아 및 대사와 직접적으로 관련이 있다. 가령 DISC1이라는 유전자는 조현병, 양극성장애, 우울증, 자폐증 발병 위험을 높인다. 이에 이 유전자가 세포가 기능하는 데에 어떤 역할을 하는지 더욱 자세히 살펴봤더니, 이 유전자는 미토콘드리아 내부에 존재하며 미토콘드리아의 이동, 융합, 다른 세포 기관과의 상호작용에 영향을 미치는 것으로 밝혀졌다. 그리고 그 결과, 뉴런의 발달과 가소성에도 영향을 미치고 있었다.[3] 그런가 하면 기분장애의 가장 강력한 위험 유전자 중 하나인 CACNA1C는 산화 스트레스를 처리하고 미토콘드리아를 온전한 상태로 유지하며 원활히 기능하게 하는 데 있어 주요한 역할을 한다는 사실이 발견됐다.[4]

또 한 가지 예로, 알츠하이머병의 발병 위험을 높이는 APOE 유전자를 보자. 이 유전자는 지방과 콜레스테롤의 운반 및 대사와 관련 있는 아포지질단백질E Apolipoprotein E라는 단백질을 부호화한다. APOE 유전자의 변이

3부 · 뇌 에너지 이론이 가져올 혁명

형으로는 APOE2, APOE3, APOE4 등 세 가지가 있다. 이 가운데 APOE4 유전형은 전체 인구의 약 25퍼센트가 사본 한 개를, 2~3퍼센트는 두 개의 사본을 보유한다. 한 개의 사본을 보유한 사람은 아예 보유하지 않은 사람에 비해 알츠하이머병 발병률이 세 배에서 네 배가량 높으며, 두 개의 사본을 보유한 사람은 아홉 배에서 열다섯 배 더 높다.[5] 뇌 에너지 이론을 뒷받침하는 사례로서 이 유전형은 대사와 미토콘드리아 모두에 큰 영향을 미친다. APOE4 유전형을 보유한 사람들은 이십 대부터 이미 뇌에서 포도당 대사의 결함 징후가 나타날 가능성이 높은데, 이러한 결함은 시간이 갈수록 점점 악화된다.[6]

아포지질단백질E는 미토콘드리아에 직접적으로 영향을 미치는 것으로 보인다. 각기 다른 APOE 유전형을 보유한 사람들을 대상으로 미토콘드리아의 생합성, 역학(융합과 분열 활동), 산화 스트레스를 좌우하는 단백질의 농도를 측정한 연구가 있었다.[7] 그랬더니 APOE4 유전형을 보유한 사람들은 이 중요한 미토콘드리아 단백질의 농도가 낮다는 사실이 발견됐으며, 이 수치는 알츠하이머병의 증상들과 직접적인 상관관계를 보였다. 또 다른 연구는 APOE4가 뉴런들을 보조하는 중요한 세포인 별아교세포의 자가포식, 미토콘드리아 기능, 미토파지를 저해한다는 것을 발견했다.[8] 다행히 자가포식을 촉진하는 약을 투여하면 이러한 이상 상태를 어느 정도 바로잡을 수 있다.

그렇다면 APOE4는 과연 **모든** 대사장애와 정신장애의 위험을 높일까? 심혈관계질환과 **일부** 정신질환, 그리고 뇌전증의 위험은 **높이지만** 역설적이게도 비만과 이형당뇨병의 위험은 **낮추는** 것으로 보인다.[9] 대사의 복합적인 성질이 두드러지는 것이 바로 이런 부분이다. APOE 유전자는 인체 내 모든 세포에 균등하게 분포되어 있지 않다. 뇌에서는 주로 별아교세포와 미세아교세포에서 발견된다. 이 세포들에는 특유한 기능이 있다. APOE4는 이들의 기능을 아주 서서히 떨어뜨리는데, 여기에서 발생하는 문제는 다른 증상보다도 인지적인 증상과 특히 밀접한 관련이 있다. 요컨대 시간이 지나면서 뇌의 이 '부분'이 가장 먼저 망가지기 시작해 특유의 증상들이 나타나게 된다. 하지만 이 세포들이 완전히 무너지기 시작하면서부터는 이들과 서로 연결된 뇌 영역들에서도 문제가 일어나 알츠하이머병의 다른 정신적 증상들이 발생한다. 그러니까 앞에서 설명했다시피 이 또한 기존의 취약성(위험 유전자)과 세포마다 다른 기여 원인에 노출된 결과가 함께 어우러져 특정한 증상이 나타나는 하나의 예다. 이러한 연구 결과들은 대사와 미토콘드리아가 알츠하이머병의 공통경로임을 직접적으로 입증한다.

미토콘드리아는 세포핵 내의 유전정보와 미토콘드리아가 스스로 가지고 있던 유전정보 모두의 영향을 받다 보니 유전학 연구가 한층 더 복잡해진다. 미토콘드리아의 유전자는 돌연변이에 훨씬 취약하다. 미토콘드리아 내에서 일어나는 유전적 돌연변이는 행동, 인지, 섭식, 스트레스 반응 등 뇌 기능의 다양한 양상과 직접적으로 관련이 있다.[10] 하지만 안타깝게도 미토콘드리아 유전자의 중요성이 그동안 별다른 주목을 받지 못한 탓에 아직 대규모 집단을 대상으로 폭넓은 탐구가 이뤄지지는 않았다.

세포에서 이 외의 기능을 보조하는 다른 단백질들과 연관된 유전자들 또한 대사에 영향을 미친다. 유전자는 인체를 구성하는 수많은 유형의 단백질에 대한 청사진이다. 자동차를 이루는 다양한 부품, 그리고 제조사와 모델에 따라 존재하는 이 부품들의 다양한 변종과 마찬가지로 이 가운데 일부는 다른 것들보다 더 신뢰도와 연비가 뛰어나다. 어떤 것들은 거친 환경에 적응하는 데 초점이 맞춰져 있어 비교적 수명이 짧은가 하면 또 어떤 것들은 연비를 높이는 데 치중해 수명이 길다. 유전적으로 어느 것을 물려받든 간에 이들은 모두 세포의 기능, 대사, 전반적인 건강에 영향을 미친다. 대사부전과 관련해서도 각기 다른 정도의 취약성을 부여할 수 있다. 다만 신체에는 언제나 대사 활동이 '약한 부분'이 있기 마련이다. 더구나 세포의 각 부분의 상태가 천차만별이다 보니 그중 일부에서는 다른 부분들보다 부전이 발생하기 쉽다.

이 모든 근거를 종합할 때 정신질환 환자 대다수의 경우 문제의 답이 유전자 자체에 있지 않다는 사실이 거의 확실시된다. 만약 유전자만으로 정신질환 가족력의 영향력을 완벽하게 설명할 수 없다면 과연 어떤 대안이 있을까?

후생유전

2부에서 간략하게 살펴본 후생유전은 유전자의 발현 여부를 결정짓는 것이 무엇인지 연구하는 학문이다. 인간은 대부분 비슷한 유전자를 가지고 있다. 사실상 다들 신체가 어떻게 기능해야 하는가에 대한 같은 청사진을 가지고 있는 셈이다. 물론 키, 피부색, 머리색 등 명백하게 차이가 나는 것도 있기는 하다. 하지만 유전자의 대부분은 기본적으로 같다. 대다수 사람의 몸은 동일한 방식으로 기능한다. 사실 정말로 뚜렷한 차이가 있는 것은 이 모든 유전자의 발현 여부다.

피부세포, 뇌세포, 간세포는 모두 동일한 DNA를 가지고 있다. 각 세포 사이에 차이를 만들어내는 것이 바로 후생유전이다. 이 때문에 서로 다른 세포에서 저마다 다른 유전자가 발현한다.

우리 몸속 세포 안에서는 유전자가 켜지거나 꺼지는 과정이 쉴 새 없이 일어난다. 그리고 환경 상황과 신체의 필요에 따라 계속해서 변화한다. 달리 말하자면 우리의 몸은 순간순간 새로운 상황에 끊임없이 적응한다. 때로는 호르몬을 생성해야 해서 관련 유전자들이 켜진다. 작업이 끝나면 이 유전자들은 다시 꺼진다. 세포는 자원을 낭비하는 법이 없다.

이처럼 지속적으로 기복이 있는 경우 외에 유전자 발현 상태가 조금 더 오래 지속되는 경우도 있다. 유전자 발현 상태의 변화 중 일부는 그 사람의 특질과 연관되어 있다. 가령 어떤 사람들은 큼직큼직한 근육을 가지고 있는 반면 어떤 사람들은 호리호리한 체형이며, 또 어떤 사람들은 비만이다. 이들 모두 기본적으로 가지고 있는 유전자는 유사하지만 장기적으로 다르게 발현된다. 유전자 발현에는 다양한 신체적 및 정신적 특질과 연관된 특정한 패턴이 있다. 이렇듯 장기적으로 지속되는 후생유전적 변화는 우리의 몸이 대사 전략을 마련하고 이를 고수하기 위해 취하는 하나의 방식이다. 말하자면 후생유전은 몸이 겪어온 환경 변화에 대한 기억을 담고 있는 셈이다.

우리의 몸이 유전자 발현을 통제하는 데에는 여러 가지 방법이 있다. 그중 하나는 DNA의 특정 위치에 메틸기^{methyl}라는 입자를 덧붙임으로써 DNA 자체를 수정하는 것이다(메틸화). 이렇게 결합된 메틸기는 이후 어떤 유전자가 켜지거나 꺼질지에 영향을 미친다. 메틸기는 필요에 따라 얼마든지 수시로 결합되거나 제거될 수 있지만 일부 위치에서는 시간이 지나도 비교적 안정적인 상태를 유지한다. 우리 몸이 유전자 발현에 영향을 미치는 또 다른 수단은 히스톤이다. 히스톤은 DNA 사슬이 감길 수 있게 중심을 잡아주는 역할을 하는 단백질이다. 이 히스톤 또한 어떤 유전자가 켜지고 꺼질지에 영향을 미친다. 메틸화와 히스톤 외에도 후생유전에 관여하는 요인은 많다. 그리고 매년 더 많은 새로운 요인이 발견되고 있는 추세다. 여기에는 마이크로RNA, 호르몬, 신경펩타이드 등이 있다. 이렇게 후생유전적으로 DNA를 통제하는 데 관여하는 요인의 수가 너무 많이 발견되다 보니 이 분야는 순식간에 혼란에 빠져버렸고, 이제는 정보의 양에 압도될 지경이다.

그렇지만 한 걸음 뒤로 물러나 조금 더 넓은 시야에서 바라보면 상황은 생각보다 혼란스럽지 않다. 후생유전에 영향을 미치는 것은 무엇일까? 이 모든 요인이 유전자 발현 상태에 변화를 초래하도록 촉발한 것은 무엇일까? 답은 대부분 대사와 미토콘드리아에서 찾을 수 있다. 후생유전에 영향을 준다고 여겨지는 요인으로 식습관, 운동, 음주나 약물 사용, 호르몬, 빛 노출, 수면 등이 있는데, 이 모두가 대사와 미토콘드리아에 관련되어 있다(뒤에서 차차 살펴볼 것이다). 일례로, 흡연자들은 AHRR 유전자의 DNA 메틸화가 비흡연자보다 적게 일어나는 경향이 있다.[11] 그러나 담배를 끊으면 이러한 DNA 메틸화 현상에서의 변화도 다시 일반적인 수준으로 돌아올 수 있다.

후생유전이란 결국 세포들이 지닌 대사의 청사진이라고 보면 된다. 단순히 세포들이 환경에 대처하고 생존하기 위해 최선을 다할 수 있게끔 도와주는 유전자 패턴을 나타내는 것이다. 하지만 그러다 자칫 부적응적인 패턴에 고착되거나 적절한 신호를 전달받지 못해 엉뚱한 패턴이 형성되면 그때는 문제가 될 수 있다.

앞서 미토콘드리아가 후생유전을 조절하는 역할을 한다고 했던 것을 떠올려보자. 미토콘드리아는 활성산소종, 포도당과 아미노산, ATP의 농도 변화를 통해 유전자 발현에 영향을 미친다. 더욱이 이렇게 미토콘드리아로 인해 발현에 영향을 받는 유전자는 사실상 세포 안에 존재하는 모든 유전자다. 세포 내에 결함이 생긴 미토콘드리아의 수가 증가하면 유전자 발현 이상 또한 증가한다는 연구 결과는 앞에서도 이미 살펴봤다.

밝혀진 바에 따르면 후생유전적 요인도 대물림된다. 후대에 전달되는 방식에는 여러 가지가 있는데, 그중 몇 가지만 알아보기로 하자.

태내 환경

자궁 내에서 성장하는 동안 태아는 온갖 대사 신호에 둘러싸여 있다. 음식물, 산소, 비타민과 미네랄 모두 태아의 성장에 명백하면서도 결정적인 역할을 한다. 그렇지만 이 외에도 어머니의 호르몬, 신경펩타이드, 술, 처방약이나 불법 약물을 비롯해 무수히 많은 요인이 나름의 영향을 미친다.

후생유전이 대사장애와 정신장애를 후대에 물려주는 데 명확한 역할을 한다는 사실을 보여준 한 예로, 1944년부터 1945년까지 독일의 점령으로 발생한 네덜란드 대기근 출생 집단 연구가 있다. 연구자들은 이 시기에 어머니의 배 속에 있었던 아이들을 전체 인구 및 어머니가 정상적으로 음식을 섭취할 수 있던 시기에 태어난 이 아이들의 형제자매와 비교해봤다. 그러자 대기근 시기를 거쳐 태어난 아이들은 상대적으로 향후 **대사장애와 정신**

장애 모두 발병 위험이 높았다. 이 연구 결과와 다른 유사한 사례들을 바탕으로 연구자들은 태중에 적절한 영양 공급을 받지 못했던 아기들이 나중에 비만, 당뇨병, 심혈관계질환을 앓게 될 위험이 높다는 골자의 절약 표현형 가설thrifty phenotype hypothesis을 세웠다. 안타깝게도 이 가설은 이 같은 아기들이 정신질환의 발병 위험 또한 높다는 사실에는 크게 주목하지 않았다. 그렇지만 실제로 이들은 조현병과 반사회성 성격장애가 나타날 위험이 두 배가량 높았으며, 우울증, 양극성장애, 중독장애의 위험도 남들보다 높은 것으로 밝혀졌다.[12] 연구자들은 당뇨병 위험이 커진 현상을 이해하기 위해 췌장을, 심혈관계질환 위험 증가의 이유를 알아내려 심장을, 정신장애와 신경학적 장애 문제를 밝히고자 뇌를 각각 연구했지만 이 모두를 연결하는 대사의 연관성을 꿰뚫어보지는 못했다.

어린 시절

후생유전, 대사, 미토콘드리아 조절에 영향을 미치는 요인들 가운데 일부는 태어난 이후 어린 시절에 경험하는 사건과 행동들을 통해 부모 세대에서 자녀 세대로 전해진다. 많은 연구가 생애 초기 영유아에게 행해지는 양육자의 행동과 그에 따른 장기적인 건강 상태를 살펴봤다. 연구는 대체로 이 책에서도 이미 설명한 부정적 아동기 경험에 초점이 맞춰져 있다. 양육자의 방임과 애정결핍은 평생 자녀에게 깊은 영향을 미친다. 이 영향이란 대사장애와 정신장애 모두 포함한다. 후생유전 기제는 이 모두에 핵심적인 역할을 하는 것이다.

분자 수준에서 구체적으로 이를 확인할 수 있는 한 가지 예가 모유를 통해 어머니로부터 자녀에게 대사 요인들이 전해지는 경우다. 이렇게 전해지는 분자 중에는 니코틴아마이드 아데닌 다이뉴클레오타이드^{nicotinamide} adenine dinucleotide, NAD라는 것이 있다. NAD는 비타민B3(나이아신)에서 얻어지거나 단백질을 구성하는 아미노산의 일종인 트립토판^{tryptophan}을 이용해 체내에서 합성되는 매우 중요한 조효소^{coenzyme}다. 미토콘드리아가 에너지를 생성할 때뿐만 아니라 DNA의 유지·보수와 후생유전에도 필수적인 역할을 한다. 따라서 NAD 농도가 낮으면 미토콘드리아 기능에 결함이 생기고 후생유전적 변화가 발생하며, 노화 및 여러 질병과도 연관이 있는 것으로 알려져 있다.[13] 한 연구팀에서는 임신한 쥐의 NAD 농도를 높이는 처치가 이후 새끼 쥐에게 장기적으로 어떤 영향을 미치는지 살펴보았다.[14] 우선 NAD가 충분한 산모들은 대사가 활발해진 덕분에 출산 후 상대적으로 살이 더 쉽게 빠졌다. 그런데 진짜 NAD의 이로운 효과를 크게 누린 것은 새끼 쥐였다! 이 같은 환경에서 태어난 새끼 쥐들은 혈당 조절과 신체 능력이 다른 개체들보다 뛰어난데다, 불안 수준이 낮으며 기억력이 좋고, '학습된 무기력' 징후(우울증의 지표)도 적게 나타나며, 심지어 성체가 되어서도 신경생성이 훨씬 활발하게 일어나는 등 뇌에서도 다양한 변화를 보였다. 분명 영유아기에 어머니에게서 받은 이 대사 및 미토콘드리아성 조효소는 뇌와 '정신적' 증상들에 평생토록 영향을 미쳤다. 어머니들은 자녀에게 물려줄 수 있도록 자연적으로 이 조효소의 농도가 변화한다.

트라우마의 대물림

정신 건강과 관련해 가장 광범위한 연구가 이뤄진 후생유전 현상은 트라우마의 대물림이다. 이 분야의 최고 권위자인 레이철 예후다Rachel Yehuda 박사는 〈트라우마 효과의 세대 간 전달: 후생유전 기제의 추정적 역할 Intergenerational Transmission of Trauma Effects: Putative Role of Epigenetic Mechanisms〉이라는 제목으로 수십 년 동안 이뤄진 관련 연구 결과를 종합적으로 소개하는 개관논문을 발표했다.[15] 이 분야의 연구는 과거 1966년, 예리한 정신과 의사 비비안 라코프Vivian Rakoff 박사가 유대인 대학살 생존자들의 자녀가 이따금 직접 강제수용소에서 고통을 겪었던 부모보다도 더 극심한 형태의 정신질환을 앓는다는 사실에 주목하면서부터 시작됐다. 라코프는 이러한 현상 사이에 어떤 식으로든 연결고리가 있다고 단언했다. 당시만 해도 많은 사람이 이 말을 믿지 않았다. 이 말을 믿었던 측은 부모가 자녀에게 알게 모르게 두려움, 불안, 우울을 학습시켰기 때문에 이러한 연결고리가 존재한다고 여겼다. 즉 심리적 혹은 사회적인 원인으로 생존자들의 자녀가 정신질환을 앓게 되었다고 말이다. 이후 많은 연구가 이어지며 부모의 트라우마와 그 자녀, 심지어 손주의 정신 건강이 좋지 못한 현상 사이에 어떤 패턴이 있음을 밝혀내기 시작했다. 그렇지만 여전히 대부분은 가정교육이 이 패턴의 원인이라고 추정했다. 부모가 자녀에게 세상을 두려워하고 스트레스를 받도록 가르친 것이 틀림없다고 생각했다.

그러다 1980년대에 들어 연구자들이 코르티솔에 대한 반응이 사람마다 다르다는 사실을 발견하자 이 같은 추정에도 의문이 제기되기 시작했다. 트라우마 환경에 노출된 사람들과 그 자녀들은 당질코르티코이드 glucocorticoid(당의 대사에 관여하는 호르몬의 총칭으로, 코르티솔도 여기에 포함된다 – 옮긴이)에 대한 민감성에서 트라우마 경험이 없는 사람들과 차이를 보였다. 특히 태아기에 높은 농도의 코르티솔에 노출된 경험은 아동에게 '프로그램'처럼 각인되어 향후 정신장애와 대사장애 발병 위험을 높인다. 유전과 후생유전의 혁명적인 연구 결과들을 종합해볼 때, 이러한 사람들 가운데 상당수가 당질코르티코이드 수용체를 비롯해 스트레스 반응 체계와 연관된 여러 DNA 영역들(프로모터 영역들: 유전자의 앞부분에서 RNA 합성 단계에 관여하는 부분–옮긴이)의 메틸화 패턴에서 남들과 차이를 보인다는 사실이 밝혀졌다.

최근에는 심지어 아버지 쪽에서도 유전자 발현에 변화를 가하는 것으로 알려진 마이크로RNA 분자와 같은 정자 내의 후생유전 기제를 통해 자녀에게 트라우마 경험을 전달할 가능성이 있다는 것이 드러났다. 현재까지 연구 결과, 쥐와 인간 모두 정자 안에서 자녀에게로 전달되는 마이크로RNA의 존재가 확인됐다. 그중에서도 특정 마이크로RNA(miRNA-449와 miRNA-34)의 농도는 아버지가 초기 아동기 시절에 경험한 스트레스 수준에서도 직접적인 영향을 받는 것으로 나타났다.[16] 생애 초기에 심한 스트레스를 주는 생활사건에 노출된 수컷 쥐들의 정자세포에서 이 마이크로RNA의 농도가 극적으로 낮아졌으며, 이 쥐들에게서 태어난 수컷 새끼 쥐들 또한 정자세포에서 동일한 현상이 관찰되어 스트레스가 대물림될 수 있다는 것이 입증됐다. 인간을 대상으로 한 연구에서도 남성에게 부정적 아동기 경험을 묻는 질문지를 작성하게 한 뒤 검사를 해보니 가장 극심한 스트레스 경험을 한 사람들의 이 마이크로RNA 수치가 다른 사람들과 최대 3백 배의 차이를 보이며 가장 낮게 측정됐다.

스트레스를 경험한 시기 또한 중요한데, 이에 따라 뇌 기능에 미치는 영향이 달라지기 때문이다.[17] 태아기에 어머니가 받는 스트레스에 노출된 경우에는 향후 학습장애, 우울증, 불안장애를 겪을 위험이 높다. 생후 몇 년 사이에 어머니와 분리된 경험은 평생 남들보다 코르티솔 농도가 **높아지는** 결과를 낳는 반면, 극심한 학대는 코르티솔 농도가 **낮아지는** 결과를 초래한다. 역설적이지만 두 가지 상태 모두 대사에 부담을 주며, 코르티솔의 생성에 관여하는 미토콘드리아의 상태와도 직접적으로 관련이 있다.

　이 같은 연구는 오늘날에도 계속 이어지고 있다. 결국 이 모든 결과가 명백하게 보여주는 것은 부모에게서 자녀로, 심지어 손주에게까지 정신질환이 대물림되는 데 있어 후생유전이 매우 중요한 역할을 할 가능성이다.

유전과 후생유전으로 알 수 있는 정신질환의 원인과 치료법

결국 정신질환과 관련된 특정 유전자를 발견하지는 못했다는 사실에 실망한 사람들도 있겠지만 나는 오히려 그래서 다행이라고 생각한다. 보통은 정신질환을 야기하는 '이상' 유전자 따위 존재하지 않는다. 부모에게서 자녀로 정신질환이 대물림되는 현상은 후생유전 기제를 통해서인 경우가 훨씬 많다. 이러한 통찰에서 희망적인 측면은 이 후생유전 기제 가운데 대부분을 얼마든지 정상으로 **되돌릴 수 있다**는 점이다!

　태내 스트레스, 마이크로RNA 농도, NAD 농도 등의 영향은 모두 바뀔 수 있으며, 때로는 생활 방식 중재법만으로도 가능하다. 여기에 내포된 또 다른 희망적인 사실은 대체로 사람들은 영영 건강하게 살기가 불가능할 만큼 '나쁜 유전자'를 타고나는 것이 아니라는 점이다.

세 대의 자동차 비유를 다시 떠올려 보자. A, B, C 자동차 모두 같은 제조사의 같은 모델이므로 전부 동일한 청사진(유전자)을 가지고 있다. 하지만 세 자동차의 상태는 크게 달랐다. 이 차들의 건강, 유지·보수, 수명이 차이가 났던 주된 이유는 (1) 주행 환경, (2) 엉뚱한 때에 적응적 전략을 가동하거나 정작 필요할 때 이를 가동하지 않는 등 기능에 문제가 있는 운전자 때문이었다. 이를 인간의 경우에 그대로 적용해보면 정신질환의 주요 원인이 보통 유전자 자체가 아닌 환경과 세포의 운전자 역할을 맡은 미토콘드리아에 있다고 해석할 수 있다. 그렇다면 대체 무엇이 미토콘드리아의 기능 이상을 초래하는지 궁금할 것이다. 앞으로 다룰 내용이 바로 이 요인들에 대한 것이다.

미토콘드리아 기능의 결함을 일으키는 APOE4 유전형을 보유한 사람들이라도 나아질 수 있는 희망이 있다. 이 유전형을 보유한다고 모두가 알츠하이머병에 걸리는 것은 아니다. 앞서 언급했듯이 자가포식을 증진시키는 방법으로 문제를 줄일 수 있다는 연구 결과도 있다. 구체적으로 자가포식을 증진시키는 방법을 비롯해 좀 더 자세한 치료법들은 뒤에서 더욱 자세히 알아보기로 하고, 여기서는 일단 정신질환, 심지어 양극성장애나 조현병과 같은 극심한 형태의 경우조차도 영구적이고 돌이킬 방법이 전혀 없는 유전적 결함으로 인해 발생할 가능성은 낮다는 사실만 기억하자. 대사 문제는 다시 정상으로 되돌릴 수 있다.

3부 · 뇌 에너지 이론이 가져올 혁명

11

신경전달물질과
정신과 약의 효과

자, 이제 다시 화학적 불균형 이론으로 돌아가보자. 뇌 에너지 이론은 신경
전달물질의 불균형이 정신질환 발병에 큰 역할을 한다는 이론이나 신경전
달물질에 영향을 주는 치료제를 사용해 증상이 개선됐음을 입증한 임상적
결과를 반박하려는 것이 아니다. 당연히 실제로 정신과 약의 도움을 얻고
심지어 구원을 받은 수많은 사람의 경험을 틀렸다고 말하려는 의도 또한 추
호도 없다. 이 모두가 사실이며 충분히 많은 근거에 기반하고 있기 때문이
다. 하지만 앞에서도 지적했듯이 화학적 불균형 이론에는 설명되지 않는 의
문점이 다수 남아 있으며, 이러한 치료법으로도 삶이 회복되지 못한 사람들
역시 너무나 많다.

    뇌 에너지 이론은 신경전달물질의 불균형과 정신과 약의 효과를 이

해하는 새로운 관점을 제시한다. 미토콘드리아와 대사의 측면에서 살펴보면 특정 뇌세포의 저활성화 및 과활성화로서 화학적 불균형과 어떤 신경전달 물질의 활동이 지나치게 적거나 많아지는 문제를 설명할 수 있다. 이 경우, 신경전달물질이 작용하는 대상 세포에도 연쇄적으로 영향이 미쳐, 해당 세포 내의 미토콘드리아 활동도 마찬가지로 촉진되거나 억제되곤 한다. 이로 인해 곧 도미노처럼 한 집단의 세포에서 발생한 대사 활동의 저해가 다른 세포에까지 문제를 야기하게 되는 것이다.

많은 사람이 신경전달물질을 단순한 기능을 하는 단순한 독립체로 여긴다. 가령 세로토닌은 기분을 좋게 한다, 도파민은 정신증이나 중독을 일으킨다, 노르에피네프린은 집중을 돕는다고 하는 식이다. 모두 부분적으로는 틀린 말이 아니지만 신경전달물질과 이에 연관된 장애를 이렇게까지 극단적으로 단순화하는 것은 터무니없는 짓이다. 뇌와 신경전달물질과 정신질환은 모두 이보다는 훨씬 더 복잡하다.

신경전달물질은 단순히 세포 사이에 전달되는 켜짐/꺼짐 신호가 아니다. 최근 10년 동안 발표된 연구 결과들 덕분에 대사와 미토콘드리아의 기능과 관련된 신경전달물질의 역할에 대한 이해도가 크게 확장되면서 이제는 이를 향한 시각도 달라졌다. 신경전달물질과 미토콘드리아는 서로 피드백 순환 관계에 있다. 미토콘드리아가 신경전달물질의 균형에 영향을 미친다면, 신경전달물질도 미토콘드리아의 균형과 기능에 영향을 미치는 것이다.

7장에서 언급한 바와 같이 미토콘드리아는 아세틸콜린, 글루타메이트, 노르에피네프린, 도파민, GABA, 세로토닌을 비롯해 여러 신경전달물질의 생성에 핵심적인 역할을 한다. 또한 자체적으로 외막에 벤조디아제핀이나 GABA와 같은 일부 중요한 신경전달물질과 결합하는 수용체를 가지고 있다. 모든 세포의 모든 미토콘드리아가 그런 것은 아니지만 최소한 일부 세포 유형에서는 이러한 현상이 확인됐다. 미토콘드리아는 정신과 의사들이라면 대부분 잘 알고 있는 모노아민산화효소라는 중요한 효소도 가지고 있다. 이 효소는 도파민, 에피네프린, 노르에피네프린 등 아주 중요한 신경전달물질들의 분해와 조절에 관여한다. 이 모든 신경전달물질이 미토콘드리아의 기능에 직접적으로 영향을 미치며, 미토콘드리아는 다시 이 신경전달물질들의 균형에 직접적인 영향을 미친다.

우울증과 불안장애에서 많은 역할을 하는 것으로 가장 잘 알려진 세로토닌은 대사와 미토콘드리아의 기능에도 몹시 중요하고 복합적인 역할을 한다.[1] 세로토닌은 모든 동물, 지렁이, 곤충, 균류, 식물에게서 발견될 정도로 원시적이면서도 진화 과정에서 큰 변화 없이 잘 보존된 신경전달물질이다. 식욕, 소화관의 기능, 영양분의 대략적인 대사를 통제하는 것으로도 알려져 있다. 인체에 존재하는 세로토닌의 약 90퍼센트는 사실 뇌가 아니라 소화관에 분포해 있다. 최근 연구 결과에서는 세로토닌이 대뇌 뉴런 속 미토콘드리아의 생합성 및 기능을 조절함으로써 ATP 생성과 산화 스트레스 감소 활동을 증진시키는 데에 직접적인 역할을 한다는 것이 입증됐다.[2] 요컨대 세로토닌은 미토콘드리아의 기능을 즉각적으로 향상시킬 뿐만 아니라 생합성 촉진을 통해 근본적으로 대사를 증진시키기도 한다. 이처럼 명확하고 직접적인 관련성 외에도 흥미로운 사실들이 더 있다. 이를테면 세로토닌은 대사에 강력한 영향을 미치는 또 한 가지 요인인 수면 조절에 중요하게 작용하는 멜라토닌이라는 호르몬으로 전환될 수 있다. 또한 세로토닌은 아미노산의 일종인 트립토판이 분해되는 키뉴레닌 경로kynurenine pathway라는 중요한 대사 경로를 통해 생성되는 산물이기도 하다. 우리가 트립토판이 함유된 단백질을 섭취하면 이 성분은 몸속에서 여러 가지 방식으로 활용되는데, 그중에서도 특히 중요한 두 가지인 세로토닌 또는 키뉴레닌으로 전환되는 것이다.

키뉴레닌은 궁극적으로 후생유전 이야기를 하면서 이미 설명한 바 있는 NAD라는 굉장히 중요한 분자가 고농도로 축적되게 만든다. NAD는 에너지 생성 및 전자의 수송에 반드시 필요한 조효소이다 보니 미토콘드리아의 건강과 기능에 상당한 영향을 미친다. 키뉴레닌 대사 경로의 문제는 우울증, 조현병, 불안장애, 투렛 증후군, 치매 등 다양한 정신장애 및 신경학적 장애에서 발견됐다. 당연히 세로토닌 농도에 변화를 일으키는 약은 이 모든 작용 원리를 통해 대사와 미토콘드리아에 직접적인 영향을 주게 된다. 이로써 우울증이나 불안장애와 같은 정신질환에 이 같은 약이 어째서, 그리고 어떻게 효과가 있는지가 설명이 된다.

GABA 또한 광범위한 기능을 지닌 중요한 신경전달물질이다. GABA 활동을 증가시키는 발륨, 클로노핀, 자낙스와 같은 약이 진정 및 항불안 효과를 내다 보니 GABA는 불안장애 치료와 관련된 신경전달물질로 가장 잘 알려져 있다. 그렇지만 GABA 신경전달의 이상은 조현병이나 자폐증을 비롯한 다른 장애에서도 나타난다. 미토콘드리아는 GABA의 활동에 직접적인 영향을 미치며, 때로는 이를 통제하기도 한다. 이와 관련해 어느 연구팀에서는 미토콘드리아의 활성산소종 농도가 GABA의 활동 강도를 조절한다는 결과를 발견하기도 했다.[3]

또 다른 연구팀에서는 흥미롭게도 GABA, 미토콘드리아, 정신적 증상들 사이에 좀 더 직접적인 연결고리를 입증했다. 이 연구는 자폐증과 조현병 모두와 연관된 것으로 잘 알려진 희소한 유전적 결함을 가진 파리를 대상으로 이뤄졌다. 연구 결과에 따르면 미토콘드리아는 실제로 자신들 내부에 있던 GABA를 따로 분리해냄으로써 이 물질의 방출을 직접적으로 통제하고 있었다. 그리고 유전적 결함으로 인해 이 과정이 저해되자 사회성 결핍이 나타났다. 이 상태에서 연구진이 GABA 농도 또는 미토콘드리아의 기능을 정상 수준으로 맞추자 사회성 결핍이 교정됐다. 기존에 알려져 있던 희소한 유전적 결함을 미토콘드리아의 기능, GABA, 사회성 결핍 증상과 직접적으로 연결 지은 것이다.[4]

GABA는 정신적 기능뿐만 아니라 비만과 같은 대사장애에도 큰 역할을 한다. 한 연구에서는 추위에 노출됐을 때 반응하며 전반적인 대사에도 주요한 역할을 하는 특별한 유형의 지방세포인 갈색지방조직에도 GABA가 몹시 중요한 영향을 미친다는 사실을 발견했다. 이 지방세포에서 GABA 신호체계에 문제가 발생할 경우, 미토콘드리아 내의 칼슘 이온 농도가 지나치게 높아지면서 비만인 사람들에게서 흔히 나타나는 대사 이상이 초래된다.[5] 이 몇 가지 예만으로도 미토콘드리아가 어떻게 GABA의 활동을 통제하고 그에 따른 GABA의 활동은 또 어떻게 다시 미토콘드리아의 기능에 영향을 미치며 피드백 순환 고리를 형성하는지 분명히 알 수 있다.

마지막으로 살펴볼 신경전달물질은 도파민이다. 도파민은 시냅스 전 뉴런에서 방출되어 표적이 되는 뉴런의 수용체에 결합하며, 역할을 다한 뒤에는 보통 다음 활동을 위해 앞서 이를 방출했던 뉴런으로 재흡수된다. 이 중 일부는 방출되지 않고 세포 내에 머물러 별도로 관리되는데, 이를 관리하는 주체는 여러분도 예상했다시피 미토콘드리아다. 미토콘드리아는 도파민을 분해하는 모노아민산화효소를 가지고 있다. 이 분해 과정에서 미토콘드리아는 더 많은 ATP를 생성하도록 직접적인 자극을 받는다.[6] 여기서 끝이 아니다. 최근 연구 결과, 도파민이 포도당의 조절과 대사에도 직접적으로 관여한다는 사실이 밝혀졌다.[7] 도파민 D2 수용체는 항정신성약 대부분이 작용하는 특정 수용체로서 정신과 의사들에게는 상당히 친숙하다. 그런데 이 도파민 D2 수용체가 뇌뿐만 아니라 췌장에도 분포하며 인슐린과 글루카곤 방출에 결정적인 역할을 한다는 것이 최근에 발견됐다. 항정신성약이 체중, 당뇨병, 대사에도 영향을 미친다는 사실은 오래전부터 알려져 있었다. 그리고 마침내 그 이유를 설명할 수 있는 과학적 근거가 마련됐다. 더욱 흥미로운 것은 인슐린에 미치는 이 같은 영향이 항정신성 효과에 직접적인 역할을 할 가능성이 있다는 점이다. 뇌에 위치한 도파민 D2 수용체와는 아무런 관계없이 말이다. 정신장애 치료제로서 인슐린의 활용 가능성에 대해서는 다음 장에서 더 상세히 알아보기로 하자.

이상의 몇 가지 예로써 신경전달물질과 미토콘드리아와 대사의 연결고리가 실증됐다.

정신과 약, 대사, 그리고 미토콘드리아

세로토닌이나 GABA, 도파민의 농도를 높이거나 낮추는 약들은 지금까지 우리가 살펴본 원리를 통해 분명하게 미토콘드리아와 대사에 영향을 미친다. 여기에는 다양한 계통의 항우울제, 항불안제, 항정신성약들이 포함된다.

발륨은 불안을 감소시킬 수 있다. 이에 한 연구에서는 발륨이 쥐의 불안 수준과 사회 지배 행동 social dominance behavior에 미치는 영향을 직접 살펴봄으로써 정확히 어떤 원리로 이러한 효과가 일어나는지 밝히려고 시도했다.[8] 연구진은 뇌의 측좌핵 nucleus accumbens이라는 영역에서 미토콘드리아 기능이 줄어든 탓에 사회 불안 행동이 나타난다는 것을 익히 알고 있었으므로, 발륨이 이 뇌 영역에 어떤 식으로 영향을 미치는지 알아내고자 했다. 그 결과, 발륨이 측좌핵에 도파민을 전달하는 복측피개영역 ventral tegmental area이라는 또다른 뇌 영역을 활성화시킴으로써 효과를 발휘한다는 사실이 밝혀졌다. 도파민이 측좌핵의 미토콘드리아 기능을 증진시키자 이 뇌 영역 내의 ATP 농도가 높아졌고, 그로 인해 불안 행동이 감소하고 사회 지배 행동이 증가했다. 이러한 도파민의 효과를 중간에서 차단하면 발륨의 치료 효과는 사라졌다. 그런데 정말 뜻밖의 결과는 지금부터다. 측좌핵에서 미토콘드리아의 세포호흡을 차단했더니 여전히 다량의 도파민이 공급되고 있음에도 치료 효과가 사라졌다. 이에 연구진은 해당 결과가 "불안과 관련된 사회적 기능 장애를 치료하는 데 미토콘드리아의 기능이 잠재적인 표적이 될 수 있다는 사실을 분명하게 보여준다"고 결론지었다.[9]

정신과 약들은 각기 몹시 다양한 방식으로 미토콘드리아에 영향을 준다. 이와 관련해 〈미토콘드리아 기능에 대한 신경정신과 약의 효과: 명과 암 Effect of Neuropsychiatric Medications on Mitochondrial Function: For Better or For Worse〉이라는 개관 논문은 미토콘드리아의 기능을 증진하는 약이 있는가 하면 오히려 저해하는 약도 있다는 역설을 꼬집었다.[10]

항우울제의 한 계통인 모노아민산화효소 억제제는 미토콘드리아 주변의 에피네프린, 노르에피네프린, 도파민의 농도를 증가시킨다. 이는 미토콘드리아의 활동을 촉진한다. 또한 기분안정제의 일종인 리튬은 ATP 생성을 증가시키고 항산화 능력을 증진시키며 세포 간의 칼슘 신호체계를 개선시키는 것으로 밝혀졌는데, 모두 미토콘드리아와 연관된 변화다.[11]

상당히 많은 수의 항정신성약이 심각한 신경학적 문제를 일으키는 것으로 알려져 있으며, 때로는 떨림, 근육경직, 그리고 비자발적인 움직임이 나타나는 지연성 운동장애 등 영구적으로 문제가 지속되는 경우도 있다. 많은 연구 결과, 이러한 약들로 인해 에너지 생성량 감소나 산화 스트레스 증가와 같이 세포 수준에서 미토콘드리아의 기능에 결함이 발생했다는 사실이 입증됐다.[12] 지연성 운동장애를 보이는 조현병 환자들의 척수액을 검사한 한 연구에서는 미토콘드리아의 에너지 대사 결함을 나타내는 지표와 지연성 운동장애 증상 사이의 직접적인 상관관계를 발견하기도 했다.[13] 이러한 결과들을 바탕으로 연구자들은 미토콘드리아 기능부전이 이 같은 신경학적 부작용들을 설명할 가장 유력한 원인이라고 결론 내렸다.

지금까지 25년간 환자들을 만나면서 나도 정신과 약들이 어떻게 대사에 결함을 초래할 수 있는지 두 눈으로 직접 목격했다. 체중 증가, 대사증후군, 당뇨병, 심혈관계질환, 심지어 조기 사망까지 모두 이러한 약들을 복용하며 겪을 수 있는 부작용으로 잘 알려져 있다.

어떻게 이런 일이 가능할까? 만약 정신적 증상들이 정말 미토콘드리아 기능부전 혹은 조절장애 때문에 발생하는 것이라면 이를 더 악화시키는 약들이 어떻게 증상 완화에 도움을 주는 것일까?

3부 · 뇌 에너지 이론이 가져올 혁명

이에 대한 답은 과흥분 세포들에서 찾을 수 있다. 세포가 과흥분 상태가 되었을 때, 이로 인한 증상들을 줄이기 위한 두 가지 방법이 있다.

1. 미토콘드리아의 기능과 에너지 생성 능력을 증진시켜 세포가 손상 부위를 수복하고 다시 정상적으로 기능하게 만든다. 하지만 과흥분 상태의 세포들은 스스로 활동을 멈추지 못하는 경우가 있다 보니 이 전략은 초반에 증상이 악화될 위험이 따른다. 적절하게 에너지를 운용할 준비가 되지 않은 상태에서 갑자기 에너지양이 증가하면 초반에는 전반적으로 과흥분이 일어날 수 있기 때문이다.

2. 이 세포들 내의 미토콘드리아를 억제함으로써 기능을 억눌러 강제로 활동을 멈추게 만든다. 이렇게 하면 적어도 단기적으로는 확실히 증상이 멈춘다. 하지만 시간이 갈수록 미토콘드리아 기능부전이 더욱 악화되어 결국은 문제가 전보다 심각해질 위험이 있다.

이는 명백히 아주 우려스러운 상황이다. 단기적으로는 도움을 주는 치료법이 장기적으로는 문제를 악화시키는 것이다. 게다가 불행히도 과흥분에 대한 딜레마는 이게 전부가 아니다. 뇌가 복잡한 만큼 이와 관련된 문제도 몹시 복잡해질 수 있다. 이에 고려해야 할 점을 두 가지 더 짚어보면 다음과 같다.

1. 세포들은 모두 다른 방식으로 영향을 받는다. 앞서 세포들이 저마다 다양한 요인에 영향을 받는다고 했던 것을 떠올려보자. 정신과 약도 특정 세

포만을 표적으로 삼는다. 그러다 보니 어떤 세포는 미토콘드리아 기능이 향상되지만 어떤 세포는 아무런 영향도 받지 않으며, 어떤 세포는 오히려 기능이 손상되기도 한다. 지금까지 진행된 연구들에서는 아무래도 연구진이 특정 세포만 선택적으로 살펴볼 수밖에 없었다. 뇌와 몸의 모든 세포에 미치는 영향을 탐구한 경우는 없다.

2. 정신과 약이 미토콘드리아의 기능을 전반적으로 떨어뜨리기는 하지만 그렇다고 환자의 증상들을 그대로 방치했을 때 발생할 위험도 무시할 수는 없다. 과흥분 세포들은 글루타메이트나 도파민처럼 자칫 뇌에 독성으로 작용할 수 있는 신경전달물질을 어마어마하게 뿜어댄다. 따라서 이를 종합해볼 때 약을 복용하면서 얻을 수 있는 이득이 위험보다 클 수도 있다. 이를 극단적으로 보여주는 사례가 발작 환자다. 이들은 이미 과흥분 상태의 뇌세포들 탓에 명백히 고통받고 있다. 그러므로 발작을 멈추는 것이 이들에게는 무엇보다 중요하다. 사람은 너무 오래 발작하다 보면 목숨을 잃을 수도 있다. 이에 실제로 데파코트 등 뇌전증 치료제의 상당수가 미토콘드리아 기능을 손상시켜 세포의 활동을 감소시키는 것으로 알려져 있는데, 이로써 과흥분을 멈출 수 있기를 바라며 사용되고 있다.[14]

사람들이 이 같은 딜레마에 간단한 답을 원한다는 것은 나도 잘 알고 있다. "그러니까 미토콘드리아를 손상시킨다고 알려진 약을 먹으라는 거야, 말라는 거야?" 안타깝지만 상황에 따라 중재법이 달라져야 하기에 이 문제에 누구에게나 적용 가능한 보편적인 답을 해줄 수가 없다. 위험하고 생명이 오가는 상황에서는 분명히 이러한 약들이 목숨을 구할 것이다. 그렇지만 그 밖의 상황에서는 위에 언급한 것과 같은 사안들을 신중하게 고려해야 한다. 다행스러운 점은 연구를 통해 이러한 사안들을 탐구하고 있으므로 연구 결과가 충분히 쌓이면 미래에는 좀 더 발전한 지식들을 바탕으로 치료에 접근할 수 있으리라는 것이다. 어쨌든 현재 시점에서 분명한 사실은 미토콘드리아의 기능을 억누르는 것이 장기적으로는 절대 병을 낫게 하는 방법이 아니라는 점이다. 기껏해야 증상만을 완화할 뿐이다.

뇌 에너지 이론은 지금까지 정신 건강 분야에서 답하지 못했던 수많은 의문점에 답을 제시한다. 우선 세로토닌, 노르에피네프린, 도파민을 겨냥한 정신과 약들이 어떻게 전부 우울증 치료에 쓰일 수 있는지 설명한다. 모두 미토콘드리아 기능을 증진시킴으로써 효과를 발휘하는 것이라고 말이다. 그렇다면 논리적으로 다음에 이어질 의문은 "어째서 모든 사람이 같은 약에 반응하지 않는 것일까?"다. 여기에 답하기 위해서는 다시 기존의 취약성 차이와 세포마다 다른 요인에 영향을 받고 있다는 사실로 돌아가야 한다. 가령 우울증 증상들은 뇌의 어느 한 영역만이 아닌 여러 영역의 복합적인 기능 이상에서 비롯된다. 뇌 회로는 복잡하게 이어져 있으며, 서로 정보를 주고받는다. 한 영역이 제대로 기능하지 않으면 그 여파가 다른 영역에도 미친다. 이 중 일부는 세로토닌에 높은 반응성을 보이는 반면 또 어떤 영역들은 노르에피네프린에 반응할 수 있다. 하지만 결국 이들 모두는 연결되어 있다. 따라서 마치 도시의 어느 한 구역에서 일어난 교통정체가 서서히 다른 구역에까지 정체 현상을 초래하듯, 뇌의 어느 한 영역에서 대사기능이 떨어지면 다른 영역들도 영향을 받는다. 대사 문제는 모두 연결되어 있으며 확산될 수 있다.

뇌 에너지 이론은 약이 효과를 발휘하기까지 시간이 걸리는 현상을 이해하는 데에도 도움을 준다. 이를테면 SSRI 계통의 약들은 미토콘드리아의 생합성과 기능을 증진시킴으로써 작용할 가능성이 높다. 이 과정에는 시간이 소요된다. SSRI가 단 몇 시간 안에 세로토닌 농도를 높여준다고 해도 하룻밤 만에 증상들이 나아지지는 않는다. 세로토닌 자체가 아닌 세로토닌이 미토콘드리아와 대사에 미친 영향이 증상을 완화하는 것이기 때문이다. 대사의 건강을 회복하는 데에는 2~6주 정도의 시간이 걸리는데, SSRI가 효과를 나타내는 시기도 보통 이와 비슷하다.

한 가지 약이 어떻게 다양한 정신장애에 쓰일 수 있는지도 이해할 수 있다. 가령 항정신성약들은 여러 유형의 세포들에서 과흥분을 줄이는 효과 덕분에 조현병, 양극성장애, 우울증, 불안장애, 불면증, 치매의 초조증 완화에 활용된다. 미토콘드리아의 기능을 억누르면 문제가 되는 증상들을 멈출 수 있다. 하지만 이런 종류의 약을 복용해본 적이 있는 사람이라면 인지와 관련된 뇌 영역의 기능이 감소하고 식욕이 증가하는 것과 같은 부작용이 있다는 사실 또한 알 것이다. 노인의 경우에는 심지어 사망 위험이 높아지기도 한다.

나아가 일부 정신병 약들이 오히려 다른 증상들을 유발하는 현상도 이제는 이해할 수 있다. 예컨대 항우울제는 어떤 환자들에게는 불안, 조증, 정신증을 유발하기도 한다. 항우울제는 일반적으로 뇌 내의 에너지를 증가시킨다. 그러다 보니 이미 세포의 대사기능이 떨어져 취약성이 높은 사람들의 경우에는 약이 작용하는 세포들이 빠르게 과흥분 상태를 일으켜 관련 증상들이 나타날 수 있는 것이다.

3부 · 뇌 에너지 이론이 가져올 혁명

뇌 에너지 이론은 일반적인 정신과 약들 외에 '대사장애' 약이 정신 건강에 영향을 미치는 이유 또한 설명한다. 흥미롭게도 정신과 의사들은 벌써 수십 년 동안 이러한 약들을 활용해왔다.

클로니딘, 프라조신, 프로프라놀롤 등 여러 종류의 혈압약도 정신의학에서 쓰이고 있다. 이 같은 약들은 ADHD, PTSD, 불안장애, 물질사용장애, 투렛 증후군을 비롯해 매우 다양한 정신질환에 처방된다.

한 연구에서는 조현병, 양극성장애 또는 기타 정신증적 장애를 앓고 있던 환자 14만 명 이상에게 세 가지 계통의 '대사장애' 약을 투여하고 이들의 자해 증상이나 정신의학적 입원 치료 필요성에 어떤 영향이 있는지 살펴봤다.[15] 그러자 실제로 긍정적인 효과가 발견됐다. 연구에서 초점을 맞춘 세 가지 계통의 대사장애 약은 고지혈증약인 '스타틴'(하이드록시메틸글루타릴 보조효소 A 환원효소 억제제hydroxylmethyl glutaryl coenzyme A reductase inhibitor)과 혈압약(L형 칼슘통로 길항제L-type calcium channel antagonist), 그리고 메트포르민(비구아니드계biguanide) 같은 당뇨병 약이었다. 전반적으로 이 약들은 '정신적' 증상들에 영향을 미쳤으며, 특히 자해 증상이 줄어들었다. 뇌 에너지 이론은 이 약들이 증상 완화에 도움이 된 이유도 설명한다. 스타틴은 미토콘드리아 기능을 떨어뜨리고 염증을 감소시키며, 칼슘통로 길항제는 세포 내의 칼슘 이온 양을 줄여 과흥분을 감소시키고, 메트포르민 또한 미토콘드리아 기능에 직접적인 역할을 한다. 다만 혼란스럽게도 메트포르민의 효과는 복용량에 따라 양상이 전혀 달라질 수 있다. 대부분의 연구에서는 메트포르민이 미토콘드리아 기능을 떨어뜨리는 현상을 확인했지만 일부 연구에서는 미토콘드리아 생합성과 ATP 생성량이 증대되는 결과를 발견하기도 했다.[16]

마지막으로 짚고 넘어갈 점은 정신과 약의 복용량을 줄이거나 복용 자체를 중단하기란 힘들며 자칫 위험할 수도 있다는 사실이다. 언제나 전문 의료진의 감독하에 이뤄져야 한다. 증상이 빠르게 악화되거나 새로운 증상이 생겨날 위험이 있기 때문이다. 많은 환자가 약물 치료를 갑자기 중단하거나 너무 급하게 복용량을 줄이면서 급성으로 우울감, 자살 사고, 조증, 정신증적 증상을 경험하게 된다. 그렇다고 평생 약을 먹어야 한다는 뜻은 아니다. 단지 혼자 임의로 결정할 만한 일은 아니라는 것을 강조하고 싶다.

요약

- 정신과 약들은 무수히 많은 정신질환 환자에게 도움을 주었다. 앞으로도 많은 환자의 증상을 완화하는 데에 큰 역할을 할 것이다.
- 뇌 에너지 이론은 이러한 정신과 약들이 어떻게, 그리고 왜 효과를 발휘하는지 이해할 수 있는 새로운 관점을 제시한다.
- 복용하려는 약이 대사와 미토콘드리아에 어떤 영향을 미치는지 이해할 필요가 있다.
- 대사와 미토콘드리아 기능을 증진시키는 약은 세포의 저활성화로 인해 발생하는 증상들을 완화할 수 있지만 세포의 과활성화 혹은 과흥분과 관련된 증상들은 악화시킬 위험이 있다.
- 미토콘드리아 기능을 떨어뜨리는 약은 주의해서 사용해야 한다. 단기적으로는 분명 과흥분 세포들 탓에 발생하는 증상을 완화할 수 있지만 장

기적으로는 신체의 치유 및 회복 능력을 방해할 가능성이 있다. 일부 경우에는 오히려 새로운 증상을 유발할 수도 있다. 그럼에도 불구하고 생명이 위험한 상황에서는 이러한 약들이 목숨을 구할 수 있다.

초조증에 시달리던 제인

정신과 의사로 일하기 시작했을 무렵, 나는 한 요양병원에서 정신과 자문의로 일했다. 그곳에서 만난 환자 중에는 알츠하이머병을 앓던 제인이라는 81세 여성이 있었다. 내가 제인을 담당하게 된 이유는 '초조증' 때문이었다. 간호사들은 제인이 어떨 때는 소리를 지르며 밤을 새우다가도 또 어떨 때는 12시간 이상을 내리 잔다고 일러줬다. 특히 소리를 지르는 행동이 다른 입소자들에게 불편을 줬기에 이를 멈출 수 있는 약을 처방해달라고 내게 부탁했다. 이러한 증상이 벌써 6개월 이상 지속된 상태이다 보니 제인은 이미 항정신성약 두 가지와 항불안제를 포함해 다섯 가지나 되는 진정제를 복용하고 있었다. 하지만 아무런 효과가 없었다. 의학적 검진도 진행했지만 이상은 전혀 발견되지 않았다.

나는 식당에서 제인이 성인용 하이체어(유아나 몸이 불편한 성인을 위해 앞에 작은 탁자가 달린 식사용 의자 – 옮긴이)에 몸을 지지하고 앉아 있는 5분 동안 그녀를 관찰했다. 처음에 내가 대화하기 위해 자리에 앉았을 때만 해도 제인은 내 말을 전혀 이해하지 못했다. 무의미한 단어와 구절들을 내뱉었으며(정신의학적 용어로 이를 '말비빔word salad'이라고 한다), 음식물을 자신의 몸과 의자에

온통 처덕처덕 문질러댔다. 충분한 정보를 얻은 나는 진단을 내렸다. 제인은 섬망 상태였다. 가장 유력한 원인이 무엇이었을까? 바로 진정제였다. 나는 가능한 한 빠른 시일 내에 그녀가 복용하고 있던 약의 가짓수를 최대한 줄이되 일부 약들은 복용량을 서서히 줄여나가라는 지시를 제인의 주치의에게 전했다. 그러자 주치의는 곧장 대부분의 약의 처방을 중단했다.

그로부터 3주 뒤, 나는 다시 요양병원을 방문했다. 복도를 걸어가던 중 한 번도 본 적이 없는 노년 여성을 만났다. 그 여성은 내게 파머 박사가 맞냐고 물었고, 나는 그렇다고 답했다. 그러자 내게 다가와 눈물이 그렁그렁한 채 나를 끌어안더니 언니를 살려줘서 고맙다고 연신 인사를 했다. 이에 나는 무언가 착각한 것 같다고, 언니란 분을 모른다고 말했다. 그랬더니 여성은 자신이 제인의 동생이라고 말했다. 듣자 하니 이 여성은 몇 년 동안 매주 세 번씩 제인의 면회를 왔다고 했다. 늘 즐겁게 대화하고 음식도 나눠 먹곤 했지만, 최근 6개월은 악몽이었다. 제인은 분노에 차 있었고, 착란을 일으켰으며, 더는 '인간'이 아니었다. 동생 입장에서 이를 지켜보기란 가슴이 찢어지는 일이었으리라. 그런데 제인의 동생은 약 열흘 전부터 상황이 달라지기 시작했다고 말했다. 제인이 더 이상 소리를 지르지 않았고, 수면의 질도 개선됐다. 동생도 다시 알아봤으며, 대화도 가능해졌다.

요양병원을 방문해본 사람이라면 이 같은 이야기가 드물지 않다는 사실을 알 것이다. 이 이야기는 흔하게 발생하는 딜레마를 잘 보여준다. 치매 환자는 다양한 이유로 초조증과 파괴적인 모습을 보인다. 감염증, 수면 질 저하, 심지어 방을 옮기는 등의 사소하게만 보이는 스트레스원도 그 이유가 될 수 있다. 그리고 이 모두가 섬망을 야기할 수 있다. 제인은 아마도 나와 만나기 6개월 전인 처음 증상들을 보였을 때, 그러니까 **아직** 어떠한 정신과 약도 처방받지 않았을 시점에서 이미 섬망이 발병했을 가능성이 높다. 순서상 소리를 지르고 수면장해를 겪은 것이 이러한 약들을 처방받은 이유이니 말이다. 그리고 약이 일시적으로는 도움이 되었을 것이다. 간호사들과 주치의는 제인이 약을 복용한 뒤 진정된 모습을 보이고 소리 지르는 행동도 줄었다는 것을 확인했을 테고, 그에 따라 계속해서 약을 처방했다. 그러다 증상이 재발하자 투여량을 늘리거나 새로운 약을 추가하는 시도를 하게 된 것이다.

이렇게 보면 제인이 그토록 많은 약을 복용하게 된 이유도 이해는 된다. 하지만 그중 몇 가지는 미토콘드리아의 기능을 떨어뜨리는 것으로 알려져 있다. 다시 말해, 이 약들은 단기적으로는 증상 완화에 도움이 될 수 있어도 장기적으로는 문제를 악화시킬 위험이 있다는 뜻이다. 제인이 겪은 것이 바로 이 현상이다. 나와 만났던 시점에는 아마도 최초에 섬망을 일으켰던 원인은 벌써 사라진 뒤였으며, 의료진으로부터 받는 처치가 섬망의 새로운 원인이 되어 있었다.

보건 전문가라면 거의 누구나 신경안정제가 노인에게 섬망을 일으키는 경우가 있다는 사실은 익히 알고 있다. 그렇지만 젊은 사람들에게도 이 같은 현상이 일어날 가능성은 쉽게 이해하지 못한다. 뇌 에너지 이론에 따르면 후자 또한 얼마든지 일어날 수 있으며, 실제로 지난 25년간 나의 임상 경험에 비춰봐도 일부의 사례이지만 분명 존재하는 일이다. 이 경우에 해당하는 사례는 책 후반부에서 만나보기로 하자.

그렇다고 해서 항정신성약과 기분안정제를 사용해서는 안 된다거나 이 약들이 증상을 완전히 낫게 하지 못한다고 단언하는 것은 아니다. 분명 도움을 받는 환자들도 있으며, 나 역시 지금도 환자들에게 이런 유의 약들을 처방하고 있다. 그렇지만 제인의 사례에 한해서는 명백히 이 약들이 정신적 증상들을 더욱 악화시키는 결과를 낳았고, 문제가 되는 약들을 중단하자 그는 본래의 모습을 되찾았다.

12

호르몬과
대사 조절자

호르몬은 한 유형의 세포들에서 생성되어 전신을 돌며 다른 세포들에게 영향을 미치는 화학적 전령이다. 우리의 몸은 수많은 호르몬을 생성한다. 그리고 이 모두가 표적세포에 작용해 미토콘드리아의 기능에 영향을 미치고 후생유전적 변화를 일으킨다. 호르몬은 세포의 대사를 변화시킨다. 이 때문에 정신장애와 대사장애 모두에 큰 역할을 할 수 있다. 앞서 설명했듯이 미토콘드리아는 호르몬을 생성하고 방출하는 데 필요한 에너지를 공급하며, 일부 핵심 호르몬의 경우에는 직접 작용을 촉발한다.

호르몬의 농도는 몹시 다양한 요인들에 의해 결정된다. 여기에는 생물학·심리·사회적 요인이 전부 포함된다. 호르몬은 우리의 몸이 환경 속 스트레스와 긍정적인 기회에 적절하게 대응하기 위한 기제 가운데 하나다. 때로는 특정 호르몬이 정상적으로 방출되는 현상만으로도 기분, 에너지, 생각, 동기, 행동에 영향을 미칠 수 있다. 쉽게 떠올릴 수 있는 예로 테스토스테론이 있다. 남성들이 테스토스테론에 여러모로 얼마나 많은 영향을 받는지 한 번 생각해보자. 아울러 호르몬 불균형은 자가면역질환, 스트레스, 노화, 특정 호르몬을 생성하는 세포 내의 미토콘드리아 기능부전 등 수많은 요인으로 인해 발생할 수 있다.

대사 및 미토콘드리아의 기능에는 호르몬과 신경전달물질 외에도 많은 조절자가 관여한다. 신경펩타이드, 마이토카인mitokine, 아디포카인adipokine, 마이오카인myokine, RNA 분자를 비롯해 여러 유형의 전령들이 여기에 해당한다. 어째서 이렇게 많은 요인이 존재하는 것일까? 이들이 통제하는 대사 기능과 작용하는 세포, 영향력을 발휘하는 상황이 모두 다 다르기 때문이다. 교통 통제에 빗대어 생각해보면, 도시에 있는 신호등 대부분은 서로 독립적으로 작동한다. 그렇지만 일부 아주 복잡한 사거리 같은 곳에서는 각각의 신호등이 서로 연계되어 있는 경우도 있다. 이처럼 호르몬과 대사 조절자들은 필요한 효과를 만들어내기 위해 각기 다른 세포에서 대사를 통제한다. 우리의 몸에는 경로도 필요한 효과도 몹시 다양하게 존재하므로 이렇듯 수많은 조절자가 있어야 한다.

모든 호르몬이 정신 건강 및 대사 건강과 각각 어떤 관계에 있는지 샅샅이 설명하지는 않을 것이다. 그에 대한 설명만 해도 벌써 책 한 권이 나오고도 남기 때문이다. 따라서 그보다는 코르티솔, 인슐린, 에스트로겐, 갑상샘호르몬 등 몇 가지 호르몬을 통해 호르몬, 대사, 미토콘드리아의 연결고리를 살펴보는 데 집중하기로 하자.

코르티솔

앞에서 설명한 내용들을 고려하면 코르티솔과 대사, 미토콘드리아, 정신적 증상들이 모두 상호연결되어 있다는 데에는 의문의 여지가 없다. 코르티솔은 스트레스 반응에 중요한 역할을 한다. 고농도의 코르티솔은 모든 대사장애와 더불어 불안, 두려움, 우울감, 조증, 정신증, 인지 결함을 비롯해 무수히 많은 정신적 증상과의 연관성이 확인됐다. 또한 산모의 코르티솔 농도가 높아지면 태아의 발달에 영향을 미치며, 후생유전적으로 향후 대사장애와 정신장애 발병 위험까지 높일 수 있다.

미토콘드리아에는 코르티솔 생성을 촉발하는 효소가 있으므로 코르티솔의 시작에는 언제나 미토콘드리아가 관여한다. 혈류 속으로 방출된 뒤에는 세포 내로 진입해 당질코르티코이드 수용체에 결합하며, 이후 DNA의 당질코르티코이드 반응요소라는 특정 부분에 결합해 수천 개에 달하는 유전자의 발현을 제어한다. 그러면 이 유전자에서 유래된 단백질들이 세포에 광범위한 영향을 미치게 되는데, 이 모두가 대사와 관련되어 있다. 그런데 연구 결과에 따르면 당질코르티코이드 수용체와 당질코르티코이드 반응요소는 각각 세포질과 세포핵 내뿐만 아니라 미토콘드리아 자체에도 존재한다. 그러니 어쩌면 코르티솔은 시작과 끝 모두 미토콘드리아와 함께한다고 해도 과언이 아닐지 모른다.

정신의학계에는 한때 코르티솔이 최초로 정신질환의 결정적인 생체지표로 판명될 것이라는 희망적인 분위기가 감돌았다. 이에 하루 동안 코르티솔의 농도 변화를 측정하는 덱사메타손 억제 검사^{dexamethason suppression test}를 활용한 광범위한 연구가 이뤄졌다. 그러나 안타깝게도 정신질환 환자들의 코르티솔 농도는 사람에 따라 지나치게 높은 경우와 지나치게 낮은 경우가 모두 존재했다. 어떤 환자들은 종일 코르티솔 농도가 높게 유지된 반면 또 어떤 환자들, 특히 극심한 트라우마 경험이 있는 사람들은 비정상적으로 낮은 수치를 보였다. 이처럼 복합적인 연구 결과들이 보고된 탓에 지금도 여전히 어떻게 이러한 현상이 발생하는지를 두고 논쟁이 계속되고 있다. 하지만 이 책에서 코르티솔을 다룬 것은 어디까지나 코르티솔이 대사장애와 정신장애 모두에서 대사 및 미토콘드리아와 직접적으로 연관된 호르몬임을 보여주기 위함이다. 그리고 이 사실만큼은 명백하고 이견의 여지가 없다.

인슐린

인슐린은 대부분 당뇨병과 관련된 역할로 잘 알려져 있다. 1형 당뇨병 환자들은 췌장에서 생성되는 양이 충분치 않아 혈중 인슐린의 농도가 낮다. 2형 당뇨병 환자들은 인슐린이 포도당을 에너지원으로 효과적으로 활용하지 못하는 '인슐린 저항성' 상태다. 당뇨병과 정신질환의 강력한 양방향성 관계에 대해서는 앞서 이미 살펴봤다.

　　최근 15년 사이에 미토콘드리아가 인슐린 생성과 분비에 관여하는 중요한 조절자라는 증거가 속속 발견됐다. 미토콘드리아는 포도당 대사에 관여하며 세포가 얼마만큼의 포도당을 가용할 수 있는지 감지하는 역할을 한다. 이 과정에서 필요에 따라 인슐린의 생성량과 분비량을 늘리기도 하는

것이다.[1]

미토콘드리아 기능부전이 어쩌면 일차적인 원인이 아닐까 추론하는 전문가들이 있을 만큼 미토콘드리아는 1형과 2형 당뇨병 모두에 주요한 역할을 한다. 그리고 실제로 무수히 많은 연구 결과가 이러한 관점을 뒷받침한다. 심지어 한 개관논문에서는 미토콘드리아가 당뇨병의 두 유형 모두에 있어 중요한 원인이자 합병증, 관리, 예방에 지대한 영향을 미치는 것으로 보인다는 근거들을 정리해 제시하기도 했다.[2] 한편 근육조직에서 측정한 결과에 따르면 인슐린 또한 그 자체로 미토콘드리아의 ATP 생성과 생합성을 촉진한다.[3] 그런데 같은 연구를 2형 당뇨병 환자들을 대상으로 진행했더니 이 같은 촉진 효과가 적거나 아예 관찰되지 않았다. 이는 인슐린 저항성으로 인해 당뇨병 환자들의 미토콘드리아 기능부전이 시간이 갈수록 심해져 점점 악순환에 빠져들 수 있음을 의미한다. 즉, 인슐린 저항성은 미토콘드리아 기능부전의 원인이자 결과일 수 있다.

하지만 당뇨병은 빙산의 일각에 불과하다. 인슐린은 뇌 기능에도 직접적으로 강력한 영향을 미친다.[4] 인슐린 수용체는 뇌 전역에 위치해 있으며, 전신의 대사, 식욕, 생식 기능, 간 기능, 지방 축적, 체온조절에 관여한다. 뇌세포 내에서 신경전달물질의 활동과 미토콘드리아의 기능도 조절한다. 인슐린 신호체계의 변화는 신경 기능 및 시냅스 형성 능력의 저하와 연관되어 있다고 밝혀지기도 했다.

인슐린은 GABA, 세로토닌, 도파민 뉴런에도 특정적으로 영향을 미친다.[5] 이와 관련해 한 연구는 인슐린만으로도 GABA 활동을 증대시킬 수 있음을 보여줬다.[6] 밝혀진 바에 따르면 인슐린 저항성은 뇌에서도 나타날

수 있다. 이 경우 미토콘드리아 기능부전이 발생하며, 이로 인해 신경전달
물질 불균형이 일어나 결국 뉴런의 과활성화와 저활성화 문제로 이어질 수
도 있다. 이러한 사실들을 뒷받침하는 대표적인 증거들을 하나씩 만나보기
로 하자.

　　인슐린 수용체는 뉴런 외에 이 뉴런들에 에너지를 공급하는 별아교
세포와 같은 보조세포에서도 발견된다. 이 세포들 역시 기분과 행동에 영향
을 미친다. 가령 동물 실험에서 유전자 조작으로 이 세포들의 인슐린 수용
체를 제거하자 뇌의 에너지 대사에서의 변화와 더불어 불안과 우울 행동이
나타났다.[7] 인슐린 저항성도 이와 유사한 결과를 초래한다.

　　또 다른 동물 연구에서는 이보다 더 직접적으로 뇌의 인슐린 작용과
미토콘드리아 기능부전 및 행동 이상의 관련성을 확인했다.[8] 연구진은 먼저
피험체의 유전자를 조작해 뇌의 인슐린 수용체를 제거했다. 그러자 검사 수
치에서 ATP 생성량이 감소하고 활성산소종의 농도가 증가하는 등 미토콘
드리아 기능부전이 확인됐다. 물론 이번에도 실험동물들은 불안 및 우울증
과 유사한 행동을 보였다.

　　인슐린 저항성이 사람에게 이 같은 영향을 초래한다는 증거도 발견
됐다. 이를테면 하버드대학교 의과대학과 맥클린 병원에서 내 동료로 근무
하고 있는 버지니 앤 쉬나드Virginie-Anne Chouinard 박사 연구팀은 뇌 영상 기법을
활용해 조현병과 양극성장애 환자들의 뇌에서 인슐린 저항성을 살펴봤다.[9]
연구 참가자에는 최근에 정신증이 발병한 환자들뿐만 아니라 정신증 증상
이 없는 형제자매, 그리고 이들과 혈연관계가 없는 정상인 대조군이 포함됐
다. 이 중 환자들의 형제자매는 가족력이 있는 셈이므로 남들보다 정신질환

발병 위험이 높다고 알려져 있다. 연구 결과는 흥미로웠다. 정상인 대조군과 비교했을 때 정신증 환자들의 뇌에서는 유의미한 인슐린 저항성이 확인됐는데, 정신질환 병력이 없는 정상인 형제자매 또한 인슐린 저항성 징후가 나타나 어쩌면 인슐린 저항성도 가족력의 영향을 받는 위험 요인일 가능성을 시사한 것이다. 이어 연구진은 정신증 환자들과 정상인 형제자매 사이에서 미토콘드리아 기능의 차이를 발견했다. 이 모든 결과는 곧 인슐린 저항성이 먼저 생겨나고 뒤이어 미토콘드리아 기능부전이 일어나며 그 결과로 정신증이 발병한다는 것을 시사한다. 또 한 가지 주목할 점은 참가자들이 분류 집단(환자, 형제자매, 정상인 대조군)에 관계없이 체질량지수, 체지방, 콜레스테롤 수치, 신체 활동에 차이를 보이지 않아 겉으로 드러나는 모습이나 운동량에 대한 정보만으로는 이들의 뇌세포가 인슐린 저항성 상태인지를 절대 알 수 없었다는 사실이다.

　1세 영아 약 1만 5천 명을 24세가 될 때까지 추적 조사한 연구 결과는 심지어 이보다 더 강력한 증거를 제시한다.[10] 연구진은 이 참가자들이 9세, 15세, 18세, 24세일 때 각각 공복 인슐린 수치를 측정했다. 이후 정신증 발병 위험도 함께 측정해 상관관계를 분석했다. 그러자 놀라운 결과가 발견됐다. 9세부터 꾸준히 인슐린 수치가 높았던(인슐린 저항성의 징후) 아동은 최소한 몇 가지 영역에서 우려스러운 징후를 보이는 등 정신증 발병 위험에 처했다고 여겨지는 비율이 또래 아이들보다 다섯 배나 높았으며, 24세가 되었을 무렵에 이미 양극성장애나 조현병으로 진단받은 비율은 세 배가량 높았다. 이는 인슐린 저항성이 먼저 나타나고 정신증이 뒤따라 발생한다는 것을 명백하게 보여준 결과다.

알츠하이머병 또한 뇌의 인슐린 저항성이 관여하는 것으로 알려져 있다. 일각에서는 '3형 당뇨병'이라고 칭하기도 한다. 알츠하이머병 환자들의 뇌가 인슐린 저항성으로 인해 포도당으로부터 충분한 에너지를 공급받지 못하고 있으며 그 결과로 미토콘드리아 기능부전이 발생한다는 강력한 증거들도 다수 보고됐다. 이러한 현상에 가장 많은 영향을 받은 뇌 영역에서는 알츠하이머병의 특징인 단백질 침적물과 엉킴이 가장 많이 발견됐다.[11]

인슐린의 치료 효과

그렇다면 지금까지의 모든 증거를 바탕으로 인슐린을 정신질환 치료에 활용할 수는 없을까?

흥미롭게도 정신의학에서 인슐린을 치료에 활용하려고 한 시도는 지금이 처음이 아니다. 1927년부터 1960년대까지만 해도 중증정신질환 치료에 인슐린 혼수 요법insulin coma therapy이 널리 활용됐다. 이 요법은 먼저 환자들에게 고용량의 인슐린을 주입해 혼수상태에 이르게 한다. 그리고 매주 한두 차례씩 같은 과정을 반복한다. 당시 대부분의 기록을 보면 적어도 일부 환자에게는 대단히 효과적이었다고 한다. 이 때문에 인슐린 혼수 요법이 한동안은 서구사회에서 정신증과 중증우울증 치료에 가장 흔하게 쓰이는 요법으로 자리 잡기도 했다. 그러다 정신과 약들이 개발되면서 인슐린은 서서히 뒷전으로 밀려나게 되었다. 나는 이 요법을 다시 부활시키면 좋겠다는 생각은 결코 하지 않는다. 하지만 내 생각이 어떻든 **현실**에서 인슐린은 정신 건강 분야에 다시 모습을 드러내고 있다.

알츠하이머병 연구자들은 몇 년 전부터 **인슐린 비강 투여법**intranasal

insulin의 임상시험을 진행하고 있다. 이는 인슐린 스프레이를 콧속에 뿌려 인슐린 저항성을 압도할 만큼의 고농도 인슐린을 가장 쉽고 빠르게 뇌에 직접 공급하는 방법이다. 초기 연구 결과는 조짐이 괜찮았다. 경도인지장애나 알츠하이머병 환자 105명을 대상으로 예비 시험을 진행한 결과, 4개월의 시험 기간 동안 참가자들의 인지 능력이 보존되고 PET 검사상 뇌의 포도당 대사가 증진된 것이 관찰됐다.[12] 안타깝게도 규모를 키워 289명의 환자들을 대상으로 12개월간 진행한 후속 시험에서는 유의미한 효과가 발견되지 않았는데, 다만 이 경우에는 인슐린을 뿌리는 장치가 제대로 작동하지 않았을지도 모른다는 우려가 없지 않았다.[13]

한편 또 다른 연구에서는 양극성장애 환자 62명에게 8주간 인슐린 비강 투여법을 실시해 인지 기능이 개선되는지 살펴봤다. 그러자 가짜 약 투여 집단에 비해 인슐린 투여 집단에서 다양한 인지 기능 가운데 특히 집행 기능의 개선이 확인됐다.[14]

분명 인슐린이 임상 현장에 보편적으로 도입되기까지는 더 많은 실증적 결과가 필요하다. 지금처럼 관련 연구자들이 착실하게 연구를 진행하다 보면 해결이 될 문제로 기대한다.

그보다 현재 시점에서 치료에 훨씬 더 중요한 것은 **인슐린과 혈당 수치를 측정**해 인슐린 저항성과 저혈당증을 비롯한 다양한 문제들을 객관적으로 규명하는 일이다. 뇌에서 실제로 일어나는 일과 혈액을 통해 측정 가능한 지표들이 언제나 직접적인 상관관계에 있지는 않지만 충분히 유용할 수 있으며, 때로는 무엇으로도 대체할 수 없는 귀한 정보가 되기도 한다. 공복 혈당과 인슐린 수치, 경구 포도당 부하 검사, 연속 혈당 측정 장치 등 활용할 수 있는 검사와 도구도 다양하게 개발되어 있다. 따라서 어떤 정신증적 증상을 겪고 있다면 주치의와 상의해 이 과정을 진행해볼 필요가 있다. 검사 결과 인슐린과 관련된 문제가 규명되면 바로 이것이 정신적인 증상에 영향을 미쳤을 가능성이 높다. 뒤에서 자세히 설명하겠지만 문제 해결을 위해 개인 차원에서 할 수 있는 방법도 많다. 생활 습관, 특히 식사와 운동 습관의 변화도 강력한 중재법이 될 수 있다.

에스트로겐

대부분의 사람들이 에스트로겐은 여성의 생식 능력과 관련된 호르몬이라고만 생각하겠지만 사실 이는 수많은 역할 중 고작 한 가지에 불과하다. 〈에스트로겐: 뇌와 몸속 생체에너지 체계의 최고 조절자 Estrogen: A Master Regulator of Bioenergetic Systems in the Brain and Body〉라는 개관 논문의 제목만 보아도 이 모든 사실이 함축적으로 담겨 있다.[15]

에스트로겐은 대사에 깊은 영향을 미친다. 특히 정신 건강, 비만, 당뇨병, 심혈관계질환에 중요한 역할을 한다. 뇌의 대사에도 직접적으로 관여해 기분과 인지를 비롯한 뇌의 여러 기능에 광범위한 영향을 미친다.

그런 에스트로겐을 생성하는 것이 미토콘드리아다. 미토콘드리아는 코르티솔과 마찬가지로 에스트로겐에서도 합성의 가장 초기 단계에 관여한다. 이뿐만 아니라 미토콘드리아는 에스트로겐 수용체도 가지고 있다. 즉, 코르티솔처럼 에스트로겐도 경우에 따라 시작과 끝이 모두 미토콘드리아에 의해 결정될 수 있다. 그렇기는 해도 에스트로겐 수용체의 대부분은 미토콘드리아가 아닌 세포 외부에 존재한다. 에스트로겐 수용체는 성별과 무관하게 뇌 전역의 뉴런과 아교세포에서 광범위하게 발견된다. 몸 전반에도 두루 분포해 있다. 그렇지만 에스트로겐 신호 경로 가운데 상당수와 세포 외부의 수용체에 결합하는 경우까지도 결국은 미토콘드리아로 모여든다.

가임기 여성의 몸에서 에스트로겐 농도는 한 달을 주기로 변동성을 보인다. 많은 여성이 이 에스트로겐 농도 변화와 관련해 '정신적' 및 '대사성' 증상들을 경험한다. 기분, 식욕, 특정 대상에 대한 갈망 정도 등의 변화가 여기에 포함된다. 실제로 일부 심각한 정신적 증상들을 묘사하는 월경 전 불쾌장애premenstrual dysphoric disorder, PMDD(흔히 사용하는 월경 전 증후군이라는 용어가 월경 전에 발생하는 다양한 신체적 증상들을 지칭한다면 월경 전 불쾌장애는 우울증의 하위 유형으로 분류될 만큼 극심한 정신적 증상들을 동반한다-옮긴이)라는 진단명도 있다. 이 외에도 다른 정신질환 진단을 받은 여성이라면 이 주기를 중심으로 증상의 양상이 요동칠 수 있다. 여기에는 뇌 에너지 이론에서 예상한 바와 같이 우울, 불안, 양극성장애 증상, 정신증 증상, 집중력 저하 등 사실상 모든 정신적 증상이 해당된다. 앞에서도 잠깐 언급했지만 여성은 우울증 발병 위험이 남성보다 두 배 높다. 어쩌면 이러한 호르몬의 변동성과 그 변동성이 대사에 미치는 영향으로 이 같은 통계를 부분적으로나마 설명할 수 있을지 모른다. 더불어 월경 과정에서 혈액이 손실되면서 철분과 같은 대사 자원이 부족해져 대사에 부담으로 작용할 가능성도 있다.

임신과 산후 시기도 호르몬의 변동성이 심해지고 무엇보다 임신 자체가 체내 대사에 부담을 주는 탓에 정신적 증상들이 발생할 위험이 높아지는 때다. 아이를 만들어내는 데에는 어마어마한 양의 영양분과 대사 자원이 소모된다. 이에 임신부와 산모의 몸은 대사 문제에 취약해지고 만다. 생각해보면 임신은 (건강한 태아를 품기 위해 여성의 몸으로서는 필요 이상으로) 체중 증가와 임신 중 당뇨병이나 자간증(고혈압과 발작 증상 포함)을 발생시키기도 하며, 정신질환 환자일 경우에는 대부분 증상이 악화되면서 대사장애와 정신장애 모두 발병 위험을 높인다. 일반적으로는 산후우울증이 흔하게 알려져 있지만 간혹 산후조증이나 정신증을 겪는 사람들도 있다.

완경기가 되면 에스트로겐 농도가 급락한다. 이에 많은 여성이 우울, 불안, 조증, 심하면 정신증까지 다양한 정신적 증상들을 경험한다. 완경기 전에 우울증 병력이 있는 여성은 그렇지 않은 여성에 비해 완경기 전후로 다시 우울증을 겪을 위험이 다섯 배 더 높다. 이 시기에는 뇌의 에너지 대사도 전반적으로 감소한다. 이와 관련해 완경기에 접어든 여성 43명을 대상으로 진행한 한 연구에서는 이들에게서 뇌 에너지의 대사 감소를 확인했을 뿐만 아니라 이러한 변화가 미토콘드리아의 건강이 나빠지는 현상과 직접적으로 상관관계에 있다는 결과를 발견했다.[16] 완경기 이후의 여성은 남성보다 알츠하이머병 발병 위험 또한 더 높다. 이 같은 뇌 대사 이상은 시간이 가면 스스로 개선되기도 하지만 일부의 경우는 영구화되어 정신장애와 알츠하이머병 발병 위험을 높이기도 한다. 한편 붉은털원숭이를 대상으로 한 연구에서 기억력과 에스트로겐 농도와 미토콘드리아 사이에 직접적인 연결성이 발견됐다.[17] 연구진은 기억력이 좋지 못한 암컷 원숭이들이 비교 집단의 원숭이보다 전전두피질의 시냅스에 도넛 모양을 한 기형 미토콘드리아가 더 많다는 것을 발견했다. 수술을 통해 인위적으로 완경 상태로 만든 원숭이들에게서도 예상했던 대로 기억장해와 더불어 도넛 모양의 기형 미토콘드리아 수가 증가하는 등의 징후가 나타났다. 이 원숭이들에게 에스트로겐 대치요법을 실시하자 기억력 문제와 미토콘드리아 이상이 모두 개선됐다.

에스트로겐의 치료 효과

수백만 명의 여성이 경구 피임제를 복용한다. 이 약에는 보통 에스트로겐과 프로게스테론이 함유되어 있다. 이 약들은 기분에 부정적인 영향을 미치는 경우도 있지만 아이러니하게 월경 전 불쾌장애와 같은 기분 증상들을 치료하는 데에 쓰이는 경우도 있다. 이런 사실을 처음 접하면 혼란스러울 수 있다. 이 약들은 과연 도움이 되는 것일까 아니면 해로운 것일까? 결론부터 말하자면 사람에 따라 다를 수 있다. 하지만 피임약을 복용 중인 15~34세 사이의 여성 인구 백만 명 이상을 조사한 한 연구에서는 이들이 피임약을 복용하지 않는 여성보다 우울증을 경험하거나 항우울제를 복용하는 비율이 다소 높다는 결과를 발견했다.[18] 15세 여성 50만 명을 조사한 또 다른 연구 결과에 따르면 피임약을 복용 중인 여성이 그렇지 않은 또래 여성들보다 자살을 시도할 위험은 두 배, 실제로 자살로 생을 마감할 위험은 세 배 더 높았다.[19] 피임약에 함유된 호르몬의 농도는 몸속에서 자연적으로 발생하는 것과 다른데, 어쩌면 그래서 이 같은 결과가 나타났을 가능성도 있다. 그러므로 기분 증상을 겪는 여성들은 주치의와의 상의를 통해 원치 않는 임신을 예방하는 동시에 정신 건강을 개선할 방법을 찾아나가는 것이 중요하다.

완경 이후 호르몬 대치요법은 사람에 따라 유의미한 효과를 발휘하기도 한다. 이처럼 에스트로겐이 뇌에 미치는 영향을 입증하는 연구 결과들이 속속 발표되는 것을 보면 뇌 건강을 최선으로 유지하기 위해 에스트로겐을 일정량 투여하는 방법도 진지하게 고려해볼 필요가 있을지 모른다.

갑상샘호르몬

갑상샘호르몬은 대사의 최고 조절자 가운데서도 **끝판왕**으로 알려져 있다. 지금까지 연구된 바에 따르면 갑상샘호르몬은 인체의 모든 세포에 작용한다. 우선 미토콘드리아의 활동량을 높여 대사를 증진시킨다. 성장, 발달, 체온조절과 더불어 뇌를 비롯한 모든 기관의 기능에서도 중대한 역할을 수행한다. 갑상샘호르몬이 지나치게 많거나 적은 경우에는 거의 언제나 명백한 문제가 발생한다.

갑상샘호르몬의 작용 원리에 대해서는 아직 연구가 더 필요한 부분도 일부 있지만 미토콘드리아에 미치는 영향만은 명백하게 밝혀져 있다. 갑상샘호르몬은 직간접적으로 미토콘드리아가 ATP 또는 열을 생성하도록 촉진한다. 미토콘드리아에는 갑상샘호르몬 수용체가 있으므로 신호가 직접 전달되기도 한다. 하지만 세포핵 내의 유전자에 작용함으로써 미토콘드리아에 영향을 미치는 경우도 있다. 갑상샘호르몬은 또한 미토콘드리아의 생합성을 촉진해 세포 내의 미토콘드리아 수를 증가시키는 역할을 하는 것으로 알려져 있다.[20] 미토콘드리아의 수복 과정인 미토파지를 유도하기도 한다.[21] 여러분도 알다시피 이 모두는 우리의 건강에 강력한 영향을 미친다.

갑상샘저하증은 갑상샘이 저활성화되어 몸이 필요로 하는 것보다 적은 양의 갑상샘호르몬을 생성할 때 발생한다. 가장 흔한 원인은 자가면역질환이지만 그 밖에도 몇 가지 원인이 있다. 갑상샘저하증은 체중 증가, 비만, 심장질환, 피로, 브레인 포그brain fog(뇌 안개 증상이라고도 하며, 머릿속에 안개가 낀 것처럼 멍하고 인지 기능이 저해된 상태 – 옮긴이), 우울감을 비롯해 수많은 대사 및 정신적 증상을 초래할 수 있다. 상대적으로 덜 알려진 사실이기는 하지만 양극성장애, 조현병, 치매와도 연관되어 있다.[22] 발달 시기에 갑상샘저하증이 발생하면 심각한 신경학적 결함으로 이어지기도 한다(크레틴병). 뇌 에너지 이론은 이 모두를 이해할 수 있는 새로운 관점을 제시한다. 뇌 에너지 이론에 따르면 이렇듯 겉으로 보기에 완전히 다른 유형으로 보이는 질환들도 하나의 공통경로로 이어진다. 바로 미토콘드리아다.

갑상샘호르몬의 치료 효과

갑상샘호르몬 투여법은 수십 년 전부터 정신질환 치료에 활용되어 왔으며, 심지어 호르몬 수치가 정상인 사람에게도 시행됐다. 보통은 치료 저항성을 보이는 우울증과 양극성장애 환자에게 주로 적용됐다. 하지만 그동안은 이 요법이 효과가 있는 이유를 설명하지 못했다. 이에 뇌 에너지 이론은 명확한 설명을 제시한다. 갑상샘호르몬은 대사량을 즉각적으로 끌어올릴 뿐만 아니라 미토콘드리아의 건강을 증진시키고 그 수를 증대시키기도 한다. 이처럼 일할 수 있는 미토콘드리아의 수가 늘어나면 세포의 기능이 향상된다. 하지만 대사량이 증가하면 특히 과흥분 상태의 세포들을 과도하게 자극할 위험도 늘 뒤따른다. 따라서 일부 환자들의 경우에는 갑상샘호르몬 투여법이 의도치 않게 새로운 증상을 야기하거나 기존의 증상을 악화시킬 수 있다.

요약

- 호르몬과 기타 대사 조절자는 대사 및 정신 건강에 크나큰 역할을 한다.
- 호르몬 불균형의 징후나 증상들을 겪고 있다면 주치의와 상의해 의학적으로 상태를 파악하고 치료해야 한다.
- 명확한 이유 없이 만성적으로 정신적 증상이나 대사성 증상들을 겪고 있다면 호르몬 상태가 어떤지 파악할 수 있도록 종합 검사를 받아볼 필요가 있다.
- 피임약이라든지 당뇨병 치료제와 같은 호르몬제가 정신 건강에 영향을 미칠 가능성(좋은 쪽으로든 나쁜 쪽으로든)이 있으므로 현재 진행 중인 호르몬 요법의 목록을 잘 정리해두는 것이 중요하다.

모든 것이 '갑상샘호르몬 때문'이었던 제임스

나와 처음 만났을 당시 제임스는 54세로, 벌써 30년이나 양극성장애에 시달린 상태였다. 그는 항우울제와 기분안정제를 20가지도 넘게 시도해봤지만 매년 가을이면 어김없이 우울증이 재발해 봄까지 지속됐다. 우울증은 그가 일상적인 활동도 제대로 수행하지 못하게 만들었고, 침대에서 일어나기조차 버거운 날이 잦아졌다. 이 외에도 제임스는 갑상샘저하증, 고혈압, 고지혈증, 수면무호흡증 진단을 받았다. 그가 복용하고 있던 보통 수준의 갑상샘호르몬제 용량은 호르몬 수치를 '건강' 범위로 끌어올리기에는 충분했지만 우울증 증상 완화에는 아무런 도움도 되지 않았다. 그래서 나와 제임스는 일단 갑상샘호르몬 고용량 요법을 시도해보기로 했다.

효과는 굉장했다! 이제는 갑상샘호르몬 수치가 비정상적으로 높아져 혹시라도 부정맥이나 골다공증과 같은 부작용이 발생할지 몰라 주의 깊게 살펴야 하기는 했지만 전반적으로 그는 제법 잘 견뎌내고 있었고, 이로 인해 그의 삶이 달라졌다. 꾸준히 재발하던 우울증은 완전히 사라졌다. 그렇게 10년가량 갑상샘호르몬 고용량 요법을 진행한 뒤에, 현재는 보통 수준으로 용량을 줄였고 오늘날까지 정상적인 삶을 이어갈 수 있게 되었다. 지금도 여전히 간헐적으로 저용량의 항우울제와 수면제를 복용하곤 하지만, 몇 년 동안 극심한 우울증을 경험한 적은 한 번도 없었다. 제임스에게 이 요법을 시행하던 당시만 해도 나는 어떻게 해서 이러한 효과가 나타나는지 알지 못했다. 그러나 이제는 깨달았다. 답은 바로 뇌 에너지에 있었다.

13

우리의 생존을
돕는 염증

염증은 대사, 미토콘드리아 기능, 정신 건강, 그리고 대사 건강에 중요한 역할을 한다. 따라서 뇌 에너지 이론에서도 중요한 비중을 차지한다.

먼저 무엇보다 중요한 사실 하나를 짚고 시작하자. 많은 사람이 염증은 나쁘다고 생각한다. 저강도의 염증은 대사장애와 정신장애 환자들에게서 흔하게 발견된다. 이에 많은 이들이 적어도 일부 정신장애와 신경학적 장애에 한해서는 신경염증이 근본 원인이라고 추측했다. 가령 코로나19 환자들은 사이토카인 폭풍(면역 반응이 과활성화된 상태)으로 목숨까지 잃을 수 있다. 체내 바이러스가 사멸한 뒤에도 장기간 지속되는 염증은 코로나19 장기 후유증long COVID으로서 바이러스에 감염된 지 수개월에서 수년이 지나도록 정신·신경학적 증상들에 시달리는 주요 원인 가운데 하나로 지목되기도 했다.

자가면역질환은 염증과 면역계가 자기 자신을 공격하는 병이다. '장 누수 증후군'은 만성 염증을 초래할 수 있다. 이러한 이유들로 인해 우리는 지금까지 우리 몸을 아프게 하는 대부분의 원인이 염증이라는 이야기를 들어왔다. 염증 수치를 낮춰야 건강해진다고 말이다.

하지만 염증이 꼭 나쁜 것만은 아니다. 염증은 늘 일어난다. 대부분은 우리 몸에 무수히 많은 이점을 가져다주는 정상적인 과정이다. 염증은 감염원과 싸우고 다친 곳을 치유하는 데 관여한다. 몹시 중요한 신호 기능을 담당하기도 한다. 정상적인 스트레스 반응에도 관여한다. 염증성 사이토카인은 다름 아닌 스트레스 신호를 몸과 뇌 곳곳에 전달하기 위한 수단이다. 뇌에서 면역세포 역할을 하는 미세아교세포는 뇌의 발달, 학습, 기억에도 영향을 미친다. 염증이 없다면 우리는 살아남지 못할 것이다.

염증이 대사와 정신 건강에 미치는 영향

염증은 대사 자원이 배분되어 사용되는 부문 가운데 하나이므로 직접적으로 대사에 영향을 미친다.

염증성 사이토카인이 방출되면 해당 영역으로 흘러 들어가는 혈류량이 증가해 어떤 식으로든 활용될 수 있도록 산소, 포도당, 아미노산, 지방을 실어 나른다. 염증이 이렇게 대사 자원을 '요청'하면 우리 몸이 그에 맞게 에너지와 자원을 배분하는 것이다. 이는 감염이나 부상이 발생해서일 수도 있고, 세포들이 나이 들거나 죽어가는 상황에 대응하기 위해서일 수도 있다.

염증은 면역세포와 항체의 생성을 촉진할 수 있다. 이들은 바이러스나 박테리아, 혹은 갓 형성된 암세포와 싸워 무찔러야 할 때는 목숨을 구해주는 매우 유용한 존재이지만 생성하는 데에 에너지와 자원이 많이 소모된다. 병원체나 암세포가 몸속에 자리를 잡으면 생존에 위협이 되므로 우리의 몸은 이 상황을 타개하는 것을 최우선으로 삼는다. 한편 평소에는 운동 후 근육의 크기를 키운다든지 새로운 학습을 할 수 있게끔 특정 뇌 영역에 대사 자원을 보내는 등 적응적인 변화에 자원을 배분한다. 이 경우에도 관련 영역에서 생겨난 염증이 자원을 요청하는 일을 맡는다. 위와 같은 상황들에서는 모두 특정 영역 외의 나머지 세포들이 가용할 수 있는 대사 자원이 줄어든다. 다시 말해 염증은 대사에 부담을 준다.

고강도의 염증은 기분, 생각, 동기, 행동에도 변화를 초래한다. 가령 바이러스에 감염되거나 암에 걸려 고강도의 염증이 발생하면 이로 인해 심적 상태가 변한다. 무기력하고, 위축되며, 의욕이 사라지고, 자신감이 부족해지고, 마냥 침대에 누워 쉬고만 싶어진다. 이 모든 변화는 적응 과정이다. 아무리 비참한 기분이 들게 되더라도 어디까지나 정상이며 건강한 신체 반응이다. 이 같은 변화는 우리의 몸이 대사 자원을 보존하게 해준다. 생존을 위해 투쟁하는 중인 것이다. 놀러 나가거나, 운동을 하거나, 심지어 번식하느라 시간을 쓸 여유 따위 없다. 가용한 모든 자원은 생존을 위해서만 활용해야 한다. 일각에서는 이를 일컬어 **보존을 위한 위축 행동**^{conservation-withdrawal} ^{behavior}이라고 칭하며 우울증의 일부 증상들을 설명할 근거로 삼는다.

그렇지만 때로는 원인과 결과가 뒤바뀌기도 한다. 반대로 심적 상태가 염증을 야기할 수도 있다. 이와 관련해 흥미로운 결과를 보여준 어느 연구에서는 인간과 원숭이를 대상으로 실험을 진행해 **외로움**이 스트레스 반응을 높이고 면역세포를 특정한 패턴으로 활성화시킨다는 사실을 발견했다.[1] 이에 따라 외로움을 느낀 사람과 원숭이에게는 만성적인 저강도 염증이 나타났다. 바이러스 감염에도 취약해졌다. 나아가 연구진이 원숭이들을 바이러스에 감염시키자 예상대로 외로움을 느낀 원숭이는 다른 원숭이들보다 면역 반응이 저하된 것이 발견됐다. 이러한 결과는 외로움과 같은 정신적 증상들이 어떻게 해서 정신질환뿐만 아니라 심혈관계질환, 알츠하이머병, 조기 사망의 위험과도 관련이 있는지 설명해준다.[2]

염증이 오랜 기간 지속되거나 그 정도가 극심한 경우에는 대사에 가해진 부담으로 인해 정신장애나 대사장애를 촉발하거나 악화시킬 수 있다. 즉, 감염증, 알레르기, 암, 자가면역질환이 갑작스럽게 심해지면 건강하던 사람에게 새롭게 정신질환이 발병하거나 기저질환이 있는 사람들의 정신적 증상들이 악화될 수 있다. 충격적인 예를 하나 들자면, 꽃가루 알레르기 등으로 인해 콧물 증상(비염)이 있는 사람들은 상대적으로 우울증 발병 위험이 86퍼센트나 높다.[3] 이 같은 염증 문제는 노인에게 섬망을 일으키는 원인으로도 알려져 있다. 마찬가지로 대사장애의 증상이 나타날 위험도 높아지고 당뇨병 환자들은 혈당이 증가한다. 심혈관계질환 환자들은 혈압이 높아지거나 가슴 통증을 경험하거나 심근경색이 발생할 수 있다.

덴마크에서 백만 명이 넘는 아동과 청소년을 추적 조사한 한 대규모 연구 결과, 중증 감염으로 입원한 적이 있는 경우에는 그렇지 않은 또래에 비해 향후 정신장애 발병 위험이 84퍼센트, 정신과 약을 처방 받을 가능성이 42퍼센트 더 높았다.[4] 특히 가장 위험한 시기는 감염이 발생하고 3개월

이내였다. 13세 이상 청소년의 강박장애 발병 위험은 대조군보다 무려 여덟 배나 높았다. 이러한 결과를 보고 어쩌면 여러분은 이 아이들이 병원에 입원했으니 그저 '불안'했던 것이 아니냐고 생각할지 모르겠는데, 이들이 가장 흔하게 진단받은 정신장애에는 조현병, 강박장애, 성격장애, 지적장애, 자폐증, ADHD, 적대적 반항장애oppositional defiant disorder, 품행장애conduct disorder, 틱장애가 포함되어 있었다. 이는 심각한 뇌장애이지 단순히 입원 때문에 '불안'을 느낀 수준이 아니다. 그리고 눈치챘겠지만 어느 특정한 한 가지에 국한된 것이 아니라 유형이 매우 다양한 것이 뇌 에너지 이론과도 일관된다.

이 같은 연구 결과는 염증 문제가 정신장애와 대사장애의 발병이나 악화로 이어질 수 있다는 것을 보여주는 수많은 증거 중 겨우 일부에 불과하다. 그렇다면 여기에 미토콘드리아가 관여하고 있다는 증거도 있을까?

염증과 미토콘드리아의 관계

염증과 미토콘드리아는 복잡한 피드백 순환 관계에 있다. 미토콘드리아는 정상적인 염증 반응의 다양한 측면에 관여하며 반응이 일어나고 멈추는 과정을 통제한다. 그런가 하면 염증은 미토콘드리아의 기능을 저하시킬 수 있다. 더욱이 어떤 이유로 발생했든 미토콘드리아 기능부전은 염증을 유발한다. 모두가 악순환을 일으키는 것이다. 이를 뒷받침하는 근거를 몇 가지 살펴보도록 하자.

미토콘드리아는 정상적인 염증 반응에 중요한 역할을 한다. 앞서 미

3부 · 뇌 에너지 이론이 가져올 혁명

토콘드리아의 기능들을 설명하는 장에서 미토콘드리아가 대식세포의 상처 치유 과정의 각 단계를 통제한다는 사실을 입증한 연구 결과를 소개한 바 있다. 이와 유사하게 〈선천적 면역 반응 속 미토콘드리아Mitochondria in Innate Immune Responses〉라는 논문은 미토콘드리아가 바이러스나 박테리아와 싸우는 등 면역 반응의 다양한 양상들에 직간접적으로 관여하고 세포의 손상과 스트레스에 영향을 미치는 여러 복잡한 과정들을 개괄했다.[5] 《셀》에 발표된 또 다른 연구는 면역 반응을 멈춰야 할 시점이 되었을 때, 면역세포를 사멸하게 하는 데에도 미토콘드리아가 관여한다는 것을 발견했다.[6] 이 세포들에서 미토콘드리아가 제대로 기능하지 않으면 염증 반응과 면역세포 기능에도 문제가 발생한다. 면역 및 염증 반응이 과활성화 혹은 저활성화될 수 있는 것이다. 실제로 이러한 현상은 수많은 정신장애와 대사장애 환자에게서 관찰됐다.

　　염증은 미토콘드리아 기능에 직접적으로 영향을 미친다. 이를테면 염증성 사이토카인의 하나인 종양괴사인자tumor necrosis factor는 미토콘드리아 기능을 직접적으로 억제한다.[7] 또 다른 염증성 사이토카인 인터페론interferon은 중요도가 더욱 높다. 인터페론의 생성에는 미토콘드리아가 큰 영향을 미치는데, 반대로 인터페론이 미토콘드리아의 유전자 세 가지를 직접 억제함으로써 기능상의 변화를 초래한다는 사실이 밝혀졌다.[8] 게다가 인터페론은 일부 뇌세포에서 미토콘드리아의 ATP 생성을 직접 억제하는 것으로 드러났다.[9] 인터페론이 특히 중요한 이유는 중증 감염이나 암 치료를 위한 약으로 처방되기 때문이다. 인터페론을 복용하면 얼마 지나지 않아 온갖 정신질환 증상들이 발생하며 그야말로 지옥문이 열릴 수 있다. 우울, 피로, 과민성,

불면증, 자살 행동, 조증, 불안, 정신증적 증상, 집중력 저하, 섬망 등 어떠한 증상도 나타날 수 있다.[10] 기존에 앓고 있던 정신질환이 있다면 무엇이든 인터페론 복용 후 악화될 수 있다. 요컨대 이번에도 결국 같은 상황이다. 인터페론이라는 한 가지 약이 정신의학에서 알려진 모든 증상을 일으키는 것이다. 어째서 이런 일이 가능할까? 바로 미토콘드리아 때문이다.

염증과 면역세포와 사이토카인이 미토콘드리아 기능에 영향을 미치는 경로는 이 밖에도 무수히 많지만 어쨌든 핵심은 **염증이 미토콘드리아 기능부전을 야기할 수 있다는** 사실이다.

염증은 뇌 발달에도 영향을 미친다. 태아나 어린아이의 경우에는 염증 문제 탓에 뇌가 비정상적으로 발달할 수 있다. 가령 임신 기간에 감염증을 앓았다면 아이가 자폐증에 걸릴 위험이 상대적으로 80퍼센트 더 높다.[11] 동물을 활용한 자폐증 연구에는 임신 상태의 쥐에게 염증성 분자를 주입해 새끼 쥐의 자폐증 발병을 유발함으로써 인과관계를 입증한 것들도 많다. 이 모두를 하나로 이어주는 연결고리는 무엇일까? 미토콘드리아다.

한편 염증은 **미토콘드리아 기능부전의 결과가** 되기도 한다. 면역세포 내의 미토콘드리아 기능부전이 염증과 면역 반응에 직접적인 영향을 미치기도 하지만, 이 외에 다른 유형의 세포에서도 미토콘드리아가 제대로 기능하지 않으면 대사장애나 정신질환 환자들에게서 흔히 볼 수 있는 만성적인 저강도 염증으로 이어진다.

대사 기능이 저하된 세포는 황폐화 상태에 빠진다. 유지·보수 문제를 겪거나 위축되고 사멸할 수도 있다. 산화 스트레스의 강도도 높아질 수 있다. 이 모두가 염증을 촉발한다. 세포들은 수복을 요한다는 사실을 알리기 위해 손상연관분자패턴damage-associated molecular pattern, DAMP(손상된 세포가 이러한 사실을 면역세포에게 알리고 면역 반응을 유발하기 위해 발산하는 물질 - 옮긴이)을 통해 신호를 발산한다. 죽은 세포들이 제대로 처리되어야 하기 때문이다. 이 역할을 담당하는 것이 바로 염증이다. 미토콘드리아 가운데 적어도 일부는 영향력 있는 DAMP로 알려져 있다. 따라서 기능이 저하된 세포에서 방출된 미토콘드리아는 염증을 촉발한다. 이때 일어나는 염증은 정상적인 반응이다. 염증 자체가 주요 문제라기보다는 그저 대사 문제로 인해 나타나는 하나의 증상인 것이다. 그러다 보니 이 염증 반응을 억제한다고 해도 근본적인 문제는 달라지지는 않는다. 아니, 오히려 정상적인 치유 과정을 방해해 문제가 더욱 악화될 수도 있다. 모든 정신장애 및 대사장애와 연관된 저강도 염증은 이처럼 광범위한 대사부전 탓에 발생한 결과일 가능성이 높다. 그러므로 이를 해결하기 위해서는 먼저 대사 문제를 일으킨 원인이 무엇인지부터 파악해야 한다. 원인으로는 건강하지 않은 식습관, 스트레스, 호르몬 문제, 수면 부족, 폭음이나 약물 남용, 기타 독성물질에 노출된 경험 등 몹시 다양한 요인이 있다. 이 중 몇 가지는 뒤에서 자세히 살펴보기로 하자. 어쨌든 문제를 해결하기 위해서는 세포 내의 대사부전을 해결해야 한다. 대사 건강을 회복할 수만 있다면 염증은 저절로 사라질 것이다.

치료 과정에서 염증의 역할

수십 년 동안 연구자들은 염증을 억제하는 데 지대한 관심을 쏟았다. 대사장애와 정신장애에 항산화제와 소염제를 활용하는 방안에 관해서도 많은 연구가 이뤄졌다. 이 분야의 연구에만 수십억 달러가 쓰였다. 후보로는 비타민E, 오메가3 지방산, N-아세틸시스테인, 그리고 이부프로펜 같은 비스테로이드성 소염제 등이 주목을 받았다. 하지만 그 많은 연구 결과를 종합했을 때, 결국 그다지 큰 치료 효과는 없는 것처럼 보였다. 우울증, 조현병, 알츠하이머병, 심혈관계질환, 비만, 당뇨병 모두 만성적인 고강도 염증과 연관되어 있지만 이들에 대한 항산화제와 소염제의 치료 효과는 아무리 보아도 별로 고무적이지 못하다. 메타분석 결과, 일부 정신질환에 한해 일부 항산화제와 소염제가 아주 조금 효과를 나타내기는 했지만 그 정도는 극히 미미했으며, 대부분 임상적으로 유의미한 수준에 미치지 못했다.[12] 게다가 정상적인 뇌와 신체 기능에도 염증이 중요한 역할을 한다는 사실을 고려하면 약을 써서 인위적으로 염증을 억누르다가는 자칫 장기적으로 의도치 않은 부정적인 결과를 초래할 위험도 있다.

그렇다면 과연 치료 과정에서 염증을 염두에 둘 필요가 있는 걸까? 그렇다.

앞에서도 언급했듯이 만성적인 염증으로 이어지는 광범위한 대사부전을 야기하는 생활 습관들은 아주 많다. 이를 바로잡는 것만으로도 염증을 줄이고 대사장애와 정신장애 치료에 큰 도움이 될 수 있다. 좋지 못한 생활 습관 요인들은 그대로 둔 채 이에 따른 부정적인 영향에만 대처하고자 항산화제를 복용해서는 아무런 의미가 없다.

그런가 하면 자가면역질환과 연관된 고강도의 염증은 정신장애와 대사장애 발병에 영향을 미친다. 따라서 이때는 염증의 영향을 최소화하는 것이 중요하다. 경우에 따라서는 소염제 치료가 필요할 수도 있다. 어떤 경우에는 호르몬 결핍에 대처하는 식의 접근을 요할 수도 있다. 이 모든 과정은 주치의와 상의하에 진행해야 한다.

만성적인 감염증도 심각한 문제가 된다. 우리의 몸이 감염을 일으킨 바이러스나 박테리아를 박멸하지 못하면 대사에 부담으로 작용해 문제를 일으킨다. HIV, 만성 라임병, 간염 등은 모두 대사와 정신 건강에 악영향을 끼친다. 따라서 주치의와 상의해 각자의 상황에 맞는 최적의 치료법으로 이러한 문제에 대처해야 한다.

알레르기도 만성 염증으로 이어진다. 알레르기원을 피할 수 있는 경우도 있겠지만 그렇지 못하는 상황이라면 주치의와 상의해 알맞은 치료법을 선정해야 한다.

치아 위생 문제도 염증을 유발해 궁극적으로 대사장애와 정신장애에 영향을 미친다. 따라서 규칙적으로 칫솔과 치실을 사용해 치아를 청결하게 하고 정기적인 치과 검진을 받는 것이 중요하다. 이 또한 우리 몸에 염증을 일으킬 만한 근원을 없애는 한 가지 방법이다.

요약

- 염증은 대사와 정신 건강에 지대한 영향을 미친다.
- 염증은 언제나 대사에 영향을 미치며, 대사 문제는 대부분 염증 수치를 높인다.

- 건강하지 못한 식습관, 운동 부족, 수면 부족, 흡연, 음주나 약물 사용 등의 생활 습관 요인들이 저강도 염증의 주요 원인인 경우가 많다. 이러한 문제를 직접 바로잡는 것이 항산화제와 같은 우회적인 수단을 통해 염증을 줄이려고 애쓰는 것보다 훨씬 더 중요하다.
- 염증은 심적 상태에 영향을 미치며, 심적 상태는 염증을 유발할 수 있다.
- 미토콘드리아는 염증과 면역세포 기능에 직간접적으로 관여한다.
- 염증과 미토콘드리아는 복합적인 피드백 순환 관계에 있으며, 이는 대사와 정신 건강에 중요한 역할을 한다.

14

수면과
일주기 리듬

수면과 빛과 일주기 리듬은 모두 상호연결되어 있다. 이 요인들은 대사, 미토콘드리아 기능, 대사장애, 정신장애에 강력한 영향을 미친다. 생물학적인 작용 원리를 깊이 따지고 들면 상당히 복잡하므로 여기서는 개략적으로 큰 그림만 알아본 뒤에 이 기여 원인들이 전부 뇌 에너지 이론과 관련해 중요한 역할을 한다는 사실을 입증하는 대표적인 근거들을 살펴보기로 하자.

밤에 잠을 잘 때면 우리의 몸과 뇌는 '휴식과 수복' 상태에 진입한다. 세포들이 유지·보수 기능을 수행하며 장단기적인 건강 유지에 필수적인 수복 과정을 밟는 사이, 전반적인 대사율과 체온은 낮아진다. 뇌에서는 학습과 기억 공고화에 중요한 역할을 하는 것으로 여겨지는 여러 가지 변화가 일어난다. 잠을 자지 않는다면 세포들은 황폐화 상태에 빠져 기능 이상을 보일 것이다.

수면은 몸의 전반적인 대사 전략의 일환이다. 이는 일주기 리듬에 따라 이뤄진다. 우리의 뇌, 그리고 사실상 각 세포 내에는 수많은 생물학적 과정을 지배하는 일종의 '시계'가 있다. 이 시계들이 결국은 대사에도 영향을 미친다. 시계가 작동하는 데에는 시상하부에 위치한 시교차 상핵supraachiasmatic nucleus이라는 부분이 핵심적인 역할을 수행한다. 시교차 상핵은 우리 눈으로 들어오는 빛을 감지해 관련 호르몬을 생성하고 신경계 반응을 일으킨다. 이 과정에서 발생된 신호는 곧 전신의 수천 가지 유전자를 켜거나 끔으로써 체내 모든 세포 속 지엽적인 시계에 영향을 미친다. 이렇듯 빛은 일주기 리듬을 좌우하는 중요한 요인인데, 이에 버금가는 또 하나의 핵심 요인이 바로 음식이다. 즉, 일주기 리듬은 크게 **빛과 어둠**, 그리고 **섭식과 단식**이 행해지는 주기에 맞추어 동기화된다.

성인의 적정 수면 시간은 하루에 약 7~9시간이지만 사람마다 개인차가 있다. 적정 수면 시간은 나이와 활동 수준 등에 따라 달라진다. 영유아와 아동은 한창 몸이 성장하는 시기이므로 상대적으로 더 많은 수면 시간이 필요하다. 반대로 노인은 몸이 필요로 하는 수면 시간이 비교적 짧다. 누구나 아플 때면 일시적으로 필요한 수면 시간이 증가하는데, 잠을 자면 에너지 보존에 도움이 되기 때문이다. 수면은 우리의 몸이 성장, 유지·보수, 수복 기능에 대사 자원을 쏟을 수 있게 해준다.

안전에 위협이 되는 상황에서는 수면의 중요도가 뒤로 밀려난다. 휴식이든 수복이든 결코 당장의 생존보다 중요하지는 않다. 여기서 말하는 생존에는 신체적인 생존뿐만 아니라 사회적 지위를 지키는 것도 포함된다. 심리·사회적 스트레스원 대부분을 비롯해 걱정을 유발하는 것이라면 무엇이든 수면장해를 일으킬 수 있다. 이는 지극히 정상이며, 장애가 아니다.

수면과 관련된 문제는 지나치게 많이 자거나, 지나치게 적게 자거나, 수면의 질이 떨어지는 경우로 정의할 수 있다. 이 모두가 대사에 부담을 준다. 특히 수면 부족은 우울증, 조증, 불안장애, 치매, ADHD, 조현병, 물질사용장애를 악화시키는 요인인 것으로 밝혀졌다. 대사장애도 더욱 심해질 수 있다. 당뇨병 환자들은 잠을 충분히 자지 못하면 혈당이 높아진다. 비만인 경우에는 체중이 더 불어난다. 심근경색 병력이 있는 사람들은 재발의 위험이 있다. 전부 수면 문제가 기존에 앓고 있던 병을 악화시키는 예다. 그런데 이뿐만 아니라 수면 문제는 건강하던 사람에게도 이러한 장애를 일으키는 **기여 원인**이 될 수 있다. 건강한 정상인이 수면 부족을 겪으면 어떤 일이 벌어지는지에 대한 많은 연구가 이뤄졌다. 수면 부족이 극심한 경우에는 우울, 불안, 인지 결함, 조증, 정신증 증상이 발생할 수 있다. 유전학 연구들에서는 시계 유전자와 자폐증, 양극성장애, 조현병, 우울증, 불안장애, 물질사용장애의 연관성이 발견됐다.[1] 충분한 수면을 취하지 않는 사람들을 장기간 추적 조사한 연구들에서는 온갖 대사장애의 발병 위험 또한 상대적으로 높다는 결과를 확인했다. 뇌전증과 알츠하이머병도 새롭게 발병하거나 증상이 악화됐다.

수면은 정신장애 및 대사장애와 피드백 순환 관계에 있다. 이러한 장애들 탓에 수면 문제가 발생하기도 하고, 그렇게 발생한 수면 부족이 장애를 더욱 악화시키기도 한다. 수면 문제가 대부분의 정신질환에서 흔하게 나타나는 증상이라는 사실은 잘 알려져 있다. 그런데 비만, 당뇨병, 심혈관계질환, 알츠하이머병, 뇌전증에서도 수면 문제가 흔하게 나타난다는 점을 잘 모르는 사람들이 많다.

수면장애의 유형도 다양한데, 자다가 기도가 폐쇄되어 호흡이 중단되는 **폐쇄성 수면무호흡증**이나 밤이면 다리를 계속 움직이게 되는 **하지불안증후군**도 여기에 해당한다. 하지만 무엇보다 가장 흔한 수면장애는 우리가 일반적으로 알고 있는 불면증이다.

지금까지 수면과 정신장애와 대사장애 사이에 강력한 양방향성 관계가 존재한다는 연구 결과들을 살펴봤다. 분명 이들을 이어주는 무언가가 존재하고 있다. 수면 문제는 스트레스 반응을 유발해 염증 수치를 높인다. 그리고 스트레스 반응과 염증이 정신장애 및 대사장애에 어떻게 영향을 미치는지에 대해서는 앞장에서 이미 이야기했다. 하지만 이것이 전부가 아니다. 이제부터 미토콘드리아, 수면, 일주기 리듬 사이의 피드백 순환 고리를 입증하는 증거들을 알아보자.

수면과 일주기 리듬이 미토콘드리아 기능에 미치는 영향

미토콘드리아는 우리 몸의 일주기 리듬에 맞추어 동기화된다. 밤이면 잠에 들 수 있도록 에너지 생성량을 줄인다. 낮이면 세상 밖으로 나가 일하고 놀 수 있도록 에너지 생성량을 늘린다.

한 연구 결과, 미토콘드리아의 분열과 ATP 생성 과정에 핵심적인 역할을 하는 DRP1이라는 특정한 단백질이 규명됐다.[2] 일주기 시계의 통제를 받는 DRP1 단백질은 이를 바탕으로 미토콘드리아의 기능을 일주기 리듬에 동기화시키는 일을 맡는다. 흥미롭게도 일주기 시계에 피드백이 전달되려면

3부 · 뇌 에너지 이론이 가져올 혁명

DRP1이 반드시 필요한데, 이는 미토콘드리아도 이 피드백 기제를 통해 역으로 시계에 영향을 미칠 가능성을 시사한다.

또 다른 연구에서는 쥐를 대상으로 수면 부족이 각기 다른 네 군데의 뇌 영역 속 미토콘드리아의 기능에 미치는 영향을 살펴봤다. 그러자 수면 부족 상태인 쥐의 뇌에서 네 곳 모두 미토콘드리아 기능이 저하된 것이 관찰됐는데, 특히 대사와 코르티솔을 비롯한 여러 호르몬을 조절한다고 알려진 시상하부에서 더욱 두드러졌다.[3]

한편 호르몬도 수면 및 미토콘드리아 기능과 관련이 깊다. 수면 문제가 있으면 밤 동안 내내 코르티솔 농도가 비정상적인 상태에 머문다. 이 같은 비정상적인 코르티솔 농도는 결국 뇌 기능에 영향을 미치고 인지 결함을 초래한다.[4] 밤이면 농도가 증가했다가 아침이면 다시 감소하는 멜라토닌은 미토파지를 직접적으로 촉진한다는 사실이 밝혀졌다. 쥐를 대상으로 한 실험 결과, 멜라토닌에 의한 미토파지가 충분히 이뤄지지 않는 상태는 인지 결함과도 연관되어 있었다.[5] 이러한 연구는 수면 문제가 미토콘드리아 기능부전을 유발하고, 그에 따라 인지 결함이 발생해, 종국에는 알츠하이머병으로까지 이어질 수도 있음을 시사한다. 이 가설은 이후 9개월 동안 수면이 결핍된 상태의 쥐의 뇌에서 미토콘드리아 기능과 베타아밀로이드 축적량을 살펴본 또 다른 연구 결과 덕에 한층 힘이 실렸다. 예상대로 수면 결핍 상태의 쥐는 대조군에 비해 미토콘드리아 기능부전이 심했으며, 베타아밀로이드 축적량도 더 많았다.[6] 이 같은 연구 결과를 보면 만성적인 수면 부족이 어째서 알츠하이머병의 위험 요인이 되는지도 이해할 수 있다.

또 다른 예를 들어보자. 후생유전을 설명할 때 언급했던 NAD를 기억하는가? 이 대사성 조효소 역시 일주기 시계의 통제를 받으며, 미토콘드리아의 활동에 직접적인 영향을 미쳐 ATP 생성량을 높인다.[7] 따라서 일주기 리듬이 어긋나면 NAD 생성이 저해되어 결국은 미토콘드리아 기능과 대사 및 정신 건강에도 혼란이 일어나게 된다.

미토콘드리아가 수면에 미치는 영향

수면 조절에는 무수히 많은 뉴런과 신경전달물질이 관여하는데, 이 과정에 대해서는 아직도 명확하게 밝혀지지 않은 측면들이 많다. 즉, 결코 단순한 주제라고는 할 수 없다.

그래도 최근 연구들을 통해 이와 관련된 미토콘드리아의 직접적인 역할을 적어도 한 가지는 유추해볼 수 있다. 2019년, 《네이처》에 초파리의 수면을 유도하는 것으로 알려진 뉴런의 활동을 관장하는 것이 무엇인지 살펴본 연구가 발표됐다. 무엇이 초파리를 잠들게 만들었을까? 연구에서 밝혀진 바에 따르면 다름 아닌 미토콘드리아였다. 미토콘드리아 내 활성산소종의 농도가 수면을 유도하는 특정 수용체와 직접적으로 연관되어 있었던 것이다. 연구진은 이 중요한 발견을 두고 "수명, 노화, 퇴행성 질환에 각각 독립적으로 관여하고 있다고 여겨지던 에너지 대사, 산화 스트레스, 수면 등 세 가지 과정은 결국 기계론적으로 모두 연결되어 있다"고 정리했다.[8] 다만 이 모두와 연결되어 있는 또 한 가지, 정신질환에 대해서는 이 연구자들도 간과했다.

또 다른 연구팀도 미토콘드리아에 결함을 일으킨 초파리에서 일주기 리듬과 수면 패턴에 교란이 일어나는 것을 발견함으로써 미토콘드리아가 수면에 결정적인 역할을 한다는 가설에 힘을 실었다.[9] 한편 인간을 대상으로 한 연구에서는 미토콘드리아에 결함이 있는 사람들 가운데 약 50퍼센트가 수면 관련 호흡장애를 겪고 있다는 사실이 밝혀졌다.[10]

빛이 미토콘드리아와 뇌에 미치는 영향

빛은 미토콘드리아에 자극을 주는데, 그 효과는 빛의 파장에 따라 다르다. 가령 붉은빛은 ATP 생성을 촉진하는 경향이 있다. 반면 푸른빛은 ATP의 생성을 억제하는 대신 활성산소종의 생성을 촉진한다.[11] 빛의 파장별로 영향을 받는 미토콘드리아 단백질의 종류도 각기 다르다. 어떤 파장이든 지나치게 많은 양의 빛에 노출된 미토콘드리아는 활성산소종을 과다하게 생성한다. 이렇게 쌓인 산화 스트레스는 미토콘드리아뿐만 아니라 세포 내 모든 기관에 손상을 입힐 수 있다.

'지나치게 많은 양'의 빛이 세포에 미치는 영향은 피부세포를 보면 가장 명확히 알 수 있다. 햇빛 아래 누워 있다 보면 빛의 입자(광자)가 피부 속 미토콘드리아를 자극한다. 이렇게 노출된 양이 과다해지면 피부의 조기 노화(점이나 주름)가 일어나거나 심한 경우에는 피부암으로도 이어진다.[12] 미토콘드리아는 이 모든 과정에서 중요한 역할을 한다.

빛에 대한 노출은 뇌에도 영향을 미친다. 여기에는 적어도 세 가지 경로가 있다.

1. 앞서 언급한 시교차 상핵이 눈으로 들어오는 빛을 감지해 뇌와 몸 전체에 일주기 신호를 보낸다. 이에 따라 미토콘드리아 기능도 영향을 받는다.

2. 피부를 통해 노출된 빛이 혈류 내에 유로카닌산(히스티딘이라는 아미노산이 분해되면서 생기는 중간대사물로, 자외선으로부터 피부를 보호해주는 역할을 한다—옮긴이) 농도를 높인다. 유로카닌산은 뇌로 이동해 뉴런의 글루타메이트 생성을 촉진한다. 이는 학습과 기억 형성에 직접적으로 영향을 미친다.[13] 따라서 빛에 적정량 노출되면 인지 기능에 도움이 된다.

3. 두피나 콧속에 붉은빛과 근적외선을 쏘는 **뇌 광생물변조**brain photobiomodulation 라는 치료법이 있다. 이 빛은 ATP 생성량을 높이고, 칼슘 농도를 변화시키며, 미토콘드리아에 직접 작용함으로써 후생유전적 신호 체계를 촉진한다. 또한 뉴런의 대사 능력을 증진시키고, 소염 효과가 있으며, 신경가소성을 촉진한다.[14]

수면, 빛, 일주기 리듬이 정신질환에 미치는 영향

현대인들이 숙면을 취하지 못하는 데는 무수히 많은 원인이 있다. 가령 우리는 잠자리에서도 스마트폰을 놓지 않는다. 불을 켜둔 채 침대에 누워 책을 읽는다. 새벽에 자다 깨서는 컴퓨터나 TV를 켠다. 밤늦은 시각까지 게임을 하거나 OTT 콘텐츠 몰아보기를 한다. 야근을 하고 밤을 새워 친구들과 논다. 다음 날이 마감인 중요한 프로젝트를 마치기 위해 밤샘 작업을 한다. 장거리 이동을 하며 시차 적응 과정을 겪는다. 이 모든 행동이 일주기 리듬과 수면에 영향을 주어 대사에 부담을 가하게 된다.

어떤 사람들은 갖은 노력을 기울여도 숙면을 **취하지 못한다.** 이들은 온갖 근심 걱정과 불안에 마음이 산란하다. 마음 편히 쉬지를 못한다. 잠이 들었다가도 공황 상태에서 깨어나고 다시 잠들지 못한다. 시끄럽게 코를 골고 자꾸만 잠에서 깬다. 어린 시절 학대당했던 기억이 플래시백처럼 떠오른다. 잠드는 것에 두려움을 느낀다. 어느새 이들에게 침대는 고문 기구가 되어 있다. 이 경우에도 대사에는 부담이 지워진다.

그날 그날의 수면과 빛, 일주기 리듬은 정신질환 증상에 중대한 영향을 미친다. 기분장애 환자들은 하루 중에도 시간대에 따라 기분 상태가 오르내리는 등 **일내 변동**diurnal variation을 겪는다. 어떤 사람들은 굉장히 우울한 상태로 잠에서 깨어났다가도 오후가 될수록 점차 기분이 나아지기도 한다. 그런가 하면 치매 환자들은 밤이 되면 낮보다 훨씬 안절부절못하며 혼란을 느끼는 **황혼 증후군**sundowning을 겪을 수 있다. 조현병 환자들도 마찬가지로 밤이면 증상이 더 심해지는 경우가 있다. 뇌 에너지 이론은 이처럼 잘 알려진 현상들에 대해서도 미토콘드리아와 대사를 바탕으로 새로운 관점의 설명을 제시한다.

계절도 증상에 영향을 줄 수 있다. 겨울이 되면 우울증이 발병하는 **계절성 정동장애**seasonal affective disorder는 대체로 노출되는 햇빛의 양이 감소함으로써 나타나는 문제로 여겨진다. 양극성장애 환자들도 환절기에 조증과 울증 삽화를 경험한다. 뇌 에너지 이론은 이 현상에도 새로운 관점의 설명을 제시한다.

수면, 빛 노출, 일주기 리듬의 개선

대사와 정신 건강에 있어 적절한 숙면은 몹시 중요하다. 이를 치료법에 적용할 수 있는 방안을 몇 가지 알아보도록 하자.

먼저 다음의 기본적인 질문에 답함으로써 자신의 수면 상태를 점검해보자(이 중 어느 문항에든 '아니오'라고 답한다면 수면 문제가 걱정되는 상태다).

- 매일 밤 7~9시간 동안 수면을 취하는가?
- 밤새 깨지 않고 잘 자는가?
- 기상 시 개운한 느낌이 드는가?
- 수면제나 기타 물질에 의존하지 않고 잠에 들 수 있는가?
- 낮 동안 알맞게 각성되어 있다는 느낌이 드는가? (자주 낮잠을 자거나 조는 것은 우려스러운 징후다.)

만약 여러분이 만성적인 수면 문제를 겪고 있다면 보건 전문가와 상의해 원인을 찾아야 한다. 폐쇄성 수면무호흡증, 하지불안증후군, 호르몬 불균형 등 다양한 원인으로 인해 수면 문제를 겪을 가능성이 있다. **수면위생**(건강한 수면을 증진하기 위한 생활 습관 - 옮긴이)이나 **불면증에 대한 인지행동치료**와 같은 중재법이 치료에 도움이 될 수 있다. 두 방법 모두 심리치료사와 대면으로 진행할 수도 있지만 요즘은 온라인으로도 얼마든지 가능하다.

유달리 스트레스가 심한 상황이라면 멜라토닌처럼 처방전 없이도 구할 수 있는 보조제를 포함해 수면제를 단기 복용하는 방법도 도움이 된다.

하지만 수면제는 정상적인 수면 구조를 해쳐 자연스러운 수면의 이점을 일부 저해할 위험이 있다. 또한 복용 기간이 길어지면 대사와 미토콘드리아 기능에도 악영향을 끼치므로 장기 복용할 경우에는 오히려 수면 문제가 악화될 가능성이 있다. 따라서 가능하다면 약에 의존하지 말고 수면을 정상화하도록 노력해보자. 만약 1년 이상 수면제를 복용했다면 약을 끊기 위해 전문가의 도움이 필요할 수도 있다.

다음으로는 자신이 빛에 얼마나 노출되고 있는지 점검해보자(이 중 어느 문항에든 '아니오'라고 답한다면 문제가 있을 수 있다).

- 최소한 창문을 통해서라도 거의 매일 자연광에 노출되고 있는가?
- 야외 활동을 하는가?
- 커튼이나 블라인드를 걷어 실내에 빛이 들어오게 하고 있는가?
- 잠을 자는 공간이 빛이 거의 없는 어두운 환경인가?
- 잠자리에서 전자기기 화면(스마트폰, TV, 태블릿 등)을 들여다보는 행동을 삼가고 있는가?

낮에 충분한 빛에 노출되지 않거나 밤에 지나치게 많은 빛에 노출되는 문제를 바로잡는 것만으로도 치료에 큰 도움이 될 수 있다.

광치료bright light therapy는 매일 아침 약 30분간 자리에 앉아 빛을 쪼이는 치료법이다. 치료에 쓰이는 빛은 1만 럭스 밝기의 특수한 빛으로, 태양광에 노출된 것과 유사한 효과를 내며 눈에도 안전하다. 광치료는 계절성 정동장애, 양극성장애, 주요우울장애, 산후우울증, 불면증, 두부 외상, 치매 등 다양한 장애의 치료에 활용된다.[15] 흥미로운 점은 비만, 당뇨병, 심혈관계질환 치료에도 도움이 될 수 있다는 사실이다.[16] 광치료는 일주기 리듬을 조절해 수면을 정상화함으로써 이제 여러분도 알다시피 대사와 미토콘드리아 건강 증진에 강력한 효과를 발휘한다. 단, 일부 양극성장애 환자에게서 광치료 이후 경조증이나 조증이 나타난 경우도 있으므로 조증 병력이 있는 사람이라면 주의할 필요가 있다.

앞에서 잠깐 언급했던 뇌 광생물변조 치료법도 있다. 아직은 임상시험 단계이지만 그래도 치매, 파킨슨병, 뇌졸중, 두부 외상, 우울증 등 다양한 장애 환자들을 대상으로 연구가 진행 중이다.

요약

- 수면과 빛과 일주기 리듬은 모두 상호연결되어 있다.
- 이들은 모두 대사, 미토콘드리아 기능, 정신 건강, 대사 건강에 중요한 역할을 한다.
- 수면 문제는 원인에 따라 특정한 요법을 필요로 하므로 원인 진단이 매우 중요하다.
- 수면 조절을 위해 개인 차원에서 할 수 있는 일도 많다.
- 일부 사람들의 경우에는 빛에 노출되는 정도를 통제하거나 광치료를 시행하면 치료에 도움이 될 수 있다.

학교생활에 어려움을 겪던 칼렙

칼렙은 상위 중산층 동네에서 그럭저럭 평온하게 살아가던 중 부모가 이혼하는 사건을 겪게 되었다(부정적 아동기 경험 가운데 하나에 해당한다). 어머니, 아버지, 이모, 삼촌, 조부모까지 자살 시도 경험이 있거나 우울증, 약물 남용, 양극성장애, 조현병에 시달리는 등 심각한 정신질환 가족력도 있었다. 칼렙은 유치원에 들어가면서부터 적응에 어려움을 겪었다. 조금 더 성장한 뒤에는 한 번씩 마구 날뛰고 주의가 산만한 모습을 보이며 ADHD 진단 기준에 해당하는 상태가 되었다. 학교 수업도 제대로 따라가지 못해 자주 성질을 부렸다.

칼렙은 심리치료를 받기 시작했다. 부모와 선생들은 칼렙에게 엄하게 벌을 주기도 하고 보상을 통한 행동 강화를 하며 다양한 중재법을 시도했다. 하지만 아무것도 소용이 없었다. ADHD 증상을 가라앉히려 각성제를 복용하기 시작하면서 몇 주간은 조금 나아지는가 싶었지만 이번에는 잠을 제대로 이루지 못하는 문제가 발생했다. 불면증이 생기자 칼렙의 문제는 더욱 심해졌다. 복용량을 달리하며 여러 종류의 각성제를 시험해봤으나 수면 문제는 개선되지 않았다. 수면제 처방까지 고려될 무렵, 칼렙의 부모님은 차라리 각성제 치료를 중단하기로 결정했다.

학교생활에 대한 부적응은 점점 더 심각해졌다. 칼렙의 IQ와 학습 능력은 높은 수준이었으므로 문제의 원인은 다른 곳에 있었다. 칼렙은 학교의 지원으로 개별화교육 프로그램을 통해 마침내 사회·정서적 문제를 겪는 학생들을 위한 특수교육과정을 밟게 되었다. 아이는 만성적인 우울증을 호소하기 시작했다. 욕구불만을 느낄 때면 뾰족한 연필로 자신의 몸을 찔렀다. 그러다 그 정도가 정말 심해질 때는 자살 징조를 보이기까지 했다. 7학년이 된 뒤에는 선생과 심리치료사 모두 양극성장애가 의심된다며 기분안정제를 권했다. 하지만 칼렙의 부모는 이를 거부하고 대신 '대사' 치료 프로그램을 시도해보자고 청했다.

나는 양극성장애의 대사성 기저에 기반을 둔 두 가지 중재법을 선정했다. 가장 먼저 집중한 문제는 인슐린 저항성이었다. 몇 년 사이 칼렙은 급격히 살이 찌며 특히 허리둘레가 많이 늘어났는데, 이는 인슐린 저항성을 나타내는 지표였기 때문이다. 아이는 학교 수업이 끝나자마자 '그날 받은 스트레스를 다스리기 위해' 또 저녁 식사 후에는 '상으로' 달달한 간식들을 잔뜩 먹었다. 칼렙의 부모는 아이에게 학교생활이 얼마나 큰 스트레스일지 알고 있었기에 이를 허용해줬다. 따라서 문제를 해결하기 위해 먼저 주중에는 단 것을 일절 금지하도록 권고했다. 칼렙은 썩 마땅치 않아 했지만 한번 따라보기로 동의했다. 두 번째로는 양극성장애에 영향을 미치는 것으로 알려진 일주기 리듬과 수면 패턴을 개선하는 것을 목표로 삼았다. 이에 매일 아침 최소 30분씩 광치료를 시행했다. 광치료는 일부 양극성장애 환자에게 효과적이라는 연구 결과가 있는데다가 부작용도 거의 없다.[17] 칼렙은 안 그래도 아침마다 '잠에서 깨기 위해' 비디오게임을 하고 있었으므로 일상에 변화를 주어 따로 시간을 내지 않아도 되게끔 게임을 하는 동안 빛을 쐬게 했다.

한 달도 채 되지 않아 상황이 개선되기 시작했다. 학교에서 성질을 부리는 행동이 사라졌다. 우울증 증상이 완화되고 집중력이 향상됐다. 어느덧 학교생활도 훨씬 감당할 만해졌다.

이듬해 8학년이 된 칼렙은 전 과목에서 A를 받으며 지금까지 중 최고의 성적을 거뒀다. 중재법을 시작한 지 2년이 지난 2020년, 칼렙은 코로나19 대유행 속에서 고등학교에 진학했다. 이 시기에 상당수의 또래 학생들은 우울, 불안, 사회적 고립감으로 어려움을 겪었지만 칼렙은 무사히 학교생활에 적응했다. 첫 학기에 또다시 전 과목 A를 받았고, 다음 학기부터는 개별화교육 프로그램도 필요하지 않게 되었다. 고등학교에서는 이렇게 품행이 방정하고 성적이 우수한 학생이 애초에 어떻게 개별화교육 프로그램을 받고 있었는지 믿을 수 없어 했다.

칼렙은 4년째 치료 프로그램을 진행 중이며, 여전히 학교생활을 잘해나가고 있다. 당연히 이 특정 치료법이 학교생활에 어려움을 겪는 모든 아이에게 효과적이지는 않겠지만 적어도 칼렙은 효과를 보았다. 우리는 뇌 에너지 이론 덕에 그 이유를 알 수 있다.

15

식습관이
뇌 에너지 이론에 미치는 영향

우리가 무엇을, 언제, 얼마나 많이 먹느냐에 따라 대사와 미토콘드리아는 직접적으로 영향을 받는다. 비만, 당뇨병, 심혈관계질환에 식습관이 중요한 역할을 한다는 것은 누구나 아는 사실이다. 하지만 식습관이 정신 건강과 뇌에도 깊은 영향을 미친다는 것은 대부분 알지 못한다.

이 분야의 연구 규모는 매우 크다. 식습관이 대사와 미토콘드리아에 미치는 영향을 탐구한 논문만 수만 건에 달하며, 교재도 무수히 많다. 그리고 대부분 비만, 당뇨병, 심혈관계질환, 알츠하이머병, 노화, 수명에 초점을 맞추고 있다. 이 연구자들은 일반적으로 식습관과 정신 건강의 연결고리를 눈치채지 못했지만 여기까지 읽은 **여러분**의 눈에는 보이기를 바란다.

여기서 말하는 연결고리란 단순한 상관관계를 훌쩍 넘어서는 차원이다. 뇌의 신경회로 수준에서 둘은 이미 상당 부분이 중첩되며, 전신에 분포해 있는 대사와 미토콘드리아 연결망과 관련해서는 두말할 나위 없다. 가령 식욕과 섭식행동을 일으키는 신경회로는 담배, 술, 마약 중독에도 직접적으로 관여하는 것으로 알려져 있다.[1] 이는 어찌 보면 크게 놀랍지도 않다. 정말로 놀라운 것은 외로움을 관장하는 신경회로가 굶주림 상태를 경고하는 신경회로와 직접적으로 겹친다는 사실이다.[2] 《네이처》에 발표된 연구에 따르면 만성적인 사회적 고립감을 경험한 초파리는 섭식 활동이 증가함과 동**시에** 수면 시간이 감소했다. '사회적인' 문제가 식욕과 수면의 변화를 초래한 것이다. 연구진이 인위적으로 사회적 고립감을 처리하는 신경회로를 자극했을 때도 마찬가지로 초파리들의 식사량이 늘고 수면 시간이 줄었다. 또 다른 연구에서는 비만**뿐만 아니라** 불안과 우울에 직접적으로 관여하는 특정한 GABA 및 세로토닌성 신경회로를 규명하기도 했다.[3] 하나의 신경회로가 우리의 체중과 기분에 **동시에** 관여하는 것이다.

일각에서는 식습관이 정신 건강에 미치는 영향을 탐구한다는 의미에서 이 분야를 **영양 정신의학**nutritional psychiatry이라고 일컫는다. 하지만 개인적으로 나는 이 같은 관점이 지나치게 좁다고 느낀다. 이 분야에서 탐구할 문제는 식습관이 뇌 기능에 미치는 영향이 전부가 아니다. 심적 상태가 어떻게 대사에 영향을 미쳐 식욕과 섭식행동, 나아가 전반적인 건강에까지 영향을 미칠 수 있는지까지도 살펴봐야 한다. 이 또한 양방향성 관계이기 때문이다. 대사가 정신에 영향을 미치는 만큼 정신도 대사에 영향을 미친다.

말했듯이 이 분야의 연구는 규모가 매우 크다. 따라서 고작 한 챕터에 이 분야의 전부를 담아낼 수는 없다. 그래도 식품 관련 주제들을 몇 가지

훑어보고, 뇌 에너지 이론하에 이들이 어떻게 정신질환의 기여 원인으로 작용할 수 있는지 살펴보며, 궁극적으로 이 분야가 정신 건강과 어떤 관련이 있는지 가볍게 **맛보기**로만 알아보도록 하자.

비타민과 영양소

비타민과 영양소부터 살펴보자. 몇몇 비타민은 결핍 시 정신장애와 신경학적 장애를 유발한다. 이 비타민 결핍 상태를 바로잡기만 하면 문제가 완전히 해결되는 경우도 있다. 호르몬 불균형과 더불어 비타민 결핍은 문제의 원인이 분명하게 규명되고 간단하게 치료할 수 있는 극소수의 사례 중 하나다.

결핍 상태에서 정신적 증상과 신경학적 증상을 일으킬 수 있는 것으로 가장 잘 알려진 비타민은 티아민(비타민B1), 엽산(비타민B9), 비타민B12다. 정신장애나 신경학적 장애 환자들은 이 세 비타민의 수치를 주기적으로 검사할 필요가 있는데, 만약 이 수치가 낮다면 치료법이 명확해지기 때문이다. 이 비타민들은 어떤 역할을 할까? 우선 셋 다 미토콘드리아 내의 에너지 대사에 반드시 필요하다. 즉, 이 비타민들이 결핍되면 미토콘드리아 내 에너지 생성이 저하되어 미토콘드리아 기능부전이 발생한다.

뇌 에너지 이론과 일관되게 이 비타민 결핍과 연관된 증상들은 매우 광범위하며 대부분의 진단 유형을 아우른다. 정신적 증상뿐만 아니라 신체적 증상도 다양하다. 이렇게 발생하는 정신적 증상 가운데 몇 가지만 예로 들면 우울감, 무감각증, 식욕 상실, 과민성, 착란, 기억력 저하, 수면장해, 피로감, 환각, 망상 등이 있다. 임신 중에 이 비타민들이 결핍될 경우에는 태아의 발달 이상도 초래할 수 있어 태아의 발달에서 미토콘드리아가 차지하는 중요성이 다시금 부각된다.

　　대사 및 미토콘드리아와의 연결고리를 쉽게 찾을 수 있는 비타민과 영양소는 그 밖에도 많지만 여기서는 이쯤하고 넘어가기로 하자. 말했다시피 이 분야는 규모가 매우 크다.

식품의 질

지난 50년간 식량 공급에 엄청난 변화가 있었다. 유전자를 조작한 작물이 재배되기 시작했고 소, 돼지, 닭은 항생제와 성장호르몬을 마구 주입해 덩치가 커졌다. 가공식품은 대체로 식이섬유, 비타민, 미네랄, 식물영양소 phytonutrient와 같은 영양소는 전혀 없고 인공첨가물 범벅이 되었다. 이 모든 호르몬과 화학물질이 인간의 대사에 미치는 영향을 명확하게 파악하기란 아직 요원하지만 연구 결과가 시사하는 바에 따르면 어떤 식으로든 영향이 있다는 것만은 분명하다.

　　정크 푸드가 '정크'라고 묘사되는 이유는 중요한 영양소가 결여됐을 뿐만 아니라 일반적으로 대사 건강에 부정적이라고 알려진 고도로 가공된 인공첨가물을 함유하고 있기 때문이다. 우리 몸에 나쁜 첨가물로 어떤 것이 있는지는 여러분도 아마 들어봤을 것이다. 누군가는 지방이 몸에 나쁘다고 주장하는가 하면 일각에서는 탄수화물의 유해성을 부각하고, 또 어떤 이들은 동물성 식품이 나쁘다고 말한다. 이와 관련된 논란에는 끝이 없다. 여기서는 대표적으로 미토콘드리아 기능과 대사 및 정신 건강에 직접적으로 연관된 식이 요인을 세 가지만 살펴보기로 하자.

트랜스지방산trans fatty acid은 인위적으로 가공된 지방으로, 원래는 포화지방을 조금 더 건강하게 대신할 성분이라고 마케팅됐다. 그러다 보니 '건강한 식물성 쇼트닝'이라며 훨씬 몸에 좋다고 알려져 있었다. 수년간 트랜스지방산은 미국 내에서 공급되는 식품 어디에나 흔하게 사용됐다. 그러나 비극적이게도 트랜스지방산이 건강에 해롭다는 사실이 밝혀졌고, 이제는 미국에서 사용이 금지됐다. 트랜스지방산은 심혈관계질환, 우울증, 행동적 공격성, 과민성, 알츠하이머병의 발병 위험 증가와 연관성이 발견됐다.[4]

정확한 작용 원리는 아직 불분명하지만 트랜스지방산이 어미 쥐와 새끼 쥐에게 미치는 영향을 밝히려는 시도는 있었다.[5] 연구진은 새끼를 밴 암컷 쥐와 포유 중인 어미 쥐 가운데 일부에게는 트랜스지방산을, 나머지에게는 콩기름과 생선기름을 급여했다. 이후 젖을 뗀 새끼 쥐들에게는 특정 지방 성분 없이 일반적인 사료를 급여했다. 60일 뒤에 진행된 검사 결과, 트랜스지방산을 급여했던 어미 쥐의 새끼들은 콩기름과 생선기름을 급여했던 쥐의 새끼들보다 불안 수준과 활성산소종 및 염증 수치가 높았으며, 해마의 당질코르티코이드 수용체는 적었다. 이 연구 하나만으로 지금까지 우리가 살펴본 모든 것들이 어떻게 상호연결되어 있는지 알 수 있다. 어미 쥐의 식이 요인 한 가지가 새끼 쥐의 불안 수준, 미토콘드리아 기능, 염증, 스트레스 반응에 중요한 역할을 하는 당질코르티코이드 수용체 밀도에까지 영향을 미친 것이다.

다행히 2018년 이래 미국 내에서 트랜스지방산의 사용이 금지되기는 했지만 어쩌면 최근 미국의 젊은이들 사이에 우울증과 불안장애 유병률이 높은 것도 이런 요인이 작용한 결과인 것이 아닐까? 앞서 부모가 겪은 트라우마 경험으로 인해 자녀 세대에까지 정신질환에 대한 취약성이 대물림될 수 있다는 연구 결과들을 살펴봤다. 종합해보면 이 같은 연구 결과들은 어머니가 만약 임신 기간에 트랜스지방을 섭취했을 경우, 자녀의 대사 건강에도 그 영향이 미칠 가능성이 있음을 시사한다.

말했듯이, 정크 푸드라는 이름이 붙은 이유는 '해로운' 성분이 들어 있어서만이 아니라 '몸에 좋은' 성분이 들어 있지 않아서이기도 하다. 여러분도 알다시피 식이섬유는 과일, 채소, 통곡물에 함유되어 있으며, 오늘날에는 꼭 일정량 이상 섭취하도록 강력하게 권장되고 있다. 전문가들 대부분은 식이섬유가 대사 건강과 노화에 이로운 역할을 한다고 단언한다. 정신 건강에도 중요한 역할을 한다는 연구 결과가 있다. 과일과 채소, 통곡물, 올리브유가 다량 포함된 지중해식 식단 위주로 식사하는 사람들은 우울증과 인지장애를 겪을 위험이 낮다.[6] 식이섬유의 가장 큰 이점은 장내미생물에 의해 단쇄지방산short-chain fatty acid(포도당을 대체할 수 있는 에너지원으로서 주로 대장세포에서 활용되어 장 건강 증진에 도움을 주는 지방산 – 옮긴이)의 일종인 낙산butyrate으로 전환된다는 것이다. 이렇게 생성된 낙산은 장세포 속 미토콘드리아의 주요 에너지원으로 활용된다. 간세포에서도 중요한 역할을 한다. 한 연구에서는 낙산이 직접적으로 미토콘드리아의 기능과 효율성, 역학(융합과 분열 활동)에서의 변화를 초래해 인슐린 저항성, 간 지방 축적, 전반적인 대사에 영향을 미친다는 사실을 발견했다.[7] 뒤에서 곧 설명하겠지만 장과 뇌는 긴밀하게 연결되어 있는데, 흥미롭게도 낙산은 자체적으로 수면에도 직접 관여하는 것으로 보인다. 더욱 재미있는 점은 이 모든 과정이 간이나 간으로 향하는 혈관(간문맥)에서 이뤄진다. 이러한 사실은 쥐 연구에서 전부 밝혀졌다.[8] 연구진이 쥐의 장이나 간문맥에 낙산을 주입하자 수면 시간이 50~70퍼센트 증가했다. 그런데 이 외의 다른 곳에 낙산을 주입했을 때에는 수면에 아무런 변화가 나타나지 않았다. 또 다른 연구에서는 낙산이 노화에 따른 쥐의 신경 염증을 줄여줌으로써 알츠하이머병에 대항하는 보호 요인으로 작용할 수 있는 가능성을 보여주기도 했다.[9]

때로는 특정 성분 하나가 문제가 아닌 경우도 있다. 그보다는 얼마나 많은 양을 먹는가가 더 큰 영향을 미칠 수 있다. 정크 푸드는 적어도 누군가에게는 대단히 중독성 있는 음식일 것이다. "한 개도 안 먹을 수는 있지만 한 개만 먹을 수는 없다"는 말을 여러분도 아마 들어봤을 것이다. 과식은 우리 몸에 해로울까? 지나치게 많은 양을 섭취하면, 특히 인슐린 저항성이 있는 사람들은 인슐린과 혈당 수치가 높아진다. 인슐린 저항성이 정신질환과 미토콘드리아에 어떻게 관련되어 있는지는 이미 살펴봤다. 그렇다면 고혈당증이 여기에 직접적인 역할을 하는 것일까? 일부 연구 결과에 따르면 그렇다.

당뇨병에 걸린 쥐를 살펴본 한 연구에서는 ATP 생성량 감소, 산화 스트레스 증가, 항산화 능력 저하 등 고혈당증이 직접적으로 미토콘드리아의 결함을 초래한다는 결과를 발견했으며, 이 같은 변화는 모두 뉴런에 손상을 입힐 가능성이 있다.[10]

또 다른 연구에서는 인간을 대상으로 고혈당증이 내피세포(동맥 내면에 막을 형성하는 세포)의 미토콘드리아 기능에 영향을 미치는지 살펴봤다. 결과는 가설대로였다. 평상시의 에너지 생성에는 차이가 없었지만 스트레스가 가해지자 높은 혈당에 노출된 세포의 미토콘드리아는 정상적인 경우와 달리 에너지를 더 많이 생성해내지 못했다. 이번에도 역시 역설적인 상황이다. 혈류 내 포도당, 즉 연료가 더 많은데도 불구하고 ATP 생성량은 줄어드는 것이다.[11]

당뇨병 환자 20명을 대상으로 고혈당증이 기분과 뇌 기능에 어떤 영향을 미치는지 살펴본 연구도 있다.[12] 연구진은 고혈당 클램프 기법 hyperinsulinemic glucose clamp(지속적으로 포도당을 주입해 일정하게 혈당이 높거나 정상인 상태를 유지하게 함으로써 인슐린 분비와 저항성을 정량적으로 측정하는 연구 기법 – 옮긴이)으로 혈당을 인위적으로 통제해 연구 참가자들이 고혈당증 상태와 정상 혈당 상태에 있을 때 어떤 차이가 있는지 비교했다. 그러자 고혈당증이 정보처리 속도, 기억력, 주의력을 떨어뜨리고, 기력을 저하시키고, 슬픈 기분과 불안감은 커지게 만든다는 것이 밝혀졌다. 이 같은 결과는 인슐린 저항성이 있는 사람들이 군것질거리를 다량 섭취할 경우 기분이 좋아지기는커녕 슬프고 불안해지며 인지 결함까지 발생할 수 있음을 시사한다.

마지막으로, 아직 당뇨병이 발병하지 않은 총 9만 8천 명 이상의 데이터가 담긴 46편의 연구 결과를 메타분석해, 고혈당증으로 인해 알츠하이머병과 연관된 뇌의 변화가 나타날 위험이 높아지는지 살펴본 연구도 있다. 그 결과, 실제로 고혈당증이 아밀로이드가 다량 축적되고 뇌가 위축될 위험을 높인다는 사실이 발견됐다.[13]

그렇다면 혹시 고혈당증이 당뇨병 환자에게서 우울증과 알츠하이머병의 유병률이 높은 현상도 설명할 수 있을까? 연구 결과는 그럴 가능성이 충분히 있음을 시사한다.

그런데 가만있자, 또다시 피드백 순환 고리의 등장이다! 미토콘드리아가 혈당 조절에 직접적으로 관여한다는 사실이 드러난 것이다. 《셀》에 발표된 한 연구에 따르면 전신의 혈당 조절을 관장한다고 알려진 뇌 영역인 시상하부 복내측핵ventromedial nucleus의 세포 속 미토콘드리아가 바로 결정적인 역할을 한다.[14] 구체적으로 미토콘드리아 분열과 활성산소종 농도를 통해 전신의 혈당을 직접 제어하는 방식이다. 따라서 이 세포들의 미토콘드리아가 제대로 기능하지 않으면 혈당 조절도 제대로 되지 않는다. 그리고 이로 인해 슬픔과 불안을 느끼게 되고, 알츠하이머병 발병 위험이 높아질 수 있다.

비만

비만은 복합적인 문제다. 대부분의 사람은 비만이 단순히 많이 먹어서, 다시 말해 몸이 소비하는 열량보다 많은 양을 섭취해서 일어나는 문제라고 생각한다. 그렇지만 '소비하는 열량보다 많은 양을 섭취'한다는 말에는 두 가지 측면이 있다. 때로는 **정말로** 너무 많이 먹는 경우가 있다. 이 경우에는 **왜** 그렇게까지 많이 먹게 되었는가를 따져봐야 한다. 두 번째로는 소비하는 열량이 문제가 되는 경우다. 비만으로 고통받는 사람들 가운데 일부는 굉장히 소식하는데도 살이 빠지지 않을 수 있다. 그러므로 조금 더 정확한 질문은 이렇다. **비만인 사람들의 몸은 어째서 그토록 많은 양의 지방을 축적하면서 열량을 소비하지 않는 것일까?** 현실적으로 사람은 거의 누구나 한 번씩은 과식을 한다. 명절 때를 떠올려보자. 날씬한 사람들은 과식한 다음 날까지도 음식이 턱까지 차 있는 기분을 느낀다. 이러한 느낌은 다음 끼니때부터 식사량을 줄이게 만든다. 아니면 대사량이 증가해 잉여분의 열량을 태우기도 한다. 어느 쪽이든 날씬한 사람들은 날씬한 몸을 유지하게 된다. 하지만 비만인 사람들의 몸은 다른 방식으로 반응한다. 심지어 비만인 사람들이 살을 빼면 오히려 대사량이 급락하는 경우가 있다. 살을 빼려고 노력해도 몸이 반항하는 것이다.

비만이라는 주제는 굉장히 복합적이므로 책 한 권으로 전부 다루기에는 무리가 있다. 따라서 여기서는 비만이 대사와 미토콘드리아의 기능에 영향을 미치는 동시에 미토콘드리아가 비만에 큰 역할을 한다는 사실을 조명하는 데에 주안점을 두기로 하자. 궁극적으로 이들은 모두 정신 건강과도 연관되어 있다.

앞에서도 잠깐 언급했지만 외로움, 불안, 우울, 수면에 관여하는 신경회로와 식욕 및 섭식행동에 관여하는 신경회로는 부분적으로 겹친다. 이 신경회로가 과흥분되면 어떤 일이 벌어질까? 아마도 우울과 불안, 터무니없는 외로움을 느끼고, 잠을 잘 이루지 못하며, 과식하게 될 것이다. 여러분은 이런 사람을 본 적이 있는가? 나는 정신과 의사로 일하면서 정확히 이런 상태에 놓인 사람을 수도 없이 만났다.

비만과 정신질환은 모두 미토콘드리아 기능부전과 연관되어 있다. 두 가지 문제를 모두 안고 있는 경우에는 서로가 서로를 악화시키는 원인이 된다. 정신질환은 더 극심한 체중 증가를 초래할 수 있다. 비만은 우울, 불안, 양극성장애 증상들을 더욱 심해지게 만든다. 한 연구에서는 양극성장애 환자들 가운데서도 비만인 환자들이 날씬한 환자들보다 우울 삽화를 더 많이 겪는다는 결과를 확인했다.[15] 이렇듯 비만은 그 자체로 기분 증상에 영향을 미치기도 한다.

이러한 현상을 설명할 수 있는 방법 중 하나가 인슐린이다. 인슐린과 미토콘드리아 기능과 뇌 기능에 대해서는 앞에서도 조금 설명했다. 비만인 사람들은 보통 몸과 뇌가 모두 인슐린 저항성을 띤다. 이에 한 연구팀은 미토콘드리아 기능부전과 인슐린 저항성의 연관성을 살펴봤고, 예상대로 인슐린 저항성을 띠는 쥐의 뇌와 간에서 미토콘드리아 기능이 저하되어 있다는 징후를 발견했다.[16]

그런데 이 인슐린 저항성은 대처하기가 만만치 않다. 췌장은 인슐린을 더 많이 쏟아내는 방식으로 인슐린 저항성에 대응한다. 양이 적어서 효과가 없다면 그보다 대폭 양을 늘려서 승부를 보겠다는 전략이다. 췌장의 이 같은 대응 방식은 효과가 있다. 하지만 문제는 인슐린 농도가 높은 상태가 지속되면 보통 인슐린 저항성이 더욱 악화된다는 점이다. 그에 따라 허기를 심하게 느끼고 살도 찌게 된다. 그리고 이렇게 인슐린 농도가 계속해서 높아지면 결국 인슐린 저항성으로 인해 미토콘드리아의 생합성이 억제되어 대사 문제가 더 심각해지고 만다.[17]

인슐린은 뇌에서 미토콘드리아가 스트레스에 대응하는 방식에 직접적으로 영향을 미친다. 인슐린 신호 체계가 제대로 작동하는 동안에는 미토콘드리아가 스트레스에 효과적으로 대응한다. 가령 쥐의 세포 속 미토콘드리아에 스트레스를 가하는 방법 중 하나는 흔히 비만으로 이어지기 쉬운 고지방 식단을 급여하는 것이다. 이에 따라 인슐린 저항성을 보이는 쥐에게 고지방 식단을 급여했더니 미토콘드리아의 스트레스 반응 능력이 저하됐다는 연구 결과도 있다.[18] 이 쥐들에게 인슐린 비강 투여법을 시행하자 미토콘드리아가 다시 정상적으로 스트레스에 대응하기 시작했으며, 흥미롭게도 상대적으로 살도 덜 쪘다. 요컨대 미토콘드리아가 제대로 기능하도록 돕는 것만으로 쥐가 고지방 식단이라는 스트레스에 효과적으로 대처할 수 있게 만든 것이다.

또 다른 연구에서는 쥐의 뇌세포 속 미토콘드리아가 고지방 식단에 대응하는 데 어떤 역할을 하는지 구체적으로 살펴봤다.[19] 연구진은 미세아교세포가 고지방 식단에 대한 반응으로 뇌에 염증을 만들어낸다는 사실을 발견했다. 이는 쥐의 체중이 증가하기 **이전**에 나타난 변화다. 미세아교세포가 이러한 변화를 일으키게 만든 원인이 무엇인지 더욱 상세히 분석한 결과, 미토콘드리아가 이 역할을 하는 것으로 밝혀졌다. 고지방 식단을 섭취하자 UCP2라는 특정한 미토콘드리아 단백질이 증가했는데, 이 단백질이 미토콘드리아의 역학(이동, 융합, 분열)에 변화를 일으킨 것이다. 연구진이 인위적으로 이 단백질을 제거하자 쥐의 뇌에는 더 이상 염증이 발생하지 않았으며, 놀랍게도 계속해서 고지방 식단을 유지해도 **비만이 되지 않았다**. 대신 이 쥐들은 섭취량을 줄이고 열량을 더 많이 소비했다. 이 같은 연구 결과는 미토콘드리아가 실제로 고열량 음식에 뇌와 몸이 어떻게 반응할지를 결정짓는 핵심적인 역할을 하고 있음을 시사한다. 이 외에도 《셀》에 발표된 두 편의 연구 결과가 섭식행동, 비만, 렙틴(대표적인 식욕 억제 호르몬-옮긴이) 저항성 조절에 뇌세포 속 미토콘드리아가 직접적인 역할을 한다는 사실을 다시금 확인해줬다.[20]

이러한 연구 결과를 처음 접했을 때, 나는 상당히 혼란스러웠다. 연구 결과는 뇌의 염증과 뒤이어 발생한 비만에 모두 미토콘드리아가 직접적으로 관여하고 있음을 분명하게 보여줬다. 희한한 점은 미토콘드리아의 정상적인 활동을 방해함으로써 오히려 건강상 이득이 발생한 것이다. 그 이유를 추론해보자면, 먼저 미세아교세포 속 미토콘드리아가 이미 기능부전을 일으킨 상태였으며 연구진이 이 미토콘드리아가 엉뚱한 일을 하지 못하도록 막았을 가능성이 있다. 또 한 가지는 미토콘드리아가 몸속 어딘가, 아마도 장내미생물이든지 장세포 또는 간으로부터 엉터리 신호를 받고 있었을 가능성이다. 아니면 앞서 설명한 인슐린 저항성이 작용한 탓인지도 모른다. 그렇지만 또 한 가지 완전히 다른 관점에서 생각할 수 있는 가능성은 본체의 장기적인 건강을 위해 미토콘드리아가 정확히 본래 설계된 대로 자기 할 일을 했을 뿐이라는 것이다. 지금으로서는 해로운 성분을 섭취했을 때 이에 대해 몸이 어떤 식으로 반응하든 그 방식이 올바른 것인지 아닌지 확실하게 말할 수 없다. 어쩌면 비만이야말로 해로운 음식을 먹은 데 대한 가장 효과적인 생존 전략의 결과일지도 모른다. 이 경우에 염증과 비만을 예방하는 것이 정말로 건강과 수명에 이롭다고 단언할 수는 없지만 연구를 통해 확인하기가 그리 어렵지는 않으리라. 자, 여러분도 보다시피 비만이라는 문제는 굉장히 복잡하다. 하지만 또 한편으로는 그렇지 않다. 쥐가 비만이 되지 않도록 예방하고자 한다면 해로운 식단을 급여하지 않으면 될 일이다.

한 가지 짚고 넘어가자면, 여기서 지칭하는 '고지방 식단'에는 자당처럼 건강에 좋지 않은 성분들도 함유되어 있으며, 이 악마의 조합이 그토록 우리를 살찌게 만드는 주범이다. 이 말을 굳이 하는 이유는 뒤에서 곧 체중과 염증 수치를 오히려 감소시키는, 앞서 본 것과 굉장히 다른 유형의 고지방 식단을 여러분에게 소개할 것이기 때문이다. 다시 말해, 지방 자체는 죄가 없다.

미네소타 굶주림 실험

단식은 음식을 섭취하지 않는 것이다. 사실상 그 기간이 얼마가 되었든 말이다. 우리는 모두 잠을 자는 동안 단식한다. 이에 따라 아침 식사를 뜻하는 영단어 '브렉퍼스트breakfast'도 '단식fast'을 '중단하다break'라는 의미를 가진다. 이보다 긴 시간 단식이 이어지면 대사와 미토콘드리아에 많은 변화가 일어난다. 흥미로운 사실은 단식이 인간의 몸에 몹시 이로운 효과를 미친다는 점이다. 이 말을 들으면 대부분의 사람은 놀랄 것이다. 보통은 우리의 몸이 끊임없이 음식과 영양분을 필요로 한다고 생각하기 때문이다. 흔히들 하루에 세 끼를 꼬박꼬박 챙겨 먹으라고 말한다. 누군가는 하루에 여섯 번에서 여덟 번까지 식사를 하라고 권하기도 한다. 우리의 몸은 계속해서 연료가 공급되어야 한다. 우리에게는 에너지가 필요하다. 신생아의 경우라면 무조건 이 말이 옳다. 아기들은 대체로 두 시간 간격으로 젖을 물려야 한다. 성장기 어린이도 어느 정도는 마찬가지다. 하지만 성인의 경우에는 이제 종일 먹을 것을 달고 지내는 쪽이 오히려 건강에 해롭다고 주장하는 연구 결과가 무수히 많다.

단식은 신체가 에너지 효율을 높게 만들며, 어마어마한 치유 잠재력을 지닌 세포의 자가포식 과정을 촉진한다. 몸은 현재 가지고 있는 자원을 최대한 활용할 수 있게 전열을 가다듬는다. 이때가 바로 비축해뒀던 지방을 꺼내 쓸 때다. 우리로서는 듣던 중 반가운 소식이다. 그런데 여기서 끝이 아니다. 이 상황에는 전신의 세포가 빠짐없이 대응하는데, 그 선두에서 미토콘드리아가 전 과정을 지휘한다. 그 일환으로 미토콘드리아의 형태가 변화한다. 각각이 길쭉하게 늘어나고 서로 융합하며 기다란 관 모양의 연결망을 형성한다.[21] 뒤이어 일어나는 일은 마치 봄맞이 대청소 같은 대대적인 정리 작업이다. 먼저 나이 들고 손상된 단백질과 세포 부위를 찾는다. 그리고 여기에서부터 대규모 재활용 캠페인을 벌이기 시작한다. 처분 대상으로 지정된 단백질과 세포 잔해들은 리소좀으로 보내져 분해된다. 영양분도 재활용되어 일부는 에너지로 활용되고 나머지는 꼭 필요한 단백질과 세포 부위를 새롭게 만드는 데 쓰인다. 이처럼 세포들을 정교하게 조직화된 개편 과정을 통해 끌어다 쓸 수 있는 자원이 없는지 샅샅이 살핀다.

그렇다면 세포 내 미토콘드리아의 운명은 어떨까? 미토콘드리아도 처분 대상이 될까? 물론 이 과정에서 자가포식이 활성화됨에 따라 손상된 미토콘드리아는 분해된다. 반면 건강한 미토콘드리아는 앞서 말한 기다란 관 모양의 연결망을 중심으로 활동하게 된다. 이 연결망에 속한 미토콘드리아는 계속해서 ATP를 생성하는 동안 대청소에 휩쓸려 재활용되지 않도록 별도로 보호를 받는다. 그러다 단식을 멈추고 다시 음식을 섭취하기 시작하면 파괴됐던 세포 부위들이 새롭게 대체된다. 이 세포 부위들은 젊고 싱싱한데다가 보통 새로운 미토콘드리아도 합류한다.

그러나 단식 기간이 지나치게 길어지면 어느 시점을 기준으로 굶주림 상태로 바뀌게 된다. 이에 신체는 방어 태세에 들어간다. 에너지를 보존하기 위해 전반적으로 대사율을 떨어뜨린다. 심박이 느려진다. 체온이 낮아진다. 신체 움직임이 느려지고, 쉽게 짜증이 나며, 의욕이 없고, 집중력이 저하되고, 음식에 집착하며, 다소 우울감을 느끼게 된다. 굶주림이 이어지면 첫 두 주 사이에 역설적으로 경조증 증상이 나타날 수도 있다. 이는 굶주림 상태의 사람이 무슨 일이 있어도 음식을 찾아 나설 수 있도록 에너지와 의욕, 자신감을 끌어올리기 위한 신체의 적응적 전략이다.

여러분도 알겠지만 이 상황은 결코 좋지 않다. 생명에 위협이 가해지는 상황인 것이다. 세포들은 차츰 제 기능을 잃고 사멸하기 시작한다. 뇌를 포함한 체내 장기들이 힘겨워한다. 우울증, 과민성, 불면증, 조증, 섭식장애, 착란, 기억장해, 환각, 망상 등의 정신질환 및 정신적 증상들이 나타날 수도 있다.

아마도 굶주림이 정신에 미치는 영향을 가장 잘 보여주는 증거는 36명의 건강한 남성을 모집해 24주간 반 굶주림 상태(평소 섭취하던 열량의 절반만 섭취하는 상태)를 유지하도록 한 뒤 다시 20주간 '재활'을 진행하며 신체·정신적 변화를 관찰한 그 유명한 미네소타 굶주림 실험Minnesota Starvation Experiment 결과일 것이다. 실험 참가자들은 상당량의 체중이 감소했고, 대사율이 저하된 징후를 보였다. 또한 우울, 불안, 피로감, 집중력 저하, 음식에 대한 집착을 비롯해 다양한 정신적 증상들을 경험했으며, 때로는 그 정도가 심각한 수준에 이르렀다. 일부 참가자는 일시적으로 경조증을 겪기도 했다. 흥미로운 점은 일부 참가자들의 경우 오히려 다시 정상적으로 식사를 하기 시작한 재활 기간을 가장 힘들어했다는 사실이다. 몇몇은 우울증 증상이 더욱 심해졌다. 폭식 후 전부 게워내는 일명 '먹토' 행동을 보이는 사람도 있었다. 일부 참가자는 왜곡된 신체상으로 괴로워하기도 했다. 심지어 한 사람은 손가락을 세 개나 잘라냈다. 이 연구 결과는 오늘날 흔히 신경성 식욕부진증과 신경성 폭식증의 증상들을 이해하는 데 활용되곤 한다. 이처럼 굶주림은 그 자체로 정신적 증상들을 야기할 수 있다.[22]

　　말이 나온 김에 섭식장애에 관해 이야기해보자. 어떤 사람들은 살을 빼고 날씬해져야 한다는 사회적 압박으로 인해 섭식장애가 시작될 수 있다. 대표적으로 젊은 발레리나들이 여기에 해당한다. 실제로 무용을 하는 젊은 여성들은 딱 잘라 날씬함이 곧 경쟁력이라는 말을 듣는다. 살을 빼야 한다는 압박을 엄청나게 받는 것이다. 이에 따라 어린 여자아이부터 젊은 여성까지 스스로를 굶주림 상태로 몰아넣을 수 있다. 그러다 보면 대사 문제가 발생해 뇌 기능에 영향을 미치며 악순환이 시작된다. 이 과정에서 섭식행동을 통제하는 뇌 영역뿐만 아니라 자신의 신체상을 지각하고 해석하는 뇌 영역도 영향을 받게 된다. 결국 비쩍 말랐는데도 자신이 뚱뚱하다고 생각하는 등 극심한 신체상의 왜곡이 발생한다. 때로는 이렇게 지각한 자신의 모습이 실제 모습과 너무나도 동떨어진 나머지 망상에 가까운 상태가 되기도 한다. 한 연구에서는 신경성 식욕부진증을 보이는 쥐를 대상으로 과연 뇌의 미토콘드리아에 결함이 발생했는지 살펴본 결과, 예상대로 시상하부의 특정 영역에서 미토콘드리아 결함이 발생했으며 산화 스트레스도 증가한 것을 발견했다.[23] 신경성 식욕부진증을 겪고 있는 환자와 비환자 여성 총 40명을 모집해 검사해보니 환자 집단에서만 백혈구 세포의 미토콘드리아 기능부전이 발견됐다고 보고한 연구 결과도 있다.[24]

그렇지만 기존의 취약성 때문에 섭식장애를 앓게 되는 사람들도 있을 수 있다. 섭식행동은 지나치게 많이 먹는 쪽이든 적게 먹는 쪽이든 대사에 영향을 미친다. 어떤 사람들은 이를 통해 단기적인 보상감을 경험하기도 한다.

폭식을 하고 기분이 좋아지는 경우는 기능이 저하되어 있던 뇌세포에 인슐린과 포도당을 더 많이 공급함으로써 뇌의 보상중추를 자극했기 때문이다. 이렇듯 당분을 많이 섭취하는 것은 인슐린 저항성을 가장 쉽고 빠르게 극복할 수 있는 방법이다. 하지만 안타깝게도 앞서 이야기했듯이 이러한 행동은 시간이 갈수록 상황을 더 악화시킬 뿐이다. 한편 식사를 제한함으로써 기분이 나아지는 경우는 이로 인해 케톤이라는 스트레스 호르몬(이에 대해서는 잠시 뒤에 더 자세히 살펴보기로 하자)의 농도가 높아지면서 기능이 저하되어 있던 뇌세포에 도움을 주기 때문이다. 이처럼 어느 쪽에서 더 보상감을 느끼는지는 개인차가 있지만 어떻든 과식과 소식의 양극단 모두 보상 경험을 제공한다. 따라서 기존에 정신질환을 앓고 있어 이미 세포들의 기능이 저하되어 있던 사람들은 극단적으로 많이 먹거나 적게 먹는 식사 방식에 매력을 느낄 수 있다. 그러다 일부의 경우는 아무리 이 같은 행동 탓에 건강 문제가 발생한다고 하더라도 어느새 생활 습관으로 굳어져버릴 수 있다. 이로써 **모든** 정신질환 환자에게서 섭식장애 발병 위험이 높은 현상이 설명된다. 정신질환 환자들은 어떻게든 기분이 나아질 방법을 찾기 때문이다.

장내미생물의 역할

최근 수십 년 사이, 장관^{intestinal tract}(소화기관에서 소장과 대장을 아우르는 긴 관으로, 흔히 창자라고도 한다-옮긴이)이 대사와 정신 건강 모두에 중요한 역할을 할 가능성을 시사하는 연구 결과가 점차 많아지고 있다. 우리 몸에서는 소화관에서 뇌로, 뇌에서 소화관으로 무수히 많은 신호가 전달된다. 이 같은 신호 교환이 이뤄지는 데에는 다양한 작용 원리가 관여한다고 여겨진다. 여기서는 그중 몇 가지만 간단히 살펴보기로 하자.

일단 최근 들어 장내에 서식하는 수조 마리의 박테리아, 균류, 바이러스가 우리의 건강, 특히 비만, 당뇨병, 심혈관계질환에 지대한 역할을 한다는 사실이 점점 명확하게 밝혀지고 있다. 가령 동물 연구를 통해 장내미생물이 체중에 영향을 줄 수 있음이 입증됐다. 한 연구에서는 비만인 쥐들은 마른 쥐들에 비해 장내미생물이 음식물로부터 더 많은 영양분과 열량을 뽑아낸다는 사실을 발견했다. 비만인 쥐들의 장내미생물을 마른 쥐에게 이식하자 이식받은 쥐들도 곧 체중이 불어났다.[25]

장내미생물이 정신질환에 미치는 영향을 뒷받침하는 증거도 속속 발견되고 있다. 동물 연구와 소규모 임상 실험에서 장내미생물이 우울증, 불안장애, 자폐증, 조현병, 양극성장애, 섭식장애에 미치는 영향이 확인됐다. 뇌전증과 신경퇴행성 장애에서도 장내미생물의 역할을 입증하는 증거가 발견됐다.

우리가 섭취한 모든 음식물은 가장 먼저 장내 박테리아를 거친다. 장내 박테리아는 이에 반응해 다양한 대사물질과 신경전달물질과 호르몬을 생성해 장내로 방출한다. 이렇게 방출된 물질들은 이후 혈류로 흡수되어 전반적인 대사와 뇌 기능에 영향을 미친다.

장에서 뇌로 신호를 전달하는 두 번째 방법은 장관 내막 세포들이 생성한 호르몬과 신경펩타이드를 통하는 것이다. 이 물질들 또한 뇌를 포함해 전신으로 이동하며 대사와 뇌 기능에 광범위한 영향을 미친다.

마지막은 장이 자체적으로 갖추고 있는 뇌와 직접적으로 신호를 주고받는 복잡한 신경계를 통하는 방법이다. 이 경로에서는 미주신경이 중요한 역할을 담당한다. 앞서 언급했듯이 우리 몸속에 있는 세로토닌의 약 90퍼센트는 장관에서 생성된다.

온갖 미생물과 대사물질, 호르몬, 신경전달물질, 신경펩타이드, 그리고 기타 관여 요인들을 하나씩 따지고 들기 시작하면 장뇌축gut-brain axis(장과 뇌가 상호연결되어 있어 서로에게 밀접한 영향을 미친다는 이론 - 옮긴이)과 장내미생물 분야는 곧 그 어마어마한 정보량에 압도될 것이다. 하지만 어쨌든 중요한 사실은 이 모든 요인을 엮어주는 뚜렷한 연결고리가 있다는 점이다. 바로 대사와 미토콘드리아다. 장내미생물이 장관 내막을 이루는 세포들과 면역세포들 속 미토콘드리아에 직접 신호를 보낸다는 사실은 이미 입증됐다. 아울러 이 신호가 미토콘드리아 대사에 변화를 주고, 장세포들의 보호막 기능에 영향을 미치며, 염증을 유발할 수 있다는 사실이 밝혀졌다.[26]

식이요법을 통한 정신 건강 강화

식이요법을 통해 정신적 증상 완화에 도움을 주는 방법으로는 적어도 여덟 가지가 있다.[27]

1. 엽산, 비타민B12, 티아민 등 영양소 결핍 상태를 바로잡는다.

2. 알레르기 반응을 유발하거나 독성이 있는 음식을 피한다. 예를 들어, 셀리악병이라는 자가면역질환은 글루텐에 대한 반응으로 염증과 여러 가지 대사 문제를 일으킨다. 이로 인해 뇌 기능에도 영향이 미칠 수 있다. 트랜스지방산의 유해한 영향에 대해서는 앞에서도 살펴본 바 있다. 그 밖에도 매우 다양한 식품 성분들이 미토콘드리아 기능을 저하시킨다.

3. 지중해식 식단과 같은 '건강한 식단'에 따라 식사하는 것도 일부 사람들에게는 큰 도움이 된다.

4. 자가포식과 미토파지를 촉진해 대사 건강을 증진시킬 수 있는 단식, 간헐적 단식, 단식모방식단(이 세 가지 방법에 대해서는 뒤에서 더 자세히 알아보기로 하자)을 시도해본다.

5. 장내미생물 환경을 개선한다(뒤에서 더 자세히 알아보자).

6. 식이요법을 통해 대사와 미토콘드리아 기능을 개선한다. 기능 개선에는 인슐린 저항성, 대사율, 세포 내 미토콘드리아의 수, 미토콘드리아의 전반적인 건강 상태, 호르몬, 염증, 다양한 대사 조절자 등의 변화가 포함된다.

7. 비만과 연관된 문제를 완화하는 데에는 살이 빠지게끔 식단을 바꾸는 것이 도움이 된다.

8. 심각한 저체중에는 살이 찌게끔 식습관을 바꾸는 것이 목숨을 구할 결정적인 중재법이 된다.

이 중 몇 가지 핵심적인 것들을 짚고 넘어가기로 하자.

비타민과 뉴트라수티컬

비타민과 영양소 결핍 문제를 해결하는 것은 중요하다. 하지만 대부분의 대사 문제는 비타민과 보조제를 스무 가지 넘게 복용한다고 한들 해결되지 않는다. 때로는 오히려 비타민과 보조제 과용이 대사 문제를 일으킨다. 건강한 대사는 균형에서 비롯되므로 지나치게 많은 것도 지나치게 적은 것도 독이 될 수 있다.

비타민과 영양보조물질인 **뉴트라수티컬**neutraceutical 은 미토콘드리아의 생성 및 기능 증진에 도움을 줄 **가능성**이 있다. 이 같은 잠재력이 밝혀진 성분의 종류는 매우 다양한데, 몇 가지만 예로 들자면 L-메틸엽산, 비타민 B12, SAMe(S-아데노실-L-메티오닌), N-아세틸시스테인, L-트립토판, 아연, 마그네슘, 오메가3 지방산, 니코틴아마이드 리보사이드, 알파리포산, 아르기닌, 카르니틴, 시트룰린, 콜린, 코엔자임Q10, 크레아틴, 폴리닌산, 나이아신, 리보플라빈, 티아민, 레스베라트롤, 프테로스틸벤, 항산화물질 등이 있다.[28] 다만 이 모두가 누구에게나 눈에 띄는 효과를 가져다줄 리는 만무하며, 누구도 이 모두를 한 번에 복용할 필요는 없다.

이러한 주의점을 잘 보여주는 연구가 하나 있다. 연구진은 양극성장애 환자 180명을 세 집단으로 나누어 각각 (1) '미토콘드리아 칵테일', (2)

N-아세틸시스테인 단일성분, (3) 가짜 약을 기존 약과 더불어 16주간 복용하게 했다.[29] 여기서 미토콘드리아 칵테일은 N-아세틸시스테인, 아세틸 L-카르니틴, 코엔자임Q10, 마그네슘, 칼슘, 비타민D3, 비타민E, 알파리포산, 비타민A, 비오틴, 티아민, 리보플라빈, 니코틴아마이드, 판토텐산칼슘, 피리독신염산염, 엽산, 비타민B12가 섞인 종합제였다. 그야말로 칵테일이다! 과연 복용한 보조제에 따라 다른 효과가 나타났을까? 세 집단 간에는 아무런 차이가 없었다.

다른 요인들이 그렇듯이, 비타민을 비롯한 여러 물질들의 농도가 낮아져 있는 상태는 단순히 미토콘드리아 기능부전의 결과이지 원인이 아닐 가능성이 높다. 만약 그렇다면 이 물질들을 보충한다고 해서 문제가 해결되지는 않을 것이다. 게다가 이 같은 보조제들이 몸속에 들어가기만 하면 자동으로 미토콘드리아 생합성이나 미토파지가 촉진되는 것도 아니다. 하지만 식이요법으로 식단에 변화를 주고, 숙면을 취하고, 스트레스를 줄이고, 미토콘드리아 기능을 저해하는 약물을 중단하고, 운동을 하면 실질적인 효과를 낼 수 있다.

식단과 단식

지중해식 식단을 따르는 사람들의 우울증 발병률이 낮다는 사실은 앞서 잠깐 언급한 바 있다. 그렇다면 이미 우울증을 앓고 있는 사람들에게도 이 식단이 증상 완화에 도움이 될까? 적어도 일부 환자들에게는 실제로 그렇다고 밝혀졌다. SMILES라는 재치 있는 명칭의 한 실험 연구에서 연구진은 67명의 주요우울장애 환자들을 대상으로 무작위로 지중해식 식단을 따르는 집단 또는 단순히 사회적인 지지만을 해주는 집단(통제집단)에 배정했다. 참가자들이 기존에 받고 있던 치료(약물요법이든 심리치료든)는 그대로 진행됐다. 12주 뒤, 통제집단에서는 고작 8퍼센트만이 관해를 경험한 데 반해 지중해식 식단 집단에서는 32퍼센트가 우울증 증상에서 벗어났다.[30] 이러한 결과가 대사나 미토콘드리아 덕분이라는 증거가 있을까? 적어도 다음의 연구 결과는 그럴 가능성을 시사한다.

연구자들은 원숭이(게잡이원숭이)들에게 30개월간 지중해식 식단 또는 서구식 식단(일반적인 미국식 식단)을 급여한 뒤 뇌의 미토콘드리아 기능과 에너지 활용 패턴, 그리고 인슐린 수치 등의 생체지표를 측정했다.[31] 그러자 서구식 식단을 급여한 원숭이들은 뇌 영역 간의 생체에너지 패턴이 저해되어 있었으며, 이는 인슐린과 포도당 수치와도 상관관계를 보였다. 또한 지중해식 식단을 급여한 원숭이들은 뇌 영역별로 미토콘드리아의 생체에너지 패턴이 차이를 보이는 정상적인 상태를 유지한 것과 달리 서구식 식단을 급여한 원숭이들은 이 차이가 불분명해져 있었다. 특히 이렇게 영향을 받은 뇌 영역들은 당뇨병과 알츠하이머병에 관련이 있는 것으로 알려진 영역들이었다.

단식, 간헐적 단식, 단식모방식단이 정신질환 치료에 도움을 준다는 증거도 있다. 세 가지 경우 모두 지방이 에너지원으로 활용될 때 생성되는 케톤체가 만들어지는 결과를 낳는다. 지방이 곧 케톤체로 전환되는 셈이다. 흥미로운 점은 이 과정이 오직 미토콘드리아에서만 일어난다는 사실이다. 이 위대한 세포기관이 전담한 또 하나의 역할인 것이다.

케톤은 세포의 대체 에너지원이다. 중요한 대사 신호 물질로서 후생유전적 변화를 일으키기도 한다. 인슐린 저항성을 띠는 뇌세포에게는 에너지난에서 구출해줄 귀한 에너지원이 될 수 있다. 포도당은 이 세포들 안으로 흡수되지 못하지만 케톤은 비교적 쉽게 들어갈 수 있기 때문이다. 단식은 앞에서 이야기했듯이 자가포식도 촉진한다. 간헐적 단식에는 몇 가지 유형이 있다. 하루에 8~12시간 동안 금식을 하는 경우가 있는가 하면 한 끼만 먹도록 하는 경우도 있으며, 야간에만 음식물 섭취를 금하는 경우도 있다.

간헐적 단식이 기분과 인지 기능 개선에 도움을 줄 뿐만 아니라 뇌전증 및 알츠하이머병으로 인한 뉴런의 손상을 막아준다는 동물 연구 결과들이 다수 발표됐다. 이에 한 연구팀이 그 이유와 기전 밝히기에 나섰다.[32] 그 중심에 무엇이 있다고 밝혀졌는지 아마 여러분은 상상도 못 할 것이다. 바로 미토콘드리아다! 연구진이 쥐들에게 간헐적 단식을 시키자 이에 따른 증진 효과의 상당 부분이 흔히 우울, 불안, 기억장애에 관여하는 뇌 영역인 해마에서 나타났다. 주로 GABA 활동이 증가해 과흥분이 감소한 결과인 듯했다. 이를 확인한 연구진은 한 걸음 더 나아가 GABA 활동에 변화를 일으킨 원인이 무엇인지 살펴봤다. 그 일환으로 연구진은 각기 다른 두 가지 방식으로 쥐의 몸속에서 시르투인 3을 제거했다. 기억할지 모르지만 시르투인 3은 미토콘드리아 건강에 필수불가결인 단백질이다. 이 단백질을 제거하자 앞서 보았던 간헐적 단식의 모든 긍정적인 효과가 사라졌다. 이 같은 결과는 간헐적 단식이 뇌 건강에 미치는 긍정적인 효과에 미토콘드리아가 직접적으로 관여하고 있음을 분명하게 보여준다.

또 다른 개관논문에서는 산화 스트레스와 염증을 줄이고, 미토파시와 미토콘드리아 생합성을 승진시키며, 뇌유래 신경영양인자brain-derived neurotrophic factor, BDNF를 증가시키고, 신경가소성을 향상시키고, 세포의 스트레스 저항성을 높이는 등 간헐적 단식이 뇌 건강을 증진시키는 여러 경로를 제시했다.[33] 이러한 과정은 모두 현재의 의약품으로는 얻을 수 없는 강력한 치료 효과다.

단식모방식단은 굶주림의 위험 없이 좀 더 오랜 기간 단식의 이점을 유사하게 누릴 수 있도록 고안된 방법이다. 그중 하나로 가장 잘 알려진 것이 **케토제닉 식단**이다. 내가 맡았던 환자 한 명에게 지대한 영향을 미친 이 식단이 우리가 이 여정을 시작한 계기가 됐다는 것을 아마 여러분도 기억할 것이다.

케토제닉의 역사는 뇌전증 치료에서 비롯된다. 히포크라테스 시대부터 단식이 뇌전증 발작을 멈춘다는 사실이 알려져 있었으며, 여러 문화권에서 치료 방법으로 활용됐다. 그러나 현대 의학이 도래하고부터는 단식법이 미신적인 민간요법일 뿐 아무런 과학적인 근거가 없다는 관념이 지배적이었다. 이러한 시각은 1920년대에 들어 단식이 한 소년의 발작을 멈췄다는 연구가 발표되면서 달라지기 시작했다. 그렇지만 단식은 자칫 너무 오래 지속되면 굶주림으로 사망에 이른다는 문제가 있어 그다지 효과적인 중재법이라고 보기 어려웠다. 게다가 단식을 멈추고 다시 정상적으로 식사를 하기 시작하면 발작도 재발하곤 했다. 그러다 1921년, 러셀 와일더Russell Wilder 박사가 이 문제를 해결하기 위해 고지방, 중단백, 저탄수화물로 구성된 케토제닉 식단을 개발했다. 와일더 박사는 과연 이 식단이 굶주림을 예방하면서도 뇌전증을 치료하는 데 있어 단식 상태와 유사한 효과를 낼 수 있는지 확인하고자 했다. 결과는 적중했다. 케토제닉 식단을 시도한 환자 가운데 약 85퍼센트에게서 발작 증상이 멎거나 완화된 것이다. 하지만 1950년대 무렵에는 점점 많은 수의 항전간제가 시장에 쏟아져 나오면서 케토제닉 식단은 뒷전으로 밀려났다. 꼬박꼬박 식단을 지켜 식사하는 것보다는 아무래도 알약 한 알을 삼키는 편이 훨씬 더 쉬웠기 때문이다.

그러나 불행히도 뇌전증 환자 가운데 약 30퍼센트는 시중의 어떠한 약을 써도 증상이 나아지지 않았고, 마침내 1970년대 존스홉킨스에서 치료 저항성 뇌전증 환자에게 활용할 목적으로 케토제닉 식단이 부활했다. 이후 전 세계적으로 이 식단을 임상적으로 활용하는 사례가 늘기 시작했다. 실제로 수많은 임상시험에서 효능이 입증됐으며, 2020년에 발표된 코크란 리뷰Cochrane Review(의학계 표준 메타분석 보고서)에서는 치료 저항성 소아 뇌전증 환자들 가운데 케토제닉 식단을 따른 환자들은 일반적인 치료를 받은 환자들에 비해 발작 증상이 완전히 사라질 가능성이 세 배, 50퍼센트 이상 완화될 가능성이 여섯 배 높다고 결론지었다.[34]

케토제닉 식단은 뇌에 미치는 효과가 가장 크며 많이 연구된 식이요법으로 자리 잡았다. 케토제닉 식단의 항경련 효과를 이해하기 위해 신경학자, 신경과학자, 제약회사 모두 수십 년 동안 많은 연구를 진행해왔다. 그 결과, 밝혀진 바에 따르면 케토제닉 식단은 인슐린 저항성을 띠는 뇌세포에게 생명줄이 되어주는 대체 에너지원을 제공한다. 또한 신경전달물질 농도를 변화시키고, 칼슘통로를 조절하고, 염증을 줄이고, 장내미생물 환경을 개선하고, 전반적인 대사율을 높이고, 인슐린 저항성 자체를 감소시키며, 무엇보다 미토파지와 미토콘드리아 생합성을 유도한다.[35] 케토제닉 식단을 수개월에서 수년간 지속하고 나면 세포 내에는 건강한 미토콘드리아 수가 전보다 많아지게 된다. 이는 장기적인 치유로 이어질 수 있다. 2~5년 뒤에는 식이요법을 중단하더라도 건강하게 생활할 수 있다.

정신질환 치료에 대한 케토제닉 식단의 효능 연구는 아직 초기 단계에 있다. 나도 연구를 진행하면서 중증의 치료 저항성 정신증적 장애를 앓다가 케토제닉 식단을 통해 증상들의 완전관해를 이뤄낸 이래로 오랜 시간 동안 증상이 재발하지 않는 상태를 유지하고 있는 환자들을 보았다.[36] 그중 한 환자의 사례를 이 장 말미에서 만나보기로 하자. 케토제닉 식단을 시작하면 초반에는 마치 약을 복용하는 것과 같다고 보면 된다. 규칙적으로 충실히 식단을 유지해야만 한다. '치팅 데이cheat days'랍시고 하루 이틀 약을 먹지 않는 날이 있어서는 안 되듯이, 식단 역시 하루도 어겨서는 안 된다. 자칫 그 한 번이 모든 노력을 수포로 만들 수도 있기 때문이다. 한 가지 짚고 넘어갈 것이 있는데, 원래 정신의학계에서는 뇌전증 치료제를 흔하게 사용한다. 사실상 모든 유형의 정신질환에 두루두루 활용한다. 그러니 여러모로 케토제닉 식단을 다른 정신질환 치료에도 적용하는 것이 새로운 시도는 아니다. 그저 이번에는 약이 아닌 식이요법일 뿐이다. 이에 현재는 양극성장애와 조현병에 대해서도 임상시험들이 진행 중이다.

한 연구에서는 알츠하이머병 환자 26명에게 10주간의 휴약 기간을 사이에 두고 앞뒤로 12주씩 케토제닉 식단 또는 저지방 식단을 제공한 뒤 식단에 따른 차이가 있는지 살펴봤다.[37] 케토제닉 식단과 저지방 식단의 순서는 참가자마다 달랐으며, 증상에 대한 평가는 맹검법(연구자의 편향이 개입되어 결과가 오염될 가능성을 차단하기 위해 실험이 진행되는 동안에는 각 참가자가 어떤 처치를 받았는지 연구자가 알지 못한 채로 평가하는 방식−옮긴이)으로 진행됐다. 실험 종료 후 분석해본 결과, 참가자들이 케토제닉 식단에 따라 식사하는 동안에는 일상적인 기능과 삶의 질이 개선됐다는 사실이 밝혀졌다. 이는 알츠하이머병의 증상이 **개선**되는 결과를 보여준 몇 안 되는 연구 중 하나였다는 점에 주목하자. 인슐린 비강 투여법 연구를 비롯해 그동안 이 책에서 소개한 연구들은 대부분이 겨우 증상이 더 심해지지 않도록 막는 데 그쳤을 따름이다. 이미 망가진 기능을 되살리지는 못했다. 물론 이 연구는 규모가 작기 때문에 앞으로 더 많은 환자를 대상으로 더 오랜 기간 연구를 진행해 반복 검증할 필요가 있기는 하지만 어째서 이 같은 효과가 나타났는지, 또 어떤 원리로 일어난 것인지를 뒷받침하는 과학적 근거는 충분하다.

체중 감소, 당뇨병 관리, 뇌전증 치료를 비롯해 목적에 따라 케토제닉 식단에도 다양한 버전이 있으며, 모두가 똑같은 효과를 가져다주지는 않는다. 식단을 구성하는 식품 역시 채식주의자, 육식주의자, 육류와 채소를 고루 섭취하기를 선호하는 사람 등 개인의 기호에 맞추어 다양하다. 단, 부작용의 위험이 있으므로 의학적 장애나 정신질환을 앓고 있는 사람들은 반드시 전문가의 감독하에 식이요법을 진행해야 하며, 그에 따라 보통은 약물 치료도 안전한 과정을 거쳐 강도를 조절하거나 중단할 필요가 있다.

장내미생물

앞에서도 말했듯이 장내미생물이 대사와 정신 건강에 지대한 역할을 한다는 사실에는 의문의 여지가 없다. 하지만 이를 활용한 검증된 중재법이 있느냐고 묻는다면 아직 걸음마 단계에 있다고 답할 수밖에 없다.

장내미생물과 관련된 중재법에는 크게 네 가지 유형이 있다.

1. 가능하면 항생제 사용을 피한다. 항생제는 장내미생물 환경을 교란하며, 때로는 직접적으로 미토콘드리아 기능부전을 야기한다. 반드시 필요할 때만 항생제를 복용하는 것 외에도 육류, 생선, 달걀, 우유 등 일반적으로 항생제를 투여한 동물에게서 얻어지는 식품을 섭취하지 않는 것이 중요하다. '무항생제' 표기가 된 식품을 이용하자.

2. 식단은 장내미생물 환경에 결정적인 영향을 미치므로 지나친 가공식품을 피한다. 과일이나 채소처럼 식이섬유가 풍부한 식재료와 자연식품으로 구성된 식단이 가장 좋다.

3. 일부 사람들에게는 프로바이오틱스가 도움이 된다. 다만 프로바이오틱스가 대사와 정신 건강을 증진시킨다는 증거는 아직 그다지 많지 않다. 우리의 장 속에는 수조 마리에 달하는 미생물이 살고 있다. 여기에 보조제를 통해 한 가지 유형의 박테리아를 더한들 눈에 띄는 변화가 나타나지 않을 수 있다. 따라서 복용하기에 앞서 그 특정 프로바이오틱스가 자신이 겪고 있는 증상이나 병에 효능이 있다는 과학적 증거가 있는지 연구 결과를 찾아보자.

4. 분변 미생물군 이식(건강한 개인의 분변 속 미생물을 질환이 있는 사람의 장에 이식하는 과정-옮긴이)에 관한 연구가 진행 중이긴 하지만 지금 시점에서는 아직 실험 단계.

요약

- 식습관은 대사와 미토콘드리아 건강에 크나큰 역할을 한다.

- 특정 영양소가 결핍되어 있다면 이를 밝혀내고 바로잡아야 한다. 비타민, 미네랄, 단백질, 필수지방산 등이 여기에 해당한다. 영양사나 보건 전문가를 찾아 현재 식습관과 영양 상태에 대한 전체적인 평가를 받아보는 것도 고려해보자.

- 만약 대사에 해로울 만한 식이 요인에 노출되어 있다면 이를 제거해야 한다. 이러한 식이 요인에는 알레르기를 일으키는 성분뿐만 아니라 트랜스지방산이나 정크 푸드처럼 우리 몸에 유해하다고 알려진 성분 및 식품도 포함된다.

- 만약 인슐린 저항성이 있는 상태라면 이에 대응하는 데 도움이 되는 식단으로 바꿀 필요가 있다.

- 완벽하게 건강한 식단으로 식사하고 있다고 하더라도 대사와 미토콘드리아 기능이 저하되어 있을 가능성이 있다. 이 경우에는 유전, 후생유전, 염증, 스트레스, 수면 문제, 호르몬, 복용 중인 약, 독소 등 식이 요인이 아닌 다른 요인이 원인일 수 있다. 이때도 식이요법은 치료에 도움이 된다. 이를테면 문제를 일으킨 최초의 원인이 무엇이었든 간에 간헐적 단식과 케토제닉 식단은 자가포식과 미토파지를 촉진해 세포 건강을 증진시킨다. 또한 인슐린 저항성 세포에 생명줄과 같은 대체 에너지원이 되어줄 케톤을 생성할 수 있다.

- 장 건강 증진을 위한 전략들이 정신 건강까지 증진시켜줄 수 있다.

- 단 한 알로 모든 문제를 해결해준다고 광고하는 프로바이오틱스나 '미토' 영양제들을 비판적인 시각에서 살펴보자. 현재까지 발표된 대부분의 연구에 따르면 이들의 효과는 검증되지 않았다.
- 정신 건강과 대사 건강은 떼려야 뗄 수 없는 관계다. 이는 단순히 살을 빼고 싶은 사람부터 당뇨병 환자, 나아가 심근경색이나 알츠하이머병을 예방하기 위해 신경 쓰고 있는 사람까지 모두에게 적용된다. 보통 식단과 운동만으로는 이 둘의 건강을 지키기에 충분하지 않다. 이 책에서 다룬 모든 요소가 저마다의 역할을 하고 있기 때문이다.

70세에 정신 건강을 되찾은 밀드레드

밀드레드는 어린 시절 끔찍한 학대를 받으며 자랐다. PTSD, 불안장애, 우울증 증상에 시달리게 된 것은 어쩌면 당연했다. 열일곱 살에는 조현병 진단까지 받았다. 그녀는 일상적으로 환각과 망상을 경험하기 시작했다. 편집증도 만성화됐다. 이후 수십 년 동안 밀드레드는 여러 종류의 항정신성약과 기분안정제를 복용했지만 증상은 계속됐다. 그는 더는 스스로를 돌볼 수 없는 지경에 이르자 결국은 법정후견인의 관리를 받게 되었다. 비참했다. 수도 없이 자살을 시도했으며, 한 번은 액체 세제 한 통을 몽땅 마시기도 했다. 정신적 증상들에 더해 체중이 150킬로그램까지 불었다.

조현병으로 전반적인 기능을 상실한 채 53년간 고통을 겪다가 70세가 되었을 때, 주치의는 밀드레드에게 듀크대학교의 체중 감량 클리닉에 찾아가보라고 권했다. 그곳에서는 체중 감량 수단으로 케토제닉 식단을 활용하고 있었다. 밀드레드는 한번 시도나 해보자고 마음먹었다. 그로부터 2주도 채 되지 않아 그는 살이 빠지기 시작했을 뿐만 아니라 정신증적 증상들이 확연하게 나아졌음을 깨달았다. 몇십 년 만에 처음으로 밖에서 새들이 지저귀는 소리를 들었다고 한다. 더 이상 머릿속에서 울리던 목소리에 외부 소리가 묻히지 않게 된 것이다. 기분도 점차 나아지면서 그에게 희망이 생기기 시작했다. 복용하던 정신과 약들도 모두 줄일 수 있게 되었다. 그의 증상들은 마침내 **완전관해**에 이르렀다. 체중 또한 70킬로그램가량 감량해 오늘날까지 이를 유지하고 있다.

그때로부터 13년이 지난 현재, 그에게는 아무런 증상도 재발하지 않았고, 약도 복용하지 않으며, 정신 건강 전문가의 도움도 전혀 받지 않고 있다. 스스로를 돌보는 법을 익힌 뒤로는 법정후견인의 관리로부터도 독립했다. 나와 마지막으로 만났을 때 밀드레드는 행복하고 살아 있어서 즐겁다고 말했다. 그리고 자신의 이야기를 듣고 싶어 하는 사람이 있다면 누구에게든 들려주라고 내게 부탁했다. 자신의 사례가 자신과 같은 생지옥 속에서 다른 이들이 벗어나도록 도울 수 있기를 바랐다.

밀드레드의 사례와 같은 경우는 정신의학계에서는 일어나지 않는다. 현존하는 가장 효능이 뛰어난 약을 쓴 경우에조차 이는 듣도 보도 못한 일이다. 하지만 밀드레드의 사례와 뇌 에너지 이론은 이런 일이 실제로 가능하다는 것을 보여준다. 이로써 정신 건강 분야에는 밀드레드와 같은 사례들이 더욱 많아지리라는 희망으로 가득한 새로운 날이 다가왔다.

16

약물과 알코올이
정신질환을 일으키는 원리

약물 사용과 음주가 정신질환으로 이어질 수 있다는 것과 더불어 정신질환 환자들이 약물과 술에 손을 댈 가능성은 상대적으로 높다. 젊어서 마리화나를 과도하게 피운 사람이 나중에 조현병에 걸리는 사례도 심심찮다. 알코올의존자가 결국 치매에 걸리거나 코카인 중독자가 양극성장애를 진단받는 사례도 마찬가지다. 이를 본 사람들은 대부분 단순히 독성 물질이 뇌에 작용한 결과라고 생각한다. 혹자는 이 환자들이 본래부터 해당 장애의 소인이 있었고 약물 사용이 발병의 계기를 마련한 것이라고 여기기도 한다. 결론부터 말하면 두 가지 주장 모두 옳다. 그렇다면 구체적으로 어떤 작용 원리를 통해 약물이 정신질환을 야기한 것일까? 최근까지만 해도 누구도 이 문제에 자신 있게 답하지 못했다. 그런데 뇌 에너지 이론은 여기에 명확한 답을 제시한다. 약물과 알코올의 영향이 대사와 미토콘드리아로 수렴된 결과라고 말이다.

약물은 대부분 둘 중 하나에 속한다. 하나는 세포 활동을 자극하는 유형이고, 나머지 하나는 억제하는 유형이다. 알코올, 니코틴, 마리화나, 코카인, 암페타민, 아편계 약물 모두 이 두 가지 유형 중 하나로 분류할 수 있다. 신체나 뇌의 특정 세포에만 작용하는 약물이 있는 반면 다양한 세포에 광범위한 영향을 미치는 약물도 있다. 곧 자세히 살펴보겠지만, 예를 들면 알코올과 마리화나는 전신에 광역적인 영향을 미치는 물질이다. 둘 다 세포 표면에 주로 분포해 있는 수용체를 거쳐 해당 세포 내의 미토콘드리아에 영향을 미친다. 이뿐만 아니라 미토콘드리아도 자체적으로 막 표면에 마리화나, 니코틴, 알코올, 발륨 수용체를 가지고 있다. 따라서 이러한 물질들은 미토콘드리아에 직접적으로 영향을 미치기도 한다.

약물과 알코올은 대사 및 미토콘드리아와 피드백 순환 고리를 형성한다. 처음 이 피드백 순환에 빠져들게 되는 경로는 사람마다 다양할 수 있지만 어떤 식으로든 일단 빠지고 나면 벗어나기가 쉽지 않다.

어떤 사람들은 또래 압력이나 기타 사회적인 영향으로 인해 처음 약물이나 술에 손을 댄다. 초기에는 아무런 문제도 느끼지 않으며 대사 건강도 괜찮을 수 있다. 그러나 과도한 양의 약물과 알코올이 체내에 축적되는 기간이 길어지면 대사와 미토콘드리아 기능이 저하된다. 그렇게 손상이 진행되고 나면 이제는 정상적인 상태를 유지하기 위해 해당 물질을 '필요'로 하게 되는 순간에 이른다. '기분 좋은' 상태가 아니라 '정상적인' 상태라고 지칭한 것에 주목하자. 처음에 약물이나 술에 손댔을 당시만 하더라도 사람들은 대체로 기분 좋은 느낌을 경험한다. 이것이 곧 해당 물질을 사용하는 행동을 강화한다. 사람은 누구나 기분 좋은 느낌을 좋아하기 때문이다. 하지만 시간이 지나면 뇌는 이 물질에 적응하고 그 효과를 감쇠시키기 위한 반대작용을 시작한다. 이렇게 뇌가 변화하면서 이윽고 사람들은 해당 물질을 사용하지 않는 동안 '기분 나쁜' 상태를 경험한다. 이 때문에 이제는 단지 정상적인 상태가 되기 위해 이 물질이 필요한 악순환으로 이어진다. 그리고 대부분 처음에 맛봤던 기분 좋게 취하는 감각을 다시는 경험하지 못한다. 해당 물질 사용을 중단하려고 할 때마다 어떤 식으로든 고통을 겪게 되고 보통은 이를 참지 못하고 다시 손을 대고 만다. 그렇게 꼼짝 없이 덫에 걸리게 되는 것이다.

그런가 하면 어떤 사람들은 이미 대사에 이상이 있어서 약물을 사용하거나 술을 마신다. 그렇지 않아도 우울, 불안, 낮은 자신감, 정신증 등으로 괴로움을 겪고 있는 상태이기 때문에, 이들은 어떻게든 증상이 나아질 방법을 찾게 된다. 견디기 힘들 정도의 고통을 느끼는데 무엇을 못 하겠는가. 대체로 우울감처럼 세포의 저활성화로 인한 증상을 경험하는 경우에는 이를 촉진할 수 있는 무언가를 사용하면 기분이 나아지게 된다. 불안이나 정신증처럼 뇌세포의 과활성화나 과흥분에 따른 증상들에 시달린다면 세포 활동을 진정시키고 억제하는 무언가를 사용하면 상태가 나아질 수 있다. 그렇게 특정 물질을 사용해 효과를 경험하고 나면 그 물질에 중독되어 버린다. 하지만 어떻게 보면 이게 이 사람들의 탓만은 아니지 않을까? 이들은 그저 증상이 나아지길 바랐을 뿐이니 말이다. 때로는 이들이 특정 물질을 사용 후 겪는 것이 꼭 증상이 '나아진' 상태라기보다는 단순히 전과는 '다른' 상태인 경우도 있다. 일종의 마비인 셈이다. 누군가는 이러한 상태가 부정적인 증상들을 고스란히 느끼는 것보다 훨씬 낫다고 여길 수 있다. 어떻든 유형을 막론하고 모든 정신질환에서 물질사용장애의 발병률이 높은 현상은 이처럼 특정 물질 사용을 통해 증상에서 벗어날 방법을 찾으려 했기 때문일 가능성이 크다.

약물과 알코올은 미토콘드리아 기능에 즉각 영향을 미쳐 다양한 정신의학적 증상들을 초래한다. 약물에 따라 곧바로 환각, 망상, 조증 증상, 우울증 증상, 인지 저하 등의 증상들이 나타난다. 알코올과 마리화나가 미토콘드리아에 미치는 핵심적인 영향 몇 가지만 짚어보기로 하자.

알코올

알코올은 대사와 미토콘드리아에 지대한 영향을 미친다. 과량 섭취 시 간과 뇌에 독성으로 작용한다. 이 독성 효과에는 미토콘드리아가 주요한 역할을 한다. 과학적으로 알코올 대사가 어떤 과정으로 이뤄지는지 차근차근 알아보자.

우리가 술을 마시면 알코올 성분을 분해하고 처리하는 일을 대부분 간이 담당한다. 그 일환으로 **알코올탈수소효소**alcohol dehydrogenase, ADH라는 효소가 투입되어 알코올을 **아세트알데하이드**acetaldehyde라는 세포 독성 물질로 전환시킨다. 한편 **사이토크롬 P450 2E1**cytochrome P450 2E1, CYP2E1도 이 전환 과정을 수행한다. CYP2E1은 미토콘드리아 또는 소포체에 있는 효소 단백질이다. 그리고 나면 알데하이드탈수소효소^{aldehyde dehydrogenase, ALDH}라는 또 다른 효소가 아세트알데하이드를 상대적으로 독성이 약한 아세테이트^{acetate}라는 물질로 바꾼다. ALDH에는 두 가지 유형이 있는데, 하나는 세포질 내에 머물고, 나머지 하나는 미토콘드리아 내에 머문다. 이후 아세테이트는 미토콘드리아에 의해 에너지원으로 활용된다. 보다시피 미토콘드리아는 알코올 대사의 전 과정에 참여한다.

우리가 짧은 시간 동안 많은 양의 술을 마시면 이러한 효소 체계가 한 발짝 뒤처지면서 아세트알데하이드의 혈중 농도가 높아지게 된다. 이로 인해 가장 먼저 문제가 나타나는 곳은 미토콘드리아다. 미토콘드리아가 부풀어 오르고, ATP 생성이 저해되며, 활성산소종이 더 많이 만들어진다. 다량의 알코올이 미토콘드리아를 손상시키고 심지어 대대적으로 사멸에 이르게 한다는 사실은 많은 연구 결과로 입증됐다.[1] 급성 알코올중독으로 사망하는 원인도 아마 이 때문일 가능성이 높다.

만성적인 알코올 섭취는 만성적인 산화 스트레스로 이어지는데, 이는 미토콘드리아의 기능이 저하됐음을 보여주는 징후다. 그 결과 염증이 발생해 문제가 더욱 악화된다. 이러한 과정은 전신에서 모두 나타나지만 그중에서도 특히 간과 뇌에서 주로 일어난다.

짧은 시간 동안의 폭음도 오래도록 지속되는 후유증을 남길 수 있다. 가령 한 연구에서는 청소년기의 쥐를 2주간 폭음 환경에 노출시킨 뒤 시간이 지남에 따라 뇌의 미토콘드리아에 어떤 변화가 일어나는지 살펴봤다.[2] 먼저 연구진은 폭음이 즉각적으로 미토콘드리아 기능을 저하시킨다는 사실을 확인했다. 이는 조금 전까지 우리가 이야기한 것과도 일치하는 결과다.

그런데 이러한 영향은 쥐가 성체가 된 뒤에도 지속됐고, 이후에도 쥐들에게서 미토콘드리아 단백질의 수치와 ATP 생성량이 저하되고 칼슘 농도 조절이 제대로 되지 않는 등의 문제가 관찰됐다.

미국 국립약물남용연구소 소장 노라 볼코프Nora Volkow 박사는 중독과 대사의 관계에 관한 선구자로서 벌써 수년째 연구를 이어오고 있다. 볼코프 박사와 동료들은 만성적인 알코올의존증에 대한 몇 가지 놀라운 사실을 발견했다. 우리가 술을 마실 때면 뇌는 포도당 대신 알코올에서 얻어진 아세테이트를 주요 에너지원으로 사용한다.[3] 이러한 상태가 지속되면 결국 알코올의존자의 뇌는 포도당 대사 기능에 문제가 생긴다. **결과적으로 술을 마시지 않는 동안에는 뇌세포들이 에너지 결핍 상태에 놓이게 된다.**[4] 그러다 다시 술을 마시면 아세테이트가 굶주리고 있던 세포들에 연료를 공급해 우선 급한 불을 끈다. 이 같은 뇌 에너지 부족 현상이 알코올의존자들이 술을 끊지 못하는 이유 중 하나일 수 있다. 이에 볼코프 박사를 비롯한 연구자들이 이처럼 에너지 부족에 허덕이는 뇌세포들에게 알코올이 아닌 다른 것으로 에너지를 보충해줄 방법이 없을지 찾아 나섰다. 그 결과 이들이 발견한 것이 바로 케토제닉 식단이다.

연구자들은 우선 알코올 사용장애 환자 33명을 모집해 중독치료 병동에 입원시켰다.[5] 그리고 12주간 절반의 환자에게는 케토제닉 식단을, 나머지 절반에게는 평소 먹던 식단을 제공했다. 중독치료는 표준 절차에 따라 진행됐으며, 연구진은 입원 기간 수차례 혈액검사와 뇌 스캔을 통해 특정 뇌 영역의 대사 상태를 관찰했다. 연구 결과, 케토제닉 식단을 제공받은 환자들은 중독치료 약물을 적은 용량만 사용해도 효과를 보았고 금단 증상도 덜 겪었다. 알코올에 대한 갈망 증상도 덜했다. 또한 뇌 스캔에서 일반적인 식단을 제공받은 환자들에 비해 대사 상태가 양호하고 염증이 적게 나타났다. 이 소규모 연구의 결과는 실제 인간을 대상으로 알코올의존증과 전혀 무관해 보이는 식이요법이 뇌와 증상에 크나큰 변화를 초래할 수 있음을 보여줬다는 의의를 지닌다. 과학은 이런 식으로 정신 건강 분야에 변화를 불러일으키고 있다.

다만 한 가지 유의할 점이 있다. 연구의 일환으로 연구진은 술을 마셨을 때 혈중알코올농도에 식단이 어떤 영향을 미치는지도 실험을 통해 알아봤다. 연구진이 쥐들에게 동일한 양의 알코올을 주입한 결과, 케토제닉 식단을 급여한 쥐의 혈중알코올농도가 일반적인 식단을 급여한 쥐보다 무려 다섯 배나 높게 나타났다. 이는 다시 말해 알코올 사용장애 환자들이 전문가의 도움 없이 혼자서 케토제닉 식단을 시도하다 혹여 술을 마시기라도 한다면 위험한 상황에 처할 것이라는 뜻이다. 같은 양을 마셔도 평소보다 훨씬 더 많이 취할 수 있다. 그렇다고 알코올의존자들이 식이요법을 활용할 수 없다는 말은 결코 아니며, 단지 이 같은 유의 사항을 충분히 고려해 안전한 방법으로 접근해야 한다는 의미다.

마리화나

요즘 마리화나를 사용하는 사람들이 빠르게 늘고 있다. 혹자는 마리화나가 어떠한 괴로움도 해결해주는 '만병통치약'이라고 주장한다. 실제로 마리화나가 발작, 통증장애, 구역감, 불안, PTSD와 강박장애 증상 완화에 효과가 있는 것으로 여겨지기도 한다. 하지만 반대로 학습장애와 기억력 저하, 의욕 감소, 어쩌면 정신증적 증상까지 일으키는 **원인**이 될 수도 있다.[6]

뇌 에너지 이론은 이 모든 현상을 이해할 수 있는 간단명료한 설명을 제시한다. 이 모두가 대사와 미토콘드리아와 관련이 있다고 말이다. 마리화나 사용으로 완화된 증상들은 본래 세포의 과흥분으로 인해 발생한 것들이다. 꼭 마리화나가 아니더라도 적확한 세포에 작용해 미토콘드리아 기능을 저하시키는 약물은 이러한 유형의 증상들을 완화해줄 수 있다. 그러나 이 같은 물질은 자칫 미토콘드리아 기능을 지나치게 저하시켜 오히려 다른 증상을 **유발**하기도 한다. 마리화나가 미토콘드리아에 이런 식으로 영향을 미친다는 증거가 있을까? 이쯤 되면 여러분도 답이 '그렇다'가 아닌 질문을 내가 굳이 던질 리 없다는 사실을 눈치챘을 것이다.

마리화나는 체내 칸나비노이드 체계endocannabinoid system(우리 몸속에서 자연적으로 발생하는 대마와 유사한 특성의 신경전달물질이 작용하는 신경망－옮긴이)에 영향을 미친다. 칸나비노이드 수용체는 전신에 분포해 있지만 주로 뇌에 집중적으로 모여 있다. 칸나비노이드 수용체에는 크게 CB1과 CB2라는 두 유형이 있다. 둘 다 세포막에 위치하지만 CB1은 특별히 미토콘드리아에도 존재한다. 우리 몸을 구성하는 세포는 종류가 몹시 다양할뿐더러 저마다 다른 유형의 수용체를 지니고 있다 보니 사실 어느 한 물질에 대해 체내 모든 세포에 보편적으로 작용하는 단일한 효과를 논하기에는 그다지 적절하지 않다. 다만 뉴런에 한정해서 볼 때 마리화나의 가장 두드러진 효과는 CB1 수용체를 통해 미토콘드리아의 활동을 감소시키는 것이다.[7] 이와 관련해 마리화나를 피운 청소년과 그렇지 않은 청소년 총 8백여 명을 대상으로 뇌 영상 연구를 진행한 결과, 마리화나 사용자의 경우에 유난히 CB1 수용체가 가장 많이 분포해 있는 뇌 영역에서 "나이가 들면서 피질 두께가 얇아지는 현상이 가속화"된 것이 발견됐는데, 이는 마리화나가 미토콘드리아의 수용체에 미친 영향으로 인해 해당 뇌 영역의 피질이 얇아졌을 가능성을 시사한다.[8]

한편 《네이처》에 발표된 쥐 연구에서는 아교세포 내 미토콘드리아가 뉴런으로 들어가는 포도당과 젖산(둘 다 세포의 에너지원)의 양을 통제함으로써 마리화나의 효과를 조정하는 데에 직접적인 역할을 한다는 것을 밝혀냈다.[9] 이렇게 발생한 마리화나의 효과는 곧 사회적 행동에 직접적인 영향을 미쳤다. 이 모든 조정 과정은 미토콘드리아의 CB1 수용체를 통해 이뤄졌다. 이 수용체가 THC(마리화나의 유효성분)로 인해 활성화될 때면 미토콘드리아의 기능이 저하되고 뉴런으로 흡수되는 에너지원의 양이 감소했다. 사회적 위축행동도 함께 나타났다. 연구진이 인위적으로 미토콘드리아의 CB1 수용체를 제거하자 THC는 더 이상 같은 효과를 내지 못했다. 즉, 쥐들이 여전히 마리화나에 노출되어 있고 세포막의 CB2 수용체가 멀쩡하게 작동하고 있음에도, 미토콘드리아의 기능에는 변화가 없었고, 뉴런 내부로 들어가는 에너지원의 양이 줄어들지 않았으며, 사회적 위축행동이 나타나지 않았다.

《네이처》에 발표된 또 다른 연구에서는 마리화나를 피우면 어떤 원리로 인해 기억력에 결함이 생기는지 밝혀내고자 했다. 연구진은 이를 통해 궁극적으로는 기억의 작동 원리를 좀 더 잘 이해할 수 있기를 바랐다. 이번에도 미토콘드리아의 CB1 수용체가 결정적인 역할을 했다. 연구 결과, CB1

수용체에 작용한 마리화나 성분이 미토콘드리아의 움직임과 시냅스 기능, 기억 형성에 직접적으로 영향을 미친다는 사실이 발견됐다. 연구진이 CB1 수용체를 제거하자 역시 마리화나는 이러한 변화를 일으키지 못했으며, 기억력 저하 현상도 발생하지 않았다. 이에 연구진은 "본 연구 결과는 미토콘드리아의 활동을 기억 형성과 직접적으로 연결 지음으로써 생체에너지 과정이 인지 기능에 있어 주요하고 예리한 조절자 역할을 한다는 사실을 보여준다"고 결론 내렸다.[10] 요컨대 무언가를 기억하는 능력에 뇌 에너지와 미토콘드리아가 주요한 역할을 한다는 것이다.

이 밖에도 대사와 미토콘드리아에 영향을 미치는 중독성 물질은 많다. 이 두 가지 예를 통해 여러분이 뇌 에너지 이론으로 물질 사용을 얼마나 명료하게 설명할 수 있는지 충분히 감을 잡았기를 바란다.

약물과 알코올의존치료

약물과 알코올의존치료 프로그램은 대사와 정신 건강을 증진하는 데에도 지대한 영향을 미친다. 미토콘드리아 기능을 저해하는 물질 사용을 중단하는 것은 그만큼 아주 중요하다.

이 주제에 한 권 분량을 통째로 할애한 책들도 많다. 그 책에서 어떤 주장을 펼쳤는지 여기서 일일이 소개하지는 않을 생각이다. 현재 물질사용장애 환자에게는 입원 중독치료, 재활시설 프로그램, 외래 심리치료, 집단치료, 약물치료, 12단계 프로그램, 중간거주시설 생활을 비롯해 수많은 치료

전략이 제공되고 있다.

흥미롭게도 최근에는 사이키델릭 환각제를 일부 정신질환에 대한 치료제로 활용하는 연구가 새롭게 떠오르고 있다. 이에 대해서는 18장에서 조금 더 자세히 살펴보기로 하자.

요약

- 약물과 알코올은 대사와 미토콘드리아에 영향을 미친다.

- 약물과 알코올의 금단 증상 또한 다른 식으로 대사와 미토콘드리아에 영향을 미칠 수 있다.

- 평소 자신의 니코틴, 알코올, 카페인, 영양보조제, 마리화나, 기타 오락용 약물 사용 습관을 평가해 제대로 파악하는 것이 중요하다. 이들 모두 대사와 정신 건강에 영향을 미치기 때문이다.

- 만약 이 중 어느 것이라도 과량으로 사용하고 있다면 어쩌면 이것이 현재 겪고 있는 대사나 정신적 증상의 큰 기여 원인일 가능성이 있다. 따라서 다른 중재법들을 시도해보기에 앞서 이 문제를 먼저 해결해야 한다. 혼자 힘으로 어렵다면 전문가의 도움을 받는 것도 고려해보자.

17

운동으로
모든 걸 해결할 수 없다

운동은 건강에 이롭다. 많은 연구 결과가 규칙적으로 운동하는 사람들은 그렇지 않은 사람들에 비해 비만, 당뇨병, 심혈관계질환과 같은 대사장애 발병률이 낮다는 사실을 보여준다. 이것이 바로 운동이 강력하게 권장되는 이유 중 하나다.

이는 정신 건강과 관련해서도 마찬가지다. 미국인 120만 명을 조사한 한 연구에서는 신체·사회적 인구 통계학 요인들을 통제하더라도 운동을 즐겨하는 사람들은 상대적으로 정신 건강 문제에 시달리는 기간이 43퍼센트나 적다는 결과를 발견했다.[1] 아울러 **어떤** 운동이든 아무것도 하지 않는 것보다는 나았지만 특히 큰 효과를 보인 것은 팀 스포츠, 자전거 타기, 유산소 운동과 헬스였다. 최적의 운동량은 한 번에 45분씩, 주 3~5회였다.

대부분의 사람은 여기에서 멈춘다. 이 정도만 해도 구체적인 권장 지침을 정하기 충분한 정보량이라고 여기기 때문이다. 이제 매주 3~5회, 45분씩 운동하기만 하면 모든 문제가 해결될 것이다.

이렇게 간단하기만 하다면야 나도 정말 좋겠지만 실제로는 그렇지 않다. 규칙적으로 운동하는데도 여전히 일상생활이 어려울 정도로 극심한 조현병이나 우울증을 앓는 환자들을 나는 정말 많이 보았다. 따라서 여기서는 운동 효과의 미묘한 차이에 관해 이야기하고자 한다. 단순한 답과 단순한 설명만으로는 정신 건강 문제를 제대로 해결할 수 없다. 사람들은 '45분씩 주 3~5회'라는 지침을 따랐음에도 바라던 효과를 얻지 못한다면 좌절하고 실망해 아예 포기해버린다. 물론 여러분이 운동 예찬론자라고 해도 걱정할 필요는 없다. 끝에 가서 결국 내가 하고자 하는 말은 운동을 하라는 것일 테니까 말이다.

가장 먼저 강조하고 싶은 점은 앞서 120만 명의 자료를 분석한 연구가 상관연구라는 사실이다. 이제 여러분도 익히 알다시피 상관관계는 인과관계가 아니다. 참가자들 가운데 규칙적으로 운동을 하던 사람들은 어쩌면 원래부터 대사와 정신 건강이 양호했고 그 덕분에 운동을 꾸준하게 할 수 있었던 것일지 모른다. 즉, **역인과관계**reverse causation가 성립할 가능성도 있다.

이러한 문제가 어디까지 복잡해지는가는 다음 연구를 보면 알 수 있다. 이 연구에서는 1천 7백 명의 중년 여성을 20년간 추적해 운동이 인지 저하를 예방할 수 있는지를 살펴봤다.[2] 대부분 당연히 그럴 것이라고 예상했다. 하지만 사회·경제적 요인, 갱년기 증상, 호르몬치료 여부, 당뇨병과 고혈압 유무를 모두 통제하고 난 뒤에 결과를 살펴보니, 운동 여부에 따른 인지적 증상의 차이는 발견되지 않았다. 연구진은 "인생 후반부에 관찰된 신체 활동의 효과는 어쩌면 역인과관계로 인한 허상일지 모른다"고 결론지었다. 그에 따라 이들의 연구 결과는 운동이 인지 저하를 막아주지 못한다는 헤드라인으로 보도됐다. 하지만 실상은 이렇게 명확하게 잘라 말하기 어렵다. 가령 연구진은 마치 운동이 다른 건강 요인들과 완전히 독립적으로 작용하는 변인인 것처럼 당뇨병 및 고혈압 요인을 '통제'한 다음 결과를 분석했다. 그러나 실질적으로 운동과 이 두 요인은 완전히 별개로 볼 수 없다. 운동은 두 질병의 발병률을 낮춰주는 것으로 밝혀져 있으며, 어쩌면 이로써 인지 저하의 정도도 줄여주는지 모른다. 이 모두는 상호연결되어 있다. 그런데 일부 연구자들과 학술지에서는 그렇지 않다고 가정한 것이다.

운동의 정신질환 치료 효과를 두고 특히 우울증과 관련된 연구가 많이 이뤄졌다. 긍정적인 효과가 있다고 보고한 연구가 있는 반면, 그렇지 않다고 보고한 연구도 있는 등 결과는 다소 뒤섞여 있다. 2017년에 발표된 한 메타분석 연구에서는 35편의 연구에 포함된 도합 약 2천 5백 명의 자료를 통해 운동이 주요우울장애 치료에 도움이 되는지 살펴봤다.[3] 이 연구의 결론은 이러하다. "편향의 위험이 비교적 적은 실험 결과는 운동에 **항우울 효과가 없음**을 시사하며, 삶의 질이나 우울증의 중증도, 향후 관해에 이르는 비율에서도 운동은 유의미한 효과를 보이지 않았다." 실망스럽기 그지없는 결론이다!

그런데 세계보건기구의 생각은 달랐던 모양이다. 2019년, 세계보건기구는 〈정신 건강을 위한 운동Motion for Your Mind〉이라는 제목의 보고서를 발행했다. 그리고 결과를 다음과 같이 요약했다. "우울증, 조현병, 치매 환자들을 대상으로 신체 활동의 이점을 뒷받침하는 증거들을 종합한 결과, 기분 개선, 인지 저하 속도 감소, 발병 시기 지연이 발견됐다."[4]

그렇다면 우리는 어느 쪽의 말을 믿어야 할까? 운동은 과연 도움이 되는 것일까 그렇지 않은 것일까? 기왕이면 '안전하게' 운동을 하라고 권하는 편이 낫지 않을까 싶지만, 그랬다가 만약 정말로 아무런 도움이 되지 않는다면 괜히 실패감만 느끼고 운동을 권했던 사람에 대한 신뢰를 잃게 만들 수 있다.

건강한 사람의 경우라면 운동이 대사 건강을 증진시킨다고 알려져 있다. 운동은 대사 건강 증진을 위해 필요한 두 가지, 미토콘드리아 생합성과 미토파지를 모두 촉진한다. 그리고 이러한 효과는 근육세포뿐만 아니라 뇌세포에서도 일어난다. 뇌세포 내의 미토콘드리아 수를 늘린다면 분명 정신 건강에도 도움이 된다. 그런데 어째서 치료 효과를 살펴본 연구 결과들은 일관되게 이로운 효과를 발견하지 못한 것일까?

한 가지 가능성은 인슐린 저항성이다. 《셀》에 발표된 한 연구에 따르면 인슐린 저항성이 운동의 이로운 효과를 차단할 수 있다고 한다. 연구진은 인슐린 저항성 정도가 저마다 다른 36명의 참가자를 대상으로 운동 전후의 다양한 생체지표를 측정했다. 그 결과, 에너지 대사, 산화 스트레스, 염증, 조직 수복, 성장인자 반응에서 운동에 따른 유의미한 차이를 발견했는데, 인슐린 저항성이 높은 사람들에게서는 이 이로운 효과 대부분이 **약하게 나타나거나 심지어 반전되기도 했다.**[5] 이미 이야기했다시피 만성적인 정신질환 환자들 가운데 상당수는 인슐린 저항성을 지니고 있으므로 이 연구 결과를 통해 정신장애 환자들이 유독 운동을 힘들어하고 효과도 별로 누리지 못하는 이유도 세포 수준에서 설명이 된다.

그렇지만 나는 그보다도 많은 사람들이 미토콘드리아 기능을 저해하는 물질을 사용하거나 그러한 생활 습관 요인을 지니고 있어서 운동의 이로운 효과에 간섭이 발생했을 가능성이 더 크다고 본다.

운동선수, 트레이너, 코치들 모두 경기에서의 성적 향상을 위해서 단지 운동만 하는 것은 부족하다는 사실을 오래전부터 잘 알고 있었다. 여기에는 이 책에서 설명한 모든 요인이 작용한다. 신체적인 수행 능력을 향상하고자 한다면 그에 걸맞게 균형 잡힌 식사를 하고, 숙면을 취하며, 술이나 약물을 멀리하는 등의 노력도 게을리하지 않아야 한다. 가령 앞서 보았듯이 알코올은 미토콘드리아에 손상을 입히고 생합성과 미토파지가 제대로 이뤄지지 못하게 막는다. 이 때문에 흔히들 중요한 운동 경기를 앞두고 훈련 중이든 아니면 단순히 살을 빼려고 할 때든 먼저 술을 끊어야 한다고 말하는 것이다. 대사 증진에는 한 가지 생활 습관 요인만이 단독으로 관여하는 것이 아니라 다양한 요인들이 어우러져 함께 작용한다.

처방약도 운동 효과에 부정적인 영향을 미치는 요인 중 하나다. 이론적으로 미토콘드리아 기능을 저해하는 약은 모두 운동의 이로운 효과를 방해할 수 있다. 한 연구에서는 당뇨병 치료제로 흔히 처방되는 메트포르민을 가지고 이 문제를 직접 살펴봤다. 연구진은 53명의 노인을 모집한 뒤 절반은 메트포르민을, 나머지 절반은 가짜 약을 복용하게 하고 12주간 유산소 운동을 시켰다. 두 집단 모두 체지방과 혈당, 인슐린 수치가 감소하는 등어느 정도는 운동 효과를 경험했다. 하지만 메트포르민을 복용한 집단에서는 근육세포의 미토콘드리아 기능이 증진되는 효과는 경험하지 못했다. 가짜 약 집단에서 전신의 인슐린 민감성이 향상된 것과 달리 메트포르민 집단에서는 전반적으로 아무런 변화가 없었다. 이에 연구진은 이 같은 결과를 요약해 〈메트포르민은 노인의 유산소 운동에 대한 미토콘드리아 적응 반응을 억제한다 Metformin Inhibits Mitochondrial Adaptation to Aerobic Exercise Training in Older Adults〉는 제목으로 논문을 발표했다.[6] 그러니까 지금까지 체중 감소, 당뇨병, 정신질환에 미치는 운동 효과를 살펴본 모든 연구에서 혹시 참가자들 가운데 메트포르민을 복용하고 있는 사람은 없었는지 알 필요가 있다. 만약 있었다면 이 때문에 미토콘드리아 기능이 개선되지 못했을 가능성이 있으며, 이것이 일부 연구에서 운동의 이로운 효과를 발견하지 못한 이유의 하나일지 모른다.

메트포르민은 당뇨병 치료제 중에서도 부작용이 가장 적은 '순한' 약에 속한다. 인슐린을 포함해 다른 약들은 상당수가 살이 찌거나 복용 기간이 길어질수록 인슐린 저항성이 더욱 악화되는 부작용이 따른다. 당뇨병 치료제뿐만이 아니다. 앞서도 이야기했듯이 정신과 약, 특히 항정신성약들은 심각한 대사 문제와 미토콘드리아 기능부전을 야기한다. 따라서 이러한 유의 약을 복용하고 있다면 운동의 이로운 효과를 온전히 누리지 못할 가능성이 높다. 하지만 운동이 정신질환에 미치는 효과를 살펴본 연구들에서는 이 같은 요인을 제대로 고려하지 않았다.

미토콘드리아는 운동을 뇌에 미치는 이로운 효과로 변환하는 데에 직접적인 역할을 한다. 우리가 운동할 때의 이점을 하나 꼽자면, 보통 줄기세포로부터 해마를 구성하는 새로운 뉴런이 발달한다는 점을 들 수 있다. 이 과정은 기분장애와 인지장애 모두에 직접적으로 관련이 있다고 밝혀진 바 있다. 그런데 이처럼 줄기세포에서 새로운 뉴런으로 성장하는 과정은 상당 부분 미토콘드리아에 달려 있다. 연구진이 유전적으로 조작을 가해 미토콘드리아의 기능을 억제하거나 증진시키자 그에 따라 이 같은 새로운 뉴런의 발달도 억제되거나 증진됐다.[7] 이러한 연구 결과를 바탕으로 추론해보면 해마의 미토콘드리아 기능이 저해된 사람들은 남들이 운동을 할 때 누리는 뉴런의 발달 효과를 똑같이 누리지 못할 가능성이 크다. 하지만 만약 미토콘드리아의 건강을 정상으로 되돌릴 수만 있다면 이 같은 운동 효과를 되찾는 일도 가능할 것이다.

대체로 운동의 역할은 둘 중 하나다. 현재의 능력을 유지하도록 돕거나, 지금보다 향상시키는 것이다. 다시 말해, 운동을 통해 현재의 대사 상태를 유지하거나 증진할 수 있다는 뜻이다.

동네를 가볍게 산책하는 정도의 운동은 현재의 대사 상태를 유지하는 데 도움이 된다. 이것만으로도 상당히 유용하다. 체력이나 대사 기능을 잃는 것보다는 분명 낫기 때문이다. 하지만 대사 능력을 더욱 향상시키기 위해서는 조금 더 노력해야 한다. 조금 더 빠르게, 힘차게, 유연하게, 횟수를 늘려 기존의 능력을 뛰어넘는 무언가를 성취하려 힘써야 한다. 알다시피 이렇게 하다 보면 근육세포와 뇌세포 내의 미토콘드리아 수가 증가하고 미토콘드리아 건강도 증진된다.

한 가지 문제는 이미 대사 기능이 저하된 사람이 무리해서 운동을 하면 자칫 위험이 따를 수 있다는 점이다. 이런 사람들은 운동을 하다 부상을 입거나 심하면 심근경색이 발생할 위험이 있다. 따라서 운동은 어디까지나 안전한 방식으로 해야 한다. 그런 의미에서 어떤 이들에게는 물리치료사나 개인 트레이너 등의 역할이 매우 중요하다.

그보다도 더 까다로운 문제는 대사 기능이 저하된 사람들이 꾸준히 운동 루틴을 따르게 만드는 것이다. 이들은 기력이 떨어져 있고 의욕이 부족하다. 모두 대사 기능이 저하된 탓이다. 결코 이들의 잘못이 아니다. 이 같은 타성을 극복하기란 매우 어려운 일이다. 그렇지만 충분한 지지와 격려, 교육만 뒷받침된다면 분명 **해낼 수 있다.**

운동의 이로운 효과

사람은 누구나 운동을 해야 할까? 그렇다. 다만 만성적인 정신질환을 앓고 있는 사람들에게는 운동이 남들보다 훨씬 힘들게 느껴지며, 즉각적인 효과를 보지 못할 수도 있다는 점을 염두에 둘 필요가 있다. 아울러 대사와 미토콘드리아 기능을 저해할 위험이 있는 요인들을 모두 파악하고 있는 것도 중요한데, 이러한 요인들의 영향을 줄이거나 제거해야 비로소 운동의 이로운 효과를 누릴 수 있기 때문이다.

그렇다고는 해도 운동이 모든 사람에게 만병통치약이 되지는 않는다. 줄곧 이야기했다시피 대사와 정신 건강에 영향을 미치는 요인은 많다. 운동은 그중 하나일 뿐이다. 가령 비타민이나 호르몬이 결핍된 경우는 운동으로 해결할 수가 없다. 하지만 이럴 때조차도 가벼운 운동이 딱히 더 해가 되는 일은 없다.

요약

• 운동은 대사장애 및 정신장애를 예방하는 데 도움이 된다.

• 인슐린 저항성을 비롯해 미토콘드리아 기능부전과 연관된 문제를 겪고 있다면 운동이 유독 힘들게 느껴질 수 있다. 이로운 효과를 체감하기까지 시간도 더 많이 걸릴 수 있다. 그렇다고 해서 운동 효과가 전혀 없다는 뜻은 아니며, 단지 즉각 눈에 보이는 결과를 기대하기보다는 인내심을 가지고 꾸준히 노력해야 한다는 의미다.

• 운동의 이로운 효과를 온전히 체감하기 위해서는 미토콘드리아 기능을 저해하는 물질이나 생활 습관 요인들을 규명하고 완전히 없애거나 줄여야 한다. 이러한 요인들은 때로 운동의 효과를 전면 무효화시킬 수 있다.

• 운동은 일부 정신질환 환자에게는 매우 효과적인 치료법이 될 수 있지만 해결책이 되지 못하는 경우도 있다.

• 부상을 당했거나 신체적 움직임에 제약이 있는 경우에는 전문가와 상의해 안전하게 운동할 수 있는 프로그램을 시행해야 한다. 여기서 말하는 전문가에는 물리치료사도 포함된다.

• 운동을 통해 정신적 증상들이 나아지지 않는다고 해도 운동에는 건강상의 다양한 이점이 있으므로 꾸준히 지속해야 한다. 인간은 태생적으로 움직여야 마땅하다.

18

분명한 삶의 목적이
갖는 힘

대사와 정신이 건강하기 위해서는 생물학적인 요인과 환경적인 요인이 모두 중요하다. 생물학적인 요인에 대해서는 이미 충분히 다뤘다. 환경적인 요인에는 음식, 주거 환경, 온도, 빛, 감염병, 알레르기원, 생활 습관 등이 있으며, 이 중 일부도 함께 살펴봤다. 그런데 대사와 정신에 영향을 미치는 요인에는 의외로 사람, 경험, 사랑, 삶의 목적도 포함된다. 대부분의 사람은 후자를 심리·사회적인 요인으로 보고 흔히 생물학적인 측면과 아무런 관련이 없다고 여기지만 사실 이 요인들 또한 대사에 지대한 영향을 미친다. 이 모두가 상호연결되어 있어 떼려야 뗄 수 없는 관계인 것이다. 이처럼 우리는 좋든 싫든 환경에 적응하고 반응하며 살아가고 있다.

용불용의 법칙

'용불용use it or lose it'의 법칙, 즉 사용하지 않는 것은 퇴화한다는 개념은 보통 운동이나 근력과 관련해 많이 쓰인다. 우리가 특정 근육을 많이 쓰면 쓸수록 그 근육은 커지고 탄력성이 높아진다. 크기만 커지는 것이 아니라 근육세포를 구성하는 미토콘드리아의 수도 증가한다. 이는 근육의 크기가 그다지 크지 않은 경우에도 마찬가지다. 이를테면 장거리 달리기 선수들은 아주 호리호리하다. 이 선수들의 근육은 우락부락하지 않아도 미토콘드리아의 수가 달리기를 하지 않는 사람들의 근육에 비하면 훨씬 많다. 바로 이 미토콘드리아가 선수들이 장거리를 달리는 데 필요한 지구력의 원천이 된다.

근육은 쓰지 않으면 위축된다. 뼈가 부러져 몇 주간 깁스를 하고 나면 이러한 현상을 확연히 볼 수 있다. 깁스를 한 신체 부위의 근육은 빠르게 위축된다. 어째서 그럴까? 우리의 몸은 사용하지 않는 부위가 있으면 본래 그곳으로 갔어야 할 대사 자원을 다른 곳으로 돌리기 때문이다. 몸은 언제나 새로운 상황에 적응하고 기존의 방식을 조정한다. 결코 에너지를 허투루 쓰는 법이 없다. 근육은 쓰지 않으면 포도당이나 아미노산을 충분히 공급받지 못하게 되며 빠른 속도로 위축이 일어난다. 다행인 점은 그 근육이 원래 어떤 상태였는지 몸이 기억하고 있다는 사실이다. 그래서 깁스를 풀고 다시 예전처럼 근육을 쓰다 보면 어느새 정상적인 크기를 되찾게 된다. 이렇게 회복되는 정도는 전적으로 예전의 상태가 어떠했는지에 따라 달라진다. 덩치 큰 보디빌더라면 다시금 우락부락한 몸으로 돌아갈 테지만 가녀린 노인이라면 기껏해야 약간의 근육만 다시 붙는다.

이 같은 '용불용'의 개념이 근육에만 적용되지는 않는다. 뇌에도 마찬가지로 적용된다. 이를 가장 잘 보여주는 것이 뇌가 한창 발달하는 시기의 아동을 대상으로 한 연구 결과다.

일부 능력이나 특질 중에는 반드시 특정 시기에 습득되어야만 하는 것들이 있다. 우리의 뇌는 학습과 적응을 위한 모든 요건이 알맞게 갖춰진 '발달 시기'를 거친다. 그런데 '환경'이 이러한 능력을 습득하는 데 필요한 경험을 제공하지 않는다면 해당 능력은 영영 제대로 발달하지 못할 수 있다. 사회성도 이 같은 능력의 하나다.

사회성은 인간이 생존하는 데 있어 매우 중요한 능력이다. 이 덕분에 우리는 가족, 마을, 사회의 구성원으로서 살아갈 수 있다. 사회성이 제대로 발달하려면 두 가지가 충족되어야 하는데, (1) 정보를 습득하고 저장할 수 있는 정상적인 뇌 발달과 (2) 다른 사람들과의 상호작용을 통한 학습 경험이다. 둘 중의 하나라도 충족되지 못한다면 명백한 문제가 발생한다. 생물학적인 요건은 지금까지 이야기한 뇌 발달, 미토콘드리아, 대사 등의 측면에서 문제가 없었는지 살핌으로써 파악할 수 있다. 환경적인 요건은 주로 부모와 양육자에게 달려 있다. 지금까지 애착, 방임, 학대, 사회적 결핍이 인간의 발달에 미치는 영향에 관해 수없이 많은 연구가 이뤄졌다. 혹자는 이 모두가 **사랑** 혹은 사랑의 결핍과 관련이 있다고 주장한다. 실제로 이 모두가 사회성 습득을 비롯한 인간의 다양한 발달에 중요한 역할을 한다. 적절한 학습 기회가 결여된 아동은 흔히 세상을 제대로 살아가는 데 필요한 능력을 갖추지 못한다. 극단적인 경우에는 이로 인해 파국적인 결과를 맞기도 한다.

이처럼 환경적 요인 탓에 올바른 발달 기회를 놓친 결과가 얼마나 비극적일 수 있는지 단적으로 보여주는 예가 루마니아 고아 연구다. 이 아동들이 생활했던 고아원은 아이들에게 지독하게 무관심했고, 이 같은 방임을 경험한 아이들은 자폐증, 학습장애, 지적장애, PTSD, 불안장애, 충동조절장애, 기분장애, 성격장애, 심지어 정신증적 장애까지 다양한 유형의 정신질환으로 고통을 겪은 것으로 밝혀졌다. 이번에도 마찬가지로 어느 한 가지가 아닌 다양한 유형의 정신질환이 고루 나타났다. 이 아이들의 뇌는 사회 속에서 정상적인 '인간'으로서 기능하려면 어떻게 해야 하는지 학습할 적절한 기회를 얻지 못했고, 결국 일부는 돌이킬 수 없는 장애를 얻었다. 아이들이 겪은 영양실조, 스트레스, 트라우마 등의 문제도 물론 영향이 있었겠지만 적절한 학습 경험의 결핍 또한 의심의 여지 없이 크나큰 피해를 낳았던 것이다.

이 아이들의 뇌는 정상적으로 발달하지 못했다. 특정 기능을 수행하는 뇌 영역은 그 기능이 사용되지 않으면 올바르게 발달하지 않는다. 한 연구에서는 이 루마니아 고아원 출신 아이들 중 열 명의 뇌 스캔 검사와 정상적으로 발달한 아동 및 뇌전증을 앓고 있는 아동들과 대사 상태를 비교해 봤다.[1] 예상대로 이 아이들은 광범위한 뇌 영역에서 포도당 대사율이 저하되어 있는 등 뇌 에너지 문제가 발견됐다. 이 같은 결핍 문제가 성인이 된 뒤에 해결된 사례도 있었지만 영구적으로 남은 경우도 많았다. 이처럼 발달 시기에 기회의 창이 닫혀버리면 정상적인 뇌 발달의 기회 또한 영영 사라져버린다.

실제로 이렇게 극단적인 사례만 있는 것은 아니다. 이를테면 상대적으로 긴 시간 동안 스마트기기를 사용한 아동은 ADHD가 발생할 가능성이 높다. 이러한 현상을 해석하는 데에는 두 가지 관점이 있다. 첫 번째는 환

3부 · 뇌 에너지 이론이 가져올 혁명

경적인 요인이 향후 ADHD에 이르도록 몰아갔다는 해석이다. 어릴 때부터 스마트기기 화면을 통해 세상을 접한 아이들은 지속적인 자극이 있는 것이 일반적이라고 학습하게 된다. 그러다 보니 뇌가 학습할 준비가 됐음에도 이 아이들은 인내력 있게 어느 한 가지에 지속적으로 집중하는 법을 익히지 못한다. 이 탓에 한창 발달이 이뤄져야 할 이 신경망이 제대로 사용되지 않으면서 쓰지 않는 근육과 마찬가지로 대사 자원을 충분히 공급받지 못하게 된다. 결국 이 신경망은 제대로 발달하지 않거나 연결성과 견고함이 본래 지닌 잠재력에 한참 못 미치게 된다. 이것이 곧 ADHD의 증상들을 야기할 수 있다. 하지만 반대로 역인과관계가 성립해 생물학적인 요인이 ADHD 발병의 원인이었을 가능성도 있다. ADHD가 발병한 아이들은 원래부터 특정 뇌 영역의 대사가 제대로 이뤄지지 않았기 때문에 어느 한 가지에 집중하지 못하는 상태였을 수도 있다. 그 결과, 즐거움을 찾는 수단으로서 스마트기기를 많이 사용하게 되었을지 모른다. 만약 후자가 맞다면 대사 문제를 바로잡는 것이 ADHD 치료의 첫걸음이 될 것이다.

특정 뇌 영역을 강화한다는 개념은 '연습이 완벽을 낳는다'와 같은 흔한 격언을 떠올려보면 분명하게 알 수 있다. 새로운 언어를 학습하든, 야구 연습을 하든, 피아노 연주법을 익히든 마찬가지다. 우리의 뇌는 특정한 방식으로 사용될 때 뉴런이 성장하고, 적응하며, 새로운 연결을 형성한다. 사용하지 않으면 뉴런들은 서서히 말라 죽는다. 이 모두가 대사 및 미토콘드리아와 관련되어 있다. 우리가 무엇을 필요로 하느냐에 따라 우리 몸이 적응하는 것이다.

일상 속 스트레스가 건강에 미치는 영향

이제 다시 스트레스에 관한 이야기로 돌아가보자. 스트레스는 이 책에서 줄곧 언급하며 대사와 정신 건강에 어떻게 그토록 강력한 영향을 미치는지 이미 살펴봤다. 지금부터는 요점만 짚어가며 아직 다루지 않았던 새로운 정보 몇 가지를 더 알아본 뒤, 바로 치료에 적용할 방법으로 넘어가도록 하자.

먼저 스트레스 반응은 에너지와 대사 자원이 필요하다는 사실을 떠올려보자. 이 자원은 본래 뇌 곳곳과 전신의 다른 세포들에 공급됐어야 할 것들을 끌어다 쓰는 것이다 보니 결국 자원을 빼앗긴 세포들은 그만큼 에너지 부족에 허덕이게 된다. 가령 만성 스트레스에 시달리는 학생은 학교에서 배운 것들을 따라가는 데에 큰 어려움을 겪는다. 이 경우 꼭 노력이 부족해서라고 볼 수만은 없다. 몸이 스트레스 반응을 일으키느라 집중, 학습, 기억 등 다른 뇌 기능에 사용됐어야 할 에너지를 빼앗아간 것이 원인일 수 있기 때문이다.

스트레스는 세포의 유지·보수 기능도 잠정 중단시킨다. 이 기간이 길어지면 특히 평소에 잘 사용하지 않던 세포들에서부터 유지·보수 문제가 발생할 수 있으며, 이는 곧 정신장애나 대사장애 증상들로 이어진다. 이미 대사 기능이 저하되어 있었던 세포들은 스트레스 상황에서 제대로 기능하지 못하기 시작하면서 정신장애나 대사장애 증상들을 악화시킬 수 있다.

앞서 2부에서 우리는 미토콘드리아가 어떤 식으로 스트레스 반응에 결정적인 역할을 하는지 알아봤다. 미토콘드리아는 핵심적인 호르몬과 신경전달물질의 생성과 조절, 신경계 반응, 염증, 후생유전적 변화 등 스트레스 반응의 모든 요소에 영향을 미친다. 따라서 미토콘드리아가 제대로 기능하지 않으면 이 모두에 문제가 발생한다.

한 연구에서는 인간을 대상으로 일상적인 스트레스와 미토콘드리아의 변화 사이에 직접적인 관련이 있음을 입증했다.[2] 연구진은 백혈구 내 미토콘드리아의 수와 기능을 포함해 다각도로 미토콘드리아의 건강 상태를 확인할 수 있는 검사를 개발하고, 이 검사 수치가 일상적인 스트레스 지수와 연관되어 있는지 분석하고자 했다. 이에 구체적으로 자폐 아동 또는 정상 아동을 자녀로 둔 어머니 91명을 모집한 뒤, 이들의 일상적인 기분과 스트레스 수준을 평가해 미토콘드리아 건강 지수와 관련이 있는지 살펴봤다. 결과는 가설대로였다. 전반적으로 스트레스 지수가 높고 기분이 가라앉아 있는 참가자들은 미토콘드리아 건강 지수도 낮았다. 물론 스트레스와 기분 지수는 매일매일 달라진다. 따라서 연구진은 이 부분도 집중적으로 분석했다. 그러자 참가자들의 기분 상태가 긍정적으로 변하면 하루 안에 미토콘드리아 건강 지수도 기분 상태에 따라서 높아진다는 것이 발견됐다. 요컨대 백혈구 내의 미토콘드리아 건강과 기능이 그날그날의 기분과 스트레스 수준에 반응해 변화했던 것이다. 이러한 연구 결과는 스트레스가 어떻게 미토콘드리아 기능 저하로 이어져 전반적인 건강에까지 영향을 미치는지 실증적으로 보여줬다.

사람은 누구나 스트레스가 되는 생활사건들을 경험한다. 이와 관련해 1960년대에 정신과 의사였던 토머스 홈스Thomas Holmes와 리처드 라헤Richard Rahe 박사는 5천여 명의 환자들을 대상으로 스트레스가 되는 생활사건이 어떻게 신체질환의 기여 원인이 될 수 있는지 연구했다. 홈스와 라헤는 전반적인 건강에 영향을 미치는 정도를 기준으로 대표적인 생활사건에 등급을 매겼다. 이렇게 제작된 홈스-라헤 스트레스 척도는 오늘날에도 여전히 유효하며, 어떤 생활사건이 가장 큰 스트레스를 주는지 대략적으로 파악하는 데 도움을 준다. 그중에서도 최상단에 위치한 생활사건으로는 배우자나 가까운 가족의 죽음, 이혼, 신체적 부상, 실직 등이 있는데, 심지어 은퇴도 여기에 해당한다. 이 생활사건들은 소중한 사람을 잃거나, 건강을 잃거나, 직업(자발적인 경우 포함)을 잃는 등 일종의 상실과 관련되어 있다. 무언가를 잃는 것이 그토록 스트레스로 느껴지는 이유는 무엇일까? 스트레스원에 따라 구체적인 이유야 다양하겠지만 한 가지 공통점은 모두 삶의 목적과 관련이 있다는 것이다.

목적의식이 중요한 이유

인간은 목적 있는 삶을 살고자 하는 추동을 느낀다. 삶의 목적이라는 구성 개념 하나가 대사와 정신 건강 모두와 강하게 연관되어 있다는 점으로 미루어 볼 때 이는 우리 뇌에 태생적으로 깊이 각인된 본능인 듯하다. 삶의 목적을 잃으면 만성적인 스트레스 반응이 일어나 다양한 건강 문제로 이어진다. 그런데 삶의 목적은 다면적이다. 일반적으로 사람들은 어느 한 가지만을 위해서 사는 것이 아니라 각기 다른 측면에서 동시에 여러 목적을 향해 나아가는 삶을 산다. 앞서 언급한 스트레스 척도는 그중에서도 관계, 자기 자신을 돌보고 건강한 상태를 유지하는 것, 직업 등 크게 세 가지 측면을 강조한다.

제2차 세계대전 당시 나치에게 붙잡혀 수용 생활을 한 경험이 있는 오스트리아의 정신과 의사 빅터 프랭클Viktor Frankl 박사는 삶의 의미와 목적의 중요성을 조명한 것으로 잘 알려져 있다. 그는 자신의 저서《죽음의 수용소에서》를 통해 강제수용소에 갇혀 있던 다른 수감자들을 관찰한 바를 상세히 전했다. 수감자들 대부분은 당연히 극도의 우울감을 호소했다. 그런데 일부 그렇지 않은 이들이 있었다. 이들은 자신이 살아서 강제수용소를 탈출할 수 있으리라는 희망을 붙잡고 있는 것처럼 보였다. 프랭클은 이들의 공통분모로 삶의 목적을 가지고 있다는 점을 꼽았다. 이들은 모두 투쟁하고 살아남아야만 하는 이유가 있었던 것이다.[3] 이후 프랭클은 삶의 의미와 목적이라는 구성 개념을 기반으로 의미치료logotherapy라는 심리치료를 개발했다. 의미치료의 기본 원칙 가운데 상당수는 현대 주류 심리치료 속에도 여전히 깊이 자리 잡고 있다.

삶의 목적이라는 개념은 오늘날에도 지속적으로 연구되고 있으며, 대사 및 정신 건강의 다양한 요소들과 높은 상관관계에 있는 것으로 밝혀졌다. 삶의 목적을 그다지 느끼지 못하는 상태가 우울증과 연관이 있다는 사실 역시 놀라울 것이 없는데, 삶의 목적을 잃은 것만 같은 느낌은 우울증의 증상 중 하나이기 때문이다. 어찌 보면 순환논리 같기도 하다. 하지만 삶의 목적을 잃은 상태는 이 외에도 뇌 에너지 이론이 주장하는 바와 같이 대사장애나 수명과도 연관이 있다. 이를테면 51~61세 사이의 미국인 약 7천 명을 조사한 한 연구에서는 삶에 대한 목적의식이 가장 낮은 사람들이 가장 높은 사람들보다 조기 사망률이 2.5배나 높다는 사실을 발견했다.[4] 이들의 사망 원인으로는 심근경색, 뇌졸중, 호흡기질환, 위장관질환이 있었다. 연구진은 목적의식이 높은 사람들은 코르티솔과 염증 수치가 낮다고 보고한 다른 연구 결과들에 주목하며, 어쩌면 이들이 상대적으로 건강한 이유도 여기에 있을지 모른다고 추론했다. 2016년에 발표된 메타분석 연구에서도 유망한 관련 연구 열 편을 선정해 도합 13만 6천 명의 자료를 살펴본 결과, 삶에 대한 목적의식이 가장 높은 축에 드는 사람들은 사망률이 상대적으로 낮았으며 심혈관계질환의 발병률도 낮다는 사실을 발견했다.[5]

삶의 목적을 논할 때, 영성과 종교적 신념도 빼놓을 수 없다. 많은 이들이 자신의 존재를 이해하는 데 있어 종교와 영성의 영향을 크게 받는다. 연구자들이 종교적 신념과 수행이 건강의 다양한 측면에 어떤 영향을 미치는지 탐구한 결과, 전반적으로 여러 이로운 효과가 발견됐다. 가령 우울증 고위험군 성인을 대상으로 한 어느 연구에서는 종교와 영성이 자신에게 매우 중요하다고 답한 참가자들의 우울증 발병률이 별로 중요하지 않다고 답한 참가자들보다 90퍼센트나 낮다는 것을 확인했다.[6] 나아가 참가자들의 뇌 스캔 결과에서도 종교와 영성이 얼마나 중요한 의미를 지니는지에 따라 특정 뇌 영역의 두께 차이가 나타났다. 이 같은 뇌의 구조적인 차이가 어쩌면 우울증에 대한 보호 요인으로 작용했을지도 모른다. 한편 9만여 명의 여성을 14년 이상 추적 조사한 간호사 건강 연구에서는 매주 적어도 한 번씩 예배에 참석한 사람들은 단 한 번도 참석하지 않은 사람들에 비해 자살률이 5분의 1밖에 되지 않는다는 것을 발견했다.[7] 종교적 신념과 수행이 건강에 미치는 효과를 체계적으로 분석한 한 개관연구에서도 낮은 심혈관계질환 발병률 및 모든 사망 원인에 대한 사망률 등 건강상의 다른 여러 이점과의 관계성을 확인했다.[8]

다만 이러한 유형의 자료를 다룰 때는 역인과관계의 가능성에 유의해야 한다. 다시 말해, 원래 건강했던 사람들은 예배에 참석하고 그곳에서 다른 사람들과 교류할 수 있는 반면, 이미 우울한 상태이거나 대사에 문제가 있는 사람들은 그럴 수 없었기 때문에 이 같은 결과가 나타났을 수도 있다는 것이다. 그렇지만 이렇듯 역인과관계의 가능성에도 불구하고, 곧이어 살펴볼 명상이나 기도와 같은 종교적 수행이 대사와 미토콘드리아 건강을 증진하는 데에 직접적인 도움을 준다는 연구 결과로 미루어 볼 때, 실제로 종교 활동과 건강 사이에는 인과관계가 있을 가능성이 높다.

그렇다고 무신론자인 사람들까지도 건강을 위해 억지로 신을 믿기 시작해야 한다는 뜻은 결코 아니다. 여기서 종교에 대한 정보를 언급하는 것은 어디까지나 삶의 목적이 주는 이점의 연장선상에서 종교적 신념과 수행 또한 대사와 정신 건강에 영향을 줄 수 있다는 연구 결과가 있기 때문이다. 꼭 종교가 아니더라도 이에 버금가는 강력한 영향력을 지닌 삶의 목적을 찾는 것도 얼마든지 가능하다.

삶의 목적에 초점을 맞춘 치료법의 효과

사랑, 역경, 삶의 목적은 모두 치료에 중요한 역할을 할 수 있다. 첫째로, 건강한 삶을 살기 위해 인간은 친밀한 관계^{relationship}, 사회에 어떤 식으로든 기여할 수 있는 의미 있는 역할^{role}, 의무와 책임^{responsibility} 준수(개인의 삶 안에서뿐만 아니라 사회 전체에 대해서도 법규를 지키는 등 책임과 의무를 다하는 것), 적당량의 자원resource(돈, 식량, 거주지 등)이라는 4대 R을 충족하는 충만한 삶을 영위하는 것이 중요하다.

그러나 살다 보면 전쟁, 트라우마, 가난, 영양실조, 방임, 인종차별, 동성애혐오, 여성혐오, 부정적 아동기 경험에 해당하는 사건들을 비롯해 다양한 사회적 요인들이 이 네 가지를 성취하는 것을 방해할 수 있다. 이러한 상황이 오래 지속된다면 앞으로도 정신질환이 끊이지 않을 것이므로 이 같은 사회 문제를 해결하려는 노력이 반드시 필요하다. 그렇지만 앞에 나열한 것과 같은 장벽과 잔혹한 대우에 가로막힌 경험이 있는 사람이라도 얼마든지 회복할 수 있다. 이러한 경험들이 대사와 미토콘드리아에 미치는 영향을 이해하고 그에 대처하는 과학적인 근거 기반 접근법들이 있기 때문이다. 이처럼 부정적인 경험을 안고 있는 사람들에게 이 책과 뇌 에너지 이론이 조금이나마 도움이 되기를 바란다.

심리치료

대사에 영향을 미치는 다양한 심리·사회적 요인들에 대응하는 것은 치료 과정에서 매우 중요한 한 부분을 차지한다. 여기에는 보통 친구, 가족, 직장 동료, 교사, 멘토, 지역사회 구성원들이 있다. 하지만 개중에는 심리치료라는 형태로 전문가의 도움이 필요한 경우도 있다.

심리치료가 어떻게 정신 건강을 증진시켜주는지에 관해서는 이미 수없이 많은 책과 학술논문들을 통해 입증됐다. 이 책에서는 다룰 수조차 없을 만큼 많은 양이다. 따라서 여기서는 심리치료의 몇 가지 대표적인 이점과 기제에 대해서만 간단하게 살펴보기로 하자.

- 심리치료는 대인관계 및 역할을 둘러싼 갈등 **해결**에 도움을 준다. 이를 스스로 해결하지 못하면 스트레스가 증가해 대사에 부담으로 작용하게 된다.

- 심리치료는 스트레스를 줄이고 그로 인한 증상에 대처할 **기술과 전략**을 제공해 대사 증진에 전반적인 도움을 준다.

- 심리치료는 **행동 변화**를 도울 수 있다. 인지행동치료사들은 때로는 행동을 변화시킴으로써 사고와 감정까지도 변화시킨다는 사실을 오래전부터 알고 있었다. 섭식장애나 물질사용장애를 치료할 때면 임상의들도 일반적으로 행동을 변화시키는 데에 초점을 맞춘다. 수면의 질을 향상시키기 위한 행동 수정 또한 이로운 효과를 낳는다. 앞서 살펴보았다시피 이 같은 행동은 모두 대사와 미토콘드리아 기능에 직접적인 영향을 미친다.

- 심리치료는 **자신이 어떤 사람이며 어떤 삶을 살고 싶은지 이해**하는 데 도움을 준다. 이러한 접근법은 명확한 삶의 의미와 목적을 가지도록 도움으로써 대사장애 및 정신장애에 영향을 미친다.

- 심리치료는 기존의 부적응적인 신념, 행동, 반응을 극복하기 위한 **새로운 학습**을 돕는다. 이를테면 트라우마를 경험한 사람들은 해당 사건에서 학습한 위험을 다른 대상들에게까지 지나치게 일반화하는 경향을 보인다. 이로 인해 특정 음악, 옷, 냄새 등을 가해자와 연관 지어 학습한 사람들은 일상적인 경험 속에서도 트라우마적인 기억이 촉발되곤 한다. 충분히 이해되는 반응이기는 하지만 가해자가 더 이상 위협이 되지 않는 상황에서 이러한 연합 학습은 적응에 방해만 될 뿐이다. 심리치료의

한 유형인 지속노출치료는 이 같은 촉발 요인들에 대한 스트레스 반응을 줄여줌으로써 대사 건강을 증진할 수 있다.

- 심리치료는 활용 빈도가 감소한 뇌 회로를 '단련'시킨다. '용불용'의 법칙을 기억하는가? 이로 인해 특정 뇌 영역이 제대로 발달하지 못한 경우에 심리치료가 도움이 된다. 공감, 관계, 사회성, 인지 능력 계발에 초점을 맞춘 치료는 모두 발달이 저조한 뇌 회로를 강화한다. 이 치료들은 새로운 정보를 학습하고 저장할 수 있을 만큼 해당 뇌 영역의 대사가 충분히 건강하다는 가정을 전제로 한다. 하지만 일부 그렇지 못한 경우도 있다. 이런 상황에서는 대사 기능을 회복하기 위한 다른 중재법이 선행되어야 한다. 그렇게 뇌 건강이 회복되고 난 뒤에도 이 뇌 영역을 '단련'하고 건강을 회복하기 위한 노력은 지속적으로 필요하다.

- 심리치료는 자비와 도움을 베풀고자 하는 마음을 지닌 한 인간과의 관계를 제공한다. 심리치료사와 환자 사이의 좋은 관계인 '치료적 동맹'이 치료 결과에 긍정적인 영향을 미친다는 사실은 오래전부터 잘 알려져 있다. 여기서 우리는 다시 한 번 인간이라는 존재의 현실과 마주한다. 우리는 모두 다른 사람을 필요로 한다. 우리는 자기 자신을 표현하고, 있는 그대로의 모습으로 있을 수 있는 관계를 필요로 한다. 이 부분이 결핍되면 만성적인 스트레스 반응으로 인해 결국 대사 건강에 문제가 생긴다. 의미 있는 관계를 형성하지 못하는 사람이라면 심리치료가 이를 제공해줄 수 있다. 물론 궁극적인 목표는 치료 환경을 벗어난 곳에서도 지속 가능한 관계를 맺을 수 있도록 돕는 것이다. 다만 그렇게 되기까지는 다소 시간이 걸릴 수 있다. 어떤 사람들의 경우에는 뇌 기능 이상에

3부 · 뇌 에너지 이론이 가져올 혁명

기인한 증상들 탓에 이 과정에 더욱 어려움을 겪기도 한다.

사이키델릭 요법

한편 이 모든 요인과 관련해 새롭게 떠오르고 있는 치료법 가운데 하나는 심리치료에 사이키델릭 환각제를 활용하는 방법이다. 일명 '마법의 버섯'이라고 알려진 실로시빈과 같은 환각제로 우울증과 PTSD를 비롯한 여러 정신질환에 대한 잠재적인 치료제로서 최근 점차 많은 주목을 받고 있으며, 실제로 소규모 임상 연구에서 이로운 효과가 확인되기도 했다. 어떻게 이런 효과가 일어날 수 있는지 탐구한 연구자들은 발견한 사실들을 이렇게 정리했다. "사이키델릭 환각제는 일관성 있고 분명하게 사용자에게 강렬하고, 심오하며, 개인적으로 의미 있는 경험을 하게 만들며, 이 경험은 '신비적', '영적', '종교적', '실존적', '변혁적', '핵심적' 혹은 '지고경험' 등의 용어로 묘사되곤 한다."[9] 이들이 사용자 866명을 장기간 추적 조사한 결과, 사용자들의 형이상학적 신념에서 변화가 생겨 그 상태가 흔히 6개월 이상 지속된다는 것을 발견했다. 이렇게 달라진 형이상학적 신념은 정신 건강의 증진과 상관관계를 보였다. 이러한 연구 결과는 사이키델릭 환각제가 사용자에게 영성 또는 신과 연결되어 있다는 느낌, 혹은 삶의 의미와 목적의식을 북돋아줌으로써 긍정적인 효과를 발휘한 것일 가능성을 시사한다.

단, 사이키델릭 환각제를 자의적으로 사용하는 행위는 권장하지 않는다는 점을 명확히 밝혀둔다. 임상 연구에서는 이로운 효과를 극대화하기 위해 전문가의 체계적인 지시와 감독에 따른 치료 환경에서 사이키델릭 약물이 사용됐다. 혼자서 마음대로 사용할 경우 자칫 '악몽 같은 환각 체험'을 하게 될 수 있으며, 심지어 조증 또는 정신증 삽화를 촉발할 위험도 있다.

스트레스 감소

스트레스를 줄이는 것은 치료 과정에서 중요한 부분을 차지한다. 심리치료나 다른 사람들과 이야기를 나누는 경험을 통해 스트레스를 줄이는 것 외에도 스스로 시도해볼 수 있는 방법이 두 가지 더 있는데, (1) 스트레스가 되는 환경적 요인을 없애거나 줄이는 것과 (2) 안전한 상황이 되었을 때 스트레스 반응을 줄이려고 노력하는 것이다.

스트레스를 관리하는 가장 쉬운 방법은 가능하면 스트레스원을 제거하거나 최소화하는 것이다. 때로는 이러한 접근이 충분히 현실적으로 가능한 경우가 있다. 업무 강도가 지나치게 높거나 학교 수업을 따라가기 벅차 극심한 스트레스에 짓눌린 상황이라면 아예 이직을 하거나, 수강 과목 수를 줄이거나, 학습장애 학생을 위한 제도적 도움을 받거나, 자신에게 더 잘 맞는 학교로 옮기는 등의 방법으로 스트레스원을 피할 수 있다. 이처럼 자신이 감당할 수 있고, 즐겁고 보상감을 안겨주는 삶을 만들어가는 것이 우리가 노력으로 이뤄내야 할 일이다.

스트레스를 주는 생활사건이 발생하면 사람은 **마땅히** 스트레스 반응을 경험한다. 이는 어디까지나 정상이며, 예상 가능한 반응이다. 하지만 위협이 되는 상황이 종료된 뒤에는 오히려 스트레스 반응을 줄이는 것의 이점이 더욱 클 수 있다.

스트레스 감소 활동은 그 역사가 수천 년에 이른다. 이 가운데 일부는 일반적인 '스트레스 감소 기법'이라기보다 오랜 종교적 수행으로 여겨지기도 하는데, 명상, 기도, 성가를 부르는 등의 행위가 여기에 해당한다. 그 밖에 요가, 필라테스, 태극권, 기공요법, 마음챙김, 호흡법 또한 마찬가지다. 이러한 중재법 중 상당수가 대사와 정신 건강 모두에 증진 효과가 있다는 것이 입증됐다. 모든 중재법과 적용 사례를 일일이 나열하기에는 수가 너무 많으므로 여기서는 스트레스 감소 활동과 대사 및 미토콘드리아에서 나타난 이로운 효과의 연관성을 직접적으로 입증한 연구 결과 몇 가지만 살펴보도록 하자.

하버드대학교 의과대학 연구진은 이완 반응이 대사와 정신 건강에서 큰 역할을 한다는 사실을 오래전부터 익히 알고 있었다. 이완 반응이란 명상은 물론이고 앞서 소개한 스트레스 감소 기법 전부를 총칭하는 용어다. 연구 결과, 이는 고혈압, 불안, 불면증, 당뇨병, 류머티즘 관절염, 그리고 노화에 대해서도 개선 효과가 확인됐다. 이에 연구진은 어떤 작용 원리로 이 중재법이 효과가 있는지 탐구에 나섰다. 그 일환으로 먼저 건강 상태가 양호하며 일상적인 이완 반응 훈련을 장기간 지속해온 사람 19명, 일반인 19명, 이제 막 8주간 이완 반응 훈련을 마친 20명의 참가자를 모집했다. 그리고 모든 참가자의 혈액 샘플을 채취해 유전자 발현에서 집단 간 차이가 있는지 살펴봤다. 그러자 이완 반응 훈련을 한 사람들의 '세포 대사, 산화성 인산화 반응, 활성산소종 생성, 산화 스트레스에 대한 반응'과 관련된 유전자에서 유의미한 차이가 발견됐다. 여러분도 알다시피 이 지표들은 모두 미토콘드리아와 직접적으로 관련이 있다.[10]

후속 연구에서는 규칙적인 이완 반응 훈련 경력이 최소 4년에서 최대 20년인 사람 26명과 단 한 번도 이완 반응 훈련을 한 적은 없지만 8주간 훈련에 참가할 의향이 있는 사람 26명을 모집했다.[11] 훈련 경험이 없는 참가자들은 먼저 첫 회기 동안 20분짜리 건강 교육 프로그램이 담긴 음성파일을 청취했으며, 8주간의 훈련을 마친 뒤 진행된 두 번째 회기에는 경력자 집단의 참가자들과 똑같이 20분짜리 이완 반응 훈련용 지시가 담긴 음성파일을 청취했다. 연구진은 각 회기 직전, 직후, 회기가 끝나고 15분이 지난 뒤 등 총 세 번에 걸쳐 혈액 샘플을 채취해 유전자 발현 상태를 분석했다. 그 결과, "이완 반응 훈련이 에너지 대사, 미토콘드리아 기능, 인슐린 분비, 텔로미어 유지·보수와 연관된 유전자 발현을 증진시키는 한편 염증 반응 및 스트레스 경로와 연관된 유전자 발현은 감소시켰다"는 것을 발견했다. 그중에서도 가장 큰 효과가 나타난 두 가지가 미토콘드리아의 특정 단백질(ATP 합성효소)과 인슐린이었다. 이에 연구진은 "특히 오랜 기간 훈련이 쌓인 뒤에 유도된 이완 반응이 미토콘드리아의 에너지 생성과 활용을 증진시켜 미토콘드리아의 회복탄력성을 향상시킴으로써 건강에 이로운 변화를 불러일으킬 수 있음을 보여준 최초의 연구"라고 결론 내렸다. 이제 여러분도 알다시피 바로 이것이 우리가 대사와 정신 건강 증진을 위해 하고자 하는 것이다!

재활 프로그램

만성적인 정신질환 환자들은 상당수가 독립적으로 생활하고 사회에 녹아드는 데 필요한 능력이 결여되어 있다. 어떤 이들은 친구를 사귈 줄 모른다. 어떤 이들은 하루 일정을 제대로 관리할 줄 모른다. 또 어떤 이들은 한 직장에 꾸준히 머물 줄 모른다. 이들 가운데 다수가 자신의 삶에는 목적이 없다고 느낀다.

이들이 이런 어려움을 겪는 것은 대부분 정신질환 증상들 때문이다. 발병 전에는 할 줄 알았다고 하더라도 이제는 서툴러지고 만 것이다. 이른 나이에 정신질환이 발병한 경우에는 아예 이런 능력을 학습조차 하지 못했을 수도 있다.

뇌의 대사 건강을 회복한다고 해서 살아가는 데 필요한 모든 능력이 자동으로 학습되지는 않는다. 별도로 훈련과 연습이 필요하다. 마치 운동선수가 부상에서 회복한 뒤 재활을 거치는 것과 같다. 일단은 근육이나 뼈, 인대, 힘줄의 기능을 회복해야겠지만 그러고 나서는 다시 몸을 쓰는 훈련을 하고 근력을 쌓는 과정 또한 필요하다. 이러한 훈련 없이는 본래의 능력을 되찾을 수 없다.

현재 만성적인 정신질환 환자들이 교육과 직업 훈련을 받고 생활에 필요한 기본적인 기술을 익히게끔 돕는 재활 프로그램들이 있다. 하지만 안타깝게도 연구 결과에 따르면 이 프로그램들이 그다지 효과적이지는 않다고 한다. 이는 환자들의 뇌 기능 자체가 제대로 회복되지 않아서일 가능성이 높다. 뇌가 제대로 기능하지 않는 상태에서는 이러한 과제를 수행하려고 노력해봤자 실패만 할 뿐이다. 인대가 찢어진 상태에서 마라톤 경기에 나가려는 격이다. 그렇지만 뇌 기능을 제대로 회복할 수만 있다면 재활이 성공할 확률도 상당히 높아진다. 재활의 목표는 이들이 생산적인 사회 구성원으로서 살아갈 수 있도록 돕는 것이다. 개중에는 몇 년이고 실패를 거듭하며 자신은 결코 목표를 이루지 못하리라는 무기력에 빠져 있는 사람들도 많다. 이 같은 무기력 또한 극복하도록 돕는 것이 재활의 역할이다.

이 모든 과정에는 타인의 자비가 반드시 필요하다. 고용 프로그램과 더불어 이들을 사회로 다시 받아들일 제도적 장치가 필요하다. 이들도 자신이 쓸모 있는 사람이라는 느낌을 경험해야 한다. 존중받는다는 느낌을 경험해야 한다. 이 모두가 다른 사람들의 적극적인 관심이 없다면 불가능하다.

요약

- 우리가 속한 환경과 경험은 대사와 정신 건강에 결정적인 역할을 한다.
- 친밀한 관계는 건강한 삶을 영위하는 데 있어 매우 중요한 요소다.
- 사람은 누구나 사회에 기여하고 스스로 가치 있다는 느낌을 경험할 수 있는 역할을 최소한 한 가지는 수행하려 노력해야 한다. 이러한 역할은 학생, 직장인, 양육자, 자원봉사자, 멘토를 비롯한 다양한 형태를 띤다. 집안일을 한다는 식의 단순한 역할도 가능하다.
- 심리치료는 대사 건강 증진에 매우 중요한 역할을 한다.
- 심리치료사들은 기존의 중재법에 더해 뇌 에너지 이론에 기반한 다양한 도구들을 활용할 수 있다. 가령 환자들이 식습관 교정, 운동, 빛에 대한 노출을 포함해 이 책에서 언급한 여러 가지 대사 치료 계획을 실행하도록 도울 수도 있을 것이다.
- 만성적인 정신질환 환자들은 뇌 건강을 회복하고 나서도 따라잡아야 할 것들이 많다. 재활과 직업 훈련을 비롯한 프로그램들까지 성공적으로 마쳐야 비로소 완전한 회복을 이룰 수 있다.
- 모든 구성원이 관계, 역할, 자원, 책임감을 충분히 누릴 수 있도록 사회

가 한마음 한뜻으로 노력해야 한다. 모든 사람이 동일한 능력을 가지고 태어나지는 않지만 그렇다고 사회에 기여하지도, 안전감을 느끼지도, 의미 있는 삶을 살지도 못하는 사람이 있어야 마땅하다는 뜻은 아니다. 이 과정에서는 자비와 다정한 마음이 반드시 필요하다.

필라테스로 정신질환을 극복한 사라

나와 처음 만났을 당시 사라는 17살이었다. 사라는 8학년 때 ADHD와 학습장애를 진단받았고, 기억을 떠올릴 수 있는 아주 어린 시절부터 줄곧 불안과 불면증에 시달렸으며, 14살부터는 공황발작을 겪기 시작했다. 우울하고 자존감도 낮았다. ADHD 치료제를 복용했음에도 학교생활에 어려움을 겪었으며, 친구도 거의 없었다. 어머니, 오빠, 언니, 할머니, 삼촌 두 명, 이모까지 우울증이나 불안장애, 양극성장애 진단을 받은 적이 있는 등 정신질환 가족력의 영향도 컸다. 그리고 이는 사라의 장기적인 예후에 악영향을 미쳤다. 벌써 약도 여덟 가지나 써봤지만 집중력에 조금 도움이 되었을 뿐, 다른 증상들에는 아무런 차도가 없고 오히려 여러 부작용이 뒤따랐다. 이따금 사라는 우울 증상이 너무 심해져 하루 종일 침대에서 일어나지 못했다. 설상가상으로 편두통과 잦은 복통까지 사라를 괴롭혔다.

대학에 진학해서도 최선을 다했지만 적응에 어려움을 겪었다. 당연히 대학을 무사히 마칠 것이라는 가족들의 기대에 스트레스는 더욱 심해졌다. 사라는 자신이 절대로 사람들의 기대에 부응하는 삶을 살지 못할 것이라는 절망감을 자주 느꼈다. 이에 항우울제를 더 많이 복용해봤지만 도움이 되지 않았다.

그러다 필라테스 수업을 들으면서부터 모든 것이 달라졌다. 사라는 필라테스의 매력에 푹 빠져버렸다! 그렇게 규칙적으로 운동하기 시작하면서 사라는 기분과 불안 증상들이 상당 부분 나아지고 있다는 사실을 깨달았다. 스물세 살에는 필라테스 스튜디오의 강사로 취직했고, 그때부터 거의 매일 몇 시간씩 운동했다. 이것이 사라에게는 게임 체인저로 작용했다. 취직하고 두 달여가 지난 뒤에 나와 만났을 때 사라는 "기분이 너무 좋아요! 평생 이렇게 좋았던 적이 없어요"라고 말했다. 꾸준히 운동하는 것에 더해 사라는 자신이 다른 사람들이 건강해지도록 돕는 일을 한다는 사실에 열의를 느끼기 시작했고, 새로운 친구들도 사귀었으며, 남자친구도 생겼다. 대학 졸업에 대한 부모님의 기대에도 불구하고 그녀는 중퇴 후 본격적인 커리어로서 운동에 집중하기로 결정했다. 벌써 거의 10년 전의 일이다. 사라는 지금까지도 건강하게 생활하고 있다. ADHD 증상 때문에 지금도 각성제는 계속 복용하고 있지만 그 외의 다른 약은 모두 끊을 수 있었다. 약물치료를 서서히 줄여나가면서는 오히려 상태도 더 나아졌다.

사라의 사례는 운동의 강력한 대사 증진 효과를 보여줄 뿐만 아니라 삶의 의미와 목적을 찾고, 스트레스 감소 훈련을 하며, 사회적 지지망을 구축하고, 타인의 기대에 휘둘리지 않는 등의 심리·사회적인 요인들이 치료에 미치는 효과를 분명하게 확인시켜준다. 우리는 서로 다 다르며, 원하고 필요로 하는 것도 제각각이다. 사라는 대사와 정신 건강을 회복할 수 있는 자신만의 방법을 찾았다.

3부 · 뇌 에너지 이론이 가져올 혁명

19

뇌 에너지 이론으로
살펴보는 기존 치료법

대화, 화학물질, 전기, 자기장, 뇌수술의 공통점이 뭘까? 모두 정신질환에 대한 근거 기반 치료법이라는 점이다. 그렇다면 이 치료법들이 효과가 있는 이유는 무엇일까? 이들 모두 대사와 미토콘드리아에 영향을 미치기 때문이다.

약물치료와 심리치료에 대해서는 앞에서 이미 살펴봤다. 지금부터는 다른 치료법들은 어떤 작용 원리로 효과를 발휘하는지 뇌 에너지 이론과 연관 지어 간단히 알아보기로 하자. 만약 뇌 에너지 이론이 맞는다면 이러한 치료법들의 효과에 대해서도 설명할 수 있을 것이다.

전기경련요법과 경두개자기자극술

전기경련요법과 경두개자기자극술은 다양한 정신질환에 효과를 보이는 중재법이다. 중증우울증이나 긴장증과 같은 일부 경우에는 전기경련요법이 현존하는 가장 효과적인 치료법이자 표준으로 여겨지기도 한다. 어째서 전기 충격이 정신질환 증상 완화에 도움이 되는 것일까? 현재 학계에서는 총체적인 설명을 제시하지 못하고 있다. 신경전달물질과 호르몬의 농도 변화와 더불어 신경가소성이 어떤 역할을 할 것이라고 추정만 할 뿐이다. 그런데 뇌 에너지 이론은 이에 대한 총체적인 설명을 제시한다.

전기경련요법에 이용되는 전기와 경두개자기자극술에 이용되는 전자기 에너지는 뇌에 직접적으로 에너지를 전달한다. '뇌 에너지'와 관련해 이보다 더 완벽한 치료법은 없을 것이다. 이렇게 전달된 에너지는 미토콘드리아를 자극하고, 결과적으로 생합성을 촉진한다. 가령 우리가 무리해서 운동을 할 때면 우리의 몸은 더 많은 힘이 필요하다고 인식해 이를 제공할 미토콘드리아를 더욱 많이 만들어낸다. 전기경련요법과 경두개자기자극술의 원리도 같은 것으로 보인다. 두 요법은 모두 신경전달물질과 호르몬 불균형을 개선할 뿐만 아니라 신경가소성도 증진시킨다. 이는 전부 미토콘드리아에 일어난 변화를 통해 이해할 수 있다.

전기경련요법이 미토콘드리아에 직접적으로 미치는 영향에 대해서는 아직 그다지 많은 연구가 이뤄지지 않았다. 그래도 그 와중에 한 연구에서는 쥐에게 전기경련요법을 시행한 뒤 해마, 선조체, 피질에서 미토콘드리아 활동이 증가한 것을 분명하게 보여줬다.[1] 전기경련요법 시행 직후 해마에서 미토콘드리아 생합성과 시냅스 형성이 증진됐음을 발견한 연구 결과도 있다.[2] 또한 이 연구에서는 전기경련요법을 10회기까지 진행한 뒤에는 미토 콘드리아의 수와 시냅스 형성 증가 효과가 3개월까지 지속된다는 것을 확 인했다.

한편 경두개자기자극술은 산화 스트레스를 개선하고, 염증을 줄이 며, 신경가소성을 증진시키고, 신경전달물질 농도에 영향을 미치는 것으로 밝혀졌다.[3] 여러분도 알다시피 이러한 변화는 모두 미토콘드리아 기능과 관 련되어 있다. 하지만 전기경련요법과 마찬가지로 경두개자기자극술이 미토 콘드리아에 직접적으로 영향을 미친다는 연구 결과는 많지 않다. 그래도 그 중 한 연구에서는 뇌졸중이 발병한 쥐에게 이를 시행한 결과 ATP 농도가 높아진 것을 발견했다.[4] 또 다른 연구에서는 뇌졸중이 일어난 쥐에게 경두 개자기자극술 시행 후 온전한 상태의 미토콘드리아 수가 증가한 것을 확인 했다.[5]

흥미로운 사실은 대사 건강을 바로잡기 위해 전기를 활용하는 분야 가 정신의학뿐만이 아니라는 점이다. 심장전문의들은 심장의 대사 기능에 이상이 발생했을 때 흔히 심율동전환술(심장에 전기 충격을 가하는 요법의 하나) 을 활용한다. 이처럼 때로는 자동차 점프 시동을 걸듯이 외부에서 전기 에 너지를 공급해주는 것이 필요하다.

뇌수술과 전기자극치료

뇌수술은 생활에 큰 지장을 초래하는 만성적인 정신질환 환자들에게 최후의 수단으로 쓰이곤 한다. 이렇듯 뇌수술을 받으면 증상이 나아지는 경우가 있다. 어째서일까?

그 이유는 지극히 간단하다. 과흥분 세포로 인해 뇌의 특정 영역이 과활성화됐다면 이 부분을 뇌의 나머지 영역들로부터 분리하면 증상이 완화될 수 있는 것이다. 뇌전증 치료에서 흔하게 활용되고 있는 방법이다. 그리고 이는 과흥분된 뇌 영역 탓에 정신적 증상들이 발생한 경우에는 모두 동일하게 적용될 수 있다.

절제술이 아니라 뇌세포를 자극하는 전극을 심기 위해 뇌수술을 진행하는 경우도 있다. 이 또한 원리는 간단하다. 저활성화된 뇌 영역을 자극함으로써 활동을 촉진하는 것이다. 일반적으로 심장의 페이스메이커 세포 기능이 떨어져 있으면 심장박동 보조 장치를 이식하곤 한다. 저활성화된 뇌 영역에 전극을 이식하는 것도 이와 같다. 그 외에 역설적이지만 빠른 속도의 전기자극이 과활성화된 뇌 영역의 활동을 억제하는 경우도 있다.

전기자극치료는 미주신경에도 적용된다. 일명 미주신경자극술vagal nerve stimulation, VNS이라는 요법이다. 뇌전증과 우울증에 도움을 주는 것으로 알려져 있으며, PTSD, 알츠하이머병, 조현병, 강박장애, 공황장애, 양극성장애, 섬유근육통의 치료 효과에 대해서도 연구가 진행 중이다.[6] 이 또한 한 가지 치료법이 서로 전혀 관계가 없어 보이는 다양한 질환에 효과를 나타내는 예다. 이 모두를 연결해주는 것이 바로 **뇌 에너지 이론**이다.

요약

중증의 치료 저항성 질환이나 생명에 위협이 되는 응급 상황에서는 전기경련요법, 경두개자기자극술, 미주신경자극술, 뇌수술이 치료에 도움을 주기도 한다. 하지만 뇌 에너지 이론에 따르면 이러한 극단적인 중재법을 요하는 상황이 닥치기 전에 시도할 수 있는 대안적인 방법도 몹시 다양하다.

20

대사 치료
계획 접근법

"꽃이 피지 않는다면 바로잡아야 할 것은 성장 환경이지 그 꽃이 아니다."

– 알렉산더 덴 헤제르Alexander den Heijer

위의 문장은 대사와 미토콘드리아로 인한 문제를 대할 때 가장 직관적인 통찰을 안겨줄 수 있는 비유다. 대부분 '결함'이 있는 것은 환경이지 사람이 아니다. 정신질환을 '고치기' 위해서는 이러한 문제를 규명하고 바로잡아야 한다. 이 경우에는 엄연히 '환경'이 원인이다. 여기서 말하는 환경에는 식습관, 운동, 스트레스, 빛, 수면, 호르몬, 염증, 친밀한 관계, 사랑, 삶의 의미와 목적 등 대사와 미토콘드리아에 영향을 미치는 모든 요인이 포함된다. 물론 일부 사람들은 마이크로RNA처럼 후생유전적 요인들을 물려받아 이것이 정신질환 발병의 기여 원인이 되기도 하지만 이 또한 충분히 바꿀 수 있다. 대사는 다양한 요인으로 인해 쉽게 변화하며, 증진 방법도 무궁무진하다.

앞서 섬망을 온갖 유형의 정신질환과 비교해서 설명했던 것을 떠올려보자. 증상이 비슷하고 모두 동일한 진단이 내려지기는 하지만 섬망 사례는 어느 것 하나 완전히 같은 것이 없다. 섬망을 치료하기 위해서는 의학적인 추리를 통해 원인이 무엇인지 규명하는 작업이 반드시 필요하다. 때로는 그 원인이 둘 이상인 경우도 있다. 미토콘드리아에 위해를 가하는 여러 요인이 동시다발적으로 몰아닥친 결과로 섬망이 발생한다. 이 모든 요인을 하나하나 밝혀내고 적절한 대응을 해야 섬망 증상이 완화될 수 있다. 그리고 이러한 접근법은 섬망이 아닌 정신질환에도 똑같이 적용된다.

뇌 에너지 이론은 기존의 정신질환 치료법들을 지지한다. 앞으로도 기존 접근법들은 치료에 중요한 역할을 할 것이다. 하지만 한편으로 뇌 에너지 이론은 급진적인 변화의 필요성 또한 주창한다. 대사 문제를 해결하기 위해서는 보통 통합적인 접근이 필요하다. 때로는 간단한 문제를 찾아내고 단순한 치료법 한 가지를 시행하는 것만으로도 해결될 수 있다. 이를테면 비타민이나 호르몬 결핍이 문제를 일으킨 경우가 여기에 해당하며, 항우울제를 복용함으로써 간단하게 증상이 사라지는 경우도 있다. 하지만 불행히도 절대다수는 한 가지 측면에만 대응하는 단순한 접근법으로는 문제를 해결하지 못한다.

이러한 사실은 우리의 일상 속에 전반적으로 깔려 있는 메시지와 상충한다. 우리는 다들 간단한 해결책을 원한다. TV를 틀면 늘 알약 한 알이면 병을 치료할 수 있다는 이야기를 접한다. 그렇다면 의사를 만나 이 새로운 약만 처방받으면 될 것 같다는 생각이 든다. 한 알로 부족하다면 더 많이 복용하면 된다. 다이어트나 건강관리 전문가들의 입을 통해 듣는 메시지도 이와 같다. '지방 섭취를 줄이면 살이 빠질 것이다', '이 비타민이나 보조제를 먹으면 문제가 모두 해결될 것이다'라고 하는 식이다.

이러한 메시지들을 접하면 당연히 혹하게 된다. 그냥 약을 복용하거나 간단한 중재법을 적용하기만 하면 모든 병이 낫는다니. 복잡한 과정을 거쳐 문제의 정확한 원인을 찾고 생활 습관을 송두리째 바꾸는 등의 수고를 들여 이를 바로잡는 것에는 비할 수 없을 만큼 한없이 매력적이다. 그러나 현실에서는 이처럼 간단한 중재법이 영구적으로 모든 증상을 없애주는 효과를 보이는 일은 드물다. 하늘 높은 줄 모르고 치솟는 대사장애 및 정신장애 유병률이 바로 이 접근법이 효과적이지 않다는 것을 보여주는 명백한 증거다. 의학계에서도 질환에 이르는 경로가 사람마다 천차만별이라 누구에게나 적용할 수 있는 단일 치료법은 없다는 것을 인정하고, **개인맞춤의료**personalized medicine를 추진하면서 점차 이에 대한 인식이 커지고 있다. 이처럼 환자들에게는 각자의 상황과 필요에 맞춘 고유한 치료 계획이 제공되어야 한다.

임상의의 도움 받기

중증정신질환을 치료할 때면 유능한 임상의의 도움을 받는 것이 몹시 중요하다. 중증정신질환은 위험을 초래하므로 전문가의 도움 없이 스스로 치료할 수 있다고 생각해서는 안 된다. 여기서 말하는 '중증' 증상들에는 환각,

망상, 자살사고 및 행동, 자해, 공격성, 통제 불가능한 수준의 물질사용습관, 심각한 섭식장애 등이 포함된다. 이러한 유의 문제는 결코 집에서 혼자 감당할 수 있는 DIY 프로젝트가 아니다. 마땅히 유능하고 환자의 고통을 헤아려주는 의료진의 도움을 받아야 하므로 꼭 전문가와 만나 자신에게 맞는 치료 계획을 수립하고 시행에 옮기도록 하자. 이들의 지지와 전문적인 지식을 통해 가능한 한 서둘러 건강하고 안전한 환경을 조성하는 것이 중요하다.

꼭 중증이 아니더라도 만성적인 장애를 앓고 있다면 임상의의 도움을 받기를 추천한다. 종합적인 의학적 평가를 통해 질환에 영향을 미치는 요인들을 찾아낼 수 있을지 모른다.

치료 계획을 시작하는 방법

지금까지 살펴본 기여 원인과 중재법들은 모두 상호연결되어 있어 서로에게 영향을 미친다. 이 중 어느 한 요인이라도 삐끗하면 다른 것들도 와르르 무너질 것이다. 이를테면 수면에 문제가 생기면 섭식행동과 물질사용습관에도 영향이 생길 가능성이 높다. 심지어 장내미생물 같은 것도 수면, 빛에 대한 노출, 스트레스로부터 영향을 받을 수 있다. 따라서, 만약 장내미생물 환경에 이상이 생겼다면 이러한 기여 원인들에 변화를 줌으로써 문제를 바로 잡을 수도 있다. 반대로 장내미생물 환경을 변화시키는 것만으로도 수면의 질이나 스트레스 지수를 개선하는 데 도움이 될 수 있다. 모든 것이 한 가지 이상의 요인들과 피드백 순환을 이루고 있다고 생각하자. 그러므로 여러분이 어느 특정 요인과 관련해 문제를 자각하지 못하더라도 이 책에서 소개한 치료법들은 전부 여러분에게 도움이 될 수 있다. 수면과 식습관, 빛에 대한 노출 정도를 변화시키는 것이 정신적 증상들을 치료하기 위해 반드시 필요한 과정일 수도 있는 것이다.

때로는 대사 기능 이상을 일으킨 원인이 불분명한 경우도 있다. 하지만 걱정할 필요 없다. 이때도 우리가 살펴본 치료적 접근법들이 효과를 보일수 있다. 목표는 미토콘드리아 기능을 개선하고 미토콘드리아 공급을 늘린다고 알려진 중재법을 활용하는 것이다. 세포 내에 건강하고 정상적인 미토콘드리아 수만 충분하다면 대부분은 제대로 기능하게 된다. 미토콘드리아는 세포가 제대로 기능하기 위해 자신이 무슨 일을 해야 할지 이미 알고 있다. 따라서 이런 경우 보통은 미토콘드리아가 스스로 문제를 해결할 수 있다.

어쩌면 선택할 수 있는 치료적 접근법이 이렇게나 많은 것을 보고 압도된 사람들도 있을지 모르겠다. 대사 건강을 개선하려고 할 때는 성공적으로 효과를 보기 위해 **다면적으로 접근해야 하며 시간이 다소 소요될 수 있음**을 인지하고 있어야 한다. 하지만 그렇다고 해서 모든 접근법을 한꺼번에 시도하라는 뜻은 결코 아니며, 그렇게 해서도 안 된다. 먼저 한 가지 치료법을 정해서 몇 주 혹은 몇 개월 동안 시도해본 뒤에 필요하다면 다른 치료법을 추가하는 방식으로 접근해야 한다. 대체로 대사 기능이 증진되기 시작하면 전보다 기력과 의욕이 샘솟는 것을 느낄 것이다. 덕분에 다른 영역에서도 변화를 이루기 쉬워진다. 증상이 나아지기 시작하면 사람들은 자신이 사실 얼마나 많은 것들을 성취할 수 있는지 깨닫고 깜짝 놀라게 된다. 자신만의 '대사 치료 계획'을 끝마쳤을 즈음이면 사람들은 보통 몰라보게 달라져 있다.

정신질환 증상들이 완화되고, 체중이 줄고, 운동에 대한 지구력이 향상될 뿐만 아니라 스트레스가 줄고, 자신감이 높아지고, 다른 사람들과의 관계가 개선되고, 자신의 새로운 능력을 발견하고, 삶의 질을 높이는 다양한 긍정적인 요소가 계발된 것을 스스로도 느끼게 된다.

대부분의 경우에는 **환자 본인**이 어떤 중재법부터 시작할 것인지 결정할 수 있다. 시행할 중재법을 선택했다면 이를 기반으로 구체적이고 Specific, 측정 가능하고 Measurable, 충분히 성취할 수 있고 Achievable, 현실적이며 Realistic, 시기적절한 Timely, 이른바 스마트 SMART 한 목표를 설정한다. 한 가지 중재법을 성공적으로 마치고 난 뒤에는 다른 것을 추가한다. 그리고 원하는 결과를 이룰 때까지 이 과정을 반복한다.

다만 간혹 특정 중재법이 다른 그 무엇보다 선행되어야 하는 경우가 있다. 그러지 않으면 대사에 파국적인 결과를 초래할 수 있기 때문이다. 대표적인 예가 과도한 물질사용습관을 가지고 있는 경우와 학대 환경 속에서 살고 있는 경우다. 과음을 즐기거나 약물을 과용하고 있는 사람이라면 이 행동을 멈추기 전까지는 아무리 다른 중재법을 시도해봤자 소용없을 가능성이 높으므로 이 문제를 가장 먼저 해결해야 한다. 신체적인 학대를 당하는 관계에 있는 사람도 마찬가지로 아무리 힘들고 위험하더라도 이 환경에서 빠져나오는 데에 집중하는 것이 첫 번째 순서다. 이 같은 상황에 놓인 사람들은 가족, 친구, 가정폭력 피해자 보호 프로그램 등으로부터 아주 많은 지지가 필요하다. 두 경우 모두 첫 번째 단계를 밟지 않고 다른 대사 치료 중재법을 시도하는 것은 대사나 건강 문제를 해결하는 데에 별다른 도움이 되지 않을 가능성이 크다.

이 책에서 소개한 중재법은 모두 잠재적으로 대사에 변화를 가져올 수 있다. 대사에 대한 중재법들은 뇌와 신체에 크게 네 가지 효과를 낼 수 있다.

1. 시작

처음 새로운 중재법을 시도하면 대사에 급작스러운 변화를 일으킬 수 있다. 어떨 때는 이 변화가 증상 완화에 도움이 되며, 또 다른 경우에는 이로 인해 초기에 일시적으로 증상이 악화되기도 한다.

2. 적응

대사에 변화가 일어날 때마다 우리의 몸은 이에 적응하려 애쓴다. 이 적응 과정은 보통 대사에 대한 중재법의 효과를 상쇄하기 위한 방향으로 이뤄진다. 일반적으로 중재법의 효과가 완전히 무력화되지는 않지만 시작 단계와 비교하면 효과가 반감된다.

3. 유지

어떤 시점에 이르면 대사가 중재법의 효과에 완전히 적응해 뇌와 몸이 안정 상태에 접어든다. 이때 중재법의 강도를 높이면 다시 시작과 적응 단계로 돌아가 같은 과정을 반복하게 된다.

4. 금단

대사에 대한 중재법의 강도를 낮추거나 급하게 중단하면 일반적으로 금단 반응이 따른다. 이때는 대사가 지나치게 활발해지거나 극도로 떨어져 금단 증상이 일어날 수 있다.

이 네 가지 상황들은 약물치료, 광치료, 식이요법, 장내미생물 환경 변화, 보조제 복용, 심지어 심리·사회적 중재법까지 이 책에서 언급한 모든 치료 과정에서 발생할 수 있다.

우리의 목표는 어디까지나 장기적으로 대사 건강을 증진할 수 있는 중재법을 찾는 것임을 명심하자. 따라서 식이요법을 처음 시작하고 속이 불편한 경험을 하는 등 어떤 중재법을 시행하고 초기에 증상이 악화된다고 하더라도 유지 단계에서 대사 건강이 개선된다면 꾸준히 지속해볼 가치가 있다. 당연히 안전하고 견딜 만한 방식으로 진행되어야 하며, 유지 단계에까지 이르는 것이 목표다. 마찬가지로 과음 습관 같은 것들은 단기적(시작 단계)으로는 증상 완화에 도움이 되는 것처럼 보여도 장기적(유지 단계)으로 보면 오히려 대사를 저해할 수 있다. 술을 끊기(금단 단계)란 과음이 생활화되어 있는 사람에게는 특히 힘들고 위험한 일일 수 있다. 어떤 치료든 안전하게 시작하고 멈춰야 하므로 이러한 사실들을 염두에 두는 것이 중요하다.

입원치료와 재활시설치료 프로그램

일부 중증정신질환 환자들의 경우에는 스스로 종합적인 치료 계획을 설계하기가 실질적으로 불가능하다. 말 그대로 뇌 기능에 결함이 있기 때문이다. 이들은 과제를 꾸준히 이어가지도, 새로운 정보를 쉽게 학습하지도, 식습관을 유지하지도, 모든 변동 사항을 하루 일정 속에 적절히 끼워 넣지도 못할 수 있다. 혼자서는 전혀 불가능하다거나 아무런 효과도 보지 못한다기보다는 단지 도움이 필요할 수도 있다는 뜻이다. 그런가 하면 정신적인 증상들 탓에 때로 자신 혹은 타인의 안전에 위협이 될 수 있어 외래로 치료를 받는 것이 위험한 경우도 있다. 이와 같은 환자들을 위해 입원 치료나 재활시설 치료 프로그램을 개발할 필요가 있다. 이러한 프로그램은 환자가 구체적으로 필요로 하는 바에 따라 맞춤화된 치료 계획을 세울 수 있다. 또한 프로그램을 진행하는 전문가들뿐만 아니라 다른 동료 참가자들로부터 지지를 받을 수 있다는 이점이 있다. 이곳에서는 대사와 정신 건강을 증진하기 위해 모두가 함께 노력하는 환경이 조성된다.

나에게 맞는 치료 계획 수립하기

- 중증의 정신질환 또는 위험하거나 만성적인 증상들을 앓고 있다면 반드시 임상의의 도움을 받아야 한다.
- 심각한 대사 문제를 초래하는 기여 원인이나 안전을 위협하는 요인(자살 시도, 과도한 물질사용습관, 신체적인 학대가 가해지는 환경, 통제할 수 없는 수준의 섭식장애, 극심한 수면 부족 등)들을 규명한다. 만약 이 중에서 하나라도 해당되는 것이 있다면 이를 해결하는 것이 다른 무엇보다 우선시돼야 한다.
- 이 책에서 소개한 치료법 가운데 자신에게 도움이 될 것 같다고 여겨지는 치료법을 하나 이상 선택한다.
- 선택한 치료법을 시행해보고 효과가 나타나기 시작할 때까지 최소한

3개월은 유지한다.

- 만약 해당 치료법 덕분에 일부일지라도 증상이 아주 조금이나마 나아졌다면 꾸준히 이어간다.
- 3개월이 지나도 아무런 효과가 없다면 중단해도 좋다.
- 치료법이 도움은 됐지만 모든 증상이 나아진 것은 아니라면 다른 치료법을 추가한다. 이로써 치료 계획은 다면화된다.
- 원하는 결과를 얻을 때까지 계속해서 치료법을 시도하거나 새로운 것을 추가한다.

시간이 지나면서 목표가 바뀌는 경우가 있을 수 있다. 가령 처음에는 증상 한 가지만 없어져도 좋겠다고 생각한다. 충분히 그럴 수 있다. 그러다 시간이 좀 지나면 이제는 다른 요소들도 개선하고 싶다는 마음이 생긴다. 삶은 끝없는 여정이다. 누구에게나 강점이 되는 영역이 있는가 하면 약점이 되는 영역도 있다. 완벽한 사람은 세상에 없다. 나는 여러분이 자신의 건강을 가능한 한 최대로 증진시키기 위해 매 순간 최선을 다하는 삶을 살길 바란다. 하지만 동시에 자신이 건강을 유지하고 있는 부분들과 지니고 있는 강점에 감사하고 이를 누릴 줄 아는 경지에 이를 수 있기를 바라기도 한다.

강도 높은 약물치료에도 나아지지 않았던 베스

베스가 처음 정신의학적 치료를 받기 시작한 것은 ADHD 진단을 받은 아홉 살부터였다. 베스는 당시 각성제를 처방받았고, 성적은 대부분 A와 B를 받으며 학교생활에 잘 적응했다. 그러나 여전히 충동적인 면이 남아 있어 다른 사람들과 빈번하게 마찰을 빚었다. 그 탓에 친구를 많이 사귀지 못했고, 다른 사람들이 자신을 비난하거나 거부하는 느낌에 휩싸였으며, 낮은 자존감으로 고통을 겪었다. 고등학생이 되었을 무렵에는 상황이 훨씬 더 나빠졌다. 만성적인 우울증에 시달리며 자주 자살을 생각했고, 칼이나 면도날로 자신의 몸을 베기 시작했다. 더 많은 각성제와 더불어 항우울제, 기분안정제, 불안장애 약, 심지어 항정신성약까지 복용했지만 증상은 악화되기만 했다. 대학에 들어간 뒤로는 입원도 몇 차례나 했다.

나와 처음 만났을 당시 베스는 스물한 살이었다. 이 시기에 베스는 만성 우울증, 공황장애, 경계성 성격장애, 월경 전 불쾌장애, ADHD 진단을 받은 상태였다. 약을 다섯 가지나 복용하고 있었지만 누가 봐도 별다른 효과가 없었다. 오히려 약에 취해 무기력하고 멍하게 있는 일이 잦았다. 그 때문에 차 사고가 난 적도 몇 번이나 있었다. 베스는 여름방학을 맞아 더욱 고강도의 치료를 받기 위해 본가로 돌아와 있었다. 처음에 나는 베스에게 더 많은 양의 항정신성약과 기분안정제를 처방했는데, 대부분은 새로운 부작용을 낳거나 아예 아무런 효과도 나타내지 못했다. 이와 동시에 우리는 환자가 자신의 정서, 자살 충동, 자해 행동을 다스리도록 도울 수 있는 기술에 초점을 맞춘 심리치료의 일종인 변증법적 행동치료dialectical behavior therapy, DBT를 시작했다.

우리는 둘 다 약물치료가 도움이 되지 않을뿐더러 오히려 문제를 악화시키고 있다고 생각했으므로 서서히 복용량을 줄여보기로 했다. 몹시 어렵고 위험한 과정이었다. 아주 조금이라도 복용량을 줄이면 그때마다 베스의 우울, 자살 충동, 자해 욕구와 같은 증상이 심해졌다. 우리는 변증법적 행동치료 기술을 활용해 이러한 증상들을 다스리고 베스가 안전할 수 있도록 애쓰며, 한편으로는 계속해서 약을 줄여나갔다. 모든 약을 끊기까지는 그 뒤로 몇 년이나 소요됐다. 그렇게 약을 모두 끊고 나자 베스의 상태가 훨씬 나아졌다. 스스로를 해하지 않을 수 있었고, 직장 생활을 유지할 수 있었으며, 대학도 무사히 졸업했다.

회복의 다음 단계는 운동과 함께 시작됐다. 야외에서 자전거를 타면서부터 베스는 그 매력에 완전히 빠져들었고, 기부 라이딩까지 참가하게 되었다. 이후 웨이트 워처스Weight Watchers(미국의 다이어트 제품 및 프로그램 서비스 업체로, 오프라 윈프리가 투자한 것을 계기로 크게 유명세를 타기도 했다-옮긴이) 프로그램에 참가해 살을 뺀 덕분에 상황은 더욱 좋아졌다. 이제 정신적 증상들은 전부 사라졌다. 나와 베스, 베스의 가족과 친구들이 수없이 긴 대화를 나눈 끝에 우리는 모두 베스가 더 이상 심리치료나 그 어떤 정신의학적 치료를 받지 않아도 되겠다는 데 동의했다. 하지만 그럼에도 대사 치료는 계속됐다. 베스는 철인 삼종 경기와 울트라마라톤에 참가해 기량을 겨룰 만큼 뛰어난 운동선수로 성장했다. 결혼도 했다. 풀타임 직장도 얻게 되었다.

그로부터 10여 년이 지난 현재, 베스는 여전히 아무런 정신의학적 증상 없이 잘 살고 있다. 최근 베스의 아버지와 우연히 만났는데(공교롭게도 그 역시 의사다), 베스가 얼마나 잘 지내고 있는지 소식을 전해주며 이렇게 말했다. "선생님이 내 딸을 살렸어요. 정말로요. 선생님이 아니었다면 오늘날까지 딸이 이렇게 곁에 있으리라는 상상조차 할 수 없었을 겁니다."

베스의 사례는 복수의 정신질환을 진단받고 많은 양의 약을 복용하는데도 여전히 차도를 보이지 않는 환자들이 흔하게 겪는 문제를 잘 보여준다. 이 경우에는 약물치료가 병의 원인은 아닐지 몰라도 사실상 문제를 악화시키는 데 일조하고 있다는 것이 너무나도 명백해 보인다. 물론 그렇다고 해서 약물치료가 환자들에게 그다지 큰 도움이 되지 않는다는 뜻은 아니다. 경우에 따라서는 얼마든지 도움이 될 수 있다. 다만 베스의 경우에는 약물치료가 오히려 상황을 악화시킨 것으로 보였다. 베스가 복용하던 약 중에는 대사와 미토콘드리아 기능을 저해한다고 알려진 것들도 포함되어 있었으므로 약물치료를 중단하자 증상이 나아졌던 현상은 뇌 에너지 이론으로 설명 가능하다. 그런데 그것만으로 베스가 완전히 회복했던 것은 아니다. 베스는 운동을 하고, 살을 빼고, 사랑을 찾고, 직장을 얻고, 자긍심을 발견했다. 이 모두가 베스가 이례적으로 엄청난 회복을 이뤄내는 데 한몫했다.

21

대사 건강과 정신 건강을 위한
새로운 시작

뇌 에너지 이론은 정신 건강의 새로운 모형을 제시한다. 이는 뇌 기능을 넘어 우리의 건강, 노화, 수명의 거의 모든 측면에 영향을 미치는 대사와 미토콘드리아를 아우른다. 이뿐만 아니라 이 새로운 모형은 진단 유형에 구애받지 않고 다양한 장애들을 전부 한꺼번에 다룬다. 더욱이 '정신'질환에만 국한되지 않고 비만, 당뇨병, 심혈관계질환, 알츠하이머병, 뇌전증, 만성 통증 장애 등 대사와 연관된 장애들에도 적용된다. 이러한 대사 관련 장애 환자들은 거의 다가 한 가지 이상의 '정신적' 증상을 겪고 있으며, 정신질환 환자들은 대사 관련 장애 발병 위험이 남들보다 높다. 뇌 에너지 이론은 질환을 예방하고 지금보다 사람들이 훨씬 더 긴 시간 행복하고 건강하고 생산적인 삶을 유지하는 것이 가능하리라는 희망을 준다.

뇌 에너지 이론은 마침내 뿔뿔이 흩어져 있던 점들을 하나로 연결해 정신질환에 관한 보다 분명한 그림을 그릴 수 있는 유의미한 돌파구를 제시한다. 과학적 연구 결과들을 바탕으로 정신질환을 둘러싼 생물학·심리·사회적 이론들을 통합해 단일한 기틀을 마련해준다. 정신질환이 증후군이 아닌 뇌의 대사장애라는 개념을 받아들이고 나면 새로운 해결책이 분명하게 보인다. 즉, 대사와 미토콘드리아 기능을 정상화시켜 뇌 에너지를 회복해야 한다. 그러면 정신질환 증상들도 사라지기 시작할 것이다.

좋은 소식은 정신질환에 관한 이 새로운 관점이 기존의 치료법을 더욱 효과적으로 시행하도록 도와줌과 동시에, 이 책에서 소개한 모든 치료법을 비롯해 우리가 이미 쉽게 접근할 수 있는 것들을 바탕으로 곧바로 실행에 옮길 수 있는 참신한 치료적 선택지를 제공한다는 점이다. 다시 말해 이 이론을 적용한 치료법이 개발되기까지 몇 년씩 더 기다리지 않아도 된다는 뜻이다. 그렇다고 해서 모든 해법이 완벽하게 갖춰진 것은 아니다. 현존하는 모든 중재법이 누구에게나 효과를 보이지는 않으며, 앞으로도 더 많은 연구가 이어지고 치료법이 개발되어야 한다. 그래도 모든 점을 하나로 이어 핵심이 되는 문제를 규명해냈으니 지금부터는 새로운 치료법을 개발하는 일도 훨씬 쉬울 것이다. 이로써 정신질환도 더 이상 기적만을 바라야 하는 어떤 추상적인 수수께끼가 아닌 과학과 연구를 통해 충분히 해결할 수 있는 유형의 문제가 되었다.

대사와 미토콘드리아의 관점에서 이 모든 질환을 대하기 시작하면 치료법의 개선 가능성도 무궁무진해진다. 가령 대사 건강을 평가할 수 있는 진단 도구를 개발할 수 있을 것이다. 대사와 미토콘드리아 기능부전을 해결하는 근거 기반 전략들과 치료법을 개발할 수도 있다. 처방약, 술, 담배, 오락용 약물, 식습관과 음식과 독성 물질 등이 미토콘드리아와 대사에 미치는 영향을 이해하는 데에 더욱 집중할 수도 있다.

하지만 이를 이뤄내기 위해서는 자원이 뒷받침되어야 한다. 그리고 각계에서 대대적인 변화가 일어나야 한다! 사람들의 대사 건강을 회복시키려면 보건 전문가들의 다학제적인 협응이 필요하다. 여기에는 의사, 간호사, 심리치료사, 사회복지사, 물리치료사, 작업치료사, 약사, 영양사, 개인 트레이너, 건강 및 웰니스 코치 등 다양한 분야의 전문가들이 포함될 것이다. 이렇게 소요되는 비용 중 일부는 건강 보험에서 보장해줄 필요가 있다. 생명공학계와 제약회사에서는 더욱 효과적인 치료법을 개발하기 위해 노력해야 한다. 정부 차원의 적극적인 관여도 필요하다. 이 모든 작업을 뒷받침해줄 연구비 지원이 필요하며, 정신 건강 사업에 대해서도 그에 상응하는 기금이 투입되어야 한다. 아울러 일상 속에서 대사에 독성으로 작용하는 요소들을 조절하거나 제거해야 한다. 당연히 우리 개개인 또한 각자의 자리에서 할 수 있는 일을 해야 할 것이다. 자조 모임과 지지 모임을 꾸려 참여하고 인식 개선을 위해 목소리를 높일 수 있는 집단을 결성해야 한다. 정의롭고 평등하며 자비를 베풀 줄 알고 평화적이며 협조적인 사회를 만들어야 한다. 모든 사람이 의미 있는 삶을 살 기회를 보장해야 한다. 모든 사람이 안전감을 느낄 수 있게 도와야 한다. 존중받는다는 느낌을 경험할 수 있게 해주는 것도 중요하다. 물론 말이 쉽지, 실천하기란 녹록지 않다. 여러모로 일종의 유토피아에 가깝기 때문이다. 이렇게 되기까지 많은 시간이 소요되리라는 사실은 누구나 알고 있다. 하지만 유토피아가 실현될 때까지 손 놓고 기다리는 것보다는 당장 할 수 있는 일을 하는 편이 낫다.

그러므로 **여러분**에게 도움을 청하고자 한다. 이 희망 사항들을 현실로 만들기 위해서는 우리 일반 대중의 움직임이 필요하다. 에이즈와 유방암 캠페인과 마찬가지로 정신질환을 이해하고 치료하는 방식의 대대적인 변화를 촉구하는 운동이 절실하게 필요하다. 사람들에게 새로운 정보를 전하고 이해시키는 과정에는 많은 시간과 노력이 든다. 여러분이 다른 사람들에게 뇌 에너지 이론에 관한 이야기를 전한다면 이를 단축하는 데에 큰 도움이 될 수 있다. 이 운동에는 여러분과 여러분의 친구들, 여러분의 가족의 동참이 필요하다. 나를 위해서가 아니다. 지금 이 순간에도 조용히 정신질환을 앓고 있는 수많은 사람들, 매일 같이 정신적 증상들로 인해 고통받고 있는 사람들, 모든 희망을 잃어버린 사람들, 정신질환이라는 낙인에 수치심과 굴욕감을 느껴 집 안으로 자꾸만 숨어드는 사람들, 그리고 이 모두를 더는 견디내지 못하고 우리 곁을 떠난 사람들을 위해서다. 이제는 정말 이 고통에 종지부를 찍을 시간이다. 또다시 시간을 낭비하며 미루지 말자.

더 많은 정보를 얻고 힘을 보태고자 한다면 부디 www.brainenergy.com을 방문해주기 바란다.

감사의 글

《브레인 에너지》집필을 시작했을 때, 주변에서는 단순한 메시지가 팔기 쉬울뿐더러 출판사들이 대부분 과학책에 큰 관심이 없다는 이유로 딱딱한 과학책보다는 가볍게 읽을 수 있는 자기계발서를 쓰는 편이 어떻겠냐고 권했다. 그런 의미에서 나와 이 책을 믿어주고, 사람들도 어느 한 분야와 우리의 삶을 더 나은 방향으로 바꿀 잠재력에 관련된 경우라면 과학과 복잡한 이야기라도 흥미를 느낀다는 것을 알아봐준 벤벨라 출판사, 그리고 레아 윌슨과 알렉사 스트븐슨에게 감사를 전한다.

편집자인 알렉사 스티븐슨은 예리한 통찰과 솔직한 피드백을 주고, 과학 이야기와 연구 결과들의 분량을 줄이기보다는 더 많이 추가하도록 나를 북돋아줬다. 알렉사가 처음에 뇌 에너지 이론에 대해 보여준 '건강한 의심' 덕분에 훨씬 좋은 책을 쓸 수 있어 감사의 말을 전한다.

에이전트인 린다 코너가 치열하게 이 책을 홍보해준 데 감사의 말을 전한다. 직접 만나보고 강한 사람이라는 것은 이미 알았지만 일하는 모습은 완전히 다른 차원의 멋짐이었다.

창의적인 의견을 제시하고, 세부적인 부분까지 꼼꼼하게 짚어주고,

일정을 잘 맞춰주고, 이 멋진 책이 나오기까지 함께해준 벤벨라 출판사 직원들의 모든 노력에 감사를 표한다.

캐런 웨인트라브, 앤 라우치, 줄리안 토런스, 에이미 유하스, 내 형제 데이비드 파머까지 이 책의 초기 검토자들이 초안을 읽고 격려와 비판을 아끼지 않아준 덕분에 에너지와 자신감을 얻어 책을 끝까지 쓸 수 있었다.

끝으로 지난 31년간(의대생 시절 포함) 만났던 모든 환자들 한 분 한 분 덕분에 정신질환과 인간에 대해 새로운 사실을 깨달았고, 이 책을 쓰는 데 큰 도움이 되었다. 당신들의 주치의라는 영광과 특권을 누릴 수 있게 해줘 감사하다. '대사 치료'에 참가해준 분들, 그중에서도 특히 기꺼이 자신의 사례를 이 책에 신도록 허락해준 분들과 강연, 텔레비전, 공영 라디오 방송에 공개적으로 함께해준 분들에게 감사를 전한다. 다양한 치료법을 시도해봤음에도 끝끝내 차도를 경험하지 못한 분들에게는 나뿐만 아니라 정신의학을 대표해 사과의 말씀을 드린다. 여러분 덕분에 받아들일 수 없는 패러다임을 받아들이는 법 대신 나 자신과 현행 정신 건강 분야의 방식에 의문을 품고 이의를 제기하는 법을 배웠다. 여러분이 신경과학, 생리학, 인간의 존재에 대해 끝없이 숙고하도록 북돋아줬다. 더 나은 답을 찾도록 밀어붙여 줬다. 이러한 고민과 답의 시작을 이 책이 잘 담아냈기를 바랄 따름이다.

브레인 에너지

1부 모든 정신질환은 연결되어 있다

1장 방법을 바꾸려면 정신 건강의 실태부터 알아야 한다

1   Saloni Dattani, Hannah Ritchie, and Max Roser. "Mental Health." OurWorldInData.org. https://ourworldindata.org/mental-health. Retrieved 10/15/2021.

2   R. C. Kessler, P. Berglund, O. Demler, R. Jin, K. R. Merikangas, and E. E. Walters. "Lifetime Prevalence and Age-of-Onset Distributions of DSM-IV Disorders in the National Comorbidity Survey Replication." *Arch Gen Psychiatry* 62(6) (2005): 593-602.

3   W. Wurm, K. Vogel, A. Holl, C. Ebner, D. Bayer, et al. "Depression-Burnout Overlap in Physicians." *PLOS ONE* 11(3): e0149913 (2016). doi: 10.1371/journal.pone.0149913.

4   Ben Wigert and Sangeeta Agrawal. "Employee Burnout, Part 1: The 5 Main Causes." Gallup. https://www.gallup.com/workplace/237059/employee-burnout-part-main-causes.aspx. Retrieved 5/28/19.

5   B. Bandelow and S. Michaelis. "Epidemiology of Anxiety Disorders in the 21st Century." *Dialogues Clin Neurosci* 17(3) (2015): 327-335. doi: 10.31887/DCNS.2015.17.3/bbandelow.

6   R. D. Goodwin, A. H. Weinberger, J. H. Kim, M. Wu, and S. Galea. "Trends in Anxiety Among Adults in the United States, 2008-2018: Rapid Increases Among Young Adults." *J Psychiatr Res.* 130 (2020): 441-446. doi: 10.1016/j.jpsychires.2020.08.014.

7   SAMHSA. "National Survey on Drug Use and Health: Comparison of 2008-2009 and 2016-2017 Population Percentages (50 States and the District of Columbia)." Substance Abuse and Mental Health Services Administration, US Department of Health and Human Services. https://www.samhsa.gov/data/sites/default/files/cbhsq-reports/NSDUHsaeTrendTabs2017/NSDUHsaeLongTermCHG2017.pdf. Retrieved 2/18/22.

8   CDC. "Data & Statistics on Autism Spectrum Disorder." Centers for Disease Control and Prevention, US Department of Health and Human Services. https://www.cdc.gov/ncbddd/autism/data.html. Retrieved 5/27/19.

9   S. H. Yutzy, C. R. Woofter, C. C. Abbott, I. M. Melhem, and B. S. Parish. "The Increasing Frequency of Mania and Bipolar Disorder: Causes and Potential Negative Impacts." *J Nerv*

Ment Dis. 200(5) (2012): 380–387. doi: 10.1097/NMD.0b013e3182531f17.

10 M. É. Czeisler, R. I. Lane, E. Petrosky, et al. "Mental Health, Substance Use, and Suicidal Ideation During the COVID-19 Pandemic-United States, June 24-30, 2020." *MMWR Morb Mortal Wkly Rep* 69 (2020): 1049-1057. doi: 10.15585/mmwr.mm6932a1external icon.

11 The Lancet Global Health. "Mental Health Matters." *Lancet Glob Health* 8(11) (November 2020): e1352.

12 Global Burden of Disease Collaborative Network. "Global Burden of Disease Study 2015 (GBD 2015) Life Expectancy, All-Cause and Cause-Specific Mortality 1980-2015." Seattle, United States: Institute for Health Metrics and Evaluation (IHME), 2016.

13 US Department of Housing and Urban Development. "The 2010 Annual Homeless Assessment Report to Congress." US Department of Housing and Urban Development. https://www.huduser.gov/portal/sites/default/files/pdf/2010HomelessAssessmentRepor t.pdf. Retrieved 7/24/21.

14 Doris J. James and Lauren E. Glaze. "Mental Health Problems of Prison and Jail Inmates." Bureau of Justice Statistics, US Dept. of Justice (September 2006). https://bjs.ojp.gov/ library/publications/mental-health-problems-prison-and-jail-inmates. Retrieved 7/24/21.

15 National Institute of Mental Health. "Major Depression." National Institute of Mental Health, US Dept. of Health and Human Services. https://www.nimh.nih.gov/health/ statistics/major-depression#:~:text=all%20U.S.%20adults.-,Treatment%20of%20 Major%20Depressive%20Episode%20Among%20Adults,treatment%20in%20the%20 past%20year. Retrieved 2/18/2022.

16 L. L. Judd, H. S. Akiskal, J. D. Maser, et al. "A Prospective 12-Year Study of Subsyndromal and Syndromal Depressive Symptoms in Unipolar Major Depressive Disorders." *Arch Gen Psychiatry.* 55(8) (1998): 694-700. doi: 10.1001/archpsyc.55.8.694.

17 Sidney Zisook, Gary R. Johnson, Ilanit Tal, Paul Hicks, Peijun Chen, Lori Davis, Michael Thase, Yinjun Zhao, Julia Vertrees, and Somaia Mohamed. "General Predictors and Moderators of Depression Remission: A VAST-D Report." *Am. J Psychiatry* 176(5) (May 1, 2019): 348-357. doi: 10.1176/appi.ajp.2018.18091079.

18 Diego Novick, Josep Maria Haro, David Suarez, Eduard Vieta, and Dieter Naber. "Recovery in the Outpatient Setting: 36-Month Results from the Schizophrenia Outpatients Health Outcomes (SOHO) Study." *Schizophr Res* 108(1) (2009): 223-230. doi: 10.1016/j.schres.2008.11.007.

19   Adam Rogers. "Star Neuroscientist Tom Insel Leaves the Google-Spawned Verily for ...
a Startup?" *Wired*. May 11, 2017. https://www.wired.com/2017/05/star-neuroscientist-
tom-insel-leaves-google-spawned-verily-startup/#:~:text=%E2%80%9CI%20
spent%2013%20years%20at,we%20moved%20the%20needle%20in.

2장 정신질환을 일으키는 원인은 무엇인가?

1   G. L. Engel. "The Need for a New Medical Model: A Challenge for Biomedicine." *Science*
196(4286) (1977): 129-136. doi: 10.1126/science.847460.

2   M. B. Howren, D. M. Lamkin, and J. Suls. "Associations of Depression with C-Reactive
Protein, IL-1, and IL-6: A Meta-Analysis." *Psychosom Med*. 71(2) (February 2009): 171-186.
doi: 10.1097/PSY.0b013e3181907c1b.

3   E. Setiawan, S. Attwells, A. A. Wilson, R. Mizrahi, P. M. Rusjan, L. Miler, C. Xu, S.
Sharma, S. Kish, S. Houle, and J. H. Meyer. "Association of Translocator Protein Total
Distribution Volume with Duration of Untreated Major Depressive Disorder: A Cross-
Sectional Study." *Lancet Psychiatry* 5(4) (April 2018): 339-347. doi: 10.1016/S2215-
0366(18)30048-8.

4   C. Zhuo, G. Li, X. Lin, et al. "The Rise and Fall of MRI Studies in Major Depressive
Disorder." *Transl Psychiatry* 9(335) (2019). doi.org/10.1038/s41398-019-0680-6.

5   A. L. Komaroff. "The Microbiome and Risk for Obesity and Diabetes." *JAMA* 317(4) (2017):
355-356. doi: 10.1001/jama.2016.20099; K. E. Bouter, D. H. van Raalte, A. K. Groen,
et al. "Role of the Gut Microbiome in the Pathogenesis of Obesity and Obesity-Related
Metabolic Dysfunction." *Gastroenterology* 152(7) (May 2017): 1671-1678. doi: 10.1053/
j.gastro.2016.12.048; E. A. Mayer, K. Tillisch, and A. Gupta. "Gut/Brain Axis and the
Microbiota." *J Clin Invest* 125(3) (2015): 926-938. doi: 10.1172/JCI76304.

6   J. A. Foster and K. A. McVey Neufeld. "Gut-Brain Axis: How the Microbiome Influences
Anxiety and Depression." *Trends Neurosci* 36(5) (May 2013): 305-312. doi: 10.1016/
j.tins.2013.01.005.

3장 정신질환에는 반드시 공통경로가 있다

1   American Psychiatric Association. *Diagnostic and Statistical Manual of Mental Disorders:
DSM-IV-TR*. 4th ed. Arlington, VA: American Psychiatric Association, 2000: 356. 《정신
장애의 진단 및 통계 편람 (제4판)》, 미국정신의학회 엮음, 이근후 옮김, 하나의학사, 1995)

2   E. Corruble, B. Falissard, and P. Gorwood. "Is DSM-IV Bereavement Exclusion for Major
Depression Relevant to Treatment Response? A Case-Control, Prospective Study." *J Clin*

Psychiatry 72(7) (July 2011): 898–902. doi: 10.4088/JCP.09m05681blu.

3   Alan F. Schatzberg. "Scientific Issues Relevant to Improving the Diagnosis, Risk Assessment, and Treatment of Major Depression." *Am J Psychiatry* 176(5) (2019): 342–47. doi: 10.1176/appi.ajp.2019.19030273.

4   M. K. Jha, A. Minhajuddin, C. South, A. J. Rush, and M. H. Trivedi. "Irritability and Its Clinical Utility in Major Depressive Disorder: Prediction of Individual-Level Acute-Phase Outcomes Using Early Changes in Irritability and Depression Severity." *Am J Psychiatry* 176(5) (May 1, 2019): 358–366. doi: 10.1176/appi.ajp.2018.18030355. Epub Mar 29, 2019. PMID: 30922100.

5   Maurice M. Ohayon and Alan F. Schatzberg. "Chronic Pain and Major Depressive Disorder in the General Population." *J Psychiatr Res* 44(7) (2010): 454–61. doi: 10.1016/j.jpsychires.2009.10.013.

6   R. C. Kessler, W. T. Chiu, O. Demler, and E. E. Walters. "Prevalence, Severity, and Comorbidity of 12-Month DSM-IV Disorders in the National Comorbidity Survey Replication." *Arch Gen Psychiatry* 62(6) (2005): 617–627. doi: 10.1001/archpsyc.62.6.617.

7   R. C. Kessler, P. Berglund, O. Demler, et al. "The Epidemiology of Major Depressive Disorder: Results from the National Comorbidity Survey Replication (NCS-R)." *JAMA* 289 (2003): 3095–3105. doi: 10.1001/jama.289.23.3095; B. W. Penninx, D. S. Pine, E. A. Holmes, and A. Reif. "Anxiety Disorders." *Lancet* 397(10277) (2021): 914–927.

8   M. Olfson, S. C. Marcus, and J. G. Wan. "Treatment Patterns for Schizoaffective Disorder and Schizophrenia Among Medicaid Patients." *Psychiatr Serv* 60 (2009): 210–216. doi: 10.1176/ps.2009.60.2.210.

9   Seth Himelhoch, Eric Slade, Julie Kreyenbuhl, Deborah Medoff, Clayton Brown, and Lisa Dixon. "Antidepressant Prescribing Patterns Among VA Patients with Schizophrenia." *Schizophr Res* 136(1) (2012): 32–35. doi: 10.1016/j.schres.2012.01.008.

10 P. D. Harvey, R. K. Heaton, W. T. Carpenter Jr., M. F. Green, J. M. Gold, and M. Schoenbaum. "Functional Impairment in People with Schizophrenia: Focus on Employability and Eligibility for Disability Compensation." *Schizophr Res* 140(1-3) (2012): 1–8. doi: 10.1016/j.schres.2012.03.025.

11 L. L. Judd, H. S. Akiskal, P. J. Schettler, et al. "The Long-Term Natural History of the Weekly Symptomatic Status of Bipolar I Disorder." *Arch Gen Psychiatry* 59(6) (June 2002): 530–537. doi: 10.1001/archpsyc.59.6.530.

12 "Biomarkers Outperform Symptoms in Parsing Psychosis Subgroups." National Institutes of Health. December 8, 2015. https://www.nih.gov/news-events/news-releases/

biomarkers-outperform-symptoms-parsing-psychosis-subgroups.

13   Maurice M. Ohayon and Alan F. Schatzberg. "Prevalence of Depressive Episodes with Psychotic Features in the General Population." *Am J Psychiatry* 159(11) (2002): 1855–1861. doi: 10.1176/appi.ajp.159.11.1855.

14   B. Bandelow and S. Michaelis. "Epidemiology of Anxiety Disorders in the 21st Century." *Dialogues Clin Neurosci* 17(3) (2015): 327–335. doi: 10.31887/DCNS.2015.17.3/bbandelow.

15   O. Plana-Ripoll, C. B. Pedersen, Y. Holtz, et al. "Exploring Comorbidity Within Mental Disorders Among a Danish National Population." *JAMA Psychiatry* 76(3) (2019): 259–270. doi: 10.1001/jamapsychiatry.2018.3658.

16   R. C. Kessler, W. T. Chiu, O. Demler, and E. E. Walters. "Prevalence, Severity, and Comorbidity of 12-Month DSM-IV Disorders in the National Comorbidity Survey Replication." *Arch Gen Psychiatry* 62(6) (2005): 617–627. doi: 10.1001/archpsyc.62.6.617.

17   M. C. Lai, C. Kassee, R. Besney, S. Bonato, L. Hull, W. Mandy, P. Szatmari, and S. H. Ameis. "Prevalence of Co-occurring Mental Health Diagnoses in the Autism Population: A Systematic Review and Meta-Analysis." *Lancet Psychiatry* 6(10) (October 2019): 819–829. doi: 10.1016/S2215-0366(19)30289-5.

18   O. Plana-Ripoll, C. B. Pedersen, Y. Holtz, et al. "Exploring Comorbidity Within Mental Disorders Among a Danish National Population." *JAMA Psychiatry* 76(3) (2019): 259–270. doi: 10.1001/jamapsychiatry.2018.3658.

19   National Institute of Mental Health. "Eating Disorders." National Institute of Mental Health, US Dept. of Health and Human Services. https://www.nimh.nih.gov/health/statistics/eating-disorders.shtml. Retrieved 7/24/21.

20   K. R. Merikangas, J. P. He, M. Burstein, S. A. Swanson, S. Avenevoli, L. Cui, C. Benjet, K. Georgiades, and J. Swendsen. "Lifetime Prevalence of Mental Disorders in U.S. Adolescents: Results from the National Comorbidity Survey Replication-Adolescent Supplement (NCS-A)." *J Am Acad Child Adolesc Psychiatry* 49(10) (October 2010): 980–989. http://www.ncbi.nlm.nih.gov/pubmed/20855043/.

21   O. Plana-Ripoll, C. B. Pedersen, Y. Holtz, et al. "Exploring Comorbidity Within Mental Disorders Among a Danish National Population." *JAMA Psychiatry* 76(3) (2019): 259–270. doi: 10.1001/jamapsychiatry.2018.3658.

22   B. B. Lahey, B. Applegate, J. K. Hakes, D. H. Zald, A. R. Hariri, and P. J. Rathouz. "Is There a General Factor of Prevalent Psychopathology During Adulthood?" *J Abnorm Psychol* 121(4) (2012): 971–977. doi: 10.1037/a0028355.

23   Avshalom Caspi and Terrie E. Moffitt. "All for One and One for All: Mental Disorders

in One Dimension." *Am J Psychiatry* 175(9) (2018): 831-44. doi: 10.1176/appi.
ajp.2018.17121383.

24   E. Pettersson, H. Larsson, and P. Lichtenstein. "Common Psychiatric Disorders Share
the Same Genetic Origin: A Multivariate Sibling Study of the Swedish Population." *Mol
Psychiatry* 21 (2016): 717-721. doi: 10.1038/mp.2015.116.

25   A. Caspi, R. M. Houts, A. Ambler, et al. "Longitudinal Assessment of Mental
Health Disorders and Comorbidities Across 4 Decades Among Participants in the
Dunedin Birth Cohort Study." *JAMA Netw* Open 3(4) (2020): e203221. doi: 10.1001/
jamanetworkopen.2020.3221.

4장 신체질환도 정신질환과 연결되어 있을까?

1   A. P. Rajkumar, H. T. Horsdal, T. Wimberley, et al. "Endogenous and Antipsychotic-
Related Risks for Diabetes Mellitus in Young People with Schizophrenia: A Danish
Population-Based Cohort Study." *Am J Psychiatry* 174 (2017): 686-694. doi: 10.1176/appi.
ajp.2016.16040442.

2   B. Mezuk, W. W. Eaton, S. Albrecht, and S. H. Golden. "Depression and Type 2 Diabetes
over the Lifespan: A Meta-Analysis." *Diabetes Care* 31 (2008): 2383-2390. doi: 10.2337/
dc08-0985.

3   K. Semenkovich, M. E. Brown, D. M. Svrakic, et al. "Depression and Diabetes." *Drugs* 75(6)
(2015): 577. doi: 10.1007/s40265-015-0347-4.

4   M. E. Robinson, M. Simard, I. Larocque, J. Shah, M. Nakhla, and E. Rahme. "Risk of
Psychiatric Disorders and Suicide Attempts in Emerging Adults with Diabetes." *Diabetes
Care* 43(2) (2020): 484-486. doi: 10.2337/dc19-1487.

5   Martin Strassnig, Roman Kotov, Danielle Cornaccio, Laura Fochtmann, Philip D.
Harvey, and Evelyn J. Bromet. "Twenty-Year Progression of Body Mass Index in a
County-Wide Cohort of People with Schizophrenia and Bipolar Disorder Identified
at Their First Episode of Psychosis." *Bipolar Disord* 19(5) (2017): 336-343. doi: 10.1111/
bdi.12505.

6   L. Mische Lawson and L. Foster. "Sensory Patterns, Obesity, and Physical Activity
Participation of Chil- dren with Autism Spectrum Disorder." *Am J Occup Ther* 70(5) (2016):
7005180070pl-7005180070p8. doi: 10.5014/ajot.2016.021535.

7   M. Afzal, N. Siddiqi, B. Ahmad, N. Afsheen, F. Aslam, A. Ali, R. Ayesha, M. Bryant, R.
Holt, H. Khalid, K. Ishaq, K. N. Koly, S. Rajan, J. Saba, N. Tirbhowan, and G. A. Zavala.
"Prevalence of Overweight and Obesity in People with Severe Mental Illness: Systematic

Review and Meta-Analysis." *Front Endocrinol* (Lausanne) 12 (2021): 769309. doi: 10.3389/fendo.2021.769309.

8   M. Shaw, P. Hodgkins, H. Caci, S. Young, J. Kahle, A. G. Woods, and L. E. Arnold. "A Systematic Review and Analysis of Long-Term Outcomes in Attention Deficit Hyperactivity Disorder: Effects of Treatment and Non-Treatment." *BMC Med* 10 (2012): 99. doi: 10.1186/1741-7015-10-99.

9   B. I. Perry, J. Stochl, R. Upthegrove, et al. "Longitudinal Trends in Childhood Insulin Levels and Body Mass Index and Associations with Risks of Psychosis and Depression in Young Adults." *JAMA Psychiatry.* Published online January 13, 2021. doi: 10.1001/jamapsychiatry.2020.4180.

10   V. C. Chen, Y. C. Liu, S. H. Chao, et al. "Brain Structural Networks and Connectomes: The Brain-Obesity Interface and its Impact on Mental Health." *Neuropsychiatr Dis Treat* 14 (November 26, 2018): 3199-3208. doi:10.2147/NDT.S180569; K. Thomas, F. Beyer, G. Lewe, et al. "Higher Body Mass Index Is Linked to Altered Hypothalamic Microstructure." *Sci Rep* 9(1) (2019): 17373. doi: 10.1038/s41598-019-53578-4.

11   M. Åström, R. Adolfsson, and K. Asplund. "Major Depression in Stroke Patients: A 3-year Longitudinal Study." *Stroke* 24(7) (1993): 976-982. doi: 10.1161/01.STR.24.7.976.

12   Heather S. Lett, James A. Blumenthal, Michael A. Babyak, Andrew Sherwood, Timothy Strauman, Clive Robins, and Mark F. Newman. "Depression as a Risk Factor for Coronary Artery Disease: Evidence, Mechanisms, and Treatment." *Psychosom Med* 66(3) (2004):305-15. doi: 10.1097/01.psy.0000126207.43307.c0.

13   Z. Fan, Y. Wu, J. Shen, T. Ji, and R. Zhan. "Schizophrenia and the Risk of Cardiovascular Diseases: A Meta-Analysis of Thirteen Cohort Studies." *J Psychiatr Res* 47(11) (2013): 1549-1556. doi: 10.1016/j.jpsychires.2013.07.011.

14   Lindsey Rosman, Jason J. Sico, Rachel Lampert, Allison E. Gaffey, Christine M. Ramsey, James Dziura, Philip W. Chui, et al. "Post-traumatic Stress Disorder and Risk for Stroke in Young and Middle-Aged Adults." *Stroke* 50(11) (2019): STROKEAHA.119.026854. doi: 10.1161/STROKEAHA.119.026854.

15   C. W. Colton and R. W. Manderscheid. "Congruencies in Increased Mortality Rates, Years of Potential Life Lost, and Causes of Death Among Public Mental Health Clients in Eight States." *Prev Chronic Dis* [serial online] (April 2006 [*date cited*]). Available from: http://www.cdc.gov/pcd/issues/2006/apr/05_0180.htm.

16   Oleguer Plana-Ripoll, et al. "A Comprehensive Analysis of Mortality-related Health Metrics Associated With Mental Disorders: A Nationwide, Register-based Cohort Study."

Lancet 394(10211) (2019): 1827–1835. doi: 10.1016/S0140-6736(19)32316-5.

17   S. E. Bojesen. "Telomeres and Human Health." *J Intern Med* 274(5) (2013): 399–413. doi: 10.1111/joim.12083.

18   Alzheimer's Association. "2022 Alzheimer's Disease Facts and Figures." *Alzheimers Dement* 18(4) (2022): 700–789. doi: 10.1002/alz.12638.

19   R. L. Ownby, E. Crocco, A. Acevedo, V. John, and D. Loewenstein. "Depression and Risk for Alzheimer Disease: Systematic Review, Meta-Analysis, and Meta-Regression Analysis." *Arch Gen Psychiatry* 63(5) (2006): 530–538. doi: 10.1001/archpsyc.63.5.530.

20   T. S. Stroup, M. Olfson, C. Huang, et al. "Age-Specific Prevalence and Incidence of Dementia Diagnoses Among Older US Adults with Schizophrenia." *JAMA Psychiatry* 78(6) (2021): 632–641. doi: 10.1001/jamapsychiatry.2021.0042.

21   M. Steinberg, H. Shao, P. Zandi, et al. "Point and 5-Year Period Prevalence of Neuropsychiatric Symptoms in Dementia: The Cache County Study." *Int J Geriatr Psychiatry* 23(2) (2008): 170–177. doi: 10.1002/gps.1858.

22   P. S. Murray, S. Kumar, M. A. Demichele-Sweet, R. A. Sweet. "Psychosis in Alzheimer's Disease." *Biol Psychiatry* 75(7) (2014): 542–552. doi: 10.1016/j.biopsych.2013.08.020.

23   Colin Reilly, Patricia Atkinson, Krishna B. Das, Richard F. M. C. Chin, Sarah E. Aylett, Victoria Burch, Christopher Gillberg, Rod C. Scott, and Brian G. R. Neville. "Neurobehavioral Comorbidities in Children with Active Epilepsy: A Population-Based Study." *Pediatrics* 133(6) (2014): e1586. doi: 10.1542/peds.2013-3787.

24   A. M. Kanner. "Anxiety Disorders in Epilepsy: The Forgotten Psychiatric Comorbidity." *Epilepsy Curr* 11(3) (2011): 90–91. doi: 10.5698/1535-7511-11.3.90.

25   M. F. Mendez, J. L. Cummings, and D. F. Benson. "Depression in Epilepsy: Significance and Phenomenology." *Arch Neurol* 43(8) (1986): 766–770. doi: 10.1001/archneur.1986.00520080014012.

26   C. E. Elger, S. A. Johnston, and C. Hoppe. "Diagnosing and Treating Depression in Epilepsy." *Seizure* 44(1) (2017): 184–193. doi: 10.1016/j.seizure.2016.10.018.

27   Alan B. Ettinger, Michael L. Reed, Joseph F. Goldberg, and Robert M.A. Hirschfeld. "Prevalence of Bipolar Symptoms in Epilepsy vs. Other Chronic Health Disorders." *Neurology* 65(4) (2005): 535. doi: 10.1212/01.wnl.0000172917.70752.05; Mario F. Mendez, Rosario Grau, Robert C. Doss, and Jody L. Taylor. "Schizophrenia in Epilepsy: Seizure and Psychosis Variables." *Neurology* 43(6) (1993): 1073–7. doi: 10.1212/wnl.43.6.1073.

28   S. S. Jeste and R. Tuchman. "Autism Spectrum Disorder and Epilepsy: Two Sides of the Same Coin?" *J Child Neurol* 30(14) (2015): 1963–1971. doi: 10.1177/0883073815601501.

29 E. H. Lee, Y. S. Choi, H. S. Yoon, and G. H. Bahn. "Clinical Impact of Epileptiform Discharge in Children with Attention-Deficit/Hyperactivity Disorder (ADHD)." *J Child Neurol* 31(5) (2016): 584–588. doi: 10.1177/0883073815604223.

30 D. C. Hesdorffer, P. Ludvigsson, E. Olafsson, G. Gudmundsson, O. Kjartansson, and W. A. Hauser. "ADHD as a Risk Factor for Incident Unprovoked Seizures and Epilepsy in Children." *Arch Gen Psychiatry* 61(7) (2004): 731–736. doi: 10.1001/archpsyc.61.7.731.

31 D. C. Hesdorffer, W. A. Hauser, and J. F. Annegers. "Major Depression Is a Risk Factor for Seizures in Older Adults." *Ann Neurol* 47(2) (2001): 246–249. doi: 10.1002/1531-8249(200002)47:2%3C246::AID-ANA17%3E3.0.CO;2-E.

32 G. E. Dafoulas, K. A. Toulis, D. Mccorry, et al. "Type 1 Diabetes Mellitus and Risk of Incident Epilepsy: A Population-Based, Open-Cohort Study." *Diabetologia* 60(2) (2017): 258–261. doi: 10.1007/s00125-016-4142-x.

33 I. C. Chou, C. H. Wang, W. D. Lin, F. J. Tsai, C. C. Lin, and C. H. Kao. "Risk of Epilepsy in Type 1 Diabetes Mellitus: A Population-Based Cohort Study." *Diabetologia* 59 (2016): 1196–1203. doi: 10.1007/s00125-016-3929-0.

34 M. Baviera, M. C. Roncaglioni, M. Tettamanti, et al. "Diabetes Mellitus: A Risk Factor for Seizures in the Elderly-A Population-Based Study." *Acta Diabetol* 54 (2017): 863. doi: 10.1007/s00592-017-1011-0.

35 S. Gao, J. Juhaeri, and W. S. Dai. "The Incidence Rate of Seizures in Relation to BMI in UK Adults." *Obesity* 16 (2008): 2126–2132. doi: 10.1038/oby.2008.310.

36 N. Razaz, K. Tedroff, E. Villamor, and S. Cnattingius. "Maternal Body Mass Index in Early Pregnancy and Risk of Epilepsy in Offspring." *JAMA Neurol* 74(6) (2017): 668–676. doi: 10.1001/jamaneurol.2016.6130.

2부 밝혀진 연결고리, 뇌 에너지 이론

5장 정신질환은 대사 문제에서 비롯된다

1 Albert Einstein and Leopold Infeld. *The Evolution of Physics.* Edited by C. P. Snow. (Cambridge: Cambridge University Press, 1938).

2 F. A. Azevedo, L. R. Carvalho, L. T. Grinberg, J. M. Farfel, R. E. Ferretti, R. E. Leite, W. J. Filho, R. Lent, and S. Herculano-Houzel. "Equal Numbers of Neuronal and Nonneuronal Cells Make the Human Brain an Isometrically Scaled-Up Primate Brain." *J Comp Neurol* 513 (2009): 532–541. doi: 10.1002/cne.21974.

1   J. D. Gray, T. G. Rubin, R. G. Hunter, and B. S. McEwen. "Hippocampal Gene Expression Changes Underlying Stress Sensitization and Recovery." *Mol Psychiatry* 19(11) (2014): 1171–1178. doi: 10.1038/mp.2013.175.

2   K. Hughes, M. A. Bellis, K. A. Hardcastle, D. Sethi, A. Butchart, C. Mikton, L. Jones, and M. P. Dunne. "The Effect of Multiple Adverse Childhood Experiences on Health: A Systematic Review and Meta-Analysis." *Lancet Public Health* 2(8) (August 2017): e356–e366. doi: 10.1016/S2468-2667(17)30118-4.

3   D. W. Brown, R. F. Anda, H. Tiemeier, V. J. Felitti, V. J. Edwards, J. B. Croft, and W. H. Giles. "Adverse Childhood Experiences and the Risk of Premature Mortality." *Am J Prev Med* 37(5) (2009): 389–396. doi: 10.1016/j.amepre.2009.06.021.

4   M. Sato, E. Ueda, A. Konno, H. Hirai H, Y. Kurauchi, A. Hisatsune, H. Katsuki, and T. Seki. "Glucocorticoids Negatively Regulates Chaperone Mediated Autophagy and Microautophagy." *Biochem Biophys Res Commun* 528(1) (July 12, 2020): 199–205. doi: 10.1016/j.bbrc.2020.04.132.

5   N. Mizushima and B. Levine. "Autophagy in Human Diseases." *N Engl J Med* 383(16) (October 15, 2020): 1564–1576. doi: 10.1056/NEJMra2022774; Tamara Bar-Yosef, Odeya Damri, and Galila Agam. "Dual Role of Autophagy in Diseases of the Central Nervous System." *Front Cellular Neurosci* 13 (2019): 196. doi: 10.3389/fncel.2019.00196.

6   Daniel J. Klionsky, Giulia Petroni, Ravi K. Amaravadi, Eric H. Baehrecke, Andrea Ballabio, Patricia Boya, José Manuel Bravo-San Pedro, et al. "Autophagy in Major Human Diseases." *The EMBO Journal* 40(19) (2021): e108863. doi: 10.15252/embj.2021108863.

7   J. R. Buchan and R. Parker. "Eukaryotic Stress Granules: The Ins and Outs of Translation." *Mol Cell* 36(6) (2009): 932–941. doi: 10.1016/j.molcel.2009.11.020.

8   J. M. Silva, S. Rodrigues, B. Sampaio-Marques, et al. "Dysregulation of Autophagy and Stress Granule-Related Proteins in Stress-Driven Tau Pathology." *Cell Death Differ* 26 (2019): 1411–1427. doi: 10.1038/ s41418-018-0217-1.

9   E. S. Epel, E. H. Blackburn, J. Lin, F. S. Dhabhar, N. E. Adler, J. D. Morrow, and R. M. Cawthon. "Accelerated Telomere Shortening in Response to Life Stress." *Proc Natl Acad Sci USA* 101(49) (2004): 17312–17315. doi: 10.1073/pnas.0407162101.

10   B. L. Miller. "Science Denial and COVID Conspiracy Theories: Potential Neurological Mechanisms and Possible Responses." *JAMA* 324(22) (2020): 2255–2256. doi: 10.1001/jama.2020.21332.

11   K. Maijer, M. Hayward, C. Fernyhough, et al. "Hallucinations in Children and

Adolescents: An Updated Review and Practical Recommendations for Clinicians." *Schizophr Bull* 45(45 Suppl 1) (2019): S5-S23. doi: 10.1093/schbul/sby119.

12   M. Ohayon, R. Priest, M. Caulet, and C. Guilleminault. "Hypnagogic and Hypnopompic Hallucinations: Pathological Phenomena?" *British Journal of Psychiatry* 169(4) (1996): 459-467. doi: 10.1192/bjp.169.4.459.

13   C. Zhuo, G. Li, X. Lin, et al. "The Rise and Fall of MRI Studies in Major Depressive Disorder." *Transl Psychiatry* 9(1) (2019): 335. doi: 10.1038/s41398-019-0680-6.

14   B. O. Rothbaum, E. B. Foa, D. S. Riggs, T. Murdock, and W. Walsh. "A Prospective Examination of Post-Traumatic Stress Disorder in Rape Victims." *J. Trauma Stress* 5 (1992): 455-475. doi: 10.1002/jts.2490050309.

7장 희망의 공통경로, 미토콘드리아

1   Nick Lane. *Power, Sex, Suicide: Mitochondria and the Meaning of Life* (Oxford: Oxford University Press, 2005). (《미토콘드리아》, 닉 레인 지음, 김정은 옮김, 뿌리와이파리, 2009)

2   Siv G. E. Andersson, Alireza Zomorodipour, Jan O. Andersson, Thomas Sicheritz-Pontén, U. Cecilia M. Alsmark, Raf M. Podowski, A. Kristina Näslund, Ann-Sofie Eriksson, Herbert H. Winkler, and Charles G. Kurland. "The Genome Sequence of Rickettsia Prowazekii and the Origin of Mitochondria." *Nature* 396(6707) (1998): 133-40. doi: 10.1038/24094.

3   Lane. *Power, Sex, Suicide.*

4   Lane. *Power, Sex, Suicide.*

5   X. H. Zhu, H. Qiao, F. Du, et al. "Quantitative Imaging of Energy Expenditure in Human Brain." *Neuroimage* 60(4) (2012): 2107-2117. doi: 10.1016/j.neuroimage.2012.02.013.

6   R. L. Frederick and J. M. Shaw. "Moving Mitochondria: Establishing Distribution of an Essential Organelle." *Traffic* 8(12) (2007): 1668-1675. doi: 10.1111/j.1600-0854.2007.00644.x.

7   D. Safiulina and A. Kaasik. "Energetic and Dynamic: How Mitochondria Meet Neuronal Energy Demands." *PLoS Biol* 11(12) (2013): e1001755. doi: 10.1371/journal.pbio.1001755.

8   R. L. Frederick and J. M. Shaw. "Moving Mitochondria: Establishing Distribution of an Essential Organelle." *Traffic* 8(12) (2007): 1668-1675. doi: 10.1111/j.1600-0854.2007.00644.x.

9   R. Rizzuto, P. Bernardi, and T. Pozzan. "Mitochondria as All-Round Players of the Calcium Game." *J Physiol* 529 Pt 1(Pt 1) (2000): 37-47. doi: 10.1111/j.1469-7793.2000.00037.x.

10   Z. Gong, E. Tas, and R. Muzumdar. "Humanin and Age-Related Diseases: A New Link?" *Front Endocrinol* (Lausanne) 5 (2014): 210. doi: 10.3389/fendo.2014.00210.

11   S. Kim, J. Xiao, J. Wan, P. Cohen, and K. Yen. "Mitochondrially Derived Peptides as Novel Regulators of Metabolism." *J Physiol* 595 (2017): 6613-6621. doi: 10.1113/JP274472.

12   L. Guo, J. Tian, and H. Du. "Mitochondrial Dysfunction and Synaptic Transmission Failure in Alzheimer's Disease." *J Alzheimers Dis* 57(4) (2017): 1071-1086. doi: 10.3233/JAD-160702.

13   Sergej L. Mironov and Natalya Symonchuk. "ER Vesicles and Mitochondria Move and Communicate at Synapses." *Journal of Cell Science* 119(23) (2006): 4926. doi: 10.1242/jcs.03254.

14   Sanford L. Palay. "Synapses in the Central Nervous System." *J Biophys and Biochem Cytol* 2(4) (1956): 193. doi: 10.1083/jcb.2.4.193.

15   Alexandros K. Kanellopoulos, Vittoria Mariano, Marco Spinazzi, Young Jae Woo, Colin McLean, Ulrike Pech, Ka Wan Li, et al. "Aralar Sequesters GABA into Hyperactive Mitochondria, Causing Social Behavior Deficits." *Cell* 180(6) (2020): 1178-1197.e20. doi: 10.1016/j.cell.2020.02.044.

16   A. West, G. Shadel, and S. Ghosh. "Mitochondria in Innate Immune Responses." *Nat Rev Immunol* 11(6) (2011): 389-402. doi: 10.1038/nri2975.

17   A. Meyer, G. Laverny, L. Bernardi, et al. "Mitochondria: An Organelle of Bacterial Origin Controlling Inflammation." *Front Immunol* 9 (2018): 536. doi: 10.3389/fimmu.2018.00536.

18   Sebastian Willenborg, David E. Sanin, Alexander Jais, Xiaolei Ding, Thomas Ulas, Julian Nüchel, Milica Popovic , et al. "Mitochondrial Metabolism Coordinates Stage-Specific Repair Processes in Macrophages During Wound Healing." *Cell Metab* 33(12) (2021): 2398-2414. doi: 10.1016/j.cmet.2021.10.004.

19   L. Galluzzi, T. Yamazaki, and G. Kroemer. "Linking Cellular Stress Responses to Systemic Homeostasis." *Nat Rev Mol Cell Biol* 19(11) (2018): 731-745. doi: 10.1038/s41580-018-0068-0.

20   M. Picard, M. J. McManus, J. D. Gray, et al. "Mitochondrial Functions Modulate Neuroendocrine, Metabolic, Inflammatory, and Transcriptional Responses to Acute Psychological Stress." *Proc Natl Acad Sci USA* 112(48) (2015): E6614-E6623. doi: 10.1073/pnas.1515733112.

21   M. P. Murphy. "How Mitochondria Produce Reactive Oxygen Species." *Biochem J* 417(1) (2009): 1-13. doi: 10.1042/BJ20081386.

22   Edward T. Chouchani, Lawrence Kazak, Mark P. Jedrychowski, Gina Z. Lu, Brian K.

Erickson, John Szpyt, Kerry A. Pierce, et al. "Mitochondrial ROS Regulate Thermogenic Energy Expenditure and Sulfenylation of UCP1." *Nature* 532(7597) (2016): 112. doi: 10.1038/nature17399.

23 S. Reuter, S. C. Gupta, M. M. Chaturvedi, and B. B. Aggarwal. "Oxidative Stress, Inflammation, and Cancer: How Are They Linked?" *Free Radic Biol Med* 49(11) (2010): 1603–1616. doi: 10.1016/j.freeradbiomed.2010.09.006.

24 A. Y. Andreyev, Y. E. Kushnareva, and A. A. Starkov. "Mitochondrial Metabolism of Reactive Oxygen Species." *Biochemistry* (Mosc.) 70(2) (2005): 200–214. doi: 10.1007/s10541-005-0102-7.

25 M. Schneeberger, M. O. Dietrich, D. Sebastián, et al. "Mitofusin 2 in POMC Neurons Connects ER Stress with Leptin Resistance and Energy Imbalance." *Cell* 155(1) (2013): 172–187. doi: 10.1016/j. cell.2013.09.003; M. O. Dietrich, Z. W. Liu, and T. L. Horvath. "Mitochondrial Dynamics Controlled by Mitofusins Regulate Agrp Neuronal Activity and Diet-Induced Obesity." *Cell* 155(1) (2013): 188–199. doi: 10.1016/j.cell.2013.09.004.

26 Petras P. Dzeja, Ryan Bortolon, Carmen Perez-Terzic, Ekshon L. Holmuhamedov, and Andre Terzic. "Energetic Communication Between Mitochondria and Nucleus Directed by Catalyzed Phosphotransfer." *Proc Natl Acad Sci USA* 99(15) (2002): 10156. doi: 10.1073/pnas.152259999.

27 E.A. Schroeder, N. Raimundo, and G. S. Shadel. "Epigenetic Silencing Mediates Mitochondria Stress-In- duced Longevity." *Cell Metab* 17(6) (2013): 954–964. doi: 10.1016/j.cmet.2013.04.003.

28 M. D. Cardamone, B. Tanasa, C. T. Cederquist, et al. "Mitochondrial Retrograde Signaling in Mammals Is Mediated by the Transcriptional Cofactor GPS2 via Direct Mitochondria-to-Nucleus Translocation." *Mol Cell* 69(5) (2018): 757–772.e7. doi: 10.1016/j.molcel.2018.01.037.

29 K. H. Kim, J. M. Son, B. A. Benayoun, and C. Lee. "The Mitochondrial-Encoded Peptide MOTS-c Trans- locates to the Nucleus to Regulate Nuclear Gene Expression in Response to Metabolic Stress." *Cell Metab* 28(3) (2018): 516–524.e7. doi: 10.1016/j.cmet.2018.06.008.

30 M. Picard, J. Zhang, S. Hancock, et al. "Progressive Increase in mtDNA 3243A〉G Heteroplasmy Causes Abrupt Transcriptional Reprogramming." *Proc Natl Acad Sci USA* 111(38) (2014): E4033–E4042. doi: 10.1073/pnas.1414028111.

31 A. Kasahara and L. Scorrano. "Mitochondria: From Cell Death Executioners to Regulators of Cell Differentiation." *Trends Cell Biol* 24(12) (2014): 761–770. doi: 10.1016/j.tcb.2014.08.005.

32   A. Kasahara, S. Cipolat, Y. Chen, G. W. Dorn, and L. Scorrano. "Mitochondrial Fusion Directs Cardiomyocyte Differentiation via Calcineurin and Notch Signaling." *Science* 342(6159) (2013): 734–737. doi: 10.1126/science.1241359.

33   Nikolaos Charmpilas and Nektarios Tavernarakis. "Mitochondrial Maturation Drives Germline Stem Cell Differentiation in Caenorhabditis elegans." *Cell Death Differ* 27(2) (2019). doi: 10.1038/s41418-019-0375-9.

34   Ryohei Iwata and Pierre Vanderhaeghen. "Regulatory Roles of Mitochondria and Metabolism in Neurogenesis." *Curr Opin Neurobiol* 69 (2021): 231–240. doi: 10.1016/j.conb.2021.05.003.

35   A. S. Rambold and J. Lippincott-Schwartz. "Mechanisms of Mitochondria and Autophagy Crosstalk." *Cell Cycle* 10(23) (2011): 4032–4038. doi: 10.4161/cc.10.23.18384.

36   Lane. *Power, Sex, Suicide.*

37   Jerry Edward Chipuk, Jarvier N. Mohammed, Jesse D. Gelles, and Yiyang Chen. "Mechanistic Connections Between Mitochondrial Biology and Regulated Cell Death." *Dev Cell* 56(9) (2021). doi: 10.1016/j.devcel.2021.03.033.

38   Lane. *Power, Sex, Suicide.*

8장 미토콘드리아와 뇌 에너지 불균형

1   O. Lingjaerde. "Lactate-Induced Panic Attacks: Possible Involvement of Serotonin Reuptake Stimulation." *Acta Psychiatr Scand* 72(2) (985): 206–208. doi: 10.1111/j.1600-0447.1985.tb02596.x. PMID: 4050513.

2   M. B. First, W. C. Drevets, C. Carter, et al. "Clinical Applications of Neuroimaging in Psychiatric Disorders." *Am J Psychiatry* 175(9) (2018): 915–916. doi: 10.1176/appi.ajp.2018.1750701.

3   D. C. Wallace. "A Mitochondrial Etiology of Neuropsychiatric Disorders." *JAMA Psychiatry* 74(9) (2017): 863–864. doi: 10.1001/jamapsychiatry.2017.0397.

4   T. Kozicz, A. Schene, and E. Morava. "Mitochondrial Etiology of Psychiatric Disorders: Is This the Full Story?" *JAMA Psychiatry* 75(5) (2018): 527. doi: 10.1001/jamapsychiatry.2018.0018.

5   M. D. Brand and D. G. Nicholls. "Assessing Mitochondrial Dysfunction in Cells" [published correction appears in *Biochem J* 437(3) (August 1, 2011): 575]. *Biochem J* 435(2) (2011): 297–312. doi: 10.1042/BJ20110162.

6   I. R. Lanza and K. S. Nair. "Mitochondrial Metabolic Function Assessed In Vivo and In Vitro." *Curr Opin Clin Nutr Metab Care* 13(5) (2010): 511–517. doi: 10.1097/

MCO,0b013e32833cc93d.

7   A. H. De Mello, A. B. Costa, J. D. G. Engel, and G. T. Rezin. "Mitochondrial Dysfunction in Obesity." *Life Sci* 192 (2018): 26-32. doi: 10.1016/j.lfs.2017.11.019.

8   P. H. Reddy and M. F. Beal. "Amyloid Beta, Mitochondrial Dysfunction and Synaptic Damage: Implications for Cognitive Decline in Aging and Alzheimer's Disease." *Trends Mol Med* 14(2) (2008): 45-53. doi: 10.1016/j.molmed.2007.12.002.

9   Estela Area-Gomez, Ad de Groof, Eduardo Bonilla, Jorge Montesinos, Kurenai Tanji, Istvan Boldogh, Liza Pon, and Eric A. Schon. "A Key Role for MAM in Mediating Mitochondrial Dysfunction in Alzheimer Disease." *Cell Death Dis* 9(3) (2018): 335. doi: 10.1038/s41419-017-0215-0; R. H. Swerdlow. "Mitochondria and Mitochondrial Cascades in Alzheimer's Disease." *J Alzheimers Dis* 62(3) (2018): 1403-1416. doi: 10.3233/JAD-170585.

10   Fei Du, Xiao-Hong Zhu, Yi Zhang, Michael Friedman, Nanyin Zhang, Kâmil Ug urbil, and Wei Chen. "Tightly Coupled Brain Activity and Cerebral ATP Metabolic Rate." *Proc Natl Acad Sci USA* 105(17) (2008): 6409. doi: 10.1073/pnas.0710766105.

11   K. Todkar, H. S. Ilamathi, M. Germain. "Mitochondria and Lysosomes: Discovering Bonds." *Front Cell Dev Biol* 5 (2017):106. doi: 10.3389/fcell.2017.00106.

12   Q. Chu, T. F. Martinez, S. W. Novak, et al. "Regulation of the ER Stress Response by a MITOCHONDRIAL MICROPROTEIN." *Nat Commun* 10 (2019): 4883. doi: 10.1038/s41467-019-12816-z.

13   B. Kalman, F. D. Lublin, and H. Alder. "Impairment of Central and Peripheral Myelin in Mitochondrial Diseases." *Mult Scler* 2(6) (1997): 267-278. doi: 10.1177/135245859700200602; E. M. R. Lake, E. A. Steffler, C. D. Rowley, et al. "Altered Intracortical Myelin Staining in the Dorsolateral Prefrontal Cortex in Severe Mental Illness." *Eur Arch Psychiatry Clin Neurosci* 267 (2017): 369-376. doi: 10.1007/s00406-016-0730-5; J. Rice and C. Gu. "Function and Mechanism of Myelin Regulation in Alcohol Abuse and Alcoholism." *Bioessays* 41(7) (2019): e1800255. doi: 10.1002/bies.201800255. Epub May 16, 2019; Gerhard S. Drenthen, Walter H. Backes, Albert P. Aldenkamp, R. Jeroen Vermeulen, Sylvia Klinkenberg, and Jacobus F. A. Jansen. "On the Merits of Non-Invasive Myelin Imaging in Epilepsy, a Literature Review." *J Neurosci Methods* 338 (2020): 108687. doi: 10.1016/j.jneumeth.2020.108687; E. Papuc and K. Rejdak. "The Role of Myelin Damage in Alzheimer's Disease Pathology." *Arch Med Sci* 16(2) (2018): 345-351. doi: 10.5114/aoms.2018.76863; G. Cermenati, F. Abbiati, S. Cermenati, et al. "Diabetes-Induced Myelin Abnormalities Are Associated with an Altered Lipid Pattern: Protective

Effects of LXR Activation." *J Lipid Res* 53(2) (2012): 300-310. doi: 10.1194/jlr.M021188;
M. Bouhrara, N. Khattar, P. Elango, et al. "Evidence of Association Between Obesity and
Lower Cerebral Myelin Content in Cognitively Unimpaired Adults." *Int J Obes* (Lond) 45(4)
(2021): 850-859. doi: 10.1038/s41366-021-00749-x.

14   A. Ebneth, R. Godemann, K. Stamer, S. Illenberger, B. Trinczek, and E. Mandelkow.
"Overexpression of Tau Protein Inhibits Kinesin-Dependent Trafficking of Vesicles,
Mitochondria, and Endoplasmic Reticulum: Implications for Alzheimer's Disease." *J Cell
Biol* 143(3) (1998): 777-794. doi: 10.1083/jcb.143.3.777.

15   A. Cheng, J. Wang, N. Ghena, Q. Zhao, I. Perone, T. M. King, R. L. Veech, M. Gorospe,
R. Wan, and M. P. Mattson. "SIRT3 Haploinsufficiency Aggravates Loss of GABAergic
Interneurons and Neuronal Network Hyperexcitability in an Alzheimer's Disease Model."
J Neurosci 40(3) (2020): 694-709. doi: 10.1523/ JNEUROSCI.1446-19.2019.

16   J. Mertens, et al. "Differential Responses to Lithium in Hyperexcitable Neurons from
Patients with Bipolar Disorder." *Nature* 527(7576) (2015): 95-99. doi: 10.1038/nature15526.

17   J. A. Rosenkranz, E. R. Venheim, and M. Padival. "Chronic Stress Causes Amygdala
Hyperexcitability in Rodents." *Biol Psychiatry* 67(12) (2010): 1128-1136. doi: 10.1016/
j.biopsych.2010.02.008.

18   Marco Morsch, Rowan Radford, Albert Lee, Emily Don, Andrew Badrock, Thomas Hall,
Nicholas Cole, and Roger Chung. "In Vivo Characterization of Microglial Engulfment
of Dying Neurons in the Zebrafish Spinal Cord." *Front Cell Neurosci* 9 (2015): 321. doi:
10.3389/fncel.2015.00321.

19   D. Alnæs, T. Kaufmann, D. van der Meer, et al. "Brain Heterogeneity in Schizophrenia
and Its Association with Polygenic Risk." *JAMA Psychiatry* 76(7) (published online April 10,
2019): 739-748. doi: 10.1001/ jamapsychiatry.2019.0257.

20   J. Allen, R. Romay-Tallon, K. J. Brymer, H. J. Caruncho, and L. E. Kalynchuk.
"Mitochondria and Mood: Mitochondrial Dysfunction as a Key Player in the
Manifestation of Depression." *Front Neurosci* 12 (June 6, 2018): 386. doi: 10.3389/
fnins.2018.00386.

21   D. Ben-Shachar and R. Karry. "Neuroanatomical Pattern of Mitochondrial Complex I
Pathology Varies Between Schizophrenia, Bipolar Disorder and Major Depression." *PLoS
One* 3(11) (2008): e3676. doi: 10.1371/journal.pone.0003676.

22   J. Pu, Y. Liu, H. Zhang, et al. "An Integrated Meta-Analysis of Peripheral Blood
Metabolites and Biological Functions in Major Depressive Disorder." *Mol Psychiatry* 26
(2020): 4265-4276. doi: 10.1038/ s41380-020-0645-4.

23　C. Nasca, B. Bigio, F. S. Lee, et al. "Acetyl-L-Carnitine Deficiency in Patients with Major Depressive Disorder." *Proc Natl Acad Sci USA* 115(34) (2018): 8627-8632. doi: 10.1073/pnas.1801609115.

24　Ait Tayeb, Abd El Kader, Romain Colle, Khalil El-Asmar, Kenneth Chappell, Cécile Acquaviva-Bourdain, Denis J. David, Séverine Trabado, et al. "Plasma Acetyl-L-Carnitine and L-Carnitine in Major Depressive Episodes: A Case-Control Study Before and After Treatment." *Psychol Med* (2021): 1-10. doi: 10.1017/S003329172100413X.

25　E. Gebara, O. Zanoletti, S. Ghosal, J. Grosse, B. L. Schneider, G. Knott, S. Astori, and C. Sandi. "Mitofusin-2 in the Nucleus Accumbens Regulates Anxiety and Depression-like Behaviors Through Mitochondrial and Neuronal Actions." *Biol Psychiatry* 89(11) (2021): 1033-1044. doi: 10.1016/j.biopsych.2020.12.003.

26　M. D. Altschule, D. H. Henneman, P. Holliday, and R. M. Goncz. "Carbohydrate Metabolism in Brain Disease. VI. Lactate Metabolism After Infusion of Sodium d-Lactate in Manic-Depressive and Schizophrenic Psychoses." *AMA Arch Intern Med* 98 (1956): 35-38. doi: 10.1001/archinte.1956.00250250041006.

27　Gerwyn Morris, Ken Walder, Sean L. McGee, Olivia M. Dean, Susannah J. Tye, Michael Maes, and Michael Berk. "A Model of the Mitochondrial Basis of Bipolar Disorder." *Neurosci Biobehav Rev* 74 (2017): 1-20. doi: 10.1016/j.neubiorev.2017.01.014.

28　Anna Giménez-Palomo, Seetal Dodd, Gerard Anmella, Andre F. Carvalho, Giselli Scaini, Joao Quevedo, Isabella Pacchiarotti, Eduard Vieta, and Michael Berk. "The Role of Mitochondria in Mood Disorders: From Physiology to Pathophysiology and to Treatment." *Front Psychiatry* 12 (2021): 977. doi: 10.3389/fpsyt.2021.546801.

29　D. Wang, Z. Li, W. Liu, et al. "Differential Mitochondrial DNA Copy Number in Three Mood States of Bipolar Disorder." *BMC Psychiatry* 18 (2018): 149. doi: 10.1186/s12888-018-1717-8.

30　G. Preston, F. Kirdar, and T. Kozicz. "The Role of Suboptimal Mitochondrial Function in Vulnera- bility to Post-traumatic Stress Disorder." *J Inherit Metab Dis* 41(4) (2018): 585-596. doi: 10.1007/s10545-018-0168-1.

31　S. Ali, M. Patel, S. Jabeen, R. K. Bailey, T. Patel, M. Shahid, W. J. Riley, and A. Arain. "Insight into Delirium." *Innov Clin Neurosci* 8(10) (2011): 25-34. PMID: 22132368.

32　A. J. Slooter, D. Van, R. R. Leur, and I. J. Zaal. "Delirium in Critically Ill Patients." *Handb Clin Neurol* 141 (2017): 449-466. doi: 10.1016/B978-0-444-63599-0.00025-9.

33　G. L. Engel and J. Romano. "Delirium, a Syndrome of Cerebral Insufficiency." *J Chronic Dis.* 9(3) (1959): 260-277. doi: 10.1016/0021-9681(59)90165-1.

34   J. E. Wilson, M. F. Mart, C. Cunningham, et al. "Delirium." *Nat Rev Dis Primers* 6 (2020): 90. doi: 10.1038/s41572-020-00223-4.

35   L. R. Haggstrom, J. A. Nelson, E. A. Wegner, and G. A. Caplan. "2-(18)F-fluoro-2-deoxyglucose Positron Emission Tomography in Delirium." *J. Cereb. Blood Flow Metab* 37(11) (2017): 3556-3567. doi: 10.1177/0271678X17701764.

36   A. J. Slooter, D. Van, R. R. Leur, and I. J. Zaal. "Delirium in Critically Ill Patients." *Handb Clin Neurol* 141 (2017): 449-466. doi: 10.1016/B978-0-444-63599-0.00025-9; T. E. Goldberg, C. Chen, Y. Wang, et al. "Association of Delirium with Long-Term Cognitive Decline: A Meta-analysis." *JAMA Neurol.* Published online July 13, 2020. doi: 10.1001/jamaneurol.2020.2273.

37   G. Naeije, I. Bachir, N. Gaspard, B. Legros, and T. Pepersack. "Epileptic Activities and Older People Delirium." *Geriatr Gerontol Int* 14(2) (2014): 447-451. doi: 10.1111/ggi.12128.

38   Jorge I. F. Salluh, Han Wang, Eric B. Schneider, Neeraja Nagaraja, Gayane Yenokyan, Abdulla Damluji, Rodrigo B. Serafim, and Robert D. Stevens. "Outcome of Delirium in Critically Ill Patients: Systematic Review and Meta-Analysis." *BMJ* 350 (2015). doi: 10.1136/bmj.h2538.

39   Sharon K. Inouye. "Delirium in Older Persons." *N Engl J Med* 354(11) (2006): 1157-65. doi: 10.1056/NEJMra052321.

40   Robert Hatch, Duncan Young, Vicki Barber, John Griffiths, David A. Harrison, and Peter Watkinson. "Anxiety, Depression and Post Traumatic Stress Disorder after Critical Illness: A UK-Wide Prospective Cohort Study." *Crit Care* 22(1) (2018): 310. doi: 10.1186/s13054-018-2223-6.

41   O. Plana-Ripoll, C. B. Pedersen, Y. Holtz, et al. "Exploring Comorbidity Within Mental Disorders Among a Danish National Population." *JAMA Psychiatry* (published online January 16, 2019). doi: 10.1001/jama-psychiatry.2018.3658ArticleGoogle Scholar.

3부 뇌 에너지 이론이 가져올 혁명

10장 정신질환은 가족력의 영향을 얼마나 받을까?

1   S. Umesh and S. H. Nizamie. "Genetics in Psychiatry." *Indian J Hum Genet* 20(2) (2014): 120-128. doi: 10.4103/0971-6866.142845.

2   Richard Border, Emma C. Johnson, Luke M. Evans, Andrew Smolen, Noah Berley,

Patrick F. Sullivan, and Matthew C. Keller. "No Support for Historical Candidate Gene or Candidate Gene-by-Interaction Hypotheses for Major Depression Across Multiple Large Samples." *Am J Psychiatry* 176(5) (2019): 376-387. doi: 10.1176/appi.ajp.2018.18070881.

3   G. Scaini, G. T. Rezin, A. F. Carvalho, E. L. Streck, M. Berk, and J. Quevedo. "Mitochondrial Dysfunction in Bipolar Disorder: Evidence, Pathophysiology and Translational Implications." *Neurosci Biobehav* 68 (Rev. September 2016): 694-713. doi: 10.1016/j.neubiorev.2016.06.040.

4   S. Michels, G. K. Ganjam, H. Martins, et al. "Downregulation of the Psychiatric Susceptibility Gene Cacna1c Promotes Mitochondrial Resilience to Oxidative Stress in Neuronal Cells." *Cell Death Dis* 4(54) (2018): 54. doi: 10.1038/s41420-018-0061-6.

5   Lixia Qin, Zhu Xiongwei, and Robert P. Friedland. "ApoE and Mitochondrial Dysfunction." *Neurology* 94(23) (2020): 1009. doi: 10.1212/WNL.0000000000009569.

6   Y. Yamazaki, N. Zhao, T. R. Caulfield, C. C. Liu, and G. Bu. "Apolipoprotein E and Alzheimer Disease: Pathobiology and Targeting Strategies." *Nat Rev Neurol* 15(9) (2019): 501-518. doi: 10.1038/s41582-019-0228-7.

7   J. Yin, E. M. Reiman, T. G. Beach, et al. "Effect of ApoE Isoforms on Mitochondria in Alzheimer Disease." *Neurology* 94(23) (2020): e2404-e2411. doi: 10.1212/WNL.0000000000009582.

8   E. Schmukler, S. Solomon, S. Simonovitch, et al. "Altered Mitochondrial Dynamics and Function in APOE4-Expressing Astrocytes." *Cell Death Dis* 11(7) (2020): 578. doi: 10.1038/s41419-020-02776-4.

9   A. L. Lumsden, A. Mulugeta, A. Zhou, and E. Hyppönen. "Apolipoprotein E (APOE) Genotype-Associated Disease Risks: A Phenome-Wide, Registry-Based, Case-Control Study Utilising the UK Biobank." *EBioMedicine* 59 (2020):102954. doi: 10.1016/j.ebiom.2020.102954.

10   M. S. Sharpley, C. Marciniak, K. Eckel-Mahan, M. McManus, M. Crimi, K. Waymire, C. S. Lin, S. Masubuchi, N. Friend, M. Koike, D. Chalkia, G. MacGregor, P. Sassone-Corsi, and D. C. Wallace. "Heteroplasmy of Mouse mtDNA Is Genetically Unstable and Results in Altered Behavior and Cognition." *Cell* 151(2) (2012): 333-343. doi: 10.1016/j.cell.2012.09.004. PMID: 23063123; PMCID: PMC4175720.

11   Centers for Disease Control and Prevention. "What Is Epigenetics?" CDC, US Department of Health and Human Services. https://www.cdc.gov/genomics/disease/epigenetics.htm. Retrieved 10/30/21.

12   T. J. Roseboom. "Epidemiological Evidence for the Developmental Origins of Health and

Disease: Effects of Prenatal Undernutrition in Humans." *J Endocrinol* 242(1) (July 1, 2019): T135-T144. doi: 10.1530/JOE-18-0683.

13   J. P. Etchegaray and R. Mostoslavsky. "Interplay Between Metabolism and Epigenetics: A Nuclear Adapta- tion to Environmental Changes." *Mol Cell* 62(5) (2016): 695-711. doi: 10.1016/j.molcel.2016.05.029.

14   P. H. Ear, A. Chadda, S. B. Gumusoglu, M. S. Schmidt, S. Vogeler, J. Malicoat, J. Kadel, M. M. Moore, M. E. Migaud, H. E. Stevens, and C. Brenner. "Maternal Nicotinamide Riboside Enhances Postpartum Weight Loss, Juvenile Offspring Development, and Neurogenesis of Adult Offspring." *Cell Rep* 26(4) (2019): 969-983.e4. doi: 10.1016/j.celrep.2019.01.007.

15   R. Yehuda and A. Lehrner. "Intergenerational Transmission of Trauma Effects: Putative Role of Epigenetic Mechanisms." *World Psychiatry* 17(3) (2018): 243-257. doi: 10.1002/wps.20568.

16   D. A. Dickson, J. K. Paulus, V. Mensah, et al. "Reduced Levels of miRNAs 449 and 34 in Sperm of Mice and Men Exposed to Early Life Stress." *Transl Psychiatry* 8 (2018): 101. doi: 10.1038/s41398-018-0146-2.

17   S. Lupien, B. McEwen, M. Gunnar, et al. "Effects of Stress Throughout the Lifespan on the Brain, Behaviour, and Cognition." *Nat Rev Neurosci* 10 (2009): 434-445. doi: 10.1038/nrn2639.

11장 신경전달물질과 정신과 약의 효과

1   Julian M. Yabut, Justin D. Crane, Alexander E. Green, Damien J. Keating, Waliul I. Khan, and Gregory R. Steinberg. "Emerging Roles for Serotonin in Regulating Metabolism: New Implications for an Ancient Molecule." *Endocr Rev* 40(4) (2019): 1092-1107. doi: 10.1210/er.2018-00283.

2   Sashaina E. Fanibunda, Deb Sukrita, Babukrishna Maniyadath, Praachi Tiwari, Utkarsha Ghai, Samir Gupta, Dwight Figueiredo, et al. "Serotonin Regulates Mitochondrial Biogenesis and Function in Rodent Cortical Neurons via the 5-HT2A Receptor and SIRT1-PGC-1⊠ Axis." *Proc Natl Acad Sci USA* 116(22) (2019): 11028. doi: 10.1073/pnas.1821332116.

3   M. Accardi, B. Daniels, P. Brown, et al. "Mitochondrial Reactive Oxygen Species Regulate the Strength of Inhibitory GABA-Mediated Synaptic Transmission." *Nat Commun* 5 (2014): 3168. doi: 10.1038/ncomms4168.

4   A. K. Kanellopoulos, V. Mariano, M. Spinazzi, Y. J. Woo, C. McLean, U. Pech, K. W.

Li, J. D. Armstrong, A. Giangrande, P. Callaerts, A. B. Smit, B. S. Abrahams, A. Fiala, T. Achsel, and C. Bagni. "Aralar Sequesters GABA into Hyperactive Mitochondria, Causing Social Behavior Deficits." *Cell* 180(6) (March 19, 2020): 1178–1197.e20. doi: 10.1016/j.cell.2020.02.044.

5   Ryutaro Ikegami, Ippei Shimizu, Takeshi Sato, Yohko Yoshida, Yuka Hayashi, Masayoshi Suda, Goro Katsuumi, et al. "Gamma-Aminobutyric Acid Signaling in Brown Adipose Tissue Promotes Systemic Metabolic Derangement in Obesity." *Cell Rep* 24(11) (2018): 2827–2837.e5. doi: 10.1016/j.celrep.2018.08.024.

6   S. M. Graves, Z. Xie, K. A. Stout, et al. "Dopamine Metabolism by a Monoamine Oxidase Mitochondrial Shuttle Activates the Electron Transport Chain." *Nat Neurosci* 23 (2020): 15–20.

7   D. Aslanoglou, S. Bertera, M. Sánchez-Soto, et al. "Dopamine Regulates Pancreatic Glucagon and Insulin Secretion via Adrenergic and Dopaminergic Receptors." *Transl Psychiatry* 11(1) (2021): 59. doi: 10.1038/s41398-020-01171-z.

8   M. van der Kooij, F. Hollis, L. Lozano, et al. "Diazepam Actions in the VTA Enhance Social Dominance and Mitochondrial Function in the Nucleus Accumbens by Activation of Dopamine D1 Receptors." *Mol Psychiatry* 23(3) (2018): 569–578. doi: 10.1038/mp.2017.135.

9   M. van der Kooij, et al. "Diazepam Actions in the VTA Enhance Social Dominance and Mitochondrial Function in the Nucleus Accumbens by Activation of Dopamine D1 Receptors."

10   T. L. Emmerzaal, G. Nijkamp, M. Veldic, S. Rahman, A. C. Andreazza, E. Morava, R. J. Rodenburg, and T. Kozicz. "Effect of Neuropsychiatric Medications on Mitochondrial Function: For Better or for Worse." *Neurosci Biobehav* 127 (Rev. August 2021): 555–571. doi: 10.1016/j.neubiorev.2021.05.001.

11   Martin Lundberg, Vincent Millischer, Lena Backlund, Lina Martinsson, Peter Stenvinkel, Carl M. Sellgren, Catharina Lavebratt, and Martin Schalling. "Lithium and the Interplay Between Telomeres and Mitochondria in Bipolar Disorder." *Front Psychiatry* 11 (2020): 997. doi: 10.3389/fpsyt.2020.586083.

12   M. Hu, R. Wang, X. Chen, M. Zheng, P. Zheng, Z. Boz, R. Tang, K. Zheng, Y. Yu, and X. F. Huang. "Resveratrol Prevents Haloperidol-Induced Mitochondria Dysfunction Through the Induction of Autophagy in SH-SY5Y Cells." *Neurotoxicology* 87 (2021): 231–242. doi: 10.1016/j.neuro.2021.10.007.

13   D. C. Goff, G. Tsai, M. F. Beal, and J. T. Coyle. "Tardive Dyskinesia and Substrates

of Energy Metabolism in CSF." *Am J Psychiatry* 152(12) (1995): 1730-6. doi: 10.1176/ajp.152.12.1730. PMID: 8526238.

14 M. Salsaa, B.Pereira, J. Liu, et al. "Valproate Inhibits Mitochondrial Bioenergetics and Increases Glycolysis in Saccharomyces cerevisiae." *Sci Rep* 10(1) (2020): 11785. doi: 10.1038/s41598-020-68725-5.

15 J. F. Hayes, A. Lundin, S. Wicks, G. Lewis, I. C. K. Wong, D. P. J. Osborn, and C. Dalman. "Association of Hydroxylmethyl Glutaryl Coenzyme A Reductase Inhibitors, L-Type Calcium Channel Antagonists, and Biguanides with Rates of Psychiatric Hospitalization and Self-Harm in Individuals with Serious Mental Illness." *JAMA Psychiatry* 76(4) (2019): 382-390. doi: 10.1001/jamapsychiatry.2018.3907.

16 S. Martín-Rodríguez, P. de Pablos-Velasco, and J. A. L. Calbet. "Mitochondrial Complex I Inhibition by Metformin: Drug-Exercise Interactions." *Trends Endocrinol Metab* 31(4) (April 2020): 269-271. doi: 10.1016/j.tem.2020.02.003.

12장 호르몬과 대사 조절자

1 P. Maechler. "Mitochondrial Function and Insulin Secretion." *Mol Cell Endocrinol* 379(1-2) (2013): 12-18. doi: 10.1016/j.mce.2013.06.019.

2 W. I. Sivitz and M. A. Yorek. "Mitochondrial Dysfunction in Diabetes: From Molecular Mechanisms to Functional Significance and Therapeutic Opportunities." *Antioxid Redox Signal* 12(4) (2010): 537-577. doi: 10.1089/ars.2009.2531.

3 C. S. Stump, K. R. Short, M. L. Bigelow, J. M. Schimke, and K. S. Nair. "Effect of Insulin on Human Skeletal Muscle Mitochondrial ATP Production, Protein Synthesis, and mRNA Transcripts." *Proc Natl Acad Sci USA* 100(13) (2003): 7996-8001. doi: 10.1073/pnas.1332551100.

4 A. Kleinridders, H. A. Ferris, W. Cai, and C. R. Kahn. "Insulin Action in Brain Regulates Systemic Metabolism and Brain Function." *Diabetes* 63(7) (2014): 2232-2243. doi: 10.2337/db14-0568.

5 E. Blázquez, E. Velázquez, V. Hurtado-Carneiro, and J. M. Ruiz-Albusac. "Insulin in the Brain: Its Patho- physiological Implications for States Related with Central Insulin Resistance, Type 2 Diabetes and Alzheimer's Disease." *Front Endocrinol* (Lausanne) 5 (2014): 161. doi: 10.3389/fendo.2014.00161.

6 Z. Jin, Y. Jin, S. Kumar-Mendu, E. Degerman, L. Groop, and B. Birnir. "Insulin Reduces Neuronal Excitability by Turning on GABA(A) Channels That Generate Tonic Current." *PLoS One* 6(1) (2011): e16188. doi: 10.1371/journal.pone.0016188.

7   Ismael González-García, Tim Gruber, and Cristina García-Cáceres. "Insulin Action on Astrocytes: From Energy Homeostasis to Behaviour." *J Neuroendocrinol* 33(4) (2021): e12953. doi: 10.1111/jne.12953.

8   A. Kleinridders, W. Cai, L. Cappellucci, A. Ghazarian, W. R. Collins, S. G. Vienberg, E. N. Pothos, and C. R. Kahn. "Insulin Resistance in Brain Alters Dopamine Turnover and Causes Behavioral Disorders." *Proc Natl Acad Sci USA* 112(11) (2015): 3463–3468. doi: 10.1073/pnas.1500877112.

9   Virginie-Anne Chouinard, David C. Henderson, Chiara Dalla Man, Linda Valeri, Brianna E. Gray, Kyle P. Ryan, Aaron M. Cypess, Claudio Cobelli, Bruce M. Cohen, and Dost Öngür. "Impaired Insulin Signaling in Unaffected Siblings and Patients with First-Episode Psychosis." *Mol Psychiatry* 24 (2018). doi: 10.1038/s41380-018-0045-1.

10   B. I. Perry, J. Stochl, R. Upthegrove, et al. "Longitudinal Trends in Childhood Insulin Levels and Body Mass Index and Associations with Risks of Psychosis and Depression in Young Adults." *JAMA Psychiatry* 78(4) (2021): 416–425. doi: 10.1001/jamapsychiatry.2020.4180.

11   B. J. Neth and S. Craft. "Insulin Resistance and Alzheimer's Disease: Bioenergetic Linkages." *Front Aging Neurosci* 9 (2017): 345. doi: 10.3389/fnagi.2017.00345; Y. An, V. R. Varma, S. Varma, R. Casanova, E. Dammer, O. Pletnikova, C. W. Chia, J. M. Egan, L. Ferrucci, J. Troncoso, A. I. Levey, J. Lah, N. T. Seyfried, C. Legido-Quigley, R. O'Brien, and M. Thambisetty. "Evidence for Brain Glucose Dysregulation in Alzheimer's Disease." *Alzheimers Dement* 14(3) (2018): 318–329. doi: 10.1016/j.jalz.2017.09.011.

12   S. Craft, L. D. Baker, T. J. Montine, et al. "Intranasal Insulin Therapy for Alzheimer Disease and Amnestic Mild Cognitive Impairment: A Pilot Clinical Trial." *Arch Neurol* 69(1) (2012): 29–38. doi: 10.1001/archneurol.2011.233.

13   S. Craft, R. Raman, T. W. Chow, et al. "Safety, Efficacy, and Feasibility of Intranasal Insulin for the Treatment of Mild Cognitive Impairment and Alzheimer Disease Dementia: A Randomized Clinical Trial." *JAMA Neurol* 77(9) (2020): 1099–1109. doi: 10.1001/jamaneurol.2020.1840.

14   R. S. McIntyre, J. K. Soczynska, H. O. Woldeyohannes, A. Miranda, A. Vaccarino, G. Macqueen, G. F. Lewis, and S. H. Kennedy. "A Randomized, Double-Blind, Controlled Trial Evaluating the Effect of Intranasal Insulin on Neurocognitive Function in Euthymic Patients with Bipolar Disorder." *Bipolar Disord* 14(7) (2012): 697–706. doi: 10.1111/bdi.12006.

15   Jamaica R. Rettberg, Jia Yao, and Roberta Diaz Brinton. "Estrogen: A Master Regulator

of Bioenergetic Systems in the Brain and Body." *Front Neuroendocrinol* 35(1) (2014): 8-30. doi: 10.1016/j.yfrne.2013.08.001.

16   L. Mosconi, V. Berti, C. Quinn, P. McHugh, G. Petrongolo, R. S. Osorio, C. Connaughty, A. Pupi, S. Vallabhajosula, R. S. Isaacson, M. J. de Leon, R. H. Swerdlow, and R. D. Brinton. "Perimenopause and Emergence of an Alzheimer's Bioenergetic Phenotype in Brain and Periphery." *PLoS One* 12(10) (2017):e0185926. doi: 10.1371/journal.pone.0185926

17   Y. Hara, F. Yuk, R. Puri, W. G. Janssen, P. R. Rapp, and J. H. Morrison. "Presynaptic Mitochondrial Morphology in Monkey Prefrontal Cortex Correlates with Working Memory and Is Improved with Estrogen Treatment." *Proc Natl Acad Sci USA* 111(1) (2014): 486-491. doi: 10.1073/pnas.1311310110.

18   Charlotte Wessel Skovlund, Lina Steinrud Mørch, Lars Vedel Kessing, and Øjvind Lidegaard. "Association of Hormonal Contraception with Depression." *JAMA Psychiatry* 73(11) (2016): 1154-1162. doi: 10.1001/jamapsychiatry.2016.2387.

19   C. W. Skovlund, L. S. Mørch, L. V. Kessing, T. Lange, and Ø. Lidegaard. "Association of Hormonal Contraception with Suicide Attempts and Suicides." *Am J Psychiatry* 175(4) (2018): 336-342. doi: 10.1176/appi.ajp.2017.17060616.

20   Federica Cioffi, Rosalba Senese, Antonia Lanni, and Fernando Goglia. "Thyroid Hormones and Mitochondria: With a Brief Look at Derivatives and Analogues." *Mol Cell Endocrinol* 379(1) (2013): 51-61. doi: 10.1016/j.mce.2013.06.006.

21   Rohit A. Sinha, Brijesh K. Singh, Jin Zhou, Yajun Wu, Benjamin L. Farah, Kenji Ohba, Ronny Lesmana, Jessica Gooding, Boon-Huat Bay, and Paul M. Yen. "Thyroid Hormone Induction of Mitochondrial Activity Is Coupled to Mitophagy via ROS-AMPK-ULK1 Signaling." *Autophagy* 11(8) (2015): 1341-1357. doi: 10.1080/15548627.2015.1061849.

22   S. Chakrabarti. "Thyroid Functions and Bipolar Affective Disorder." *J Thyroid Res* 2011 (2011): 306367. doi: 10.4061/2011/306367; N. C. Santos, P. Costa, D. Ruano, et al. "Revisiting Thyroid Hormones in Schizophrenia." *J Thyroid Res* 2012 (2012): 569147. doi: 10.1155/2012/569147.

13장 우리의 생존을 돕는 염증

1   Steven W. Cole, John P. Capitanio, Katie Chun, Jesusa M. G. Arevalo, Jeffrey Ma, and John T. Cacioppo. "Myeloid Differentiation Architecture of Leukocyte Transcriptome Dynamics in Perceived Social Isolation." *Proc Natl Acad Sci USA* 112(49) (2015): 15142-15147. doi: 10.1073/pnas.1514249112.

2   Y. Luo, L. C. Hawkley, L. J. Waite, and J. T. Cacioppo. "Loneliness, Health, and Mortality in Old Age: A National Longitudinal Study." *Soc Sci Med* 74(6) (2012): 907–914. doi: 10.1016/j.socscimed.2011.11.028.

3   J. Wang, D. Xiao, H. Chen, et al. "Cumulative Evidence for Association of Rhinitis and Depression." *Allergy Asthma Clin Immunol* 17(1) (2021): 111. doi: 10.1186/s13223-021-00615-5.

4   O. Köhler-Forsberg, L. Petersen, C. Gasse, et al. "A Nationwide Study in Denmark of the Association Between Treated Infections and the Subsequent Risk of Treated Mental Disorders in Children and Adolescents." *JAMA Psychiatry* 76(3) (2019): 271–279. doi: 10.1001/jamapsychiatry.2018.3428.

5   A. West, G. Shadel, and Ghosh. "Mitochondria in Innate Immune Responses." *Nat Rev Immunol* 11 (2011): 389–402. doi: 10.1038/nri2975

6   Z. Liu and T. S. Xiao. "Partners with a Killer: Metabolic Signaling Promotes Inflammatory Cell Death." *Cell* 184(17) (2021): 4374–4376. doi: 10.1016/j.cell.2021.07.036.

7   D. N. Doll, S. L. Rellick, T. L. Barr, X. Ren, and J. W. Simpkins. "Rapid Mitochondrial Dysfunction Mediates TNF-Alpha-Induced Neurotoxicity." *J Neurochem* 132(4) (2015): 443–451. doi: 10.1111/jnc.13008.

8   B. Shan, E. Vazquez, and J. A. Lewis. "Interferon Selectively Inhibits the Expression of Mitochondrial Genes: A Novel Pathway for Interferon-Mediated Responses." *EMBO J* 9(13) (1990): 4307–4314. doi: 10.1002/j.1460-2075.1990.tb07879.x.

9   S. B. Minchenberg and P. T. Massa. "The Control of Oligodendrocyte Bioenergetics by Interferon-Gamma (IFN-Ⓧ) and Src Homology Region 2 Domain-Containing Phosphatase-1 (SHP-1)." *J Neuroimmunol* 331 (2019): 46–57. doi: 10.1016/j.jneuroim.2017.10.015.

10 H. G. Coman, D. C. Hert a, and B. Nemes. "Psychiatric Adverse Effects Of Interferon Therapy." *Cluj ul Med* 86(4) (2013): 318–320.

11 B. J. S. Al-Haddad, B. Jacobsson, S. Chabra, D. Modzelewska, E. M. Olson, R. Bernier, D. A. Enquobahrie, H. Hagberg, S. Östling, L. Rajagopal, K. M. Adams Waldorf, and V. Sengpiel. "Long-Term Risk of Neuropsychiatric Disease After Exposure to Infection In Utero." *JAMA Psychiatry* 76(6) (2019): 594–602. doi: 10.1001/jamapsychiatry.2019.0029. PMID: 30840048; PMCID: PMC6551852.

12 A. H. Miller and C. L. Raison. "Are Anti-inflammatory Therapies Viable Treatments for Psychiatric Disorders? Where the Rubber Meets the Road." *JAMA Psychiatry* 72(6) (2015): 527–528. doi:10.1001/jamapsychiatry.2015.22.

1   Jaqueline B. Schuch, Julia P. Genro, Clarissa R. Bastos, Gabriele Ghisleni, and Luciana Tovo-Rodrigues. "The Role of CLOCK Gene in Psychiatric Disorders: Evidence from Human and Animal Research." *Am J Med Genet Part B* 177(2) (2018): 181-198. doi: 10.1002/ajmg.b.32599.

2   Karen Schmitt, Amandine Grimm, Robert Dallmann, Bjoern Oettinghaus, Lisa Michelle Restelli, Melissa Witzig, Naotada Ishihara, et al. "Circadian Control of DRP1 Activity Regulates Mitochondrial Dynamics and Bioenergetics." *Cell Metab* 27(3) (2018): 657-666. e5. doi: 10.1016/j.cmet.2018.01.011.

3   Ana C. Andreazza, Monica L. Andersen, Tathiana A. Alvarenga, Marcos R. de-Oliveira, Fernanda Armani, Francieli S. Ruiz, Larriany Giglio, José C. F. Moreira, Flávio Kapczinski, and Sergio Tufik. "Impairment of the Mitochondrial Electron Transport Chain Due to Sleep Deprivation in Mice." *J Psychiatr Res* 44(12) (2010): 775-780. doi: 10.1016/j.jpsychires.2010.01.015.

4   Martin Picard, Bruce S. McEwen, Elissa S. Epel, and Carmen Sandi. "An Energetic View of Stress: Focus on Mitochondria." *Front Neuroendocrinol* 49 (2018): 72-85. doi: 10.1016/ j.yfrne.2018.01.001.

5   Chongyang Chen, Chao Yang, Jing Wang, Xi Huang, Haitao Yu, Shangming Li, Shupeng Li, et al. "Melatonin Ameliorates Cognitive Deficits Through Improving Mitophagy in a Mouse Model of Alzheimer's Disease." *J Pineal Res* 71(4) (2021): e12774. doi: 10.1111/ jpi.12774.

6   H. Zhao, H. Wu, J. He, et al. "Frontal Cortical Mitochondrial Dysfunction and Mitochondria-Related ⊠-Amyloid Accumulation by Chronic Sleep Restriction in Mice." *Neuroreport* 27(12) (2016): 916-922. doi: 10.1097/WNR.0000000000000631.

7   C. B. Peek, A. H. Affinati, K. M. Ramsey, H. Y. Kuo, W. Yu, L. A. Sena, O. Ilkayeva, B. Marcheva, Y. Kobayashi, C. Omura, D. C. Levine, D. J. Bacsik, D. Gius, C. B. Newgard, E. Goetzman, N. S. Chandel, J. M. Denu, M. Mrksich, and J. Bass. "Circadian Clock NAD+ Cycle Drives Mitochondrial Oxidative Metabolism in Mice." *Science* 342(6158) (2013): 1243417. doi: 10.1126/science.1243417.

8   A. Kempf, S. M. Song, C. B. Talbot, et al. "A Potassium Channel ⊠-subunit Couples Mitochondrial Electron Transport to Sleep." *Nature* 568(7751) (2019): 230-234. doi: 10.1038/s41586-019-1034-5.

9   Keri J. Fogle, Catherina L. Mobini, Abygail S. Paseos, and Michael J. Palladino. "Sleep and Circadian Defects in a Drosophila Model of Mitochondrial Encephalomyopathy."

Neurobiol Sleep Circadian Rhythm 6 (2019): 44-52. doi: 10.1016/j.nbscr.2019.01.003.

10   Guido Primiano, Valerio Brunetti, Catello Vollono, Anna Losurdo, Rossana Moroni, Giacomo Della Marca, and Serenella Servidei. "Sleep-Disordered Breathing in Adult Patients with Mitochondrial Diseases." *Neurology* 96(2) (2021): e241. doi: 10.1212/WNL.0000000000011005.

11   N. N. Osborne, C. Núñez-Álvarez, S. Del Olmo-Aguado, and J. Merrayo-Lloves. "Visual Light Effects on Mitochondria: The Potential Implications in Relation to Glaucoma." *Mitochondrion* 36 (2017): 29-35. doi: 10.1016/j.mito.2016.11.009. Epub 2016 Nov 24. PMID: 27890822.

12   A. Sreedhar, L. Aguilera-Aguirre, and K. K. Singh. "Mitochondria in Skin Health, Aging, and Disease." *Cell Death Dis* 11(6) (2020): 444. doi: 10.1038/s41419-020-2649-z.

13   H. Zhu, N. Wang, L. Yao, Q. Chen, R. Zhang, J. Qian, Y. Hou, W. Guo, S. Fan, S. Liu, Q. Zhao, F. Du, X. Zuo, Y. Guo, Y. Xu, J. Li, T. Xue, K. Zhong, X. Song, G. Huang, and W. Xiong. "Moderate UV Exposure Enhances Learning and Memory by Promoting a Novel Glutamate Biosynthetic Pathway in the Brain." *Cell* 173(7) (2018): 1716-1727.e17. doi: 10.1016/j.cell.2018.04.014.

14   F. Salehpour, J. Mahmoudi, F. Kamari, S. Sadigh-Eteghad, S. H. Rasta, and M. R. Hamblin. "Brain Pho- tobiomodulation Therapy: A Narrative Review." *Mol Neurobiol* 55(8) (2018): 6601-6636. doi: 10.1007/s12035-017-0852-4.

15   P. D. Campbell, A. M. Miller, and M. E. Woesner. "Bright Light Therapy: Seasonal Affective Disorder and Beyond." *Einstein J Biol Med* 32 (2017): E13-E25. PMID: 31528147; PMCID: PMC6746555.

16   R. Noordam, et al. "Bright Sunlight Exposure May Decrease the Risk for Diabetes and CVD." *J Clin Endocrinol Metab* 104(7) (2019): 2903-2910. doi: 10.1210/jc.2018-02532.

17   J. F. Gottlieb, F. Benedetti, P. A. Geoffroy, T. E. G. Henriksen, R. W. Lam, G. Murray, J. Phelps, D. Sit, H. A. Swartz, M. Crowe, B. Etain, E. Frank, N. Goel, B. C. M. Haarman, M. Inder, H. Kallestad, S. Jae Kim, K. Martiny, Y. Meesters, R. Porter, R. F. Riemersma-van der Lek, P. S. Ritter, P. F. J. Schulte, J. Scott, J. C. Wu, X. Yu, and S. Chen. "The Chronotherapeutic Treatment of Bipolar Disorders: A Systematic Review and Practice Recommendations from the ISBD Task Force on Chronotherapy and Chronobiology." *Bipolar Disord* 21(8) (2019): 741-773. doi: 10.1111/bdi.12847.

15장 식습관이 뇌 에너지에 미치는 영향

1   N. D. Volkow, R. A. Wise, and R. Baler. "The Dopamine Motive System: Implications

for Drug and Food Addiction." *Nat Rev Neurosci* 18(12) (2017): 741-752. doi: 10.1038/nrn.2017.130.

2   W. Li, Z. Wang, S. Syed, et al. "Chronic Social Isolation Signals Starvation and Reduces Sleep in Drosoph- ila." *Nature* 597(7875) (2021): 239-244. doi: 10.1038/s41586-021-03837-0.

3   G. Xia, Y. Han, F. Meng, et al. "Reciprocal Control of Obesity and Anxiety-Depressive Disorder via a GABA and Serotonin Neural Circuit." *Mol Psychiatry* 26(7) (2021): 2837-2853. doi: 10.1038/s41380-021-01053-w.

4   E. Ginter and V. Simko. "New Data on Harmful Effects of Trans-Fatty Acids." *Bratisl Lek Listy* 117(5) (2016): 251-253. doi: 10.4149/bll_2016_048.

5   C. S. Pase, V. G. Metz, K. Roversi, K. Roversi, L. T. Vey, V. T. Dias, C. F. Schons, C. T. de David Antoniazzi, T. Duarte, M. Duarte, and M. E. Burger. "Trans Fat Intake During Pregnancy or Lactation Increases Anxiety-like Behavior and Alters Proinflammatory Cytokines and Glucocorticoid Receptor Levels in the Hippocampus of Adult Offspring." *Brain Res Bull* 166 (2021): 110-117. doi: 10.1016/j.brainresbull.2020.11.016.

6   Theodora Psaltopoulou, Theodoros N. Sergentanis, Demosthenes B. Panagiotakos, Ioannis N. Sergentanis, Rena Kosti, and Nikolaos Scarmeas. "Mediterranean Diet, Stroke, Cognitive Impairment, and Depression: A Meta-analysis." *Ann Neurol* 74(4) (2013): 580-91. doi: 10.1002/ana.23944.

7   M. P. Mollica, G. Mattace Raso, G. Cavaliere, et al. "Butyrate Regulates Liver Mitochondrial Function, Efficiency, and Dynamics in Insulin-Resistant Obese Mice." *Diabetes* 66(5) (2017): 1405-1418. doi: 10.2337/db16-0924.

8   É. Szentirmai, N. S. Millican, A. R. Massie, et al. "Butyrate, a Metabolite of Intestinal Bacteria, Enhances Sleep." *Sci Rep* 9(1) (2019): 7035. doi: 10.1038/s41598-019-43502-1.

9   S. M. Matt, J. M. Allen, M. A. Lawson, L. J. Mailing, J. A. Woods, and R. W. Johnson. "Butyrate and Dietary Soluble Fiber Improve Neuroinflammation Associated with Aging in Mice." *Front Immunol* 9 (2018): 1832. doi: 10.3389/fimmu.2018.01832.

10   R. Mastrocola, F. Restivo, I. Vercellinatto, O. Danni, E. Brignardello, M. Aragno, and G. Boccuzzi. "Oxidative and Nitrosative Stress in Brain Mitochondria of Diabetic Rats." *J Endocrinol* 187(1) (2005): 37-44. doi: 10.1677/joe.1.06269.

11   A. Czajka and A. N. Malik. "Hyperglycemia Induced Damage to Mitochondrial Respiration in Renal Mesangial and Tubular Cells: Implications for Diabetic Nephropathy." *Redox Biol* 10 (2016): 100-107. doi: 10.1016/j.redox.2016.09.007.

12   A. J. Sommerfield, I. J. Deary, and B. M. Frier. "Acute Hyperglycemia Alters Mood State

and Impairs Cognitive Performance in People with Type 2 Diabetes." *Diabetes Care* 27(10) (2004): 2335-2340. doi: 10.2337/diacare.27.10.2335.

13 M. Kirvalidze, A. Hodkinson, D. Storman, T. J. Fairchild, M. M. Bała, G. Beridze, A. Zuriaga, N. I. Brudasca, and S. Brini. "The Role of Glucose in Cognition, Risk of Dementia, and Related Biomarkers in Individuals Without Type 2 Diabetes Mellitus or the Metabolic Syndrome: A Systematic Review of Observational Studies." *Neurosci Biobehav* 135 (Rev. April 2022): 104551. doi: 10.1016/j.neubiorev.2022.104551.

14 C. Toda, J. D. Kim, D. Impellizzeri, S. Cuzzocrea, Z. W. Liu, S. Diano. "UCP2 Regulates Mitochondrial Fission and Ventromedial Nucleus Control of Glucose Responsiveness." *Cell* 164(5) (2016): 872-883. doi: 10.1016/j.cell.2016.02.010.

15 A. Fagiolini, D. J. Kupfer, P. R. Houck, D. M. Novick, and E. Frank. "Obesity as a Correlate of Out- come in Patients with Bipolar I Disorder." *Am J Psychiatry* 160(1) (2003): 112-117. doi: 10.1176/appi.ajp.160.1.112.

16 Noppamas Pipatpiboon, Wasana Pratchayasakul, Nipon Chattipakorn, and Siriporn C. Chattipakorn. "PPARⵉ Agonist Improves Neuronal Insulin Receptor Function in Hippocampus and Brain Mitochondria Function in Rats with Insulin Resistance Induced by Long Term High-Fat Diets." *Endocrinology* 153(1) (2012): 329-338. doi: 10.1210/en.2011-1502.

17 H. Y. Liu, E. Yehuda-Shnaidman, T. Hong, et al. "Prolonged Exposure to Insulin Suppresses Mitochondrial Production in Primary Hepatocytes." *J Biol Chem* 284(21) (2009): 14087-14095. doi: 10.1074/jbc.M807992200.

18 K. Wardelmann, S. Blümel, M. Rath, E. Alfine, C. Chudoba, M. Schell, W. Cai, R. Hauffe, K. Warnke, T. Flore, K. Ritter, J. Weiß, C. R. Kahn, and A. Kleinridders. "Insulin Action in the Brain Regulates Mitochondrial Stress Responses and Reduces Diet-Induced Weight Gain." *Mol Metab* 21(2019): 68-81. doi: 10.1016/j.molmet.2019.01.001.

19 J. D. Kim, N. A. Yoon, S. Jin, and S. Diano. "Microglial UCP2 Mediates Inflammation and Obesity Induced by High-Fat Feeding." *Cell Metab* 30(5) (2019): 952-962. e5. doi: 10.1016/j.cmet.2019.08.010.

20 M. O. Dietrich, Z. W. Liu, and T. L. Horvath. "Mitochondrial Dynamics Controlled by Mitofusins Regulate Agrp Neuronal Activity and Diet-Induced Obesity." *Cell* 155(1) (2013): 188-199. doi: 10.1016/j.cell.2013.09.004; M. Schneeberger, M. O. Dietrich, D. Sebastián, et al. "Mitofusin 2 in POMC Neurons Connects ER Stress with Leptin Resistance and Energy Imbalance." *Cell* 155(1) (2013): 172-187. doi: 10.1016/j.cell.2013.09.003.

21   A. S. Rambold, B. Kostelecky, N. Elia, and J. Lippincott-Schwartz. "Tubular Network Formation Protects Mitochondria from Autophagosomal Degradation During Nutrient Starvation." *Proc Natl Acad Sci USA* 108(25) (2011): 10190–10195. doi: 10.1073/pnas.1107402108.

22   A. Keys, J. Brozek, A. Henshel, O. Mickelson, and H. L. Taylor. *The Biology of Human Starvation*, vols. 1–2 (Minneapolis: University of Minnesota Press, 1950).

23   C. Lindfors, I. A. Nilsson, P. M. Garcia-Roves, A. R. Zuberi, M. Karimi, L. R. Donahue, D. C. Roopenian, J. Mulder, M. Uhlén, T. J. Ekström, M. T. Davisson, T. G. Hökfelt, M. Schalling, and J. E. Johansen. "Hypothalamic Mitochondrial Dysfunction Associated with Anorexia in the Anx/Anx Mouse." *Proc Natl Acad Sci USA* 108(44) (2011): 18108–18113. doi: 10.1073/pnas.1114863108.

24   V. M. Victor, S. Rovira-Llopis, V. Saiz-Alarcon, et al. "Altered Mitochondrial Function and Oxidative Stress in Leukocytes of Anorexia Nervosa Patients." *PLoS One* 9(9) (2014): e106463. doi: 10.1371/journal.pone.0106463.

25   P. Turnbaugh, R. Ley, M. Mahowald, et al. "An Obesity-Associated Gut Microbiome with Increased Capac- ity for Energy Harvest." *Nature* 444(7122) (2006): 1027–1031. doi: 10.1038/nature05414.

26   D. N. Jackson and A. L. Theiss. "Gut Bacteria Signaling to Mitochondria in Intestinal Inflammation and Cancer." *Gut Microbes* 11(3) (2020): 285–304. doi: 10.1080/19490976.2019.1592421.

27   C. M. Palmer. "Diets and Disorders: Can Foods or Fasting Be Considered Psychopharmacologic Thera- pies?" *J Clin Psychiatry* 81(1) (2019): 19ac12727. doi: 10.4088/JCP.19ac12727. PMID: 31294934.

28   C. T. Hoepner, R. S. McIntyre, and G. I. Papakostas. "Impact of Supplementation and Nutritional Interventions on Pathogenic Processes of Mood Disorders: A Review of the Evidence." *Nutrients* 13(3) (2021): 767. doi: 10.3390/nu13030767; National Institutes of Health, Office of Dietary Supplements. June 3, 2020. "Dietary Supplements for Primary Mitochondrial Disorders." NIH, https://ods.od.nih.gov/factsheets/PrimaryMitochondrialDisorders-HealthProfessional/. Retrieved 7/24/21.

29   M. Berk, A. Turner, G. S. Malhi, et al. "A Randomised Controlled Trial of a Mitochondrial Therapeutic Target for Bipolar Depression: Mitochondrial Agents, N-acetylcysteine, and Placebo." *BMC Med* 17(1) (2019): 18. [Published correction appears in *BMC Med* 17(1) (2019): 35.] doi: 10.1186/s12916-019-1257-1.

30   F. N. Jacka, A. O'Neil, R. Opie, et al. "A Randomised Controlled Trial of Dietary

Improvement for Adults with Major Depression (the 'SMILES' Trial)." *BMC Med* 15(1) (2017): 23. doi: 10.1186/s12916-017-0791-y.

31 K. A. Amick, G. Mahapatra, J. Bergstrom, Z. Gao, S. Craft, T. C. Register, C. A. Shively, and A. J. A. Molina. "Brain Region-Specific Disruption of Mitochondrial Bioenergetics in Cynomolgus Macaques Fed a Western Versus a Mediterranean Diet." *Am J Physiol Endocrinol Metab* 321(5) (2021): E652-E664. doi: 10.1152/ajpendo.00165.2021.

32 Y. Liu, A. Cheng, Y. J. Li, Y. Yang, Y. Kishimoto, S. Zhang, Y. Wang, R. Wan, S. M. Raefsky, D. Lu, T. Saito, T. Saido, J. Zhu, L. J. Wu, and M. P. Mattson. "SIRT3 Mediates Hippocampal Synaptic Adaptations to Intermittent Fasting and Ameliorates Deficits in APP Mutant Mice." *Nat Commun* 10(1) (2019): 1886. doi: 10.1038/s41467-019-09897-1.

33 M. Mattson, K. Moehl, N. Ghena, et al. "Intermittent Metabolic Switching, Neuroplasticity and Brain Health." *Nat Rev Neurosci* 19(2) (2018): 81-94. doi: 10.1038/nrn.2017.156.

34 K. J. Martin-McGill, R. Bresnahan, R. G. Levy, and P. N. Cooper. "Ketogenic Diets for Drug-Resistant Epilepsy." *Cochrane Database Syst Rev* 6(6) (2020): CD001903. doi: 10.1002/14651858.CD001903.pub5.

35 K. J. Bough, J. Wetherington, B. Hassel, J. F. Pare, J. W. Gawryluk, J. G. Greene, R. Shaw, Y. Smith, J. D. Gei- ger, and R. J. Dingledine. "Mitochondrial Biogenesis in the Anticonvulsant Mechanism of the Ketogenic Diet." *Ann Neurol* 60(2) (2006): 223-235. doi: 10.1002/ana.20899; J. M. Rho. "How Does the Ketogenic Diet Induce Anti-Seizure Effects?" *Neurosci Lett* 637 (2017): 4-10. doi: 10.1016/j.neulet.2015.07.034.

36 C. M. Palmer, J. Gilbert-Jaramillo, and E. C. Westman. "The Ketogenic Diet and Remission of Psychotic Symptoms in Schizophrenia: Two Case Studies." *Schizophr Res* 208 (2019): 439-440. doi: 10.1016/j.schres.2019.03.019. Epub April 6, 2019. PMID: 30962118.

37 M. C. L. Phillips, L. M. Deprez, G. M. N. Mortimer, et al. "Randomized Crossover Trial of a Modified Ketogenic Diet in Alzheimer's Disease." *Alzheimer's Res Ther* 13(1) (2021): 51. doi: 10.1186/s13195-021-00783-x.

16장 약물과 알코올이 정신질환을 일으키는 원리

1   H. K. Seitz, R. Bataller, H. Cortez-Pinto, B. Gao, A. Gual, C. Lackner, P. Mathurin, S. Mueller, G. Szabo, and H. Tsukamoto. "Alcoholic Liver Disease." *Nat Rev Dis Primers* 4(1) (2018): 16. doi: 10.1038/s41572-018-0014-7. Erratum in: *Nat Rev Dis Primers* 4(1) (2018): 18. PMID: 30115921.

2   C. Tapia-Rojas, A. K. Torres, and R. A. Quintanilla. "Adolescence Binge Alcohol

Consumption Induces Hippocampal Mitochondrial Impairment That Persists During the Adulthood." *Neuroscience* 406 (2019): 356–368. doi: 10.1016/j.neuroscience.2019.03.018.

3   Nora D. Volkow, Sung Won Kim, Gene-Jack Wang, David Alexoff, Jean Logan, Lisa Muench, Colleen Shea, et al. "Acute Alcohol Intoxication Decreases Glucose Metabolism but Increases Acetate Uptake in the Human Brain." *NeuroImage* 64 (2013): 277–283. doi: 10.1016/j.neuroimage.2012.08.057.

4   N. D. Volkow, G. J. Wang, E. Shokri Kojori, J. S. Fowler, H. Benveniste, and D. Tomasi. "Alcohol Decreases Baseline Brain Glucose Metabolism More in Heavy Drinkers Than Controls but Has No Effect on Stimulation-Induced Metabolic Increases." *J Neurosci* 35(7) (2015): 3248–3255. doi: 10.1523/JNEUROSCI.4877-14.2015.

5   C. E. Wiers, L. F. Vendruscolo, J. W. van der Veen, et al. "Ketogenic Diet Reduces Alcohol Withdrawal Symptoms in Humans and Alcohol Intake in Rodents." *Sci Adv* 7(15) (2021): eabf6780. doi: 10.1126/sciadv.abf6780.

6   N. D. Volkow, J. M. Swanson, A. E. Evins, L. E. DeLisi, M. H. Meier, R. Gonzalez, M. A. Bloomfield, H. V. Curran, and R. Baler. "Effects of Cannabis Use on Human Behavior, Including Cognition, Motivation, and Psychosis: A Review." *JAMA Psychiatry* 73(3) (2016): 292–297. doi: 10.1001/jamapsychiatry.2015.3278.

7   T. Harkany and T. L. Horvath. "(S)Pot on Mitochondria: Cannabinoids Disrupt Cellular Respiration to Limit Neuronal Activity." *Cell Metab* 25(1) (2017): 8–10. doi: 10.1016/j.cmet.2016.12.020.

8   M. D. Albaugh, J. Ottino-Gonzalez, A. Sidwell, et al. "Association of Cannabis Use During Adolescence with Neurodevelopment." *JAMA Psychiatry* 78(9) (2021): 1031–1040. doi: 10.1001/jamapsychiatry.2021.1258.

9   D. Jimenez-Blasco, A. Busquets-Garcia, et al. "Glucose Metabolism Links Astroglial Mitochondria to Cannabinoid Effects." *Nature* 583(7817) (2020): 603–608. doi: 10.1038/s41586-020-2470-y.

10   E. Hebert-Chatelain, T. Desprez, R. Serrat, et al. "A Cannabinoid Link Between Mitochondria and Memory." *Nature* 539(7630) (November 24, 2016): 555–559. doi: 10.1038/nature20127.

17장 운동으로 모든 걸 해결할 수 없다

1   S. R. Chekroud, R. Gueorguieva, A. B. Zheutlin, M. Paulus, H. M. Krumholz, J. H. Krystal, and A. M. Chekroud. "Association Between Physical Exercise and Mental Health in 1.2 Million Individuals in the USA Between 2011 and 2015: A Cross-Sectional Study."

Lancet Psychiatry 5(9) (2018): 739-746. doi: 10.1016/S2215-0366(18)30227-X.

2   G. A. Greendale, W. Han, M. Huang, et al. "Longitudinal Assessment of Physical Activity and Cognitive Outcomes Among Women at Midlife." *JAMA Netw Open* 4(3) (2021): e213227. doi: 10.1001/jamanetworkopen.2021.3227.

3   J. Krogh, C. Hjorthøj, H. Speyer, C. Gluud, and M. Nordentoft. "Exercise for Patients with Major Depression: A Systematic Review with Meta-Analysis and Trial Sequential Analysis." *BMJ Open* 7(9) (2017): e014820. doi: 10.1136/bmjopen-2016-014820.

4   World Health Organization. *Motion for Your Mind: Physical Activity for Mental Health Promotion, Protection, and Care.* Copenhagen: WHO Regional Office for Europe, 2019. https://www.euro.who.int/en/health-topics/disease-prevention/physical-activity/publications/2019/motion-for-your-mind-physical-activity-for-mental-health-promotion,-protection-and-care-2019.

5   K. Contrepois, S. Wu, K. J. Moneghetti, D. Hornburg, et al. "Molecular Choreography of Acute Exercise." *Cell* 181(5) (2020): 1112-1130.e16. doi: 10.1016/j.cell.2020.04.043.

6   A. R. Konopka, J. L. Laurin, H. M. Schoenberg, J. J. Reid, W. M. Castor, C. A. Wolff, R. V. Musci, O. D. Safairad, M. A. Linden, L. M. Biela, S. M. Bailey, K. L. Hamilton, and B. F. Miller. "Metformin Inhibits Mitochondrial Adaptations to Aerobic Exercise Training in Older Adults." *Aging Cell* 18(1) (2019): e12880. doi: 10.1111/acel.12880.

7   Kathrin Steib, Iris Schäffner, Ravi Jagasia, Birgit Ebert, and D. Chichung Lie. "Mitochondria Modify Exercise-Induced Development of Stem Cell-Derived Neurons in the Adult Brain." *J Neurosci* 34(19) (2014): 6624. doi: 10.1523/JNEUROSCI.4972-13.2014.

18장 분명한 삶의 목적이 갖는 힘

1   H. T. Chugani, M. E. Behen, O. Muzik, C. Juhász, F. Nagy, and D. C. Chugani. "Local Brain Functional Activity Following Early Deprivation: A Study of Postinstitutionalized Romanian Orphans." *Neuroimage* 14(6) (2001): 1290-1301. doi: 10.1006/nimg.2001.0917.

2   M. Picard, A. A. Prather, E. Puterman, A. Cuillerier, M. Coccia, K. Aschbacher, Y. Burelle, and E. S. Epel. "A Mitochondrial Health Index Sensitive to Mood and Caregiving Stress." *Biol Psychiatry* 84(1) (2018): 9-17. doi: 10.1016/j.biopsych.2018.01.012.

3   Frankl, V. E. *Man's Search for Meaning: An Introduction to Logotherapy* (New York: Simon & Schuster, 1984).

4   A. Alimujiang, A. Wiensch, J. Boss, et al. "Association Between Life Purpose and Mortality Among US Adults Older Than 50 Years." *JAMA Netw Open* 2(5) (2019): e194270. doi: 10.1001/jamanetworkopen.2019.4270.

5   R. Cohen, C. Bavishi, and A. Rozanski. "Purpose in Life and Its Relationship to All-Cause Mortality and Cardiovascular Events: A Meta-Analysis." *Psychosom Med* 78(2) (2016): 122-133. doi: 10.1097/PSY.0000000000000274.

6   L. Miller, R. Bansal, P. Wickramaratne, et al. "Neuroanatomical Correlates of Religiosity and Spirituality: A Study in Adults at High and Low Familial Risk for Depression." *JAMA Psychiatry* 71(2) (2014): 128-135. doi: 10.1001/jamapsychiatry.2013.3067.

7   T. J. VanderWeele, S. Li, A. C. Tsai, and I. Kawachi. "Association Between Religious Service Attendance and Lower Suicide Rates Among US Women." *JAMA Psychiatry* 73(8) (2016): 845-851. doi: 10.1001/jamapsychiatry.2016.1243.

8   H. G. Koenig. "Religion, Spirituality, and Health: The Research and Clinical Implications." *ISRN Psychiatry* 2012 (2012): 278730. doi: 10.5402/2012/278730

9   C. Timmermann, H. Kettner, C. Letheby, et al. "Psychedelics Alter Metaphysical Beliefs." *Sci Rep* 11(1) (2021): 22166. doi: 10.1038/s41598-021-01209-2.

10 J. A. Dusek, H. H. Otu, A. L. Wohlhueter, M. Bhasin, L. F. Zerbini, M. G. Joseph, H. Benson, and T. A. Libermann. "Genomic Counter-Stress Changes Induced by the Relaxation Response." *PLoS One* 3(7) (2008): e2576. doi: 10.1371/journal.pone.0002576.

11 M. K. Bhasin, J. A. Dusek, B. H. Chang, M. G. Joseph, J. W. Denninger, G. L. Fricchione, H. Benson, and T. A. Libermann. "Relaxation Response Induces Temporal Transcriptome Changes in Energy Metabolism, Insulin Secretion and Inflammatory Pathways." *PLoS One* 8(5) (2013): e62817. doi: 10.1371/journal.pone.0062817.

19장 뇌 에너지 이론으로 살펴보는 기존 치료법

1   M. Búrigo, C. A. Roza, C. Bassani, D. A. Fagundes, G. T. Rezin, G. Feier, F. Dal-Pizzol, J. Quevedo, and E. L. Streck. "Effect of Electroconvulsive Shock on Mitochondrial Respiratory Chain in Rat Brain." *Neurochem Res* 31(11) (2006): 1375-1379. doi: 10.1007/s11064-006-9185-9.

2   F. Chen, J. Danladi, G. Wegener, T. M. Madsen, and J. R. Nyengaard. "Sustained Ultrastructural Changes in Rat Hippocampal Formation After Repeated Electroconvulsive Seizures." *Int J Neuropsychopharmacol* 23(7) (2020): 446-458. doi: 10.1093/ijnp/pyaa021.

3   F. J. Medina and I. Túnez. "Mechanisms and Pathways Underlying the Therapeutic Effect of Transcranial Magnetic Stimulation." *Rev Neurosci* 24(5) (2013): 507-525. doi: 10.1515/revneuro-2013-0024.

4   H. L. Feng, L. Yan, and L. Y. Cui. "Effects of Repetitive Transcranial Magnetic

Stimulation on Adenosine Triphosphate Content and Microtubule Associated Protein-2 Expression After Cerebral Ischemia-Reperfusion Injury in Rat Brain." *Chin Med J* (Engl) 121(14) (2008): 1307-1312. PMID: 18713553.

5   X. Zong, Y. Dong, Y. Li, L. Yang, Y. Li, B. Yang, L. Tucker, N. Zhao, D. W. Brann, X. Yan, S. Hu, and Q. Zhang. "Beneficial Effects of Theta-Burst Transcranial Magnetic Stimulation on Stroke Injury via Improving Neuronal Microenvironment and Mitochondrial Integrity." *Transl Stroke Res* 11(3) (2020): 450-467. doi: 10.1007/s12975-019-00731-w.

6   C. L. Cimpianu, W. Strube, P. Falkai, U. Palm, and A. Hasan. "Vagus Nerve Stimulation in Psychiatry: A Systematic Review of the Available Evidence." *J Neural Transm* (Vienna) 124(1) (2017): 145-158. doi: 10.1007/s00702-016-1642-2.

찾아보기

옮긴이 이한나

카이스트와 미국 조지아 공과대학교에서 컴퓨터공학을 공부했다. 덕성여자대학교에서 심리학 학사학위를 받은 뒤 미국 UCLA에서 인지심리학으로 석사학위를 받았다. 동 대학원 박사과정 재학 중 번역에 입문하여 지금은 뇌 과학과 심리학 도서 전문 번역가로 일하고 있다. 옮긴 책으로 《경외심》, 《기대의 발견》, 《이것은 인간입니까》, 《중독에 빠진 뇌 과학자》, 《뇌 과학의 모든 역사》, 《긍정심리학 마음교정법》이 있다.

브레인 에너지

첫판 1쇄 펴낸날 2024년 9월 20일
　　4쇄 펴낸날 2024년 12월 12일

지은이 크리스토퍼 M. 팔머
옮긴이 이한나
발행인 조한나
책임편집 조정현
편집기획 김교석 유승연 문해림 김유진 전하연 박혜인
디자인 한승연 성윤정
마케팅 문창운 백윤진 박희원
회계 양여진 김주연

펴낸곳 (주)도서출판 푸른숲
출판등록 2003년 12월 17일 제2003-000032호
주소 서울특별시 마포구 토정로 35-1 2층, 우편번호 04083
전화 02)6392-7871, 2(마케팅부), 02)6392-7873(편집부)
팩스 02)6392-7875
홈페이지 www.prunsoop.co.kr
페이스북 www.facebook.com/prunsoop　　**인스타그램** @prunsoop

* 잘못된 책은 구입하신 서점에서 바꾸어 드립니다.
* 본서의 반품 기한은 2029년 12월 31일까지입니다.